乳酸菌の保健機能と応用

Physiological Function of Lactic Acid Bacteria for Human Health

《普及版／Popular Edition》

監修 上野川修一

シーエムシー出版

はじめに

乳酸菌は人類誕生と同時にわれわれの腸内に棲みつき，長い間友好的に人類と共生してきた。われわれの体の外で生きてきた多くの乳酸菌をも利用してヨーグルト，納豆，そして酒をはじめとした発酵食品をつくり出している。乳酸菌は，かくの如く，われわれに生きる力と生きる楽しみを与えてくれていたのである。

そして今，この乳酸菌に多くの人たちが注目している。それこそ，長い人類と乳酸菌の歴史のなかで，乳酸菌に注目が集まったのは，パスツールの乳酸発酵の発見，そしてメチニコフのヨーグルト長寿説以来のことである。

では，なぜこの様な状況が生まれたのであろうか。その背景には，このところの生命科学の大きな発展がある。生命の営みが細胞そして分子レベルで理解できるようになり，そこで培われた新しい研究・実験方法が乳酸菌の研究に適用されるようになった。そして乳酸菌そのものや生体に対する有益な働きが解き明かされた。その結果，乳酸菌が予想以上にわれわれの“いのち”に関係していることを知ることになったからである。

本書『乳酸菌の保健機能と応用』は以上の状況を背景に，わが国において，この分野で活躍中の第一線の研究者にお願いして執筆いただいたものである。

まず，乳酸菌そのものについて，詳細かつ厳密に述べられる。いうまでもなく腸内には乳酸菌が生息しているが，それらが生体にどのような作用をするのかについて述べられる。そして，腸内乳酸菌から調製した体に有益な作用をする微生物すなわちプロバイオティクスについて詳細に解説される。さらに，感染症，アレルギー，自己免疫疾患等の発症と腸内細菌との関係や，プロバイオティクスを用いた予防について，臨床試験，動物実験を例にして詳説される。

専門家にとっては，研究の手引書として役に立つと確信する。また，乳酸菌やその機能に関する専門家以外の方が読まれれば，意外な事実の連続に知的な好奇心を満足させていただけるものと思う。

いずれにせよ，大学・企業の研究者をはじめ，そして，これから研究をはじめる大学生を含めて，大いに読まれ，役に立っていただきたいと願っている。

最後に，本書中の微生物の名称については，著者の方々と相談させていただき，専門学術誌に掲載されている原著論文中に使用されているかどうかを基準に統一させていただいた。御理解いただければと思う。

2007年8月

上野川修一

普及版の刊行にあたって

本書は2007年に『乳酸菌の保健機能と応用』として刊行されました。普及版の刊行にあたり，内容は当時のままであり加筆・訂正などの手は加えておりませんので，ご了承ください。

2013年5月

シーエムシー出版　編集部

執筆者一覧（執筆順）

上野川 修一	日本大学　生物資源科学部　教授
細野 明義	㈶日本乳業技術協会　常務理事；信州大学名誉教授
柳橋 努	日本大学　生物資源科学部
細野 朗	日本大学　生物資源科学部　准教授
伊藤 喜久治	東京大学大学院　農学生命科学研究科　獣医公衆衛生学研究室　准教授
村島 弘一郎	明治製菓㈱　食料健康総合研究所　主任研究員
藤原 茂	カルピス㈱　健康・機能性食品開発研究所　上級マネージャー
梅﨑 良則	㈱ヤクルト本社中央研究所　基礎研究二部　主席研究員；理事
檀原 宏文	北里大学　薬学部　微生物学　教授
石橋 憲雄	㈳日本乳業協会　広報部　部長
森田 英利	麻布大学　獣医学部　准教授
藤 英博	㈱理化学研究所　ゲノム科学総合研究センター　研究員
服部 正平	東京大学大学院　新領域創成科学研究科　教授
浅見 幸夫	明治乳業㈱　研究本部　食機能科学研究所　機能評価研究部　ゲノミクスＧ　課長
佐々木 泰子	明治乳業㈱　研究本部　食機能科学研究所　ゲノミクスＧ
森 毅	明治乳業㈱　研究本部　食機能科学研究所　乳酸菌研究部　菌叢解析Ｇ　課長
矢嶋 信浩	カゴメ㈱　総合研究所　プロバイオティクス研究部　部長
田中 重光	九州大学大学院　生物資源環境科学府　生物機能科学専攻　博士課程；日本学術振興会特別研究員
八村 敏志	東京大学大学院　農学生命科学研究科　応用生命化学専攻　准教授
中山 二郎	九州大学大学院　農学研究院　生物機能科学部門　准教授

志田　寛	㈱ヤクルト本社中央研究所　応用研究二部　免疫研究室　主任研究員
若林英行	キリンビール㈱　フロンティア技術研究所　研究員
川瀬　学	タカナシ乳業㈱　研究開発部　商品研究所　研究員
何　方	タカナシ乳業㈱　研究開発部　商品研究所　マネジャー
野本康二	㈱ヤクルト本社中央研究所　基礎研究二部　臨床微生物研究室　副主席研究員
保井久子	信州大学大学院　農学研究科　機能性食料開発学専攻　教授
木村勝紀	明治乳業㈱　研究本部　食機能科学研究所　乳酸菌研究部　課長
松岡隆史	㈱フレンテ・インターナショナル　新規事業部
古賀泰裕	東海大学　医学部　基礎医学系　教授
松崎　健	㈱ヤクルト本社中央研究所　応用研究二部　薬効・薬理研究室　主任研究員
山本直之	カルピス㈱　健康・機能性食品開発研究所　次長
五十君靜信	国立医薬品食品衛生研究所　食品衛生管理部　室長
高木敦司	東海大学　内科学系総合内科　教授
出口隆造	東海大学　内科学系消化器内科　講師
竹田和則	㈱米沢ビルシステムサービス
尾西弘嗣	㈱米沢ビルシステムサービス
高木昌宏	北陸先端科学技術大学院大学　マテリアルサイエンス研究科　教授
曽根俊郎	㈱ヤクルト本社中央研究所　応用研究二部　主任研究員
水町功子	㈱農業・食品産業技術総合研究機構　畜産草地研究所　畜産物機能研究チーム　チーム長
丸橋敏弘	カルピス㈱　飼料事業部　マネージャー

執筆者の所属表記は，2007 年当時のものを使用しております。

目　次

【総論編】

第1章　乳酸菌とは何か　細野明義

第2章　プロバイオティクス乳酸菌と免疫　柳橋　努，細野　朗，上野川修一

第3章　腸内フローラとプロバイオティクス乳酸菌　伊藤喜久治

第4章　腸内フローラとプレバイオティクス　村島弘一郎

第5章　バイオジェニクス　藤原　茂

第6章　腸内フローラと生体のクロストーク　梅﨑良則

第7章　腸内の病原性細菌と腸内フローラ　檀原宏文

第8章　プロバイオティクスの安全性評価　石橋憲雄

【ゲノム解析編】

第9章　乳酸菌・ビフィズス菌のゲノミクス・プロテオミクス

森田英利，藤　英博

第10章　腸内細菌叢のメタゲノム解析　服部正平

第11章　ニュートリゲノミクス　**浅見幸夫**

第12章　DNAマイクロアレイを用いた腸内フローラと乳酸菌の解析

佐々木泰子

【応用編】
＜食品由来乳酸菌＞

第13章　発酵乳（ヨーグルト）などに用いられる乳酸菌の機能

森　毅

第14章　植物性食品から採取した乳酸菌の機能　矢嶋信浩

＜保健機能＞1　乳酸菌とアレルギー反応

第15章　腸内フローラとアレルギー発症の関係

田中重光，八村敏志，中山二郎

第 16 章　乳酸菌のアレルギー反応抑制の機構　**志田　寛**

第 17 章　乳酸菌の抗アレルギー作用①　**若林英行**

第 18 章　乳酸菌の抗アレルギー作用②　**川瀬　学，何　方**

＜保健機能＞2　乳酸菌と感染症

第19章　プロバイオティクスによる腸管感染防御　野本康二

第20章　乳酸菌のウイルス感染防御作用　保井久子

第21章　*Helicobacter pylori* 抑制作用　木村勝紀

第22章　歯周病予防　松岡隆史，古賀泰裕

<保健機能>3　乳酸菌の医療応用

第23章　抗癌作用　松崎　健

第24章　血圧降下作用　山本直之

第25章　乳酸菌組換えワクチン　五十君靜信

第26章 プロビオメディクスへの展開
―*Helicobacter pylori* 感染症に対する医薬品とプロバイオティクスの併用効果について―

高木敦司, 出口隆造, 古賀泰裕

＜化粧品＞

第27章 新種乳酸菌の単離と複合培養産物の化粧品への応用

竹田和則, 尾西弘嗣, 高木昌宏

第28章 乳酸菌を用いた植物発酵液の作用と化粧品への応用 **曽根俊郎**

＜その他＞

第29章　乳酸菌を利用した家畜生産技術　水町功子

第30章　プロバイオティクスとしての乳酸菌の畜産への応用　丸橋敏弘

総　論　編

第1章　乳酸菌とは何か

細野明義*

1　パスツールの偉業と乳酸菌の発見

地球の年齢は約46億年である。誕生時の大気は今日とはかなり違い，メタンと水素が主成分で，酸素は存在しなかった。そこに最初に現れた生物が嫌気性細菌（バクテリア）であり，今から35億年前といわれている[1]。この嫌気性細菌である乳酸菌（lactic acid bacteria）は無酸素状態でも増殖ができることから細菌の中でも早くから存在し，カビや酵母とは違って細胞は単純な構造になっており，エネルギーを生み出す能力は必ずしも高いとはいい難い細菌群である。そのため，生命維持に必要な栄養素の多くを自分でつくることができず，常に栄養素のあるところに棲みつこうとする従属栄養性の強い細菌である。ヒトの生活環境に棲みついているのもそのためであり，広い範囲の動物や植物に見い出されている。

ところで，オランダ人のレーウェンフック（van Leeuwenhoek, A., 1632-1723）が顕微鏡を発明し，微小な生物がこの地球上に存在することを明らかにしたことは広く知られている。その小さな生物は長い間自然に湧いてくると考えられていたが，フランスの科学者パスツール（Pastuer, L., 1822-1895）はそれまでの生物自然発生説を否定し，「すべての生物は生物から発生する」ことを1857年に科学的手法により見事に実証した[2,3]。パスツールはブドウ酒製造のときにできる酒石酸柱状の結晶が光に対して特有な性質をもち，*l*-型と*d*-型があることを提唱すると共に特定の波長をもつ光を当てたとき，その光を偏らせる方向が違うことを見い出し，光学異性体の概念を提唱した。この研究をきっかけに彼の関心は発酵現象へと広がり，やがて培地の中でアルコールや乳酸がつくられる現象を明らかにしていった。アルコール発酵や乳酸発酵を行こなう微生物として酵母や乳酸菌を見い出すと同時にブドウ酒がすっぱくなる現象はブドウ酒の製造過程に混入する酢酸菌が原因であり，加熱によって混入菌の増殖を止めることができることを突き止めた。また，彼は呼吸には酸素呼吸と無酸素呼吸の二つの形式があることを提唱した。後者を「発酵（fermentation）」と命名し，無酸素呼吸の意味を明確にした。さらに，パスツールは牛の炭疽病や人間の狂犬病に対するワクチンの開発にも大きな功績を残し，ワクチンの開発者としても知られている[2,4,5]。

---

*　Akiyoshi Hosono　㈶日本乳業技術協会　常務理事；信州大学名誉教授

以上，概述したようにパスツールは乳酸菌の発見や多くの物質の性質を特徴づける上で極めて重要である光学異性体の概念を導き出し，かつ地球上のあらゆる生物が自然に湧いて出てくることは絶対にないことを科学的に証明した。彼が“微生物学の祖”と呼ばれる所以である。

パスツールによる乳酸菌の発見をきっかけに，チーズやヨーグルトの製造に関わっている乳酸菌が次々と発見され，20 世紀の初頭には主要な乳酸菌の多くが見い出された。まず，1873 年に Lister[6] が酸乳から *Bacterium lactis* を発見した。この菌は現在では *Lactococcus lactis* と呼ばれ，様々なチーズの製造に用いられており，また伝統的な発酵乳やナチュラルチーズの菌叢を構成する乳酸菌としてよく知られている。続いて，Tisser[7] がビフィズス菌を，Moro[8] が乳酸桿菌である *Lactobacillus acidophilus* を発見した。1904 年にはヨーグルト飲用による不老長寿説を打ち立てた Metchnikoff[9] がヨーグルト中の乳酸菌の分離と同定を行っている。その後，Orla-Jensen[10] がヨーグルト乳酸菌の分類を系統化し，1919 年まで *Thermobacterium bulgaricus*（現在の *Lactobacillus delburueckii* subsp. *bulgaricus* や *Streptococcus thermophilus* といった乳酸菌）が見い出された。以後，多くの研究者が新しい乳酸菌を見い出し，今日ではおよそ 270 菌種もの乳酸菌が発見されている。それらの中には発酵乳製品をはじめ発酵肉製品，発酵水産食品，酒類，醸造製品，発酵豆乳，漬物，果実加工品，パンなどに関与するものも多い。

2　乳酸菌の定義

乳酸菌は菌学的に定義された細菌名ではない。乳酸菌の概念は 1919 年に Orla-Jensen が糖を発酵し，乳酸のみ，または乳酸・酢酸・アルコール・炭酸ガスを生成するグラム陽性の桿菌および球菌に対して *Lactobacteriaceae* という科名を適応したことが乳酸菌の定義づけの発端になっている[11]。現在では乳酸菌は分類学的には *Bacilli* 綱，*Lactobacillaceae* 目にほぼ合致することが

表 1　乳酸菌の一般的性質

①　グラム染色	陽性
②　細胞形態	桿菌または球菌
③　カタラーゼ	無
④　酸素要求性	無，または極微量要求（通性嫌気性）
⑤　運動性	無
⑥　内生胞子	無
⑦　ブドウ糖の代謝	50％以上乳酸に転換する
⑧　栄養	従属栄養
⑨　G + C mol%	50 以下
⑩　安全性	GRAS であること

判明しており，表1に示した特徴を有している。これらの諸性質のうち，カタラーゼ陰性とは，過酸化水素を酸素と水に分解する酵素（カタラーゼ）を産生しないことを意味し，その菌が嫌気性菌であることを示している。嫌気性菌の中には酸素が少しでも存在すると生育が不可能になる偏性嫌気性菌と，酸素が存在していても生存できる通性嫌気性菌とがあるが，乳酸菌は後者である。運動性とは鞭毛によって能動的に細菌が動く現象をいい，乳酸菌ではこのような現象は認められない。内生胞子とは外部からのストレスが高まると増殖を止めて殻（スポア）をつくり，ストレスを逃れて休眠状態にある細胞体のことをいう。乳酸菌は通常スポアをつくる能力をもっていない。G+C mol%とは，DNAを構成する4種類の塩基のち，グアニン（G）とシトシン（C）の占める割合をパーセントで表したもので，細菌類はG+C mol%値により2つのグループに分けられている。すなわち，G+C mol%値が低いグループ（low GC group, 24～50%）と高いグループ（high GC group, 50%～）である。乳酸菌は前者であり，乳酸菌と並んでその優れた保健効果が論じられるビフィズス菌（*Bifidobacterium* 属）は後者である。

GRASとは，“Generally Recognized as Safe”の頭文字をとった言葉であり，乳酸菌を食品に利用する上で極めて重要なキーワードである。安全性の証明は簡単ではなく，長い期間にわたり人間が食べてきて健康上に問題を生じなかったとする経験こそが安全性を証明する上で説得力をもってくる。乳酸菌はヨーグルトのみならず多くの発酵食品をつくり出してきた中心的微生物であり，古くから人類がそれらを食べ，かつ病状を呈することはなかったとする経験的認識が成立っていることから，安全なバクテリアであるとの市民権を十分に得た細菌であるといえる。今日，優れた保健効果を発揮するプロバイオティクスが大きな注目を集めている中で，プロバイオティック　バクテリアとしての中核をなしているのが乳酸菌やビフィズス菌である[12, 13]。

3　分類学上の乳酸菌の位置

スウェーデン人で博物学者であるカール・フォン・リンネ（Carl von Linne, 1707-1778）は生物分類学の基礎を築いた最初の人として知られている。彼は生物の細胞に着目し，細胞壁をもっている生物を植物界，もっていないものを動物界とする2界説を提唱し，細菌は植物に位置づけられていた。やがて微生物が発見されると，この2界説は改変を迫られることになり，Haeckel[14]により植物界，動物界に原生生物界を加えた3界説が提唱された。しかし，科学が進歩するにつれ植物界の中に位置づけられていた菌類を独立した界として設けることの妥当性が容認されたことに伴い，Copeland[15]は植物界，動物界，原生生物界に菌界を加えた4界説を提唱した。さらに，アメリカの生物学者Whittaker[16]は細菌（バクテリア）や藍藻類（シアノバクテリア）のように細胞内の核が核膜で包まれていない原核生物界（モネラ）を新たに加えることを提案し，5界説が生まれた。

しかし，この5界説に基づく生物の系統分類も今日では古くなりつつあり，現在はアメリカの微生物学者であるウーズ（Woese）ら[17]が唱えた3ドメイン説が主流になっている。この3ドメイン説は従来の5界説とは根本的に異なった分類法であり，リボゾーム中のRNA（rRNA）の塩基配列の違いに着目したもので，rRNAの塩基配列を大別して3種類のグループ，つまりバクテリア（細菌），ユーカリア（真核生物），アーキア（古細菌）に分類するものである。16S rRNAは生物が進化を遂げる過程でゆっくり変化してきたことを特長としていることから16S rRNAの塩基配列を調べることはその生物の古さを推定する上で極めて優れた方法で進化時計といわれている。今日，細菌の分類法は16S rRNAの塩基配列の相同性を根拠になされることが多く，従来分類されていたものの組み替えや，新しい属の新設がなされている。さらに今日ではPCR法やパルスフィールドゲル電気泳動（PFGE法）による染色体地図構築の目覚しい進歩により，一層詳しい乳酸菌の遺伝子解析がなされ，乳酸菌に対する分類の見直しをはじめファージ耐性の付与，さらにはストレス応答機構の解明などへの展開が可能になってきている[18, 19]。

全ての生物は，「ドメイン」（Domain），「界」（Kingdom），「門」（Phylum），「綱」（Class），「目」（Order），「科」（Family），「属」（Genus），「種」（Species），「株」（Strain）の順で系統的に分類され，命名されている。例えば，人間の場合で説明すると，3ドメイン説ではユーカリアドメイン　動物界　脊椎動物門　哺乳類綱　霊長目　ヒト科　ホモ属　サピエンス種となる。乳酸菌

表2　3界説による乳酸菌とビフィズス菌の分類例

ドメイン Domein	真性細菌 Eubacteria	
界 Kingdom	グラム陽性菌 Posibacteria	
門 Division	ファーミキュテス *Firmicutes*	アクチノバクテリア *Actinobacteria*
綱 Class	バチライ *Bacilli*	アクチノバクテリア *Actinobacteria*
目 Order	ラクトバチラレス *Lctobacillales*	ビフィドバクテリアレス *Bifidobacteriales*
科 Family	ラクトバチラセアエ *Lactobacillaceae*	ビフィドバクテリアセアエ *Bifidobacteriaceae*
属 Genus	ラクトバチルス *Lactobacillus*	ビフィドバクテリウム *Bifidobacterium*
種 Species	カゼイ *casei*	ブレーベ *breve*
株 Strain	ATCC 393*	ATCC 27917

* ATCC = American Type Culture Collection

やビフィズス菌は5界説では原核生物界（モネラ界），3ドメイン説ではバクテリアドメインに入る。3ドメイン説で分類すると，表2に示したように，桿状の乳酸菌である *Lactobacillus casei* はファーミキュテス門に，ビフィズス菌である *Bifidobacterium bifidum* はアクチノバクテリア門にそれぞれ分類され，乳酸桿菌とビフィズス菌は門レベルで違う細菌であることがわかる。

4　乳酸菌の種類

上述したように，乳酸菌の特徴は炭水化物から多量の乳酸を生成することである。これに該当するものとして当初はラクトバチルス（*Lactobacillus*），ストレプトコッカス（*Streptococcus*），ペディオコッカス（*Pediococcus*），ロイコノストック（*Leuconocstoc*）の四つの属が知られていた。しかし，DNAや16S rRNAの塩基配列を比較する方法が確立されるにつれてさらに詳細に分類がなされ現在ではこれらの他にエンテロコッカス（*Enterococcus*），ラクトコッカス（*Lactococcus*）など全部で21の菌属に分類され，個々の菌種としては279種類以上の乳酸菌が知られている。主な乳酸菌の属名を表3に示した[11]。ちなみに，ビフィズス菌の場合は1菌属，32菌種である[20]。

乳酸菌の主なものについて記すと次のとおりである。

(a) *Lactobacillus* 属

Lactobacillus 属は乳酸菌の中でもっとも大きな属である。*Lactobacillus* 属の菌種は土壌，植物（穀類，漬物，サイレージなど），動物（口腔，腸管，膣）など自然界に広く分布しており，形状は桿菌で耐酸性に優れているのが特徴である。乳製品や醸造物の製造上重要で，プロバイオ

表3　主な乳酸菌群（属名）[1]

Bacilli 綱			
	Lactobacillales 目		
		Lactobacillaceae 科	
			Lactobacillus 属
			Pediococcus 属
		Enterococcaceae 科	
			Enterococcus 属
			Tetragenococcus 属
		Leuconostocaceae 科	
			Leuconostoc 属
		Streptococcaceae 科	
			Streptococcus 属
			Lactococcus 属

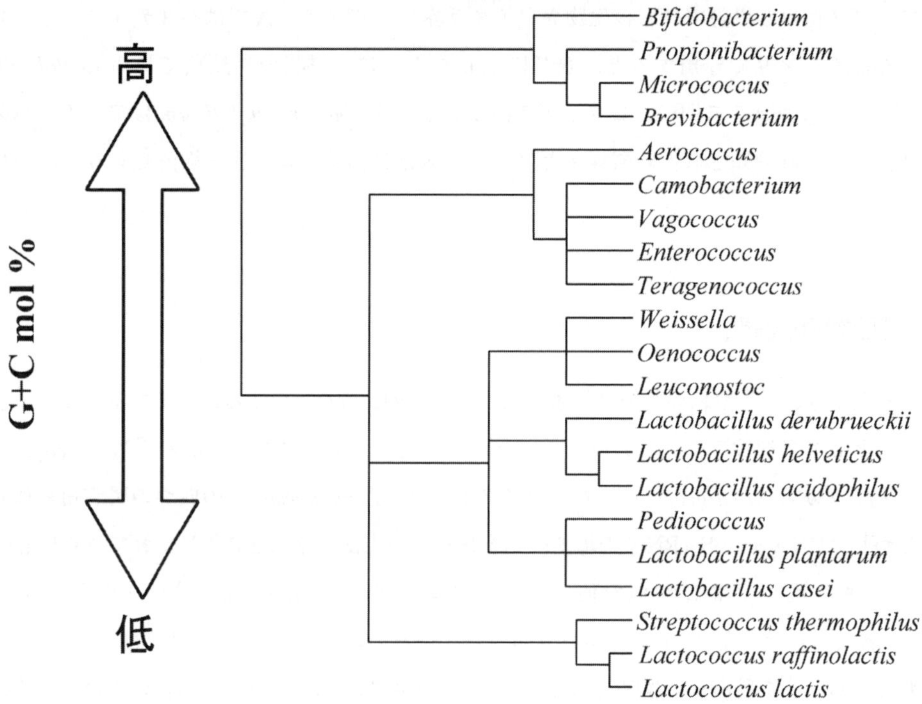

図1　16S rRNA 塩基の G+C mol%に基づく微生物の分類[21)]

ティクスやバクテリオシンの生産菌として知られている菌種が多い。図1に示すように，系統的には *Leuconostoc* 属や *Pediococcus* 属に近縁であるのに対し，*streptococci*，*Carnobacterium* それに好気性の *Bacillus* などの菌属とは遠縁である[21)]。*Lactobacillus delbrueckii* subsp. *bulgaricus* は発酵乳の製造に欠かすことのできない菌種であり，*Lb. casei* は乳酸菌飲料やチーズの製造に用いられ，プロバイオティクスとしてよく知られた乳酸菌である。この属に位置付けられている菌種は栄養要求などの生化学的性質や遺伝子型も多様で，G+C mol％が 32～53％と広い。*Lactobacillus* 属は糖の発酵型の違いに従い，表4に示すように三つのグループに分けられる[22)]。

(b) *Lactococcus* 属

Lactococcus 属は *Enterococcus* 属，*Streptococcus* 属，*Vagococcus* 属と並んで以前は *Streptococcus* 属にまとめられていた[23, 24)]。*Lactococcus* 属には5菌種あり，その中で *Lc. lactis* subsp. *lactis* がチーズや発酵バターなどの乳酸菌と深い関係をもっている。その他，*Lc. lactis* subsp. *cremoris*, *Lc. lactis* subsp. *diacetylactis* などがある。いずれもグルコースからの発酵形式はホモ型発酵である。

(c) *Streptococcus* 属

Streptococcus 属は口腔，人畜，臨床試料などに潜む乳酸菌で，虫歯菌として知られる *St.*

表4　*Lactobacillus* 属の糖の発酵[22]

特　　性	グループ　I 偏性ホモ発酵型	グループ　II 通性ヘテロ発酵型	グループ　III 偏性ヘテロ発酵型
ペントース発酵	−	−	+
グルコースから CO_2 の生成	−	−	+
グルコン酸から CO_2 の生成	−	+	+
FDP アルドラーゼ産生	+	+	−
ホスホケトラーゼ産生	−	+	+
	Lb. acidophilus	*Lb. casei*	*Lb. brevis*
	Lb. delbrueckii	*Lb. curvatus*	*Lb. buchneri*
	Lb. helveticus	*Lb. plantarum*	*Lb. fermentum*
	Lb. salivarius	*Lb. sake*	*Lb. reuteri*

mutans もこの属に含まれている[25]。しかし，この属の中にあって *St. thermophilus* は乳製品製造上重要な唯一の菌種で，サーモフィラス菌はブルガリカス菌と併用してヨーグルトのスターターに用いられている。いずれもグルコースからの発酵形式はホモ型発酵である。

(d) *Leuconostoc* 属

ヘテロ発酵型の球菌で，アルギニンを資化しないのが特徴である[26]。香気成分であるダイアセチルを生成し，チーズや発酵乳の製造上重要である。菌種として *Leu. mesenteroides* や *Leu. paramesenteroides* などがあり，これらは漬物の風味醸成の上からも重要である[27]。

5　糖代謝の特徴

細菌の世界には，炭酸ガスだけを使って自分で栄養素をつくり出せものがあり，このような細菌を独立栄養細菌と呼んでいる。それに対して，自らの生命を維持するために外界から栄養成分を取り込まなければならない細菌を従属栄養細菌と呼び，すでに説明したように乳酸菌は後者に属する細菌である。

乳酸発酵やアルコール発酵のように従属栄養細菌が人間の生活に有用なものを生成することを「発酵」と呼んでいるが，生化学の世界では「発酵」は呼吸形式の意味にも使われている。つまり，呼吸には酸素を必要とする呼吸（酸素呼吸）と酸素を必要としない呼吸（無酸素呼吸）とがあり，酸素を必要としない呼吸のことを「発酵」と呼んでいる。

発酵によって細菌は外界から取り込んだ栄養素からエネルギー（ATP）をつくりだし，ATP のもつ高いエネルギーを自己の細胞の増殖に利用している。ATP の役割は細菌に限らずヒトを含めたあらゆる生物においても同じであり，ATP を沢山つくることのできる生物は，それだけ大きな代謝エンジンをもっていることになる。無酸素呼吸（つまり発酵）をおこなう微生物の場合は酸素呼吸をする微生物よりも原始的で，通常一分子のグルコースを消費して僅か2分子の

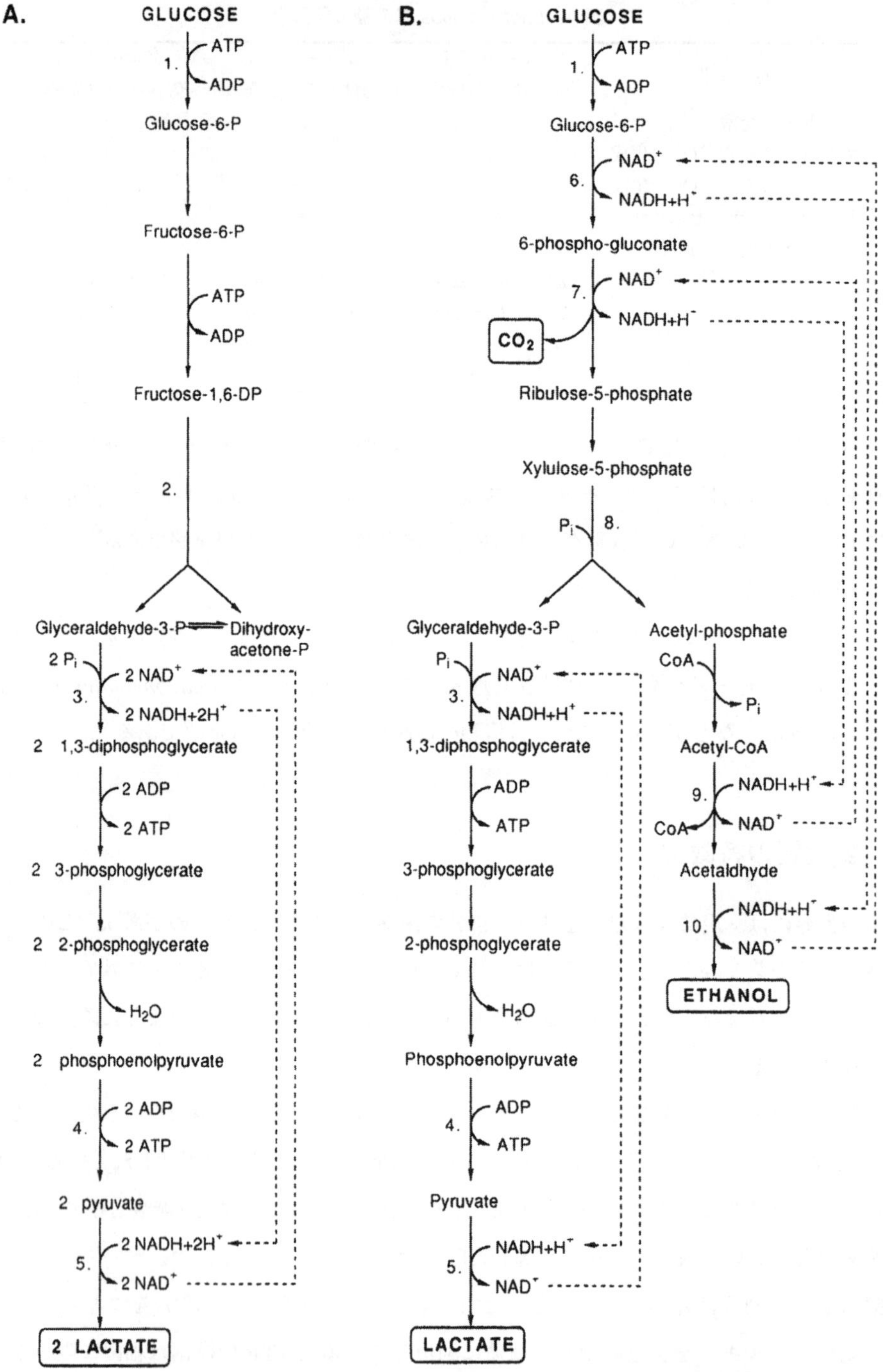

A: ホモ発酵型　B: ヘテロ発酵型

図２　乳酸菌によるグルコースの発酵[22)]

ATPをつくる力しかもっていない。しかし，無酸素呼吸をする細菌はATPをうまく使って，35億年もの間生命を維持させてきたのである。

乳酸菌によるグルコース代謝には大別して二つの様式がある[22, 28, 29]。*Leuconostoc*属と一部の乳酸菌を除くすべての乳酸菌は解糖系（Glycolysis, Embden-Meyerhof pathway）と呼ばれる経路でグルコースを分解する。図2(A）はホモ発酵乳酸菌の様式を示したものである。この経路で示したようにフルクトース-1, 6-ジリン酸（FDP）の生成を特徴としている。FDPはアルドラーゼによりグリセルアルデヒド-3-リン酸（GAP）およびジヒドロキシアセトンリン酸（DHAP）に分解される。GAPはNAD^+により1, 3-ビホスホグリセリン酸に酸化され，さらにピルビン酸にまで変換される。この過程で2モルのATPが消費され，4モルのATPが生合成される。従って，グルコース1モルあたり解糖系では正味2モルのATPが生成される。ホモ発酵乳酸菌では発酵の最終産物として乳酸が生成される。

一方，ヘテロ発酵乳酸菌の場合は，図2（B）に示すホスホグルコン酸/ホスホケトラーゼ経路（6-PG/PK経路）によりグルコースは分解される[22, 26]。この6-PG/PK経路はHMP経路（ヘキソースリン酸経路もしくは6-ホスホグルコネート経路）とも呼ばれている。図2（B）に示したように6-PG/PK経路の特徴は代謝過程の初期に脱水素反応によって生成される6-ホスホグルコン酸が脱炭酸されて五単糖リン酸が生成されることにある。リブロース-5-リン酸はGAPとアセチルリン酸を生成する。GAPは解糖系と同じ経路をたどりながら代謝され，乳酸を生成する。この経路では乳酸以外にエタノールとCO_2が生成されることからヘテロ乳酸発酵と呼ばれ，1モルのグルコースから1モルのATPが産生される。

乳酸菌は生命維持に必要なATPを連続的に生み出すためにピルビン酸から乳酸を生成する経路をつくって，$NADH^+$からNAD^+を再生し（図2（A）および（B）に示した点線部分），グリセルアルデヒド3-リン酸から1,3-ビホスホグリセリン酸を生成する反応に供給してその部分の反応を進めている。この経路をもつことによって呼吸が可能となり，乳酸菌は死から免れている[30]。

6　タンパク質代謝の特徴

一般に微生物が栄養素を菌体内に取り込むためには細胞膜を通過させて輸送しなければならない。このため微生物の細胞膜には輸送をつかさどる様々な輸送システムが備わっている[26]。例えば，乳酸菌が乳タンパク質を栄養成分として菌体内に取り組む場合の輸送システムを図3に示した[31]。カゼインは乳酸菌の菌体に取り込まれる前に細胞壁に結合した菌体外プロテイナーゼで加水分解される。アミノ酸残基数が3～8個のオリゴペプチドに対してはATP依存性の対向輸送

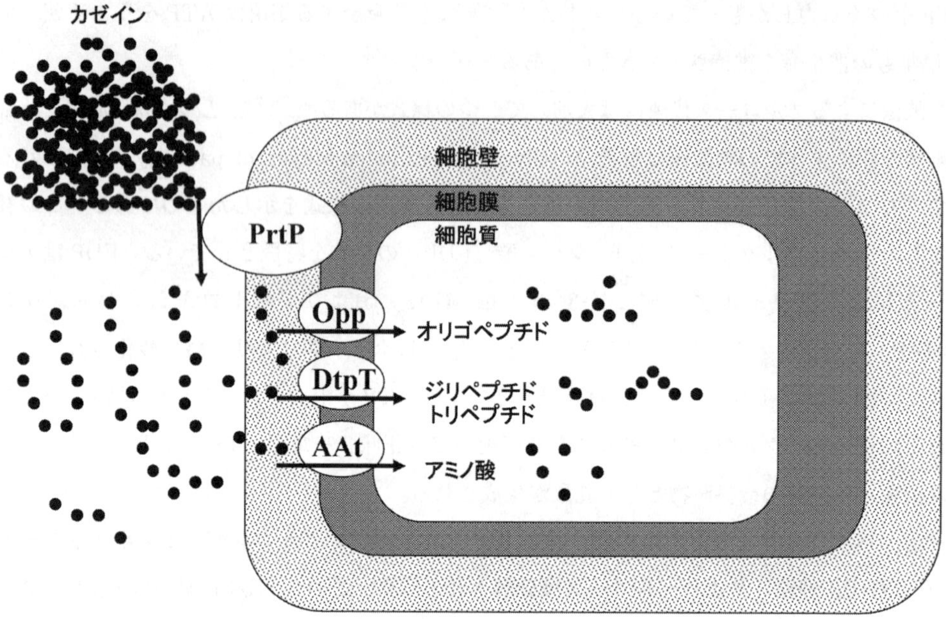

PrtP：細胞壁に結合した菌体外プロテイナーゼ
Opp:オリゴペプチド　トランスポートシステム
Dtp: ジペプチド　トランスポーター
　　トリペプチド　トランスポーター
Aat：アミノ酸トランスポート　システム

図３　乳酸菌によるカゼインの異化作用[31)]

システムで，疎水性のジペプチドもしくはトリペプチドに対しては共輸送システムで，さらに単一アミノ酸に対しては単輸送システムでそれぞれ菌体内に取り込まれる。

乳酸菌のタンパク分解酵素に関する研究は古くから活発に行われており，特にチーズの熟成との関わりの中で大きな研究の進歩を遂げてきた。チーズ中ではタンパク質は乳酸菌プロテアーゼによってペプチド，アミノ酸，さらにアミノ酸はアンモニア，アミン，硫化水素へと分解される。分解程度はチーズの熟成度と密接な関係があり，風味形成のもとになっている。チーズの熟成開始後に原料乳由来のプラスミンや仔牛レンネットのキモシンの作用で生成される高分子ペプチドは乳酸菌由来のプロテアーゼやペプチダーゼに徐々に低分子化されて，芳醇な風味が生成される[32〜36)]。

7　脂質代謝

リパーゼ（EC 3・1・1・3）やエステラーゼ（EC 3・1・1・1）といった脂肪分解性の酵素は

発酵食品の風味形成の上で重要であるが，乳酸菌が産生する脂肪分解性酵素は強い活性を有していないとするのが一般的な見方である[27]。しかし，乳酸菌が脂肪分解性の酵素を産生することは明らかな事実であり，チーズに生息する乳酸菌がリパーゼを産生するとする報告が散見される[37~40]。

文　　献

1) 細野明義，「乳酸菌とヨーグルトの保健効果」，幸書房，pp.3-36 (2007)
2) 細野明義，「乳酸発酵の文化譜」(小崎道雄編)，中央法規，pp.12-34 (1996)
3) 小崎道雄，「乳酸菌」，八坂書房 (2002)
4) 石田名香雄，田中信男，渡邊力，「微生物学」，朝倉書店，pp.86-88 (1974)
5) Pelczar, M. J., Reid, R. D., Chan, E. C. S., "Microbiology", pp.20-39, New Delhi (1977)
6) Lister, J., *Quart. J. Microsc. Sci.*, **13**, 380-408 (1873)
7) Tisser, H., *Ann. Inst. Pasteur (Paris)*, **22**, 189-208 (1908)
8) Moro. E., *Wien Klin. Wochenschr.*, **13**, 114-115 (1900)
9) Metchnikoff, I. E., "The Prolongation of Life, Optimistic Studies", Springer Pub. Co., New York, pp.116-129 (2004), (復刻版)
10) Orla-Jensen, O., *Bakteriol. Parasitenkd. Infektionskr. Hyg. Abt.*, **22**, 305-346 (1909)
11) 光岡知足，日本乳酸菌学会誌，**17**, 24-34 (2006)
12) Pineiro, M., Stanton, C., *J. Nutri.*, **137**, 850-853 (2007)
13) 外岡俊樹，細野明義，小児内科，39巻8号掲載予定
14) Haeckel, E., "Generelle Morphoogie der Organismen", Reimer, Berlin (1866)
15) Copeland, H. F., *Quart. Rev. Biol.*, **13**, 384-420 (1938)
16) Whittaker, R. H., *Science*, **163**, 150-160 (1969)
17) Woese, C. R., Balch, W., Magrum, L. J., Fox, G. E. and Wolfe, R. S., *J. Mol. Evolution*, **9**, 305-311 (1977)
18) 岩崎泰介，「畜産食品微生物学」(細野明義編)，朝倉書店，pp.154-167 (2000)
19) Amor, K. B., Vaughan, E. E., de Vos, W. M., *J. Nutri.*, **137**, 741-747 (2007)
20) 細野明義，辨野義己，諸富正己，ヘルシスト，**31**, 2-6 (2007)
21) Limsowtin, G. K. Y., Broome, M., C., Powell, I. B., "Encyclopedia of Dairy Sciences" (Ed. By Roginski, H., Fuquay, J. W., Fox, P. F.) , Academic Press, Amsterdam, pp. 1479-1484 (2002)
22) Axelsson, L. T., "Lactic Acid Bacteria" (Ed. By Salminen, S., Wright, A.), Marcel Dekker, Inc., New York, pp.1-63 (1993)
23) Schleifer, K. H., Stackebrandt, E., *Ann. Rev. Microbiol.*, **37**, 143-187 (1983)
24) Williams, A. M., Fryer, J. L., Collins, M. D., *FEMS Microbiol. Lett.*, **68**, 109-114 (1990)

25) Farrow, J. A. E., Cooins, M. D., *J. Gen. Microbiol.*, **130**, 357-362 (1984)
26) Garvie, E. I., "Bergy's Mannual of Systematic Bacteriology" Vol. 2, (Sneath, P. H. A., Mair, N. S., Sharpe, M. E. and Holt, J. G. 編), Williams and Wilkins, Bartimore, pp.1075-1079 (1986)
27) Daeschel, M. A., Andersson, R. E., Fleming, H. P., *FEMS Microbiol. Rev.*, **46**, 357-367 (1987)
28) 戸羽隆宏,「畜産食品微生物学」(細野明義編), 朝倉書店, pp.50-69 (2000)
29) Garvie, E. I., "Bergy's Mannual of Systematic Bacteriology" Vol. 2, (Sneath, P. H. A., Mair, N. S., Sharpe, M. E. and Holt, J. G. 編), Williams and Wilkins, Bartimore, pp.1208-1234 (1986)
30) Corsetti, A., Gobbetti, M., "Encyclopedia of Dairy Sciences" (Ed. By Roginski, H., Fuquay, J. W., Fox, P. F.), Academic Press, Amsterdam, pp.1501-1511 (2002)
31) Broome, M. C., Powell, I. B. and Limsowtin, G. K. Y., "Encyclopedia of Dairy Sciences" (Ed. By Roginski, H., Fuquay, J. W., Fox, P. F.), Academic Press, Amsterdam, pp.269-275 (2002)
32) Vasala, A., Panula, J., Neubauer. P., *J. Biotech.*, **117**, 421-431 (2005)
33) Al-Otaibi, M. M., Wilbey, R. A., *Int. J. Dairy Tech.*, **57**, 57-63 (2004)
34) Searingen, P. A., O' Sullivan, D. J., Warthesen, J. J., *J. Dairy Sci.*, **84**, 50-59 (2001)
35) Williams, A. G., Felipe, X., Banks, J. M., *Int. Dairy J.*, **8**, 255-266 (1998)
36) Akuzawa, R., Kajiya, T., Ohishi, H., Ito, O., Yokoyama, K., *Bull. Nippon Veterinary Animal Sci. Univ.*, **29**, 103-106 (1980)
37) Ogawa, J., Kishino, S. Ando, A., Sugimoto, S., Mihara, K, Shimizu, S., *J. Biosci. Bioeng.*, **100**, 355-364 (2005)
38) Medina, R. B., Katz, M. B., Gonzalez, S., *Method Mol. Biol.*, **268**, 465-470 (2004)
39) Medina, R. B., Katz, M. B., Gonzalez, S., *Method Mol. Biol.*, **268**, 449-463 (2004)
40) Medina, R. B., Katz, M. B., Gonzalez, S., Oliver, G., *J. Food Prot.*, **65**, 1997-2001 (2002)

第2章　プロバイオティクス乳酸菌と免疫

柳橋　努[*1]，細野　朗[*2]，上野川修一[*3]

1　はじめに

乳酸菌は広く自然界に分布している微生物で，多くの動物の腸内にも多数生息している。また乳酸菌は古くから，ヨーグルトをはじめとした発酵食品の製造に用いられ，我々の生活に身近なものとなっている。

19世紀初頭に，この乳酸菌が健康の維持にも関わっていることがMetchnikoffにより提唱されて以来，消化・吸収の促進，腸内細菌叢の正常化，免疫賦活化，アレルギー抑制など，乳酸菌と健康について多くの研究が行われてきた。

近年の健康志向や予防医学の観点から，食品による健康維持に関心が集まっており，乳酸菌を用いたヨーグルトなどの消費量がのびている。特に生体に有益な菌はプロバイオティクスと呼ばれ，乳酸菌は代表的なプロバイオティクスとして，その機能に注目が集まっている。本稿では，最近の知見を踏まえ，プロバイオティクス乳酸菌と免疫との関わりについて紹介する。

2　腸管免疫系

プロバイオティクス乳酸菌を食品として摂取すると腸管に達する。腸管は粘膜面を介して外界と接しており，常に食事，呼吸などによって生体内に取り込まれた外来抗原の侵入の危険に曝されている。そしてその粘膜面はムチンを主成分とする厚い粘液層に覆われており，この粘液層が物理的バリアーとなって外来抗原の侵入を妨げている。また，腸管では食事を通じて食品抗原や微生物など多種多様な抗原に曝露されているために，そこには全末梢リンパ球の約70%に相当する免疫系細胞が存在し，最大のリンパ組織である腸管関連リンパ組織（gut-associated lymphoid tissue; GALT）を形成している。GALTは食品抗原に対しては強い免疫応答を誘導しない「経口免疫寛容」と呼ばれる免疫応答が誘導される一方で，病原性微生物に対しては積極的

＊1　Tsutomu Yanagibashi　日本大学　生物資源科学部

＊2　Akira Hosono　日本大学　生物資源科学部　准教授

＊3　Shuichi Kaminogawa　日本大学　生物資源科学部　教授

な排除を行うという非常にユニークな特徴を持っている。この経口免疫寛容が破綻すると，食品抗原に対し過剰な免疫応答を誘導している状態である食品アレルギーを引き起こすこととなる。経口免疫寛容の誘導には，腸管に共生している腸内細菌の存在が必須であることが，腸内細菌が存在する通常飼育されたコンベンショナルマウス（CV マウス）と，腸内細菌の存在しない無菌マウス（GF マウス）との比較研究により明らかにされている[1)]。

腸内細菌はヒトの腸管には数百種，100 兆個以上，重量にして 1.5 kg 以上の細菌が，互いに拮抗し合いながら腸内細菌叢と呼ばれる集団を形成しており，腸管免疫系の積極的な排除を受けずに宿主と共生し，病原性微生物など体内への侵入を防ぐ物理的なバリアーとしても働いている。また，腸内細菌は腸管環境と大きく関係しており，腸内細菌叢のバランスが崩れると便秘や下痢などの症状をもたらす。

さて，プロバイオティクス乳酸菌の摂取による整腸作用が腸内細菌叢のバランスを改善する効果であることは広く知られている。近年は整腸作用だけでなく，プロバイオティクス乳酸菌が腸管免疫系や全身免疫系に影響をおよぼすという報告が数多くなされている（表 1）。さらに，腸管免疫系の応答が腸内に存在する細菌によって強く影響を受けていることを示す事例も報告されている。例えば，IL-10 ノックアウトマウスは炎症性大腸炎のモデル動物として知られているが，この IL-10 ノックアウトマウスを無菌環境で飼育すると炎症性大腸炎は発症しない[2)]。また，GF マウスでは，GALT を形成するリンパ組織の一つであるパイエル板が CV マウスに比べ未発達

表 1　プロバイオティクス乳酸菌の免疫調節作用についての主な報告例

対象	菌種	主な作用
ヒト	*Bifidobacterium lactis* Bb-12 *Lactobacillus rhamnosus* GG	アトピー性皮膚炎の症状緩和
	Bifidobacterium lactis Bb-12 *Bifidobacterium breve* YIT4064 *Lactobacillus rhamnosus* GG	ロタウィルスに対する IgA 産生量の増加
	Lactobacillus acidophilus La1	好中球や単球の貪食能の亢進
	Bifidobacterium lactis HN019	末梢血細胞中の $CD4^{+}CD25^{+}T$ 細胞，NK 細胞の増加，貪食活性，NK 活性の増加
マウス	*Bifidobacteirum lactis*	糞便中および乳中の抗 β ラクトグロブリン IgA 産生量の増加
	Bifidobacterium breve YIT4064	パイエル板細胞の抗インフルエンザウィルス IgA 産生量が増加
	Bifidobacterium bifidum	マウス脾臓 B 細胞の細胞増殖が亢進し，抗体産生量と IgA 産生細胞数が増加
	Lactobacillus casei Shirota	OVA で感作したマウス脾臓細胞と，加熱菌体の *in vitro* での共培養により，IFN-γ，IL-12 産生を促進し，IL-4，IL-5，IgE 産生を抑制
	Lactobacillus gasseri	*in vitro* でマクロファージの IFN-α の産生を誘導
	Lactobacillus plantarum L-137	マウス脾臓細胞との *in vitro* での共培養で IL-12 と IFN-γ 産生を亢進

であることや，GFマウスの免疫グロブリンA（IgA）産生細胞の数がCVマウスよりも少ないことも報告されている[3)]。これらの報告から，腸内細菌と腸管免疫系とが互いに影響をおよぼしあい，腸内環境や腸管免疫系，果ては全身の免疫系を調節していることが容易に推察される。腸内細菌と腸管免疫系との相互作用を明らかにすることは，プロバイオティクス乳酸菌の腸管免疫系，全身免疫系への作用機序を解明する重要な手がかりになると考えられる。

3　免疫系によるプロバイオティクス乳酸菌の認識

腸管へ達したプロバイオティクス乳酸菌はGALTを形成するリンパ組織の一つであるパイエル板から体内へと取り込まれる。パイエル板は小腸に存在し，マウスでは6-12個程度が確認される。パイエル板の上皮層にはM細胞と呼ばれる絨毛の短く，腸管管腔の微生物を積極的に取り込むポケット状の構造を有する特殊な上皮細胞が存在する。M細胞より取り込まれた微生物はM細胞の下部に多く存在する樹状細胞により捕らえられ，その後の免疫応答を誘導する。

同じ微生物であっても，腸内共生細菌のように腸管免疫系による積極的な排除を受けない微生物と，病原細菌のように腸管内から排除を促される菌が存在することは，GALTが微生物の違いを認識し，共生，排除という相反する免疫応答を行っていることを示している。樹状細胞には，微生物が有する分子パターン（pathogen-associated molecular patterns; PAMPs）を認識するレセプターであるToll様受容体（Toll-like receptor; TLR）が発現している。TLRには，グラム陽性菌の菌体壁成分であるペプチドグリカンや酵母の菌体壁成分ザイモサンを認識するTLR2，ウィルスの2本鎖RNAを認識するTLR3，グラム陰性菌の菌体成分であるリポ多糖やリポテイコ酸を認識するTLR4，鞭毛フラジェリンを認識するTLR5，細菌の非メチル化DNAを認識するTLR9などが存在する。また腸管組織に存在する樹状細胞や抗原提示細胞にはTLR以外にもNod（nucleotide-binding oligomerization domain）タンパク質による微生物の認識が備わっており，これらのレセプターを介し微生物の種類を識別し，微生物ごとに異なる免疫応答を誘導していると考えられている。Maassenらは*Lactobacillus*の菌株が異なると，それぞれに特徴的なサイトカイン産生パターンを示すことを明らかにした[4)]。この結果は，プロバイオティクス乳酸菌においても，その菌株間において誘導される免疫応答，または誘導される免疫応答の強弱に差があることを示唆している。近年，M細胞は小腸パイエル板以外の絨毛部位や[5)]，盲腸にも存在することが明らかにされている[6)]。また，腸管上皮細胞間から樹状細胞が触手を伸ばし，腸管管腔中の微生物を捕らえるという報告もされている[7)]。また小腸と大腸では存在する細胞の割合が異なることが報告されており[8)]，抗原が取り込まれる免疫系組織により，異なる免疫応答が誘導されている可能性が示唆されている。

4 プロバイオティクス乳酸菌のIgA産生誘導

粘膜面での微生物に対する特徴的な応答にIgA産生が挙げられる。*Bifidobacteria*添加調製粉乳を健康な小児に与えたときに分便中の総IgA産生量とPoliovirusに対するIgA産生量が増加するという報告などから[9]，プロバイオティクス乳酸菌の摂取によりIgA産生応答が亢進することは既に知られているが，実際に腸内細菌やプロバイオティクスがどのように作用しているのかは不明な点が多い。一般に，パイエル板のM細胞より取り込まれた微生物抗原の情報は，樹状細胞を介しT細胞へと伝えられ，T細胞が産生するIL-5やTGF-βなどのサイトカインにより，IgM分子を発現したB細胞（IgM$^+$B細胞）がIgAを発現したB細胞（IgA$^+$B細胞）へと分化，誘導される。IgA$^+$B細胞は，粘膜免疫循環帰巣経路を経て腸管粘膜固有層へと移動した後に，IgA産生細胞へと最終分化し分泌型のIgAを産生するという，パイエル板を起点としたIgA産生誘導メカニズムが考えられてきた。しかし，パイエル板を欠損したマウスでも腸管管腔にIgAが産生されることから，パイエル板を介さないIgA産生経路が存在することが提唱されている。Fagarasanらは小腸粘膜固有層より精製したIgM$^+$B細胞を*in vitro*でLPSにより刺激を行った際に，T細胞非依存的にIgMからIgAへのクラススイッチが誘導されることを示した[10]。また，

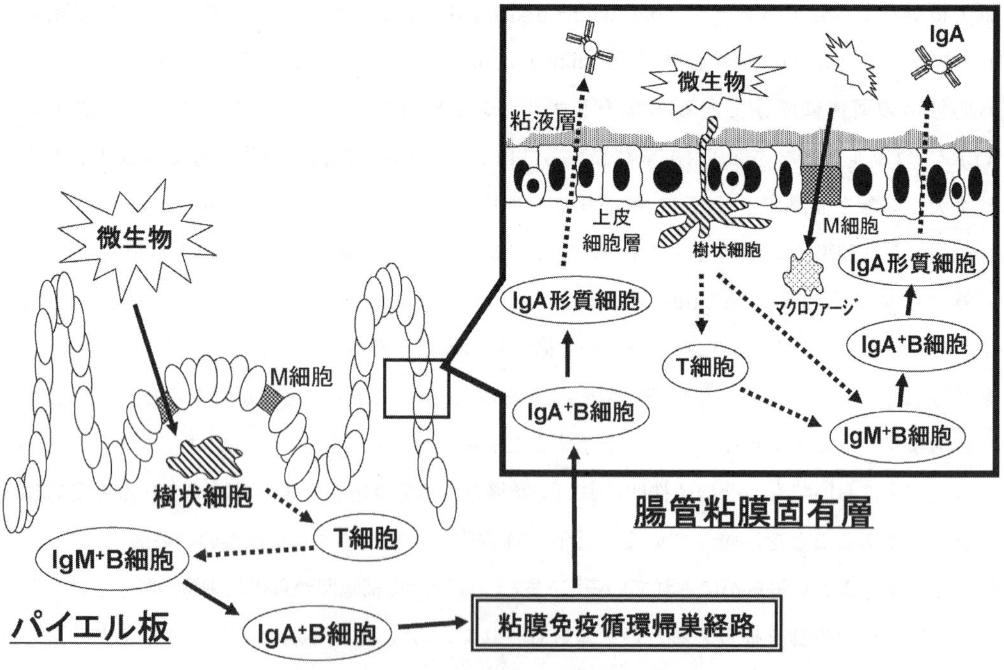

図1 小腸におけるIgA産生誘導の主な経路

Macphersonらは微生物を捕らえた樹状細胞がT細胞を介す経路と，T細胞を介さない経路によってIgA産生を誘導することを報告している[11]。このようにIgA産生は様々な経路により誘導されることが徐々に解明されつつある（図1）。

では，口から摂取されたプロバイオティクス乳酸菌はどのようにしてIgA産生を誘導するのであろうか。Galdeanoらは，*Lactobacillus casei*をBALB/cマウスへ7日間の経口投与することで，TLR2$^+$細胞とマンノースレセプターを発現した細胞が，小腸粘膜固有層とパイエル板において増加することを明らかにし，さらにIL-6産生細胞とIgA$^+$細胞が増加することを示している[12]。Vitiniらは数種類の乳酸菌を経口投与した際に，小腸粘膜固有層のIgA形質細胞数が使用した全ての菌で増加したが，その全てがCD4$^+$T細胞の増加と相関しなかったことから，乳酸菌がB細胞クローンを増加させることでIgA産生応答を誘導していることを示唆している[13]。これらの結果から，IgA産生においてプロバイオティクス乳酸菌が，マクロファージや樹状細胞，B細胞など抗原提示能やTLRを有する細胞に作用し，抗原情報を受け取ったこれらの細胞が直接，またはCD4$^+$T細胞を介した応答により，IgA形質細胞数を増加させ，IgA産生応答を促進することが考えられている。

また，近年プロバイオティクス乳酸菌には生菌体でなく，菌体構成成分にも免疫賦活作用がありプロバイオティクス様の作用を有することが知られている。Nakanishiらは，高いリンパ球の細胞増殖活性を有する，ヒト腸内細菌由来菌株である*Bifidobacterium pseudocatenulatum* 7041の菌体破砕物を，ビフィズス菌免疫調節物質（*Bifidobacterium* immunomodulator; BIM）としてBALB/cマウスへ7日間経口投与することにより，パイエル板CD4$^+$細胞のIL-6産生が亢進し，BIM特異的なIgA産生が促進されることを明らかにした[14]。

腸内細菌やプロバイオティクス乳酸菌，またその構成成分によるIgA産生活性化メカニズムの詳細が明らかになれば，今まで以上に効率的に粘膜面へのIgA産生を誘導することが可能となり，感染防御のために有効な食品の開発へとつながることが期待される。

5　プロバイオティクス乳酸菌のNK活性調節効果

ウィルスに感染した細胞や，腫瘍細胞に対する免疫応答に，ナチュラルキラー（NK）細胞による細胞障害活性が挙げられる。NK細胞は，細胞障害性T細胞と同様に，細胞のパーフォリンやグランザイムなどの顆粒を放出することにより行われる。NK細胞の細胞障害活性を数値化したものはNK活性と呼ばれ，NK細胞の活性化の指標として用いられる。プロバイオティクス乳酸菌には様々な免疫活性があることが知られているため，NK活性の増強効果についても期待されている。Sasakiらは C57BL/6マウスへ*Bifodobacterium thermophilum*を3週間投与した時に，脾臓と腸間膜リンパ節由来NK細胞のNK活性が上昇することを明らかにしている[15]。さらに*Lactobacillus casei* Shirotaを経口摂取するヒト試験において，ヒト末梢血細胞のIL-12産生量の増加，NK細胞表面上のCD69分子の発現増加が認められ，*L. casei* Shirotaの経口摂取がT細胞ではなく単球細胞に作用しNK活性を増加させることが報告されている[16]。また，同様のヒト試験において，*Bifidobacterium lactis* HN019を添加した低脂肪乳の摂取で好中球の貪食活性とNK活性が亢進し，摂取をやめるとこれらの活性が元に戻ることや，*B. lactis* HN019添加調製粉乳を3週間摂取すると末梢血中の$CD4^+CD25^+$T細胞，NK細胞が増加し，白血球の貪食能やNK活性が上昇することが報告されている[17]。以上のことからプロバイオティクス乳酸菌が自然免疫系の細胞に作用し，NK活性を上昇させていることが示唆されている。

6 プロバイオティクス乳酸菌のアレルギー抑制効果

近年，花粉症をはじめ，食品アレルギーや，アトピー性皮膚炎などのアレルギー患者は年々増加傾向にあり大きな社会問題となっている。アレルギー患者増加の原因として，生活水準の向上や，予防摂取などの医療水準の向上により，生活環境が衛生的になり過ぎて感染症などに接する機会が減少していることが，アレルギー患者の増加と関係があるとする「衛生仮説」が提唱されている。プロバイオティクス乳酸菌を利用した代表的な食品であるヨーグルトを長期間摂取することによりアトピー性皮膚炎の症状緩和[18~20]，血中IgEの低下[21]といったアレルギー症状を改善する兆候が見られることが多くの臨床試験によって示されているため，プロバイオティクス乳酸菌を用いたアレルギー症状の緩和について期待が集まっている。

アレルギーには免疫系のTh1，Th2細胞応答のバランスが崩れ，Th2細胞応答が優位になった状態と関係があるとされる説が示されており，現在，動物実験などからプロバイオティクス乳酸菌のアレルギー抑制機構の解明を試みる研究が多数なされている。Katoらは*Lactobacillus casei* ShirotaのBALB/cマウスへの経口投与により，脾臓細胞のIL-12産生量が増加しIFN-γ産生が促進されることを示した[22]。また，MatsuzakiらはOVAを腹腔免疫したBALB/cマウスへ*L. casei* Shirotaの経口投与により，血清中IgE産生量の低下することを示し，さらにTh1細胞性サイトカイン産生量が増加し，Th2細胞性サイトカイン産生量が低下することを明らかにした[23]。また，Shidaらにより，*L. casei* ShirotaによるIgE産生の抑制が，マクロファージにより産生されるIL-12の影響である可能性が示唆された[24]。さらに，Murosakiらはアレルギーモデルマウスへの*Lactobacillus plantarum* L-137の腹腔内投与が，血中IgEを低下させること，腹腔マクロファージのIL-12産生を亢進し，脾臓細胞のIL-4産生を低下させることを明らかにした[25]。これらの研究からプロバイオティクス乳酸菌はマクロファージのIL-12産生を亢進し，

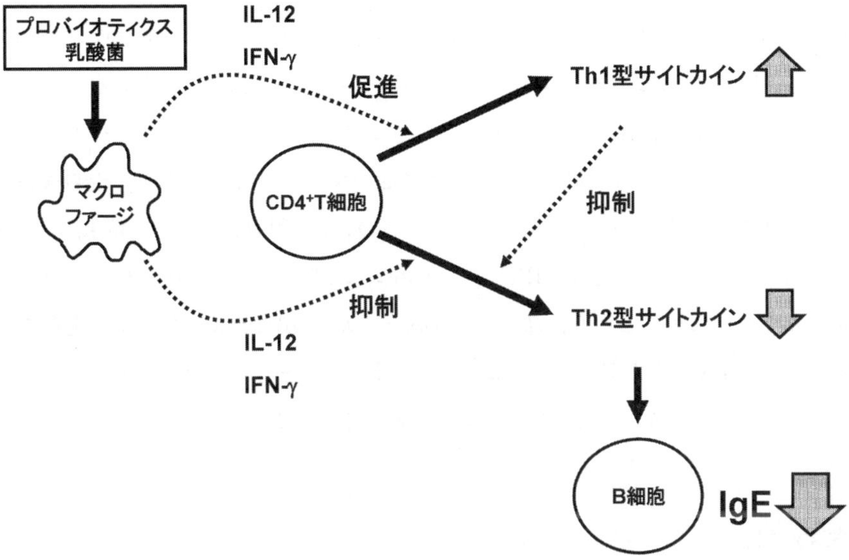

図2　プロバイオティクス乳酸菌のアレルギー抑制機構

IgE 産生を抑制すること，また Th1 細胞性のサイトカイン産生を増加させる一方で，Th2 細胞性サイトカインの産生量を低下させること，すなわち Th2 型へ傾いた免疫応答と，Th1 型免疫応答を調節するはたらきがあることが示唆されている（図2）。

アレルギー症状の改善について，プロバイオティクス乳酸菌の効果を検証するためには *in vivo* 試験により有効性を立証しなければならない。ヒトやマウスの腸管には *Bifidobacterium* 属菌や *Lactobacillus* 属菌を始めとする乳酸菌が多数生息しているために，目的のプロバイオティクス乳酸菌を摂取して得られた実験データが，摂取した菌そのものの機能を反映したものであるのか，また被験者の腸内細菌叢の改善による効果であるのか，その判断が非常に難しい。この問題は，目的のプロバイオティクス乳酸菌のみが定着したノトバイオートマウスを用いることにより解決できるようになる。さらにノトバイオートマウスの作成に，アレルギーモデルマウスを使用することで，アレルギー症状に対するプロバイオティクス乳酸菌の効果について，*in vivo* で明確に立証することが可能となる。ノトバイオートマウスは GF マウスに単一菌体または複数菌を投与することで作成される。CV マウスに比べ GF マウスの GALT は未発達な状態であるため，通常とは異なる免疫応答が誘導される可能性があるが，セグメント細菌（SFB）と Clostridia を基礎的な腸内細菌叢として定着させることにより CV マウスに近い免疫組織形成を誘導するようになる。

Tsuda らは，*Bifidobacterium pseudocatenulatum* 7041 の免疫調節作用を明らかにするために，

OVA特異的T細胞受容体を高発現しているOVA23-3マウスを無菌化した後，SFB，46菌株のClostridia，さらに*B. pseudocatenulatum* 7041を定着させたノトバイオートマウス（BIFマウス）を作製した。BIFマウスのパイエル板，腸管粘膜固有層それぞれからリンパ球を調製し，*in vitro*でOVA刺激を行い，IFN-γ，IL-6産生について調査した。コントロールとして，無菌OVA23-3マウスにSFB，Clostridiaのみを定着させたマウス（SFBマウス）から調製したパイエル板，腸管粘膜固有層リンパ球をBIFマウス同様OVAで刺激した。その結果，パイエル板，腸管粘膜固有層リンパ球の両方で，IFN-γ，IL-6共にSFBマウスよりもBIFマウスの方が低い産生量を示した。このことから，*B. pseudocatenulatum* 7041がOVAによる過剰な免疫応答を抑制することが示唆された[26)]。今後，こうしたノトバイオートマウスをモデルとして用いることで，プロバイオティクス乳酸菌の機能がより明確にされることが期待される。

7　おわりに

プロバイオティクス乳酸菌に最も期待されることは，日常の食事により疾病を予防，改善することである。プロバイオティクス乳酸菌の免疫調節作用については，IgA産生応答の増強，アレルギー抑制作用，細胞障害活性の亢進など，近年ではかなり多くの知見が報告されてきている。しかし，これらは未だ分子生物学的な手法による作用機序の解明が十分に進んでいないことや，これまで報告されているプロバイオティクス乳酸菌の腸管免疫系への調節作用は，その多くが小腸部位に限定された現象が多く，実際に多くの腸内細菌が生育している大腸部位における免疫系への作用については，その詳細な解析はほとんどなされていない。さらに，プロバイオティクス乳酸菌の免疫調節作用は菌株ごとに誘導する免疫応答が異なることから，その作用機序についても菌体を構成する分子に注目した網羅的な解析を行う必要がある。以上より，これらの問題点を解決していくことにより，感染症やアレルギー症などの予防にはその症状の違いに応じたプロバイオティクス乳酸菌を選択し摂取することで，効果的な対処が可能となるであろう。そうした実用化を実現するためにも，プロバイオティクス乳酸菌と宿主免疫系についての更なる研究展開が期待される。

文　　献

1) N. Sudo *et al.*, *J. Immunol* ., **159**, 1739 (1997)

2) M. Schultz *et al., Inflamm. Bowel. Dis.*, **8**, 71 (2002)
3) Y. Umesaki *et al., Infect. Immun.*, **67**, 3504 (1999)
4) C. B. Maassen *et al., Vaccine*, **18**, 2613 (2000)
5) M. H. Jang *et al., Proc. Natl. Acad. Sci. USA*, **101**, 6110 (2004)
6) M. A. Clark *et al., Histochem. Cell Biol.*, **104**, 161 (1995)
7) J. H. Niess, H. C. Reinecker, *Curr. Opin. Gastroenterol.*, **21**, 687 (2005)
8) A. A. Resendiz-Albor *et al., Life Sci.*, **76**, 2783 (2005)
9) Y. Fukushima *et al., Int. J. Food Microbiol.*, **42**, 39 (1998)
10) S. Fagarasan *et al., Nature*, **413**, 639 (2001)
11) A. J. Macpherson *et al., Science*, **288**, 2222 (2000)
12) C. M. Galdeano, G. Perdigon, *Clin. Vaccine Immunol.*, **13**, 219 (2006)
13) E. Vitini *et al., Biocell*, **24**, 223 (2000)
14) Y. Nakanishi *et al., Cytotechnology*, **47**, 69 (2005)
15) T. Sasaki *et al., J. Vet. Med. Sci.*, **56**, 1129 (1994)
16) K. Shida *et al. Clin. Vaccine Immunol.*, **13**, 997 (2006)
17) H. S. Gill *et al., Am. J. Clin. Nutr.*, **74**, 833 (2001)
18) M. Kalliomaki *et al., Lancet*, **357**, 1076 (2001)
19) E. Isolauri *et al., Clin. Exp. Allergy*, **30**, 1604 (2000)
20) J. Van de Water *et al., J. Nutr.*, **129**, 1492S (1999)
21) H. Majamaa, E. Isolauri, *J. Allergy Clin. Immunol.*, **99**, 179 (1997)
22) I. Kato *et al., Int. J. Immunopharmacol.*, **21**, 121 (1999)
23) T. Matsuzaki *et al., J. Dairy Sci.*, **81**, 48 (1998)
24) K. Shida *et al., Int. Arch. Allergy Immunol.*, **115**, 278 (1998)
25) S. Murosaki *et al., J. Allergy Clin. Immunol.*, **102**, 57 (1998)
26) M. Tsuda *et al.*, "*Animal Cell Technology: Basic and Applied Aspecte*", vol. 14, pp. 93-96 Springer (2006)

第3章　腸内フローラとプロバイオティクス乳酸菌

伊藤喜久治*

1　はじめに

腸内フローラとプロバイオティクス乳酸菌の関係を初めて示唆したのが1907年にMechinikoffにより発表された「ヨーグルトの不老長寿説」[1)]であった。このなかでヨーグルトの乳酸菌が腸内で増殖することで腸内の細菌が産生する腸内腐敗産物の産生を抑制することで長寿になると説明した。また，このなかでヨーグルトは死菌であってもその有効性は変わらないとも記載されている。

その後乳酸菌の発酵食品であるヨーグルトが生菌としての効果か，発酵産物の効果か，また死菌でもよく菌体としての効果かとの議論もあるが，ヨーグルトの生体への有益な効果はこれらの総合的なものと考えるのが妥当であろう。

その後，プロバイオティクスは1989年Fuller[2)]により「腸内フローラのバランスの改善を通して宿主に有益に働く生菌添加物」と定義された。さらに1996年Salminen[3)]は「宿主の健康や栄養に有意にはたらく生菌剤または培養乳製品」との定義を示し，「腸内フローラの改善」という考えと「生菌」という考え方にとらわれず広く定義づけた。2002年に出されたFAO/WHO[4)]により「適度に処置された時，宿主に健康上有益に作用する生菌」という定義が提案された。しかし，依然Fullerの定義が広く受け入れられている。

近年の研究でProbioticsの中で乳酸菌やその代謝産物が腸内フローラを介さず直接宿主の生理機能に影響を及ぼしていることが報告されているが，プロバイオティクス乳酸菌の宿主への有益性は腸内フローラとの関係を介して考えるのが基本である。

プロバイオティクス乳酸菌は，乳酸産生菌（lactic acid bacteria : LAB）として*Lactobacillus, Bifidobacterium, Enterococcus*等を合わせて言う場合と，genus *Lactobacillus*として用いる場合があるが，本章では後者の意味で用いる。

---

*　Kikuji Itoh　東京大学大学院　農学生命科学研究科　獣医公衆衛生学研究室　准教授

2　腸内フローラ

ヒトの腸内に生息する細菌は“種”のとらえ方にもよるが100～1000種といろいろな報告があるが現時点では培養法[5]，クローニング法[6～8]含め300～500種程度と考えられる。総菌数では糞便1 gあたり10^{11}～10^{12}/g個の菌が腸管全体では$10^{14\sim15}$個の菌が生息している。近年培養法以外に16S rDNAのシークエンスを利用した腸内フローラの解析法が導入され，培養法では検出されなかったような遺伝子が多数データーベースに登録されるようになった。培養法で得られる菌は腸内フローラ全体の20～50％にすぎない[9]との報告もあるが，Ben-Amorらは[10]糞便中の菌は1/3は死亡し，1/3はinjuredであると報告している。しかしこれらの報告で注意しなければならないのは培養そのものの技術が伴わない場合，DAPI染色などで算出した菌数と培養法による菌数の差は極端に大きくなり，培養できない菌数の割合が著しく増加することとなる。また培養法で得た菌の16S rDNAのシークエンスデーターをデーターベースで検索すると，登録してあるシークエンスがUnculturedである場合も認められ，何をもって培養できないとするかについて正確に判断する必要がある。

培養法では腸内フローラ構成菌の99％以上が嫌気性菌で占められているため，培養にはグロー

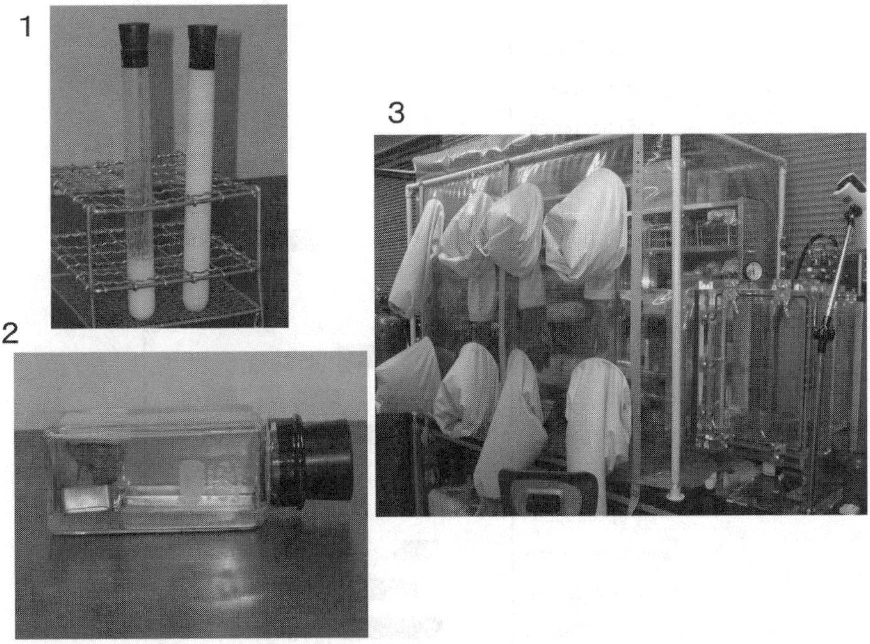

図1　各種絶対嫌気性菌の培養法
1：ロールチューブ法，2：プレートインボトル法，3：グローブボックス法

ブボックス，プレートインボトル，ロールチューブなどの特殊な装置が必要となる（図1）。

遺伝子を用いた検出法は多様性パターン解析法としてT/DGGE法，T-RFLP法，特異的プローブを用いたFISH法，フローサイトメトリー法，マイクロアレー法，特異的プライマーを用いたPCR法など（Tannpc）[11~13]がある。これらの方法を用いることでUnculturableな菌の構成が明らかにされ宿主との特異性や安全性，食事との関係が培養法での結果に比べて，より細かな分析が可能となったが，その結果が意味することがかえってあいまいになることもあり，それぞれのテクニックで何を明らかにしようとしているかによりその使い分けが必要である。今のところ培養で得られたこれまでの腸内フローラの生態に関する基本的な概念を覆すような結果は報告されていないが，今後culture-independentな腸内フローラ構成菌の検出法は従来の培養法に比べ簡便な方法であることから，より多くのデーターの蓄積を期待する。また，さらに培養技術の向上を図り，より多くの腸内菌を培養できるようになることが，腸内菌の機能を解析する上で不可欠である。

ヒトの腸内フローラは健康成人では安定で，正常細菌叢（normal flora）を形成する。また，個人ごとに特徴のあるパターンを示す[14~18]。培養法での正常腸内フローラ構成を図2に示す。

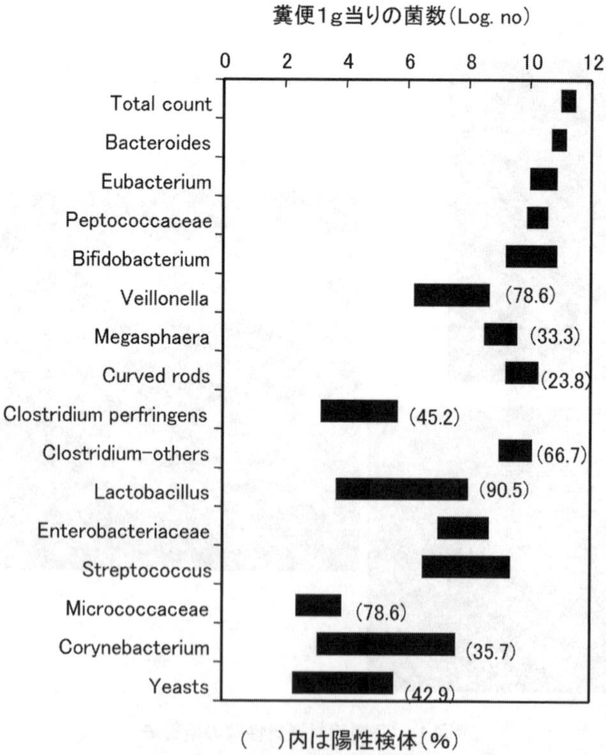

図2　健康成人の腸内フローラ（文献14，光岡知足原図）

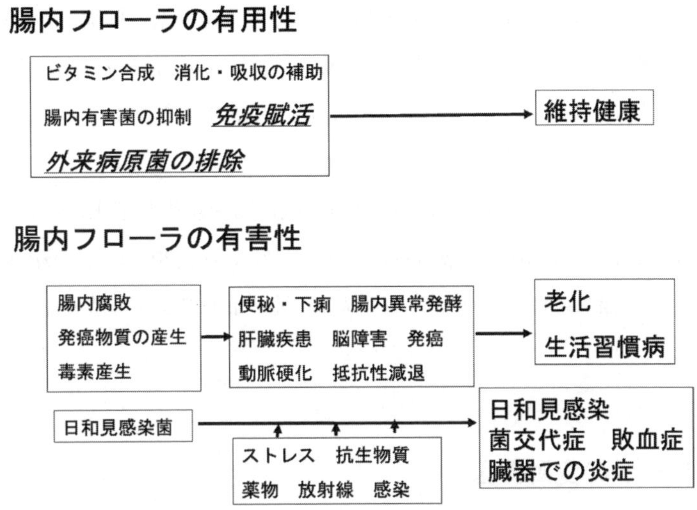

図３　腸内フローラと宿主の健康との関係

Bacteroides group が最優勢となり，*Eubacterium, Peptococcaceae, Bifidobacterium* が優勢菌として定着し，*Clostridium* は優勢ではあるが検出に個体差がみられる。*Lactobacillus, Enterobacteriaceae, Enterococcus* は嫌気性菌の 1/100 程度の菌数を示す。*Lactobacillus* は個体差が大きく 10^3/g-10^7/g で検出される。検出されない個体も多い[14]。

FISH 法での解析では *Bacteroides/Provotella* グループが約 30％，*E. rectule/C. cocoides* グループが 23％，*Eubacterium* low G+C2 グループ，*Atopobium* グループ，*Ruminococcus* グループが 10％程度で *Bifidobacterium* は 5％以下であった[19]。Real-Time PCR 法では *C. cocoides* グループが最優勢で $10^{10.3}$/g feces，*C. leptum* subgroup が $10^{9.9}$/g，*B. fragilis* group が $10^{9.9}$/g，*Bifidobacterium* が $10^{9.4}$/g，*Atopobium* group が $10^{9.3}$/g で *Prevotella* は 46％のヒトからのみ検出され $10^{9.7}$/g であった[18]。

主な遺伝子解析法の結果をまとめると *Bacteroides* が 37％，*Eubacterium* が 33％で *Clostridium* は 60％を占めることもあるが，*Bifidobacterium* は 15％にとどまった[5]。

腸内フローラは年齢により変化する[14]。出生直後は無菌状態であるが，ただちに大腸菌群や腸球菌などの好気性菌が定着し，やや遅れて *Bifidobacterium* が優勢に定着する。それに伴い大腸菌，腸球菌数が減少する。離乳にしたがい嫌気性菌が最優勢となり *Bifidoacterium* はやや低い菌数となり安定した腸内フローラ構成が健康成人では維持される。老年期では *Bifidobacterium* の菌数が減少し *C. perfringens*，*Lactobacillus* などの好気姓菌数が上昇する。これらの老人性の変化は食餌成分や腸管の運動能，消化・吸収能との関係が考えられる。

腸内菌の代謝の面で考えると腸内菌は摂取された食事成分を発酵してエネルギーを供給し，有機酸を産生して外来病原菌の定着阻止，内在性の日和見感染菌の増殖抑制，腸管粘膜の発ガン予防，免疫機能の賦活化など宿主に有益に働く。*Bifidobacterium, Lactobacillus,* 一部の *Eubacterium,* 糖分解性の *Bacteroides* や *Clostridium* がこの働きをしている。一方，多くの *Clostridium* や *Bacteroides* のように蛋白分解性の菌は各種毒素，発ガン物質，インドール，フェノール，パラクレゾール，アンモニアなどの腸内腐敗産物を産生し宿主に有害に働く。さらに *Enterobacteriacrae, Enterococcus, Streptococcus* などの好気姓菌や，*C. perfringens, C. difificile* などのように通常低い菌数に抑制されている菌種は各種ストレスにより異常増殖して日和見感染を起こす（図3）。

3　腸内フローラの変動要因

図4に示すように腸内フローラは大きく3つの要因によりコントロールされている。これらの要因は人為的にコントロールできない生物学的要因により腸内フローラ構成の大枠が決められている。動物種により基本的腸内フローラ構成は異なる[20, 21]。消化管の構造，機能の違い，食性の違いによるところが大きいと考えられる。年齢による腸内フローラの違いは前述の通りである。遺伝的要因は，マウスでは系統により腸内フローラの違いがみられる。NCマウスでは *Lactobacillus, Bifidobacterium, Eubacterium* の菌数が低く[22]，無菌NCマウスに他の系統のマウスをアイソレーター内で同居させても選択的に上記菌種の菌数は低くなる[23]。しかしヒトの場合，人種による違いが遺伝的なものであるか社会習慣，特に食生活の違いによるかの判断は難しい。

消化管各部位での腸内フローラ構成の違いは各部位での酸化還元電位，腸管運動，栄養素，胃酸や胆汁酸の分泌などで異なる。ヒトでは胃での菌数は低い。これは胃酸による影響が大きく，

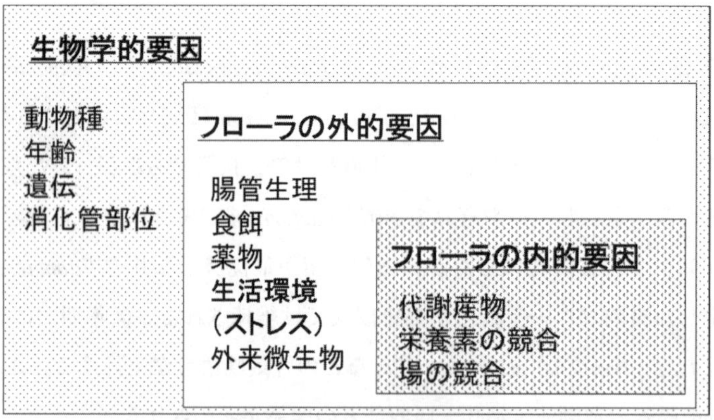

図4　腸内フローラのコントロール要因

空腹時 pH も 3.0 以下になることがある。小腸上部では依然酸化還元電位が高く，腸管の移動速度も速く 3〜5 時間程度で大腸に到達する。小腸下部からは嫌気性菌が増え始め盲腸，結直腸では 10^{11}/g の菌数に達する。大腸菌，腸球菌，乳酸菌は 10^5〜10^8/g と低い菌数で生息する。大腸部では正常時，1〜2 日間内容物は停滞する[24)]。

生物学的要因で規定された範囲でフローラの外的要因，つまり腸内フローラと生体の関係により腸内フローラがコントロールされている。外的要因については人工的にコントロールが可能であり，プロバイオティクスや食餌成分を利用して腸内フローラをコントロールすることができる。このうち腸管運動や消化管の消化酵素や胃酸，胆汁酸の分泌などの腸管生理機能の変化が腸内フローラ構成ならびに腸内菌の代謝に影響を与える最も重要なものと考えられる。食餌成分はそれを利用できる細菌の増殖を促すことで腸内フローラのバランスを変えることができる。生活環境，主にストレスは腸内フローラ構成に変化を起こす。物理的，精神的ストレスによる腸内フローラの変化は絶食，過密，乳幼児サルの母子分離，宇宙旅行，地震災害などが報告されている[25)]。共通してみられる現象として *Bifidobacterium, Lactobacillus* といった有用菌が減少し，大腸菌，*C. perfringens, Staphylococcus, Presdomonas* など日和見感染を起こしやすい菌や腸内腐敗を促進するような有害菌が増加する。外来微生物の影響は二つの面があり，一つは病原菌によるもので，感染は大きなストレスと考えられ，ストレスを受けた時と同様の腸内フローラ構成の変化を起こす[26)]。もう一つは有用菌としての Probiotics である。

腸内フローラの内的要因は腸内菌相互の関係で，大腸内では食餌成分がほとんど小腸部で吸収されてしまうために腸内菌にとって栄養不足状態にある。しかも酸化還元電位が－300mv 以下と極めて強い嫌気状態のため酸化的にエネルギーをとることができない。いかに残された栄養素を効率よく取り込むことが出来るかが，腸内での増殖定着に重要な要因となる。つまり，細菌相互の栄養素の競合が起こる。さらに腸管は激しい腸管運動により口腔から直腸方向に排泄運動が行われるため，腸管腔ではすぐに排除されてしまう。そこで腸管運動による排除から逃れるためには粘膜上皮細胞をおおう粘膜層への定着が不可欠となり，発育の場の競合が起こる。また，ある種の腸内菌の産生する代謝産物，有機酸やバクテリオシン様物質による他の腸内菌の発育抑制が考えられる。また，逆に腸内菌の産生するビタミンや酵素，繊維の分解による糖質の補給などによる発育促進も考えられるが，報告のほとんどは *in vitro* での成績で，実際に *in vivo* でどの程度の役割を担っているかは不明な点が多い。

腸内フローラ構成は腸内の異常状態ではストレス下での腸内フローラの変動同様の変化を示す。ヒトの小腸部では健康な状態では菌数が少ないが，異常時には大腸菌，腸球菌など好気性菌が異常増殖する。大腸部でも同様の変化が起こり，さらに *C. perfringens* などの腸内腐敗産物を産生する菌群が増殖し，*Bifidobacterium* や *Lactobacillus* の菌数が減少する[27)]。宿主の生

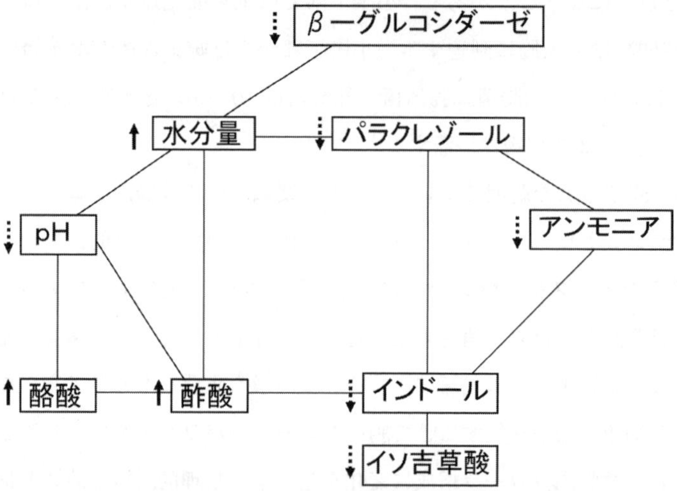

図5　ヒト糞便内腸内代謝産物間の相関（文献28，渡部恂子原図）

理状態の異常を起こす原因のいかんに関らず，同じような変化を示すことから，各種ストレスに対して腸管の生理状態，特に腸管運動により腸内フローラ構成が大きく影響を受けることを示唆している。

腸内菌の代謝においても，変動の方向性があり，図5に示すように糞便中の水分含量が増加すると糖質の代謝産物である酪酸や酢酸の濃度が上昇し，pHが低下する。これとは逆にβ-グルコシダーゼ，腸内腐敗産物であるパラクレゾール，アンモニア，インドール，アミノ酸の代謝産物であるイソ吉草酸などの濃度が減少する[28]。糞便中の水分含量が減少するとこれらは逆の方向性となる。つまり，腸内ではサッカロリティックな状態か，プロテオリティックな状態であるかにより一定のバランスを維持している。このバランスに影響を与える要因としては腸内フローラの変動要因としてあげたものの内，食事成分，腸管の消化・吸収ならびに腸管運動に関与する生理状態が強く影響している。腸内フローラの異常状態では，プロテオリティックな方向に変動する場合が多い。

4　腸内フローラ構成菌としての乳酸菌

ヒトとウサギでは小腸部での菌数が低く，マウス，ラット，ブタ，ニワトリなどは小腸部での菌数が高い。これは腸内フローラとして乳酸菌が優勢菌として生息し小腸部に定着していることによる[21, 29]。

ヒトにおける乳酸産生菌は *Bifidobacterium* が最優勢となる。*Lactobacillus* の菌種は生物ごとに異なっておりヒトでは *L. salivarius, L. acidophilus, L. crispatus, L. gasseri, L. reuteri* が主に分離される。ヒトの *Lactobacillus* に関しては従来の培養法[30, 31]と遺伝子解析法ともに通常検出されるが常に検出されるものではない。腸内の *Lactobacillus* は常在菌のほか口腔内の菌種や食品からの菌種も検出されることがある[32]。マウスでは小腸部に乳酸菌が 10^9/g 程度定着しているが嫌気性流動培養装置を用いた実験では[33]他の腸内菌といっしょに培養すると簡単に排除されてしまう。しかし，2段式の培養装置で上段に *Lactobacillus*，下段に *Bacteroides*，*Clostridium* など他の腸内菌を培養することで *Lactobacillus* は一定の菌数を維持できる。この2段式培養装置は小腸部と大腸部をシミュレーションしたものでマウス腸内でも小腸部で *Lactobacillus* が最優勢で定着しそこから供給されることで糞便内での菌数が優勢菌として維持される。つまり糞便内で乳酸菌数が高い動物でも腸内での乳酸菌は小腸部に定着し他の腸内菌とは住み分けにより共存しているといえる。理由として乳酸菌は栄養供給性が強く，大腸部のように食餌成分として摂取された栄養素もほとんど消化管上部で吸収され，腸内菌にとっては栄養欠乏の状態にある大腸では十分な発育ができず，小腸部での菌数が大腸部で増殖することなく通過しているものと考えられる。

5　プロバイオティクスとしての乳酸菌

5.1　プロバイオティクスとして用いられている乳酸菌

プロバイオティクスとして用いられている乳酸菌としては，*L. casei, L. rhamnosus, L. acidophilus. L. johnsonii, L. plantarum, L. reuteri* が主な菌種として用いられ，発酵乳としての乳酸菌として *L. delbrueckii* がある。これらはヒト糞便からも検出される菌種ではあるがこれらのほとんどは食品として検出されることから通過菌であるとも考えられる。これらの菌種は通常，10^6/g 糞便程度で検出される[32]。このような状況からプロバイオティクスとして乳酸菌を用いることの疑問もあるが実際多くの報告から乳酸菌プロバイオティクスがアレルギー改善，免疫賦活，*Hericobacter pyrori, C. difficile*, EHEC, *Salmonella* などの感染防御，IBD，IBS に対する改善効果，抗腫瘍効果など多くの生理効果が報告されておりその有効性に疑う余地はない。それぞれの有効性については他の章を参考にしていただきたい。

5.2　プロバイオティクスの条件

乳酸菌をプロバイオティクスとして用いる場合の菌種の選択条件としては第1には安全であること，つまり宿主にいかなる有害作用をももたらさないことがあげられる。次いで腸内での生存性のため胃酸，胆汁酸，膵液に対する抵抗性，保存性のため低温ならびに高温における耐性などがあげられる。さらに腸内定着性のためにムチンへの付着性，Extracellular Matrix（ECM）たん白への結合性，細胞表面の疎水性があげられる。抗酸化物や抗菌性物質の産生もプロバイオティクスとしての重要な要因である[34]。

これらの条件をクリアーしたうえで，抗アレルギー機能，抗腫瘍機能，抗感染機能，抗高コレステロール機能などが明らかになった菌株を選択することになる。

プロバイオティクスとして用いる菌株について，ヒトの腸管由来であることが一つの条件としてあげられることもあるが，これまでの多くの報告から考えると必ずしもヒト腸管由来であることはその条件とは考えない。またヒト腸管由来であっても分離元の個人とでプロバイオティクスとして摂取した個人の腸内での定着性，有効性がいかなるヒトでも同じように見られるとは考えにくい。プロバイオティクスの株が発酵産物からの分離株やヒト以外の動物腸内，植物からの分離株であってもそのプロバイオティクスを摂取している間は一定の菌数を維持できるものであり，宿主への有効性が見られるものであれば分離源にこだわる必要はないと考える。

現在プロバイオティクスとして用いられている菌種の腸内での定着性を示す報告は多く[35~44]，いずれも少なくとも摂取中は10^7/g 以上の菌数が維持されている。

Lactobacillus や *Bifidobacterium* では，プロバイオティクスとしてヒトで用いる場合，ストレスなどで減少したものを補う考え方とまったく腸内フローラ構成員としてではなくある種の有益性を目的とする場合があるが，前者では整腸作用としての役割，外来病原菌の排除能，後者は免疫賦活作用，抗コレステロール作用などの役割が主となる。

6 おわりに

プロバイオティクスの最も重要で古くから知られた機能として整腸作用が上げられる。しかし乳酸菌をプロバイオティクスや乳酸菌発酵物として摂取したときの整腸作用のメカニズムについてはほとんど明らかにされていない。今後さらに有効なプロバイオティクスを開発するには乳酸菌プロバイオティクスの整腸作用，腸内環境の改善作用のメカニズムに沿った開発が望まれる。現在きわめて多くの患者のいる IBS[45] でのプロバイオティクスの有効性についていくつかの報告[46~50] がみられるが，今後 IBS のメカニズムに相応したプロバイオティクスの有効性の研究はプロバイオティクスの整腸作用のメカニズムを明らかにする一つの窓口となるものと考える。

文　献

1) E. Metchinikoff, "The Prolongation of Life : Optomistic Studies", Heinemann, London (1910)
2) R. Fuller, *J. Appl. Bacteriol.*, **66**, 365 (1989)
3) S. Salminen *et al.*, *Brit. J. Nutr.*, **80**, s147 (1998)
4) FAO/WHO, "Working group report on drafting guidelines for the evaluation of probiotics in food. " Ontario, London (2002)
5) S. Korida *et al.*, *Adv. Appl. Microbiol.*, **59**, 187 (2006)
6) F. Bäckhed *et al.*, *Science*, **307**, 1915 (2005)
7) P. B. Eckburg *et al.*, *Science*, **308**, 1635 (2005)
8) E. G. Zoetendal *et al.*, *Molec. Microbiol.*, **59**, 1639 (2006)
9) E. G. Zoetendal *et al.*, *Curr. Issues Intestinal Microbiol.*, **5**, 31 (2004)
10) K. Ben-Anor *et al.*, *Appl. Environ. Microbiol.*, **71**, 4679 (2005)
11) E. E. Vaughan *et al.*, *Curr. Issues Intestinal Microbiol.*, **1**, 1 (2000)
12) E. G. Zoetendal and R. I. Mackie, "Probiotics & Prebiotics : Scientific Aspects", p. 1, Gaister Academic Press, U. K. (2005)
13) 光岡知足編，腸内細菌の分子生物学的実験法，㈶日本ビフィズス菌センター (2006)
14) T. Mitsuoka *et al.*, *Zentralbl. Bacteriol. Hyg. I. Orig. A*, **234**, 219 (1976)
15) G. W. Welling *et al.*, 腸内フローラの分子生物学的検出・同定，p.7, 学会出版センター，東京 (2000)
16) A. H. Franks *et al.*, *Appl. Environ. Microbiol.*, **64**, 3336 (1998)
17) A. Sghir *et al.*, *Appl. Environ. Microbiol.*, **66**, 2263 (2000)
18) T. Mitsuoka *et al.*, *Appl. Environ. Microbiol.*, **70**, 7220 (2004)
19) H. J. M. Harmsen *et al.*, *Appl. Environ. Microbiol.*, **68**, 2982 (2002)
20) H. W. Smith, *J. Path. Bacteriol.*, **89**, 95 (1965)
21) T. Mitsuoka *et al.*, *Gold Schmidtinformiert Nr.*, **23**, 23 (1973)
22) K. Itoh *et al.*, *Z. Versuchstierk.*, **25**, 135 (1983)
23) K. Itoh *et al.*, Lab. Animals, **19**, 7 (1985)
24) 光岡知足，腸内細菌学，朝倉書店，p.103 (1990)
25) 須藤信行，プロバイオティクスとバイオジェニクス，NTS, p.41 (2005)
26) 木村修武，鶏病研究会報，**19**, 25 (1983)
27) 光岡知足，プロバイオティクス・プレバイオティクス・バイオジェニクス，㈶日本ビフィズス菌センター，p.3 (2006)
28) N. Ikeda *et al.*, *J. Appl. Bacteriol.*, **77**, 185 (1994)
29) B. S. Drasar, "Role of the gut flora in toxicity and cancer", p.23, Academic Press, London (1988)
30) T. Mitsuoka *et al.*, *Zbl. Bakt. Hyg., I. Abt. Orig. A*, **232**, 499 (1975)
31) G. Reuter, *Curr. Issues Intest. Microbiol.*, **2**, 43 (2001)
32) J. Walter, "Probiotics & Prebiotics : Scientific Aspects", p.51, Caister Academic Press, U. K.

(2005)
33) K. Itoh and R. Freter, *Infect. Immun.*, **57**, 559 (1989)
34) A. Ljungh and T. Wadström, *Curr. Issues Intestinal Microbiol.*, **7**, 73 (2000)
35) M. Marzotto *et al., Res. Microbiol.*, **157**, 857 (2006)
36) R. Oozeer *et al., Appl. Environ. Microbiol.*, **72**, 5615 (2006)
37) M. T. Liong and N. P. Shah, *J. Dairy Sci.*, **89**, 1390 (2006)
38) V. Rochet *et al., Br. J. Nutr.*, **95**, 421 (2006)
39) K. M. Tuohy *et al., J. Appl. Microbiol.*, **102**, 1026 (2007)
40) T. Yamano *et al., Br. J. Nutr.*, **95**, 303 (2006)
41) M. Rinne *et al., J. Pediatr. Gastrornterol. Nutr.*, **43**, 200 (2006)
42) M. Olivares *et al., Int. J. Food Microbiol.*, **107**, 104 (2006)
43) S. T. Lee *et al., Neonatol.* **91**, 174 (2007)
44) M. Elli *et al., Appl. Environ. Microbiol.*, **72**, 5113 (2000)
45) 福士審，プロバイオティクスとバイオジェニクス，NTS, p.87 (2005)
46) J. M. T. Hamilton-Miller, *Microbial. Ecol. Health Dis.*, **13**, 212 (2001)
47) E. F. Verdu and S. M. Collins, *Best Practice & Res. Clin. Gastroenterol.*, **18**, 313 (2004)
48) L. Fanigliulo *et al., Acta Biomed.*, **77**, 85 (2006)
49) Y. J. Fan *et al., J. Zhejiang Univ. Sci. B.*, **7**, 987 (2006)
50) E. M. Quigley and B. Flourie, *Neurogastroenterol. Motil.*, **19**, 166 (2007)

第4章　腸内フローラとプレバイオティクス

村島弘一郎*

1　プレバイオティクスとは？

1.1　プレバイオティクスの定義

プレバイオティクス（Prebiotics）とは，1995年にGibsonとRoberfroidにより定義された言葉である。彼らは，プレバイオティクスを「大腸内の有用細菌の増殖促進，かつ／もしくは，有害細菌の増殖抑制により，宿主（ヒト）に有益な影響を与える非消化性の食品成分」（“Nondigestible food ingredients” which beneficially affect the host by stimulating the growth of beneficial bacteria and/or by inhibiting those of harmful bacteria in the colon.）と定義した[1]。ここで，「有用細菌」とは，生体へ有用な作用を発現するが腐敗産物は生成しない *Bifidobacterium* 属などの菌群を指し，一方「有害細菌」とは，大腸がんのリスクを増大させるアンモニアやフェノールなどの腐敗物質を産生する *Clostridium* 属などの菌群を指す。

本定義に示されている通り，プレバイオティクスを摂取することにより，「有用細菌」が増殖し「有害細菌」が減少するという腸内フローラの変化が認められるが，この点については2項にて説明する。

また，プレバイオティクスは，「宿主（ヒト）に有益な影響を与える」と定義されているが，これまでにプレバイオティクス摂取によりいくつかの生理機能を示すことが明らかにされている。これらの点については，3項にて説明する。

1.2　プレバイオティクスに分類される食品成分

プレバイオティクスは「非消化性の食品成分」であると定義されているが，これまでにプレバイオティクスとして分類された食品成分は，単糖が3つ以上結合したオリゴ糖もしくは食物繊維である。代表的なプレバイオティクス（規格基準型特定保健用食品の成分として認可されたもの）とその定義を表1に示した。これらのプレバイオティクスはヒトの消化管内では分解・吸収されることなく大腸に達し，特定の腸内細菌種に炭素源として利用され，最終的には短鎖脂肪酸に代謝される。例えば，プレバイオティクスの1種であるフラクトオリゴ糖は，ヒトの消化酵素では

＊　Koichiro Murashima　明治製菓㈱　食料健康総合研究所　主任研究員

表1　代表的なプレバイオティクス*

成分		定義
オリゴ糖	大豆オリゴ糖	大豆から抽出した水溶性糖類の濃縮物で，スタキオース，ラフィノースを主成分とするもの
	フラクトオリゴ糖	ショ糖をフラクトシルトランスフェラーゼもしくはインベルターゼで処理したもので，1-ケストース，ニストース，フラクトシルニストースを主成分とするもの
	乳果オリゴ糖	ショ糖と乳糖をフラクトシルトランスフェラーゼもしくはインベルターゼで処理したもので，ラクトスクロースを主成分とするもの
	ガラクトオリゴ糖	乳糖からβ-ガラクトシダーゼの作用により生成する，4'-ガラクトシルラクトースを主成分とするもの
	キシロオリゴ糖	コーンコブ（キシラン）をキシラナーゼで酵素反応させて得られた，キシロビオースを主成分とするもの
	イソマルトオリゴ糖	デンプンをα-アミラーゼ，β-アミラーゼ，α-グルコシターゼにより酵素反応させたもので，（α1,2-，α1,4-，α1,6-）グルコシド結合された重合度2-6糖類を主成分とするもの
食物繊維	難消化性デキストリン	トウモロコシデンプンに微量の塩酸を加えて加熱し，α-アミラーゼ及びグルコアミラーゼで処理して得られた食物繊維画分を分取したもの
	ポリデキストロース	ブドウ糖，ソルビトール及びクエン酸を，減圧下で熱処理して得られたもので，ブドウ糖のβ1,6-結合を主とした重合物
	グアガム分解物	グアの種子中に含まれるガラクトマンナンをヘミセルラーゼで処理して得られた食物繊維画分

＊厚生労働省のホームページ（http://hfnet.nih.go.jp/usr/kiso/pdf/sa0701007b.pdf）より一部転載

分解されないが，*Bifidobacterium* 属などの特定の腸内細菌種が産生するβ-フラノシダーゼではグルコースとフラクトースに分解される[2]。この様に，これまで知られているプレバイオティクスは，ヒトの消化酵素では分解されない（されにくい）が，腸内細菌の酵素では分解される糖類（オリゴ糖，食物繊維）である。

2　プレバイオティクス摂取による腸内フローラ構成の変化

2.1　腸内フローラ構成の解析法

プレバイオティクス摂取による腸内フローラ構成の変化は，プレバイオティクスを摂取させた被験者の糞便フローラを解析し，その構成を摂取前後で比較することにより評価される。通常この様な試験は，マウスやラットなどモデル動物を用いた試験では実施されず，ヒトへ摂取させることによって評価される。これは，ヒトの腸内フローラ構成がモデル動物のそれと大きく異なる[3]ため，モデル動物を用いた試験での結果がヒトでの結果を反映しないことが理由である。

糞便中のフローラ解析は，光岡らにより開発された糞便中の細菌を培養する方法[4]により行われる。この方法は，糞便希釈液を固形培地に塗布し，嫌気もしくは好気培養で得られるコロニーについて，その菌種と菌数を評価する方法である。本方法では，1つの糞便サンプルについて10種類程度の固形培地を用いてフローラを評価するが，この際に使用される培地は大きく選択培地と非選択培地の2種類に分類される。選択培地は，ある特定の属もしくは種の細菌のみが生育できる培地であり，腸内フローラを構成する細菌種の中で菌数の少ないものを評価する目的で用いられる。一方，非選択培地は，可能な限り多くの菌種を生育させる培地であり，腸内フローラを構成する細菌種の中で菌数の多いものを評価するために用いられる。プレバイオティクスの摂取試験では通常，*Bifidobacterium* 属や *Bacteroides* 属など菌数の多い細菌種は非選択培地で評価され，一方 *Clostridium* 属など菌数の少ない細菌種は選択培地で評価される。

Bifidobacterium 属や *Bacteroides* 属は，ほぼ全ての被験者で検出される。そこで，*Bifidobacterium* 属や *Bacteroides* 属の菌数変化は，絶対菌数もしくは全菌数に対する相対菌数の平均値を算出し，その増減を評価する。しかし，有害菌の代表である *Clostridium perfringens* は，必ずしも全ての被験者において検出される訳ではないため，意味のある平均値を算出するのが困難である。そこで，*C. perfringens* については，一般に，本菌種が検出された被験者の割合（検出率）の増減で菌数変化を評価する。

2.2　プレバイオティクス摂取試験の一例

プレバイオティクスをヒトに摂取させることにより腸内フローラ構成が変化する。具体的には，有用細菌と考えられている *Bifidobacterium* 属が増加する一方で，*Bacteroides* 属や有害細菌と考えられる *C. perfringens* などを含む *Clostridium* 属が減少する。プレバイオティクスをヒトに摂取させることにより，腸内フローラ構成がこの様な変化を示すことは，1980年代初頭にフラクトオリゴ糖のヒトへの摂取試験により明らかにされ，以後現在にいたるまで，様々なオリゴ糖および食物繊維において同様の現象が確認されている。ここではその一例として，Mitsuokaらによる，フラクトオリゴを老人に摂取させた試験の結果[5]について紹介する。

光岡らは，フラクトオリゴ糖8gを含む食品を，糞便中のビフィズス菌が比較的少ない老人（平均年齢73歳）に1日1回，2週間連続して摂取させ，摂取開始後4日目，14日目に糞便を採取し，糞便中のフローラ構成を調査した。同時に，フラクトオリゴ糖摂取前，および摂取中止後8日目の糞便についてもフローラ構成を調査し，フラクトオリゴ糖摂取中の結果と比較した。その結果を図1に示した。摂取前の全菌数に対する *Bifidobacterium* 属の相対菌数は，摂取前5.0%であったものが，摂取14日目では25.1%にまで増加した。一方，*Bacteroides* 属は，全菌数に対する相対菌数が，摂取前63.1%であったものが，摂取14日目では39.8%に減少した。有害細菌である *C. perfringens* の検出率は，フラクトオリゴ糖の摂取前には43.5%であったが，摂取4日目には16.7%，14日目には31.6%にそれぞれ減少していた。以上の結果から，フラクトオリゴ

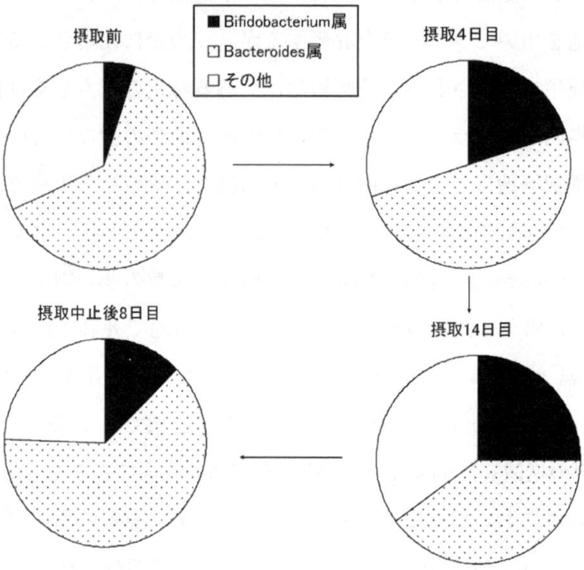

図１　プレバイオティクス摂取によるヒト腸内フローラ構成の変化

糖を14日間継続的に摂取されることにより，大腸内の*Bifidobacterium*属が増加するが，*Bacteroides*属や*C. Perfringens*は減少することが明らかとなった。

2.3　プレバイオティクス摂取による腸内フローラの変化と老化による変化との関連

ヒトの成長そして老化に伴う腸内フローラの変化は，光岡らにより詳細に検討された[6]が，プレバイオティクス摂取による腸内フローラ構成の変化との関連で注目すべき点は以下の３点である。

① *Bifidobacterium*属：母乳栄養児の糞便フローラには，*Bifidobacterium*属が最優勢菌叢を構成しており，その数は，全フローラの99%にも達する。その後，乳児が離乳食を摂る様になると*Bifidobacterium*属は乳児の1/10程度にまで減少し，全フローラの5-15%を占めるのみとなる。この菌数が成人で維持された後，老年期に入ると，その菌数はさらに減少する。

② *Bacteroides*属：母乳栄養児の糞便フローラには検出されないが，乳児が離乳食を摂る様になると菌数が増加し，その後菌数が維持される。

③ *Clostridium*属：母乳栄養児の糞便フローラには検出されないが，乳児が離乳食を摂る様になると菌数が増加し，老年期に入るとその菌数は顕著に増加する。

つまり，ヒトは老化するに従って，有用細菌である*Bifidobacterium*属が減少し，*Bacteroides*

属や有害細菌である *Clostridium* 属が増加する。一方，プレバイオティクスを摂取させることにより，*Bifidobacterium* 属が増加し，*Bacteroides* 属や *Clostridium* 属が減少する。つまり，腸内フローラ構成の老化が，プレバイオティクス摂取により一部回復するといえる。

Bifidobacterium 属の菌数を多い状態に維持することにより，外来菌が排除され正常な腸内フローラが維持されると考えられている[3]。また，*Clostridium* 属は，大腸内にインドール，スカトール，フェノール等の腐敗物を産生するが，プレバイオティクスを摂取することにより *Clostridium* 属が減少し，大腸内においてこれらの腐敗物が産生されにくくなる[7]。これらの点がプレバイオティクス摂取により腸内フローラ構成が変化することの生理的意義であるといえる。

2.4　プレバイオティクス摂取により腸内フローラ構成が変化するメカニズム

プレバイオティクス摂取により *Bifidobacterium* 属が増殖し，*Clostridium* 属が減少するメカニズムは，*Bifidobacterium* 属がプレバイオティクスを炭素源として利用できる能力（資化性）を持っているのに対し，*Clostridium* 属細菌の多くが資化性を有さないことで説明されている。光岡らは，様々な腸内細菌種の代表的なオリゴ糖への資化性を検討し，表2に示す結果を得た[8]。この結果は，多くの *Bifidobacterium* 属がオリゴ糖への資化性を有する一方で，*Clostridium* 属ではごく一部の菌種のみがオリゴ糖への資化性を有していることを示しており，プレバイオティクス摂取によりヒト糞便中の *Bifidobacterium* 属が増加し *Clostridium* 属が減少する結果と良く符合する。よって，プレバイオティクス摂取により腸内フローラ構成が変化する現象の一部が，腸内細菌種のプレバイオティクスへの資化性の違いで説明できると言える。一方で，表2の結果は *Bacteroides* 属の多くの菌種がオリゴ糖への資化性を有していることを示しているが，プレバイオティクス摂取によりヒト糞便中の *Bacteroides* 属が増加する現象は認められていない。この結果は，プレバイオティクス摂取による腸内フローラ構成の変化は，腸内細菌のプレバイオティクスに対す資化性だけでは説明できていないことを示している。プレバイオティクス摂取による腸内フローラ変化のメカニズムのさらなる解明が待たれる。

3　プレバイオティクスの生理機能と特定保健用食品

3.1　整腸作用

プレバイオティクスをヒト（特に便秘者）に摂取させることにより，排便回数の増加や，便性が改善することが明らかにされている。

例えば徳永らは，便秘気味の健常人に1から5g/日のフラクトオリゴ糖を2週間摂取させる

表２　腸内細菌のオリゴ糖資化性*

	大豆オリゴ糖	フラクトオリゴ糖	乳果オリゴ糖	ガラクトオリゴ糖	キシロオリゴ糖	イソマルトオリゴ糖
Bifidobacterium						
B. adolescentis	++	++	++	++	++	++
B. bifidum	−	−	−	++	−	−
B. infantis	++	++	++	++	±	++
B. longum	++	++	++	++	++	+
B. breve	++	+	++	++	−	++
Lactobacillus						
L. acidophilus	±	+		++	−	±
L. casei	−	−	−	++	−	−
L. fermentum		−		+	−	
L. salivarius	++	++	−	++	±	−
Eubacterium						
E. lentum	−	−	−	−	−	−
E.limosum	−	−	−	−	−	−
Propionibacterium acnes	−			−	−	−
Bacteroides						
B. distasonis	+	±	++	+	+	+
B. fragilis	+	++	++	++	±	++
B. melaninogenicus	−	++			±	+
B. ovatus	−	++		+	+	±
B. thetaiotaomicron	++	++	++	++	+	+
B. vulgatus	−	++	++	+	−	+
Clostridium						
C. butyricum	+	++	+	−	−	−
C. difficile	−	−	−	+	−	−
C. paraputrificum	−	−	−	−	−	++
C. perfringens	−	−	++	−	−	±
C. ramosum						++
C. sporogenes	−			−	−	
Escherichia coli	−	−	−	++	−	−
Klebsiella pneumoniae	−	++		++	±	±
Streptococcus faecalis	−	−	−	−	−	++
Peptococcus prevotii	±	−		−	−	−
Peptostreptococcus parvulus	−	++		−	−	−
Veillonella alcalescens	−	−		−	−	−
Megasphaera elsdenii		−	−	−	+	

＊光岡知足，腸内細菌学雑誌，16, 1 (2002) より一部転載

ことにより，摂取前と比較して，排便回数が優意に増加し，また便の硬さも正常と考えられるレベルへ軟化することを示した[9)]。

プレバイオティクスの摂取により排便回数が増加するメカニズムは，プレバイオティクスから産生される有機酸が腸管のぜん動運動を促進することによると考えられている[10)]。また，プレバ

表3　規格基準型特定保健用食品成分*

区分	関与成分	一日摂取目安量	表示できる保健の用途	摂取上の注意事項
オリゴ糖	大豆オリゴ糖	2g〜6g	○○（関与成分）が含まれておりビフィズス菌を増やして腸内の環境を良好に保つので，おなかの調子を整えます。	摂り過ぎあるいは体質・体調によりおなかがゆるくなることがあります。多量摂取により疾病が治癒したり，より健康が増進するものではありません。他の食品からの摂取量を考えて適量を摂取して下さい。
	フラクトオリゴ糖	3g〜8g		
	乳果オリゴ糖	2g〜8g		
	ガラクトオリゴ糖	2g〜5g		
	キシロオリゴ糖	1g〜3g		
	イソマルトオリゴ糖	10g		
食物繊維	難消化性デキストリン（食物繊維として）	3g〜8g	○○（関与成分）が含まれているのでおなかの調子を整えます。	摂り過ぎあるいは体質・体調によりおなかがゆるくなることがあります。多量摂取により疾病が治癒したり，より健康が増進するものではありません。他の食品からの摂取量を考えて適量を摂取して下さい。
	ポリデキストロース（食物繊維として）	7g〜8g		
	グアーガム分解物（食物繊維として）	5g〜12g		

*厚生労働省のホームページ（http://hfnet.nih.go.jp/usr/kiso/pdf/sa0701007b.pdf）より一部転載

イオティクスを摂取することによる腸内フローラの総菌数の増加[5]や，プレバイオティクスの一部がもつ食物繊維としての作用により糞便量が増加することも，排便回数の増加および便の軟化に寄与していると考えられている[10]。

整腸作用として認知されているこれらの機能は，*Bifidobacterium* 属の増殖と併せて1980年代初頭に科学的に証明された。その当時は食品の有効性表示を許可する制度が無く，これらの機能を商品に表示することができなかったが，1991年に特定保健用食品制度が制定され，プレバイオティクスの持つ整腸作用は，「お腹の調子を整える」食品として表示できるようになった。その後2005年には，特定保健用食品としての許可実績が十分であり科学的根拠が蓄積されている食品について，規格基準を定め審議会の個別審査なく許可する規格基準形特定保健用食品が設定され，その先駆けとしてプレバイオティクス（表3）が規格基準形特定保健用食品と認定されている。

3.2　ミネラル吸収促進作用

プレバイオティクスの一つであるフラクトオリゴ糖の摂取によりミネラル吸収が促進される。

太田らは，健常人10名に乳性カルシウムとフラクトオリゴ糖を同時に摂取させ，カルシウムの吸収量を反映している尿中のカルシウム量を摂取後8時間目まで調べた。その結果，フラクトオリゴ糖摂取群の尿中カルシウム量はプラセボ群を優位に上回っており，フラクトオリゴ糖の摂取によりカルシウムの吸収が促進されることが示された[11]。さらに太田らはラットを用いた試験により，フラクトオリゴ糖の摂取がマグネシウム・鉄の吸収も促進させることを示した[12]。

これらのミネラル吸収促進作用は，①プレバイオティクスが代謝され有機酸が産生することにより大腸のpHが低下し，その結果，ミネラルの溶解性が向上し受動輸送が促進される[13]，②プレバイオティクスの摂取により大腸内のカルシウム結合タンパク質（carbindin-D9K）の発現が亢進し，その結果ミネラル（カルシウム）の能動輸送が促進される[14]，の二つのメカニズムによりその機能が発現されると考えられている。

このフラクトオリゴ糖の示すミネラル吸収促進作用は，「ミネラルの吸収を助ける」と表示できる特定保健用食品として2000年に認可されている。この機能は，その他のプレバイオティクスにもおいても示されている[10]が，現在のところその表示が認可されているのはフラクトオリゴ糖のみである。

3.3　その他の生理機能（特に腸管免疫修飾作用）

ヒトでの摂取試験ではその効果が十分に証明されてはいないが，プレバイオティクスの摂取により腸管免疫修飾作用，血清コレステロール・脂質低減作用，大腸癌の抑制作用が発現されることも報告されている[10]。

これらの機能のうち腸内フローラとの関連で，近年特に興味を持たれているのが腸管免疫修飾作用である。Naguraらは，食品アレルギーモデルマウスにラフィノースを摂取させ，機能の異なる二つのヘルパーT細胞（Th1およびTh2）の内，アレルギーに関与するTh2への分化が抑制され，その結果IgE生産が抑制されることを示した[15]。また，Hosonoらも同様に，マウスにフラクトオリゴ糖を摂取させ，Th2への分化が抑制されることを示した[16]。これら動物試験の結果は，プレバイオティクスを摂取させることにより，アレルギーに関与するTh2細胞の分化を抑制できることを示しており，アトピー性皮膚炎等のアレルギー症状を緩和できる可能性が期待される。今後のさらなる解明が待たれる。

これらの腸管免疫修飾作用のメカニズムは十分に明らかにされていないが，いくつかの新たな知見が得られつつある。Fukasawaらはフラクトオリゴ糖を摂取させたマウスの腸管細胞を対象に，マイクロアレイによる遺伝子発現の検討を行い，MHCクラスIおよびIIやインターフェロンといった免疫に関わる遺伝子の発現がフラクトオリゴ糖摂取により亢進することを示した[17]。また，Nakanishiらは，フラクトオリゴ糖を摂取させ腸管免疫が修飾されたマウスについて，その糞便フローラをT-RFLP法により検討し，MIBといわれるマウスにユニークに認められる*Bacteroides*属が増加していることを示唆した[18]。*Bacteroides*属はマウス腸管での遺伝子発現に大きな影響を与えることが明らかにされており[19]，プレバイオティクス摂取による腸管免疫修飾，遺伝子発現及びMIBなどの*Bacteroides*属との関連に興味が持たれる。

3.4　副作用

プレバイオティクスの多くは通常の食事成分であり，安全性が高いと考えられている。しかし，その過剰摂取は下痢を誘発することが知られており，一度に摂取しても下痢を誘発しない量としての最大無作用量が，それぞれのプレバイオティクスに定められている。

例えば秦らは，様々な量のフラクトオリゴ糖を85名の健常人に摂取させることにより下痢発生率を調べ，下痢発生率が0となる水準を調べた。その結果，男性では体重1kgあたり0.3g，女性で体重1kgあたり0.4gまでの摂取では下痢が発生しないことを示し，この量をフラクトオリゴ糖の最大無作用量として設定した[20]。

本副作用を注意喚起するために，厚生労働省は規格基準型のプレバイオティクスにおいての機能表示に，『摂り過ぎあるいは体質・体調によりおなかがゆるくなることがあります』との注意表示を義務付けている。

文　　献

1) G. R. Gibson and M. B. Roberfroid, *J. Nutr.*, **125**, 1401 (1995)
2) 村島弘一郎ほか，健康・栄養食品研究，**8**, 39 (2005)
3) 光岡知足，ビフィズス菌の研究，(財)日本ビフィズス菌センター，pp.158-220 (1993)
4) 光岡知足，腸内菌の世界，叢文社，pp.51-92 (1982)
5) T. Mitsuoka *et al., Die Nahrung*, **31**, 427 (1987)
6) 光岡知足，臨床と細菌，**2**, 197 (1975)
7) H. Hidaka *et al., Bifidobacteria Microflora*, **5**, 37 (1986)
8) 光岡知足，腸内細菌学雑誌，**16**, 1 (2002)
9) 徳永隆久ほか，ビフィズス，**6**, 143 (1993)
10) A. C. Ouwehand *et al., Current Opinion in Biotechnol.*, **16**, 212 (2005)
11) 太田篤胤ほか，健康・栄養食品研究，**2**, 37 (1999)
12) A. Ohta *et al., J. Nutr. Sci. Vitaminol.*, **41**, 281 (1995)
13) A. G. M. Shulz *et al., J. Nutr.*, **123**, 1724 (1993)
14) A. Ohta *et al., J. Nutr.*, **128**, 934 (1998)
15) T. Nagura *et al., Br. J. Nutr.*, **88**, 421 (2002)
16) A. Hosono *et al., Biosci.Biotechnol. Biochem.*, **67**, 758 (2003)
17) T. Fukasawa *et al., J. Agric. Food Chem.*, **55**, 3174 (2007)
18) Y. Nakanishi *et al., Appl. Environ. Microbiol.*, **72**, 6271 (2006)
19) L. V. Hooper *et al., Science*, **291**, 881 (2001)
20) 秦葭哉，中島久美子，老年医学，**23**, 817 (1985)

第5章　バイオジェニクス

藤原　茂*

1　はじめに―食品の生体機能修飾についての探究―

我々は食によってエネルギーを獲得し，生命を維持している。これが本来の「食」のありようであり，ひとりあたり生涯に70トンにも及ぶ食物を摂取すると算定されている[1)]。我々は，「食」に生体維持以外の目的である「官能特性」，すなわち「おいしさ」を付加価値として要求するようになり，さらに高次の付加価値として，「調理の簡便さ」を求めるようになった。さらに，原材料の入手の容易さ，加工適性，さらには流通の容易さなど，利便性を追求する過程で，様々な要求が生じ，本来の生体維持のための「食」とは異なる「食品」が出来上がった。近年では，格段に研究が進み，食の第三次機能とされる「健康機能」を意図的に付加した，現在のいわゆる健康食品や「特別用途食品」にまで至っている。本章で述べる「バイオジェニクス」はもとより，「プロバイオティクス」もこれらに包含され，最近では，さらに芳香成分などを介して脳機能に与える影響（特にリラックス効果など）を称して，食品の「第四次機能」と呼ばれている。

我々の体のみならず，これらを支える自然界はすべからく「動的平衡」といわれるものの中にある。したがって，見かけ上，我々の体には日々大きな変化がないように見えてはいても，ミクロの世界にある分子のレベルでは極めて激しい入れ替わりが生じており，我々の体は，ほんの僅かな時間の中で，全く新しく作り変えられていることになる。これらのことから，我々の体は，物質の動きの中のほんの一瞬の「よどみ」としてとらえられると考えられている[2)]。従って，この観点から考えれば，入りよりも出のスピードが上回ることが，衰弱から死に向かう課程であり，出よりも入りのスピードが上回っていれば成長の過程にあると考えられる。また，この間における置き換えのミスが我々の体の統制を外れた新生物（平たくいうところの癌）の発生と考えることが出来る。この「動的平衡」の入りに相当するものの多くが「食」として取り入れられるものであり，我々の体を構成する分子は，先に食べたり飲んだりした食品を構成していた分子によって遅かれ早かれすべて置き換えられていく。何気なく毎日食べたり，飲んだりを繰り返しているが，生涯の中で消費していく食品の質というものは，おそらく我々が考えている以上に極めて重要であるということになると思われる。

＊ Shigeru Fujiwara　カルピス㈱　健康・機能性食品開発研究所　上級マネージャー

さらに，「食」は取り入れられ，咀嚼され，胃ならびに腸において消化され，体内に吸収されていく。食の持つ第三次機能を考えてみると，消化管を通して直接影響するものが「バイオジェニクス」として整理される食品成分であり，栄養素が吸収される消化管に存在する大きな影響因子としての腸内細菌に与える影響を通じて機能を示す食餌成分が，「プロバイオティクス」や「プレバイオティクス」の概念に反映されてきている思想そのものであるとすることが出来る。経口的に摂取することで，我々の健康を増進したり，疾病を予防したりする微生物や微生物代謝産物についての研究が注目されるようになって久しく，これらの知見を基に高付加価値な新しい機能を持つ食品の開発につなげる夢が，産業界の注目を集めている。近年では，高度高齢化の流れの中で，健康を意識する消費者自身の認知も高まりを見せ，注目度の高い研究の領域へと変わりつつある。

2 「バイオジェニクス」の概念

「バイオジェニクス」とは発酵乳・乳酸菌の効用の中で，有効性を生菌に帰せない場合があることを考慮して光岡先生[3]により提唱された技術用語であり，「腸内フローラ」を介することなく，直接，免疫賦活，コレステロール低下作用，血圧降下作用，整腸作用，抗腫瘍効果，抗血栓，造血作用などの生体調節・生体防御・疾病予防・回復・老化制御などに働く食品成分である。免疫強化物質（Biological Response Modifier）を含む生理活性ペプチド，植物フラボノイド，DHA，EPA，ビタミンA，C，E，β-カロチン，CPPなどの食品成分が該当すると定義されている。

20世紀初頭に提起されたMetchnikoffの「不老長寿説」[4]以来，発酵乳の効用はよく知られており，それは生きた乳酸菌が腸内で腐敗を抑えることにより生体に有用な作用を示す「プロバイオティクス」の概念でとらえられてきた。実際にはMetchnikoff自身の著書でも発酵産物の可能性も示唆されていたが[4]，この時代には，はっきりとした証明がなされていなかった。1970年代に殺菌発酵乳をマウスに終生投与することでも平均生存期間が延長することが認められ，発酵生産物の有効性が具体的に提起された[5]。これらの経緯については，後で簡単に触れる。

実際，抗アレルギー活性を含めた免疫学的な影響や，有害代謝物の吸着・排泄能などに関しては，有効性と菌の生死とは必ずしも相関の高い特性ではないと考えられている。最近では，生菌の生命活動との関連が強いとされてきた整腸関連の作用についても，死菌体についての有効性を示唆する報告も見られるようになっている[6]。この点についてはこれからしっかりと検証されていくことと思われる。やはり菌体を機能単位として捉える場合，求める生理機能別に生死を因子に含め，評価することを考えてみると「バイオジェニクス」の概念が整理しやすくなっていくのではないかと考える。これについても以下で触れてみたい。いずれにせよ，乳酸菌や腸内細菌，さらには食品微生物の研究が，物質レベルにまで踏み込んで議論される機会が増えてきている。

3 広義の「バイオジェニクス」と狭義の「バイオジェニクス」

これら乳酸菌やその他食品微生物の菌体，菌体成分ならびに代謝産物は，「経口的に摂取することで直接生体の機能を調節する食品成分」としての広義の「バイオジェニクス」に対し，狭義の「バイオジェニクス」と考えられるのでないかと考えられる。本章においては，この狭義の「バイオジェニクス」と光岡先生の定義された広義の「バイオジェニクス」を含め，議論してみたい。

まず狭義の「バイオジェニクス」であるが，乳酸菌を含む食品微生物に対象を限定し，健康・機能成分の研究例との集合の積をとると，非常に少数の例しか紹介することができないのが現実である。これは，乳酸菌に代表される健康イメージとこれら生物の生命活動の神秘性によるところがあると思われ，生きた食品微生物を活用していく「プロバイオティクス」としての利用が中心におかれてきたことによるものと考えられる。それ故に食品の中で，これらの「食品微生物」や「発酵生産物」はある意味特別な位置づけを与えられているとも言える。しかしながら，投与される乳酸菌の生存性が積極的にベネフィットとして科学的に証明されているかというと，必ずしもそうではなく，このあたりの検討は本来しっかりとなされるべきであろうと考えられる。

「プロバイオティクス」が腸に生きて届くことの意味は，腸管内で分裂・増殖することで一定のポピュレーションを維持し，長く腸管内に滞留することで，腸管への直接・間接の影響が長く続くこと，また，より多くの代謝産物を作り続けることを期待するためであろう。これら生きておなかに届く，さらには留まることによってもたらされると期待されるメリットが，科学的に証明されていけば，さらにその価値は魅力的なものになると考えられる。

一方，「特定保健用食品」として，新たな機能性食品ジャンルが定着してきているが，未だに乳酸菌を含む食品微生物の生体機能修飾に関わる研究が，物質で十分説明できるレベルにまで達していないケースが多いのも事実であり，「プロバイオティクス」の研究は，まだまだ発展途上にあるとも言える。

また，遺伝子ベースの微生物集団解析法を腸内細菌叢に適用した場合のデータと，従来得られてきたデータとの間に乖離が認められるとする報告もあり，「プロバイオティクス」が腸内細菌叢を通じて宿主生理機能に及ぼす影響については，その作用メカニズムについてこれからしばらく議論が活性化していくことと思われる。

高野俊明氏が成本のなかで述べているように[7] 狭義の「バイオジェニクス」としての微生物代謝産物については，主に伝統的な保存食品としての発酵・醸造食品中の健康・機能性成分として見出されてきた経緯がある。これら伝統的発酵食品の例としては，乳を素材としたものとして発酵乳やチーズがあり，本邦においては「蘇」や「醍醐」などが少量ながら復刻し，製造販売されている。魚に関連するものには，鰹節，フナ寿司，クサヤ汁さらには魚醤などがあり，獣肉に由来するものでは，生ハムやソーセージなど，また植物に由来するものでは酒類，酢，漬物，味噌，醤油，さらには納豆やテンペなどの大豆発酵食品が挙げられる。いずれも，長い歴史の中で自然に淘汰・選抜され，発酵食品として長きに亘って引き継がれてきたものである。これらの発酵過程においては，ある程度限定された培養環境の中で，その環境に適応した微生物による発酵生産物として，今日の「バイオジェニクス」として知られる物質がいくつか見出されてきている。これらには，発酵生産の伝統と長い歴史を感じとることが出来，食品保蔵の副産物として派生した付加価値ではあるが，まさに医食同源の概念に沿うものと考えられる。

4　生きていることに対する信奉

4.1　生命活動の重要性とは

上述の通り，「バイオジェニクス」は生物の生命活動を通して生まれてきたものではあるが，それ自体に生命活動が伴うものではない。機能がしっかりと証明されていれば，その機能をメリットとして食することになる。では，一体，生菌を摂取するメリットとは何であろうか。発酵生産物で代替出来ること，また出来ないこととは一体どのようなものなのだろうか。

4.2　生菌到達率の問題

例えば，発酵乳のスターターを例にあげれば，腸管内容に由来するビフィズス菌や乳酸菌の経口投与において，糞便回収率はおよそ1/10から1/100[8, 9]と見積もることが出来る。従って，到達率ではせいぜい1-10%，となる。一方，コントロールとして用いた酪農乳酸菌のスターター（*L. derbrueckii*）にいたっては，約1/10000というデータが手元に残っている（未発表）。このことから考えると，生菌として摂取したヒト消化管に由来する「プロバイオティクス」ですら，その多くはおなかに死んでしまってから届いていることになる。この状態において，到達率が高いとみるか，低いとみるか，意味があるものとみるか，ないと見るか，どうであろうか。やはり，機能ごと，ケースごとにその有効性を実証していくしかないだろうと考える。簡単には，加熱した対照と比較して生物学的同等性をみるだけでよいことなので，生・死を一つの因子としてデータを蓄積していくことが望まれるのではないかと思われる。このような検討を行うことが，新たな「バイオジェニクス」を生みだしていく契機にもなると考えられる。

4.3 経口摂取における有効摂取量の問題

たとえば，他書[10]によると，矢澤は乳酸菌体の経口摂取によってがんの増殖抑制作用を期待する場合の摂取量を生菌・死菌の区別なくおよそ10の12乗個であると推定している。この量は，製造直後に1gあたり10の9乗個の乳酸菌を含む理想的な発酵乳を想定しても，1日あたり10 Kgに相当する量で，到底食することが不可能な量に相当する。一方，菌体を培養後粉末化した製品（タブレットやカプセル）では増量成分などをのぞき，約1gで摂取可能となることから，菌体として摂取することの有用性が示唆されている。このような形態では，生菌数を維持することは難しいが，免疫に関して言えば，後に議論する様に，ほとんど生死に関係ない性質であると考えられるため，いわゆる「バイオジェニクス」として摂取することのメリットが支持される例となっている。

もちろん，求められる機能ごとに必要な用量と有効性を確保できる条件が異なってくるため，個々のケースごとに検討される必要がある。

5 「バイオジェニクス」定義の背景／学術研究の進展―その黎明期―

かつて理化学研究所・動物薬理研究室の主任研究員をなされていた光岡先生の下，腸内細菌の嫌気培養法[11]をベースとして，まさしく腸内細菌と健康・機能性研究の先駆けとなる有望な研究が数多く行われた。この中には，「腸内細菌と変異原や発癌プロモーターの研究」，「腸内細菌と腸内発酵に関わる研究」，「腸内細菌と発癌・発癌抑制の研究」，「腸内細菌と腸管免疫の研究」，「各種疾病と腸内細菌叢の構成の研究」，「腸内細菌叢と長寿の研究」など，当時の最先端と言える研究があった。この時期の動物薬理研究室が「光岡学校」と呼ばれていたことを後に知ることになるが，徹底した「オリジナリティー指向」と「ディスクロジャー精神」，これら2つが「光岡学校」の根底にあった精神であり，この時代において，この領域における情報発信の多くは日本発であったことも付記しておかなければならない。「プロバイオティクス」の概念も「プレバイオティクス」の概念も，また後の「バイオジェニクス」の概念も，すべてはここで行われていた「腸内細菌叢と健康・機能性研究」の歴史から始まっているといっても過言ではない。

「プロバイオティクス」とは腸内細菌の研究のなかで明らかにされてきた善玉菌の生菌を宿主の生理機能を調節する目的で活用したものであり，この善玉菌を増やすような手段として発達したものが「プレバイオティクス」である。先述したとおり，生命活動を伴わない場合にもこれらの活性を示すものを狭義の「バイオジェニクス」と考え，ここから，微生物由来の物質でなくとも，経口的に生体調節機能を示す食品成分が含められて，光岡先生の定義された広義の「バイオジェニクス」の概念がまとめ上げられていった。この定義に従えば，成書[12]にあるような機能性サプリメントのほとんどがこの広義の「バイオジェニクス」に該当すると考えられる。

さて，狭義の「バイオジェニクス」研究の萌芽は，光岡先生と早川邦彦氏（故人）により，産学共同研究として，理化学研究所にて行われた殺菌発酵乳の生体調節機能の研究にみることが出来る。初期には，殺菌した発酵乳（酸乳）がマウスに投与され，その生存期間に与える影響が調査された。その結果，脱脂乳投与群に比し，明らかな平均生存期間の延長が認められており，必ずしも生菌を含む発酵乳でなければ生理機能に対する修飾が生じないという事ではないことが明らかになった。この事実は，おなかに生きて届かない乳酸菌をスターターとする狭義の「ヨーグルト」による長寿説とも矛盾しないことを具体的に示した初めての例となる。つまり，投与時に乳酸菌による生命活動が伴わない場合においても，生体への有用な影響を与える事が出来ることが示された。ここから，3つの重要な示唆が得られる。1つは乳酸菌の生命活動で生じた代謝産物が生存期間の延長に関与したということであり，投与の前後を別として，乳酸菌の生命活動が生存期間の延長に関与すること，さらには原理的にはその有効成分が単離可能であるということ。もう1つは，投与時に乳酸菌の生命活動が伴うことの利点が必ずしも明確なものとなっていないことが示唆された。

6 「プロバイオティクス」，「プレバイオティクス」および「バイオジェニクス」の定義とこれらの関連について

1989年にはFullerによって，「腸内微生物のバランスを改善することによって宿主動物に有益に働く生きた微生物添加物」[13] と定義されたものが「プロバイオティクス」とされている。しかし，最近では，「宿主の健康維持に有益な働きをする微生物」[14] として広い定義が用いられることも多くなっており，さらに死菌体も「プロバイオティクス」に含めて考える場合もみられるようになっている[15]。この場合には，光岡先生によって定義された「バイオジェニクス」との重複を整理していく必要がある（表1）。

現状において，これらの定義はその整合性を考えて作られておらず，直交性が担保されていな

表1　食品微生物の生理作用と定義・分類

分類	有効成分	作用主体
プロバイオティクス	生菌	腸内フローラ
	死菌	腸内フローラ？
バイオジェニクス	死菌	直接
	物質	
プレバイオティクス	物質	腸内フローラ
アンチバイオティクス	物質	直接

いため，これらのカバー領域に重複や不整合，さらには抜けがある。これらが，理解しにくさや混乱を生み出す原因になっているのだろうと考えられる。FAO/WHO合同のプロバイオティクス評価ガイドライン作成ワーキンググループの報告書[16]において討議されたような議論が，もっと広範に食品成分ならびに食品微生物の生理機能を対象として，包括的になされていくならば，衆知の結集により，今後より良い方向での整理が進められるのではないかと考えている。

7 「バイオジェニクス」の研究の進展のために

7.1 乳酸菌・食品微生物の生理機能研究の深化

効果の強さや範囲は別として，医薬品開発のステップに近い合理性を少しづつ備えていく必要がある。

7.2 機能探索のハイスループット化

バイオジェニクス研究において，その研究・開発の成功例を増やしていくためにも，機能スクリーニングのハイスループット化は必須であり，いわゆる「オミクス技術」やその他，新世代技術に期待される部分はより大きくなっている。

7.3 研究ツールの整備

無菌化GMO動物とGMO微生物を組み合わせて活用できる環境が必要になると考えられる。機能解析を実施する上で，強力なツールとなると考えられるが，集約された研究拠点の整備が必要ではないだろうか。

7.4 機能表示の問題

昨今，様々な健康機能に関して検討され，有効性を示唆する食品成分が増えてきているものの，その機能表示が難しい場合もある。さらに表示可能な機能領域が増えていくことで，さらなる研究の活性化が生じ，最終的に生活者の利益も確保されていくのではないかと考える。このためには，精度の高い研究を進め，「バイオジェニクス」に対する信頼性を構築していかなければならない。

7.5 横断的研究プロジェクトの必要性

かつて理化学研究所を中心に行われた腸内細菌の研究をベースとして，本邦にて隆盛を得たビフィズス菌や乳酸菌の生理機能研究がもたらした全世界への波及効果は極めて大きかったことは既に述べた通りである。本邦においては「特定保健用食品」の制度の発展を支えてきた原動力であり，また，欧州においては，機能性乳酸菌の研究の方向性自体に大きな刺激を与え，現在の隆盛の潮流を生み出すに至ったと思われる。

このような研究の中核の欠如により，相対的に日本の乳酸菌・腸内細菌研究のレベルは徐々に遅れが目立つようになってきている。これらの研究領域の活性化と国民の健康への貢献という意味から，本邦でもまとまった研究ユニットの形成やプロジェクティブな研究の推進がことさら必要とされているように思われる。このことはCODEXにおけるヘルスクレームの枠組み検討においても言えることで，日本での特保制度の枠組みの世界標準の中での位置づけを明確に示していくような働きかけや取り組みが必要であるように思う。

8 「バイオジェニクス」の研究例

「バイオジェニクス」，特に乳酸菌やいわゆる善玉菌と呼ばれる微生物の菌体，菌体成分やこれらが生産する物質を指す狭義の「バイオジェニクス」に関する研究例は，「プロバイオティクス」や「プレバイオティクス」のそれに比較して未だにそう多くはない。ここに，いくつかの研究例を簡単に紹介する。

8.1 整腸関連機能

これまで整腸に関連する作用については，生きている菌を投与しなければ効果がないと考えられてきた。狭義のヨーグルトやこれに「プロバイオティクス」を加えて製造されたいわゆる「プロバイオティクス」発酵乳に多くの検討・報告例があり[17~19]，いわゆる特定保健用食品の中でも最も多くの製品数を抱える領域となっている。

便通の異常とその是正については，大腸の機能を正常化することに尽きる。大腸の主要な機能は，水分・ミネラルの吸収と規則正しい排泄にあると考えられる。しかしながら，排便の過程では，様々な障害が生じることが知られ，これらはQOLを著しく低下させる深刻な問題となっている。

介護が必要な老人では，問題はより複雑になる。便秘症の場合には，排便困難がさらなる排便困難を招くスパイラルに陥ることにつながりやすく，これが食欲不振から体力低下へとつながる深刻な悪循環の始まりとなることが懸念されている。

腸内細菌叢の改善や「プロバイオティクス」の利用によって改善が期待される便秘のタイプは，基礎疾患を伴わない慢性の機能性便秘と考えられる。高齢者に多い弛緩性便秘，精神的ストレスや過労を原因とする痙攣性便秘，さらには若い女性に多いとされる便意を生じない直腸性便秘がこれらに相当する。

これら常習性の便秘に対し，「プロバイオティクス」の経口投与がある条件にあっては有効であるとされている[19]。これらは，主に善玉菌が腸管内で産生する酢酸，プロピオン酸，酪酸などの短鎖脂肪酸が腸管の蠕動運動を亢進することによるとされている。しかしながら，短鎖脂肪酸のみにその作用主体を求めることもできない。例えば，腸管運動性に関わる自律神経系に与える影響などについて，もっと深く調べていく必要がある。いずれにせよ，有効性のしっかりとした検証と，メカニズムの解明に向けた取り組みが必要であろう。この面で，その限界を指摘されてはいるが，ニュートリゲノミクス手法は消化管機能変化の解析のための有用なツールの一つとなると期待されている。

乳酸菌飲料などの善玉菌製品を利用する場合において，もっともメリットを自覚することができやすい機能であるが，この場合の問題の一つには，宿主サイドの慣れが生じてしまう問題があげられる。次第に刺激の強さを上げていかないと同様の効果が得られなくなる場合がある。これにもしっかりとした原因の解明と対応策の準備とが必要である。

近年，オープントライアルではあるが，「バイオジェニクス」としての乳酸球菌死菌体による整腸効果が報告されており，作用メカニズムともども非常に興味深い報告である。まず，1日あたり *E. faecalis* 死菌体200mg（1兆個）の2週にわたる連続投与により，糞便内ビフィズス菌の2倍強の増加に伴うウェルシュ菌の抑制が示されている[6]。一方，腐敗物質の抑制と短鎖脂肪酸の濃度の上昇も認められ，この現象から見れば，何ら「プロバイオティクス」の作用と変わるところがない。作用メカニズムに関しては，免疫系の活性化を介し，クロライドチャネルの解放に伴う水分の管腔側への流入やおそらくこれに関連して推定されるミューシンの分泌の亢進に加え，腸管運動性の亢進（大腸でのiNOSの発現から推定されている）の相乗作用によるものではないかと考えられている。

これらの知見に加えて，例数は少ないものの（$n = 3$），ブタの腸管内容の通過時間が2/3にまで短縮が見られたとされていることから，死菌投与に関して，腸管内容の水分含量の増加と蠕動運動の亢進を介した整腸作用が示された世界初の事例として紹介されている[20]。今後，同様な試験例の積み重ねがあるようであれば，その応用可能性と信頼性とが評価されてくるものと考えられる。

8.2 血圧降下作用

乳酸菌の菌体成分や代謝産物に関し，いくつか血圧降下作用の報告がなされている。

(1) 乳酸菌の細胞壁成分

乳酸菌の細胞壁多糖に血圧降下作用が報告されており，典型的なバイオジェニクスの例として紹介できる。*L. casei* の自己消化・熱水抽出物の降圧作用が報告されており，有効成分は細胞壁成分の糖－グリコペプチド複合体が推定されている[21]。作用メカニズムについては，腸管より吸収された糖－グリコペプチド複合体が血管内皮細胞においてPGI2の産生を促進し，血管を拡張させることによって，降圧効果が生じるものと推定されている。

(2)　乳酸菌の発酵生産によるアミノ酸

γ－アミノ酪酸（GABA）は，抑制性の神経伝達物質として知られてきた。主に海馬，小脳，脊髄などに存在し，シナプス前膜から放出され，後膜の膜上にあるGABAに対する受容体蛋白質と結合して作用することが明らかとなっている。GABAは，脳内でグルタミン酸のα位のカルボキシル基が酵素反応により除かれることによって生成されるが，血液脳関門を通過しない物質であることから，体外からGABAを摂取しても，それが神経伝達物質としてそのまま用いられることはないと考えられていた。このため，食事性のGABAの利用研究は下火となっていたが，日本においてGABAの血圧降下作用に着目した研究が行われ，GABAを生成させた血圧降下作用を持つ茶としてまず応用されたことが契機となり，再びGABAに注目した食品開発が活発化してきている。これらは，広義の「バイオジェニクス」としての活用例にあたる。

メカニズムについては，GABAは末梢で交感神経の亢進を抑え，血管の収縮に働くノルアドレナリンの分泌を抑えることで血圧を低下させると考えられている。実際に，SHRラットの腹部動脈を用いた実験では，GABAは抹消交感神経シナプス後膜GABAリセプターを介して作用し，ノルアドレナリンの放出を抑制することで，血管の収縮を抑制していると推定されている[22]。

近年，狭義のバイオジェニクスとしてGABAを利用し，血圧降下作用を持つ乳製品乳酸菌飲料が開発されている。この例では，*L. casei* 発酵により乳蛋白からグルタミン酸を切り出したのち，*L. lactis* のグルタミン酸脱炭酸酵素の作用によりGABAを発酵乳中に生産させる発酵生産によるもので，ウィットの利いた狭義の「バイオジェニクス」としての活用例と考えられる。本来，アスパラガスなどの植物にその存在量は比較的多いことが報告されているものの，乳製品には多く含まれていないことが知られており，発想の転換による応用開発例であると考えられる。

(3)　乳酸菌による発酵生産ペプチド― *L. helveticus* 発酵乳中のトリペプチドの生理作用―

他章にて詳しく紹介されるので，ここでは簡単にこの研究の発端から歴史を紹介するにとどめる。

ラクトトリペプタイド（LTP）と名づけられた *L. helveticus* の蛋白分解系によって乳のβ－ならびにκ-カゼインより切り出されてくる2種のペプタイド（Val-Pro-ProおよびIle-Pro-Pro）は，アンジオテンシン変換酵素（ACE）阻害作用によって，血圧の安定した降下をもたらす，いわゆる狭義のバイオジェニクスの代表例と考えられている。LTPの研究は，先に紹介した光岡学校でのICRマウスへの終生投与実験[23] 時の腎機能障害の低下の知見，APAハムスターを用いた腎障害抑制[24]の実証，それらから推定されたレニン-アンジオテンシン系への影響の可能性とSHRラットによる血圧低下の実証[25]を皮切りとした産学共同研究に端を発したもので，その後の有効成分の単離[26]からヒト試験による有効性の確認[27]に至る研究の流れは，乳酸菌の生理機能研究として最も流麗な部類に属するもののひとつであると考えられる。

8.3 免疫調節作用

バイオジェニクスとしての乳酸菌の生理機能の代表格としては，宿主の免疫機能の調節が上げられる。微生物として共通に存在する抗原にその活性が担われていると考えられている。例えば，病原菌であれば，宿主の自然免疫系によって認識され，その後，動員される免疫応答によって排除されていく。この認識の課程で重要な働きを持つものが樹状細胞であり，また，その認識機構として重要なのがトール様受容体であることが知られている。現在，トール様受容体は9種のサブタイプが知られており，各々，病原体に存在する異なった特定の抗原パターン（PAMPs）を認識し，その後の応答が修飾されていくと考えられる。原理的にはトール様受容体によって規定されるだけでも2の9乗通りのシグナルの入力が可能であり，樹状細胞による抗原提示に際しては，これらPAMPsのシグナルを加味して多様な応答が選択されることになると考えられる。

乳酸菌についても，これらの病原菌と共通のPAMPsとして，少なくともペプチドグリカンやリポテイコ酸を持つため，これらに起因して惹起される免疫応答については，何ら変わるところはないだろうと思われる。これらに加え，TLR9によって認識されるCpG Motifが乳酸菌やビフィズス菌にも知られている。

乳酸菌の免疫修飾性に関しては，これらを通じた感染防御機能[28]や抗腫瘍活性[29]がもたらされることなどがよく知られている。

これらに共通すると考えられるのは，TLR2並びにTLR4を介して認識された後のTh1誘導と食細胞の活性化ではないだろうか。乳酸菌の示すこれらの性質については，生菌においても，死菌においても変わるところはないと考えられている。つまりは，純粋に物質のレベルにおいて把握しうる性質であるとされるわけで，乳酸菌から取り出されたこれらPAMPsはもちろん，乳酸菌菌体自体が「バイオジェニクス」と考えられるということになる。

Th1誘導性を示す乳酸菌については，最近，I型のアレルギー疾患に対する有用性が示唆されており[30]，同様な報告が目立つようになってきている。これらは当然ながら，TLRによって修飾される免疫応答を考えれば，今のところ大きな矛盾を生じない理屈になっている。

8.4 抗アレルギー作用

筆者らがここ数年開発を進めてきた *L. acidophilus* L-92株を例に簡単に紹介する。本乳酸菌株は，「バイオジェニクス」として開発する目的で，あえて当初から死菌体の生理機能を検証する目的をもって開発を進めた菌株である。これまでのところ，完全な有効成分まで切り込んでいけていないが，今後しっかりとした検討を進め，有効成分に迫りたいと考えている。

まず，I型アレルギーを改善の対象とし，この場合のマーカー分子をIgEに絞り，これを引き下げる可能性を持つ乳酸菌を探すこととした。*in vitro* と *in vivo* との因果関係の推測が難しいため，当初から *in vivo* でのスクリーニングを妥当であると考え，マウスモデルの開発より進めてきた。経口投与において，いったん誘導されたアレルゲンに対する特異的IgEレベルを低下しうる乳酸菌を選抜した結果，有効である可能性が高いと考えられてきたのが *L. acidophilus* L-92株であった（図1）[31]。しかしながら，IgEのレベルを引き下げることが即抗アレルギー活性につながるという証左にはならないため，抗アレルギー活性の証明が必要になる。このため，以下に紹介する複数のヒト試験を計画することとなった。

⑴　季節性アレルギー性鼻炎に対する有用性

まず，インハウスボランティアを募ったスギ花粉症の症状軽減についての検討から開始した。2002年および2003年のスギ花粉シーズンにおいて，シングルブラインドのプラセボ対照の並行群間比較試験を実施した。*L. acidophilus* L-92株を一日当たり10の10乗個のオーダーにて継続的に飲用した場合，眼の自覚症状を中心に改善が認められることが明らかとなった[32]。2005年には，スギ花粉曝露施設を利用し，用量効果を確認するため，二重盲検によるプラセボ対照並行群間比較試験を実施した。ここでも眼のかゆみを中心に，自覚症状の改善が認められ，血液マーカーの変動が示唆される結果が得られた。

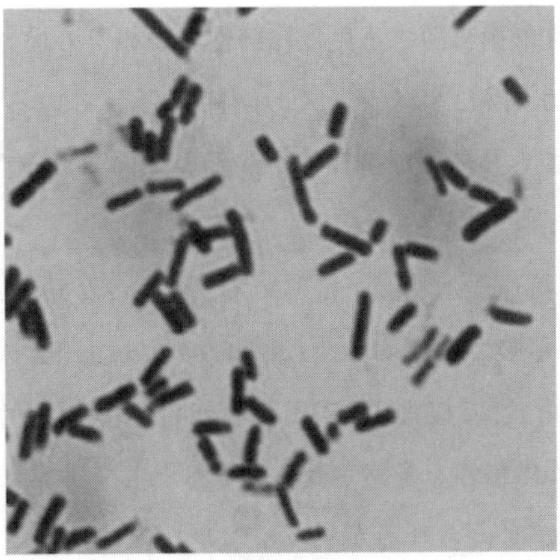

グラム染色写真

図1　*Lactobacillus acidophilus* L-92株

(2) 通年性アレルギー性鼻炎に対する有用性

2003年においては，花粉の影響が最小となると考えられる時期において，通年性のアレルギー性鼻炎の症状の緩和について検討を加えた。この試験は，二重盲検によるプラセボ対照並行群間比較試験として実施した[33]。鼻の自覚症状について，時間依存性の症状軽減が認められ，ダニやハウスダストをアレルゲンとするボランティアに対し，*L. acidophilus* L-92株の摂取が有効であることが明らかとなった。

(3) アトピー性皮膚炎に対する作用の検証

2004年には，幼児から児童のアトピー性皮膚炎の症状改善効果について，オープントライアルを実施した。この結果，前観察の期間においては薬剤による治療を継続するものの，皮膚症状の改善は見られなかったが，一方，*L. acidophilus* L-92株の飲用を開始した後においては，時間依存的な症状の改善が認められた（乱塊法による分散分析）。オープントライアルであるため，当然プラセボ効果を含み，加えて，時間因子の交絡は避けられていない。しかしながら，著効ならびに有効例を含め，90%に上るボランティアに改善が認められたことについては，アトピー症状の改善の可能性を強く示唆するのではないかと考える（図2，3)。アトピー性皮膚炎の改善の試みについては，罹患者のQOLの改善を目指し，実験系の確からしさを高め，継続的な取り組みを考慮していきたいと考えている。

(4) 推定される作用メカニズム

作用メカニズムについては，オーソドックスな考えかたではあるが，①IL-12誘導を通じたTh1/Th2バランスの調節に関わる作用機作が示唆されている。有効成分については，今のところ明らかになっていないが，有効成分単離の可能性を追求している状況にある。Perdigonら[34]の報告においては，複数の乳酸菌に関する免疫修飾性についての検討がなされており，この中で，*L. acidophilus* についてはTh1/Th2バランスの調節に優れている可能性が示されている。*L. acidophilus* L-92株についても，同様な調節作用が働いている可能性が考えられ，検討を継続する必要を感じている。

一方で，②T細胞，特に抗原提示状況下において，*L. acidophilus* L-92株がTh2細胞のアポトーシスを誘導することが示唆されており，*L. acidophilus* L-92株の免疫バランス調節における作用メカニズムの一部として機能している可能性も示唆されている。この知見は，*L. acidophilus* L-92株の作用の多様性を予感させるデータとして非常に興味深いものである。

さらに，関連する可能性が考えられるが，パイエル板における調節性T細胞の誘導の可能性も示唆されており，免疫バランスの調節作用と機能抑制的な作用メカニズムの両面から，抗アレルギー作用の発現が想定しうるものと考えている（図4)。

乳酸菌の抗アレルギー活性については，他章にて，より広範で詳細な紹介がなされている。

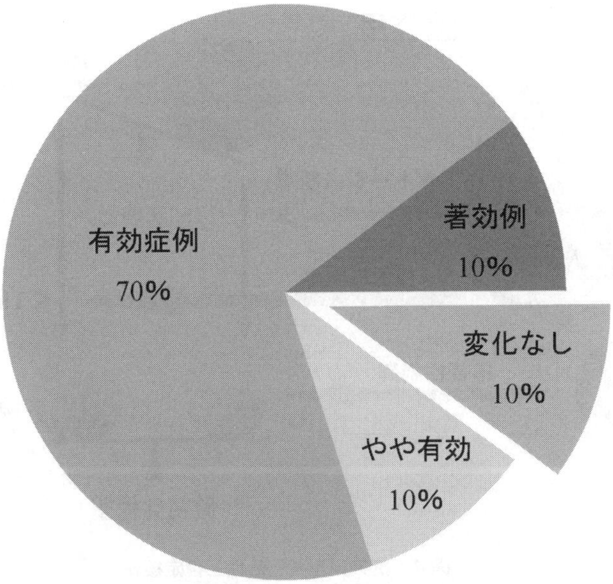

図2　小児アトピー性皮膚炎に対する有効性
L. acidophilus L-92株発酵乳8週間摂取

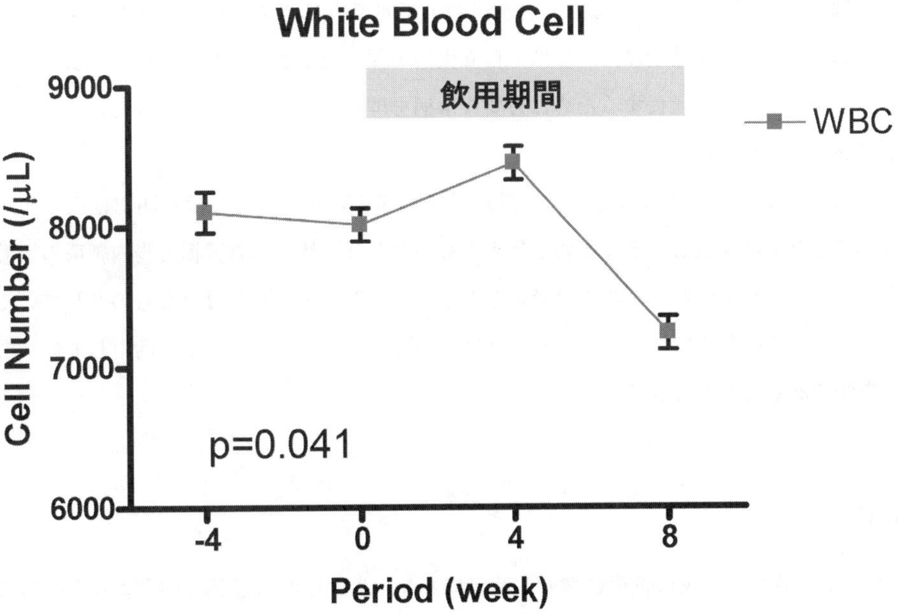

図3　アトピー性皮膚炎患児白血球数の変化

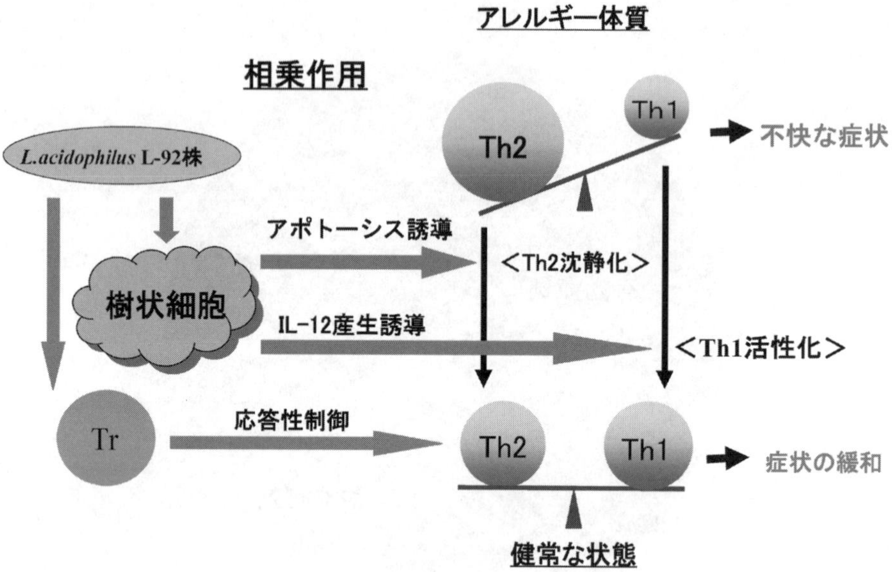

図4　抗アレルギー活性と推定機作

9　健康人であり続けるための「バイオジェニクス」開発の可能性

日本の人口は2005年より減少が始まり，今後の数十年間で約20%の人口の自然減が見込まれている。このような超高齢化社会にあっては，自立生活を保ったまま自然死をむかえることが理想であり，自らが健康寿命を延長するために必要な事柄を理解し，日頃から心がけていくことが極めて重要になると考えられる。

健康の維持においては，個々人の遺伝的背景が最も大きく影響することは自明ではあるが，個々人が接してきた生活環境も大きな影響を与えるものとされ，特に，食習慣と腸内細菌の影響は大きいものと考えられている。これらの影響を上手にコントロールし，最善なものとしていくことが必要であり，このために「バイオジェニクス」の特徴を十分に活かして，活用していくことも一つの方法であると考えられる。

10　おわりに

「健康日本21」は新たな国民の健康に関わる政策であり，生存期間の延長というよりも生活の質（QOL）の向上に重点をおいたうえで，障害のない健康な寿命の延長を目指している。平均寿命世界一の国家が実現されたが，いよいよ人口減少の局面に入ってきた。その陰の部分を直視した場合，活力のない老人国家の深刻な一面といやおうなく向い合う必要性があることを意味している。日本は特別な事情もあり，先進国の中でも前例のない早さで超高齢化社会に突入していきつつある。これらの変化に対応するための社会保障制度（保健・医療・介護・福祉）の整備をいかに効率的かつ迅速に進めていくかが重要な課題となっている。この意味で，「食」のもつ第三次機能によって，将来起こりうる健康への障害のリスクを低減していく方向は，ひとりひとりの健康を支援し，財源的な困難が予測されている医療保険や介護保険などを支えていく意味においても重要なことと考えられる。

今までに，生存期間の明らかな延長を示している条件は3つが知られている。一つは動物個体まるごとの無菌化をはかること（人間への応用はほぼ不可能），一つはカロリー制限をすること（ヒト応用可能であるが，QOLとしては低くならざるを得ない），そして，最後が，ある種の乳酸菌やその代謝物を含む食品を生涯にわたり食べさせること（疫学的検討からヒトでも真であろうと思われる）である。これは，もっとも容易に実行できる長寿のための健康習慣ではないかと考えられる。我々の健康のため，機能性の乳酸菌やその代謝産物を上手に利用していく広範で，かつ詳細な研究が必要となっている。また，治療薬に対する補助効果を期待するかたちで摂取されるのも，食品の第三次機能の活用法としてまた有用であろう。この中で，もっとも有用なツールの一つとして「バイオジェニクス」があるのではないかと考えている。

以上，乳酸菌を中心にその健康・機能性について簡単に述べた。「プロバイオティクス」や狭義の「バイオジェニクス」としての善玉菌やその生産物は宿主の健康維持に大きく寄与すると考えられる。しかしながら，その作用メカニズムについては未解明の部分が多く残されたままとなっており，「プロバイオティクス」の作用機作を追求することで，その説明性が高まるだけでなく，消費者のベネフィットにもつながっていくことと思われる。また，その関与成分に関する精力的な研究は，すなわち「バイオジェニクス」の研究そのものであり，その効果についての信頼性を高めると共に，研究・開発のレベルを向上させていくことも可能となる。日本の健康・機能性研究の国際競争力を一層高めていくためにも，「バイオジェニクス」研究への精力的な取り組みが求められている。

文　献

1) 津志田藤二郎ほか，アクティブシニア社会の食品開発指針，サイエンスフォーラム，p.53 (2006)

2) 福岡伸一，もう牛をたべても安心か，文藝春秋（2004）
3) 光岡知足，腸内フローラとプロバイオティクス，学会出版センター，p.1（1998）
4) E. Metchinikoff, The Prolongation of Life, Heinemann, London（1908）
5) 光岡知足，酪農科学・食品の研究，p.25，A170（1976）
6) A. Terada *et al., Microbial. Ecol. Health Dis.,* **16**, p.188（2004）
7) 高野俊明，プロバイオティクス・プレバイオティクス・バイオジェニクス，㈶日本ビフィズス菌センター，p.140（2006）
8) S. Fujiwara *et al., J. Appl. Microbiol.,* **90**, p.343（2001）
9) S. Fujiwara *et al., J. Appl. Microbiol.,* **90**, p.43（2001）
10) 矢澤一良，プロバイオティクス・プレバイオティクス・バイオジェニクス，㈶日本ビフィズス菌センター，p.134（2006）
11) 光岡知足，腸内菌叢の分類と生態，㈶食生活研究会（1986）
12) 食品総合研究所編，老化制御と食品，アイピーシー（2002）
13) R. Fuller, *J. Appl. Bacteriol.,* **66**, p.365（1989）
14) Y. K. Lee *et al., Trends Food Sci. Technol.,* **6**, p.241（1995）
15) S. Salminen *et al., Trends Food Sci. Technol.,* **10**, p.107（1999）
16) Joint FAO/WHO Working Group Report on Grafting Guidelines for the Evaluation of Probiotics in Food, London, Ontario, Canada（2002）
17) 西田直巳ほか，薬理と治療，**7**，p.1032（1979）
18) 田中隆一郎ほか，日老医誌，**19**，p.577（1982）
19) 村上義次，治療，**53**，p.2297（1971）
20) T. Tsukahara *et al., Microbial Ecol. Health Dis.,* **17**, p.107（2005）
21) K. Nakajima *et al., J. Clin. Biochem. Nutr.,* **18**, p.181（1995）
22) K. Hayakawa *et al., Eur. J. Pharmacol.,* **438**, p.107（2002）
23) 荒井幸一郎ほか，栄養と食料，**33**，p.219（1980）
24) 和田光一ほか，腸内フローラと成人病，学会出版センター，p.175（1985）
25) Y. Nakamura *et al., Biosci. Biotechnol. Biochem.,* **60**, p.488（1996）
26) Y. Nakamura *et al., J. Dairy Sci.,* **78**, p.1253（1995）
27) Y. Hata *et al., Am. J. Clin. Nutr.,* **64**, p.767（1996）
28) S. Yamasaki *et al., Bifidobacteria Microflora,* **1**, p.55（1982）
29) Y. Kohwi *et al., Bifidobacteria Microflora,* **1**, p.61（1982）
30) M. Kalliomaki *et al., Lancet,* **357**, p.1076（2001）
31) Y. Ishida *et al., Biosci. Biotechnol. Biochem.,* **67**, p.951（2003）
32) Y. Ishida *et al., Biosci. Biotechnol. Biochem.,* **69**, p.1652（2005）
33) Y. Ishida *et al., J. Dairy Sci.,* **88**, p.527（2005）
34) G. Perdigon *et al., Eur. J. Clin. Nutr.,* **56**, Suppl 4, S21（2002）

第6章　腸内フローラと生体のクロストーク

梅﨑良則*

1　はじめに

口腔から大腸に至る消化管には数百種を超える細菌が棲みついていると予想され，一部の菌は内容物とともに移動し，一部の菌は粘膜上皮細胞，あるいは上皮細胞の分泌物である粘液多糖に強く接着しながら世代交代を繰り返している。この膨大な細菌種の性質をすべて知ることはほぼ不可能に近いと思われるが，宿主側の動物が健康な状態を保つ限りにおいては，一般的にはそこには病原性細菌は存在しないと理解される。しかしながら通常動物と無菌動物で観察される消化管粘膜の構造，粘膜免疫システムの発達の違い，あるいは炎症性腸疾患における常在性腸内細菌の役割を考えたとき，健康状態の宿主動物に棲息する常在性腸内細菌種と病態をおこすことが明らかな細菌種との違いを記載することはたやすいことではない。種々の炎症性腸疾患モデル動物においては，宿主動物側に何らかの免疫的な欠損，あるいは粘膜バリアーの崩壊があるものの，常在性腸内細菌そのものが本疾患の要因である可能性が高い。一般的に我々が病原性細菌と呼んでいるものは宿主動物のホメオスタシスを崩壊させるような宿主応答を誘導する細菌であり，腸上皮細胞への定着，接着，細菌蛋白質の特異的な分泌過程を通して病態をひきおこす病原性大腸菌のような菌が代表的なものである。一方，われわれが常在性腸内細菌と呼んでいる細菌，あるいはプロバイオティクスと呼ぶことができる細菌種は，あえて言えば宿主動物のホメオスタシスの範囲内での宿主応答にとどまる細菌と考えられる。今日，主要な宿主動物のゲノムが解読されており，遺伝子発現として宿主応答を理解することが可能になっている。すでに明らかになっている代表的な病原性細菌に対する宿主応答と比較することにより，常在性細菌と病原性細菌の違いが，今後明瞭にされていくであろう。病原性細菌とよばれているものは，病原因子が遺伝子レベルで明らかにされているものが多いが，一部のバクテロイデス属の細菌やプロバイオティクス株を除けば消化管に存在する大多数の常在性細菌種に関しては，ゲノム解読されているものはきわめて少数であり，病原性菌との違いを明確にするためには宿主側の応答の詳細を知ることが必須であろう。本章では，腸粘膜上皮細胞を中心にした宿主生体と常在性腸内細菌のクロストークを遺伝子発現の観点から腸内での細菌遺伝子の発現を含めて紹介したい。また最近のトピックと

＊　Yoshinori Umesaki　㈱ヤクルト本社中央研究所　基礎研究二部　主席研究員；理事

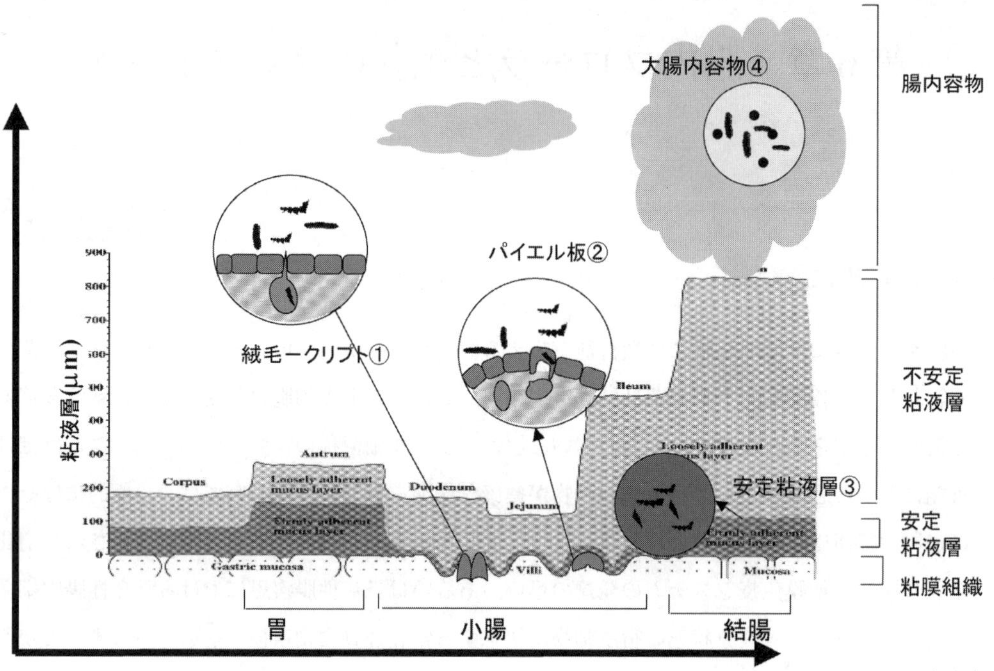

(Atuma et al, Am J Physiol, 2001を改変)

図１　消化管粘膜の腸内細菌認識システムと腸内細菌の局所的分布

小腸粘膜の絨毛－クリプト軸上の上皮細胞とその間隙より細胞の一部を露出している樹状細胞（①）ならびにパイエル板被覆上皮細胞中のＭ細胞（②）は，腸内細菌と直接接触することにより宿主応答が誘導される。大腸では上皮細胞の管腔側を安定な粘液層が覆っており，粘液中に存在する腸内細菌（③）は直接あるいは分泌物質を通して上皮細胞と相互作用をしていることが想定される。また腸内容物中に存在する菌（④）は，健常状態では直接上皮細胞に接触する機会は低いと想定されるが，代謝産物を通じて上皮細胞あるいは消化管以外の宿主細胞に作用していると考えられる。

なっている腸上皮細胞の間隙より腸管腔側に細胞の一部を覗かせているとされる粘膜樹状細胞についても考えてみたい。

2　腸管腔に存在する腸内細菌に対する認識と応答に関与する腸上皮細胞と樹状細胞

2.1　腸上皮細胞と腸内細菌

小腸，及び大腸の粘膜を覆う上皮細胞は組織幹細胞より分化した４つの細胞種から構成される。すなわち，消化吸収に関与する吸収細胞，粘液を分泌する杯細胞，クリプトの基底部に位置し，抗菌ペプチドを分泌し宿主防御システムを担うパネート細胞，消化管の神経内分泌機能を担う腸内分泌細胞である。大腸においては，粘液産生細胞の比率が大きいことや健常状態ではパネート細胞が見当たらないという特徴があるが基本的には小腸と同様に幹細胞から分化した複数の細胞種で構成されている。これらの腸上皮細胞はいずれも腸内細菌の生息する管腔側に面していることより，腸内細菌と直接的に接触する機会が多く，何らかの宿主応答に関与している細胞と考えられる。常在性腸内細菌との相互作用を考える上においては，杯細胞や粘液産生細胞から産生される粘液の存在が鍵になると思われる。健常状態では，大腸の上皮細胞は厚くタイトな粘液で覆われており，腸内細菌の運動性，粘液資化能力が上皮細胞との界面に達するためには必要であると推測される。一方，小腸では安定な粘液構造が出来上がっておらず，粘液の厚さも極めて薄くパッチ状であると報告されている[1)]。したがって，小腸では内容物中の腸内細菌も上皮細胞にコンタクトする機会が十分にあると推測される（図1）。

2.2　M細胞，粘膜樹状細胞と腸内細菌

小腸パイエル板においては，リンパ濾胞を覆う被覆上皮細胞があり，その中には微絨毛が未発達なM細胞が点在していることが知られている。さらに近年は絨毛上皮細胞にもUEA-1レクチンで染色され，バクテリア抗原を取り込むパイエル板M細胞様の細胞が報告され，絨毛M細胞と呼ばれている[2)]。M細胞はパイエル板被覆上皮細胞からリンパ球の刺激により特殊に分化した細胞種と考えられ[3)]，腸内細菌を含めた顆粒状の抗原を取り込む細胞である。M細胞に取り込まれた腸内細菌はM細胞に近接した樹状細胞に移行し，最終的には一部は腸間膜リンパ節まで生きた状態で移行するケースがあることが知られている[4)]。これらのことを証明する実験に使用されている細菌種は，*Enterobacter cloacae*，あるいは*E. coli*であり，乳酸菌などがこのようなルートで輸送されているかは不明である。このようなパイエル板被覆上皮細胞の直下に存在する樹状細胞はCCR6というケモカイン受容体をもっていることが特徴とされる[5)]。さらに近年は，パイエル板M細胞に近接した樹状細胞とは別に，絨毛を覆う吸収円柱上皮細胞の間隙より管腔側に顔を覗かせている樹状細胞の存在が大きな注目を集めており，この細胞はCX3CR1というケモカイン受容体を発現しており，transepithelial DCと呼ばれている[6)]。上皮細胞の間隙はタイトジャンクションとよばれる構造によってシールされているが，樹状細胞がダミーとしてタイトジャンクション構成蛋白質を合成することにより上皮細胞の間隙をすり抜けることが可能になっていると考えられている[7)]。これらの樹状細胞はいずれも腸内細菌をサンプリングした後，腸間膜リンパ節のリンパ球に抗原情報を提示することによって抗体産生を誘導していることが示されている。これらの観察結果はいずれも小腸においてなされたものであり，残念ながら腸内細菌が高密度で存在する大腸においては不明な点が多い。

以上，腸粘膜における常在性腸内細菌の宿主応答に関与しうる二つの細胞種，すなわち上皮細胞ならびに樹状細胞を紹介した。後者は最終的にシステミックな免疫応答の誘導につながるもの

であるが，前者に関しては常在性腸内細菌に対する応答がどのような宿主応答につながっているかは必ずしも明らかになっているわけではない。近年パネート細胞のクリプチジン[8]，杯細胞のレジスチン様物質β（resistin-like molecule β）[9]などは，宿主の生体防御機構の一翼を担うものであることが理解されてきている。クローン病との相関が認められる細菌ペプチドグリカンに対する細胞内受容体NOD2分子の変異に対応してクリプチジンの発現抑制が報告されているが[10]，正常な上皮細胞のNOD2分子が腸内細菌を認識しているかについてはまだ確証が得られていない。エフェクター分子が明確であるだけに今後の解明が待たれるところである。

3 腸上皮細胞と腸内細菌のクロストーク

前節で述べたように，健常状態においては腸上皮細胞がいかに腸内細菌を認識し，応答しているかについては不明な点が多いことを述べた。しかしながら，常在性腸内細菌と宿主のクロス

表1 遺伝子発現をベースにした宿主—常在性細菌・プロバイオティクスの相互作用の解析

動物種	微生物環境	腸内細菌・プロバイオティクス	腸管部位（組織）	遺伝子発現	文献
マウス	ノトバイオート	*B. thetaiotaomicron*・*E. coli*・*B. infantis*	回腸（全組織）	General	11
マウス (scid)	ノトバイオート	SFB・*E. coli*	結腸（全組織）	Reg3β，γ	14
ヒト（食道炎）	通常環境	*L. rhamnosus* GG	十二指腸（粘膜バイオプシサンプル）	General	22
ヒト（食道炎）	通常環境	*B. clausii*	十二指腸（粘膜バイオプシサンプル）	General	23
マウス	ノトバイオート	*B. thetaiotaomicron*・*B. longum*	回腸（粘膜LMDサンプル）	General	15
マウス	ヒトフローラ化	*B. thetaiotaomicron*・*M. smithii*	結腸（粘膜LMDサンプル）	General	12
ラット	通常環境	乳酸菌混合物（VSL#3）	結腸ループ（粘膜）	Mucin	19
マウス	ノトバイオート	*B. thetaiotaomicron*・*L. innocua*	回腸（粘膜LMDサンプル）	Reg3γ	16
ラット	通常環境	*L. acidophilus*	結腸（上皮細胞・HT-29細胞）	Opioid receptor	18
マウス	ノトバイオート	SFB・*L. casei* Shirota・*B. breve* Yakult	回腸・結腸（上皮細胞）	General	13
動物種	宿主環境	宿主形質	腸管部位（組織）	腸内細菌の構成	文献
マウス	AID（-/-）	IgA	小腸	Anaerobe/Aerobe，SFB	24
マウス	Obese（ob/ob）	体脂肪率	全身	Farmicutes/Bacteroidetes	27

LMD: Laser-capture microdissection

トークおける上皮細胞の役割は極めて重要であると考えられる。なぜなら腸粘膜のほとんどが腸上皮細胞に覆われていること，宿主の腸内細菌の認識には菌体表層物質のみではなく代謝産物，分泌物が寄与している可能性が極めて高く，上皮細胞の物質輸送系が重要な働きをしていると思われる。いずれにしても，腸粘膜の円柱上皮細胞に関しては，近年のヒトやマウス，ラット等モデル動物のゲノム解析の結果，可能となったマイクロアレイ等の網羅的な解析手法を用いて，宿主と腸内フローラのクロストーク解析を出発させるのが適当と考えられる。本章でクロストークとして取り上げた遺伝子発現をベースとした宿主腸上皮細胞と常在性腸内細菌，プロバイオティクスの相互作用に関する実験成績を表1に示した。

3.1　常在性腸内細菌に対する宿主腸上皮細胞の遺伝子発現応答

ヒトおよびマウスの常在菌である *Bacteroides thetaiotaomicron*，あるいはマウス常在菌であるセグメント細菌（Segmented filamentous bacteria, SFB）を無菌マウスに人為的に定着させたノトバイオートにおいて，上皮細胞を使ったマイクロアレイ，リアルタイム PCR の解析結果が無菌マウスの値を基準として示されている。

マウスへの *B. thetaiotaomicron* の単独定着では回腸の栄養吸収，粘膜バリアー形成，キセノバイオティクス，血管新生，及び 生後の腸管の発達に関する遺伝子の発現増強[11]，さらに古細菌である *Methanobrevibacter smithii* を *B. thetaiotaomicron* と共定着させると多糖からのエネルギー獲得と脂質合成が亢進されることが観察された[12]。

マウスへの SFB の単独定着は小腸及び大腸の上皮細胞の遺伝子発現に，次項で述べるプロバイオティクス株である *Lactobacillus casei* 株や *Bifidobacterium breve* 株以上の強い影響を与えることが示された[13]。総じて SFB 単独定着マウスでは通常マウスの糞便フローラを強制的に定着させた通常化マウスと似通った応答を示したが，大腸の guanine nucleotide binding protein, chloride channel activated 5b などは通常化マウスでは発現促進であるが，SFB 定着では反対に発現抑制を示した。SFB 単独定着マウスの pancreatitis-associated protein（PAP, Reg3β）や α（1-2）fucosyltransferase は通常化マウスに比較して遺伝子発現促進の程度は小さかったが，無菌マウスに比較して有意に発現が増幅しており，常在性腸内細菌とプロバイオティクス株を明確に区別する遺伝子発現である可能性がある。また SFB は粘膜形質の応答より，腸管，特に小腸の上皮細胞の形質発現に強い影響力をもつ常在菌と予想され，事実，小腸の遺伝子発現は定性的には糞便フローラ全体を定着させた通常化マウスと同じような応答がみられ，大腸では通常化マウスとは逆方向に発現が促進あるいは抑制される遺伝子があることが確認された。SCID マウスの結腸組織を使った実験からも同様に通常フローラマウスに近い応答をする遺伝子，異なった応答をする遺伝子が示されている[14]。さらに興味深いことに，SCID マウスでは腸内細菌に対する応答が著しく増幅していることである。これは，B細胞あるいはT細胞などの免疫担当細胞が上皮細胞の自然免疫に関与する遺伝子発現を規定している可能性を示しており，本章の主題に則して考えれば，腸内細菌と腸上皮細胞のクロストークと腸上皮細胞と粘膜固有層細胞のクロストークが相互に関係していることを示した成績と解釈すべきであろう。

3.2 プロバイオティクス株に対する宿主腸上皮細胞の遺伝子発現応答

乳酸桿菌あるいはビフィズス菌をプロバイオティクスとしてヒトあるいはマウスに投与してバイオプシした腸粘膜をマイクロアレイ，リアルタイムPCRで解析した成績が報告されている。またノトバイオートモデルにおいても，プロバイオティクスの単独定着，あるいは常在菌と組み合わせて投与した成績が報告された。

単独定着など単純な定着系での解析はプロバイオティクス菌と腸粘膜の応答の明確な対応関係を調べることができ，プロバイオティクスとしてのポテンシャルを知る上では有効な手法である。乳酸桿菌とビフィズス菌の影響をマイクロアレイで解析すると，乳酸桿菌はより小腸の，ビフィズス菌はより大腸の上皮細胞の遺伝子発現に強い影響を与えることが示された[13]。この効果は菌株というよりむしろ菌種の違いを反映していると考えたほうが自然であろう。*L. casei* 株定着，*B. breve* 株定着，いずれのノトバイオートにおいても内容物中の菌数は小腸より大腸の方が約100倍も高く，乳酸桿菌の菌体成分あるいは代謝産物中に小腸に有効に働く成分が存在していると思われる。発現が増幅された遺伝子の機能カテゴリーを調べると，乳酸桿菌ではクリプチジンやPPARγなど生体防御に関与する遺伝子発現の促進がビフィズス菌より顕著であった。一方，大腸ではビフィズス菌によってイオン輸送に関与する一部の遺伝子の増幅が認められるが，全体としてみると発現抑制が顕著である点は興味深い。Gordonらのグループによって，*B. longum* 株と先に紹介した *B. thetaiotaomicron* の共定着系が検討されたが，非常に興味深いことに，*B. thetaiotaomicron* の単独定着系とはまったく異なった遺伝子発現が共定着で認められている[16]。たとえば，*B. longum* の単独定着では盲腸上皮で発現抑制が顕著であったPAPやregenerating islet derived 3（Reg3γ）は *Bacteroides* が共定着することによって発現抑制から発現促進に変化している。定着した細菌側に着目すると，*B. thetaiotaomicron* の腸内での多糖やオリゴ糖の利用に関与する遺伝子発現はいずれも単独定着より *B. longum* が共定着することにより亢進しており，*B. longum* 共存下ではより増殖が促進されることが示唆される。一方，*B. longum* の遺伝子発現は *B. thetaiotaomicron* の共定着によってあまり影響を受けず，マンノースなどの利用系はむしろ抑制されている。広範囲な遺伝子発現をみると *B. thetaiotaomicron* の遺伝子発現は共定着する相手がプロバイオティクス株であっても *B. animalis* であるか *L. casei* かによって発現の強さが異なるという成績が示されており，腸内生態系の複雑さを示している。

上記で紹介したノトバイオートに用いた菌株および菌種はSFBを除いてすべてゲノム解析が終了しており，腸粘膜上皮細胞応答との対応を調べることも可能となっている。*B. breve* 株をマウスに単独定着させると，定着直後はATP-binding cassette protein（ABC）糖輸送系の遺伝子の発現が *in vitro* 培養と比較して顕著な発現促進を示し，定着後1ヶ月程度経過するとABC糖輸送系に加えて，PTS系，β-glycodidaseやα-mannnosidase等の糖分解酵素も著しく発現が促進されることが観察されている[17]。またピルビン酸からの酢酸産生系も亢進しており，単独定着系での腸内の酢酸濃度は決して高いものではないが，試験管培養と比較すれば酢酸産生系の遺伝子が発現促進していることは留意すべきであろう。定着3日目から1ヶ月にかけて菌数もわずかではあるが増加しており，このことは酢酸の産生と同時にエネルギー獲得系として生理的な意味合いをもっているのかもしれない。少なくとも宿主側では *B. breve* 定着直後より，エネルギー源が糖質から脂肪酸に変化したときに観察されるpyruvate dehydrogenase kinaseの活性化が認められ，腸内での酢酸産生に対応していると想定される。一方，*B. longum* の単独定着系においても *B. longum* の糖分解系，利用系に関わる遺伝子発現が増強しており，常在菌 *B. thetaiotammicron* が同時に存在すると糖の種類にもよるがさらに発現が増幅した。この成績はGC-MS分析によっても裏付けられている。このように糖の利用，代謝は腸内細菌の腸内での活性を決める重要な因子となっていると思われる。

ノトバイオート系ではなく，通常フローラをもったマウスやラット，さらにはヒトの腸粘膜バイオプシ標本についても遺伝子発現が解析されている。腸上皮細胞の遺伝子発現が生理的応答につながった成績としては，*Lactobacillus acidophilus* をプロバイオティクスとして経口投与することによって，大腸上皮細胞のオピオイド受容体及びカンナビノイド受容体の遺伝子発現を増強した成績が示されている[18]。これはHT-29細胞培養系で検出された遺伝子発現が，ラット *in vivo* の大腸上皮細胞でも再現され，さらにこれらの受容体の発現増強によって痛みを感じる閾値が上昇している。これはラットでの実験であるがプロバイオティクスによる遺伝子発現の調節が最終的に痛みの緩和という生理効果のメカニズムとして示された数少ない例である。近年，過敏性腸症候群に対してプロバイオティクスが一定の効果を発揮することがヒト試験や動物実験で示されており，本現象はIBSの痛みの緩和と関連している可能性も考えられ，その作用機構を推定する上では大変興味深い。また乳酸桿菌，ビフィズス菌，ストレプトコッカスなど8種の生菌の混合物を投与すると大腸上皮細胞の粘液ムチンのコア蛋白質をコードするmucin2遺伝子の発現増強が観察されている[19]。炎症性腸疾患の大腸におけるmucinの発現増強は腸内細菌やその代謝産物によって傷害が受けやすくなった状態をプロテクトすることが期待されている。既に，HT-29細胞においては細胞接着性のある *Lactobacillus* 株によるmucin3の発現増強とそれに伴う病原性大腸菌の付着の阻害や[20]，クロストリジア等が産生する酪酸がmucin2やmucin3

の遺伝子発現を促進することが報告されている[21]。単にプロバイオティクスのみではなく，常在菌の代謝産物もムチン産生に影響を与えていると考えられる。

ヒトでのプロバイオティクスの投与効果は最大の関心事であるが，ヒト粘膜での遺伝子発現を網羅的に解析した研究は極めて少ない。その中で，食道炎症状の比較的軽い方にプロトンポンプ阻害剤と一緒に *Lactobacillus rhamnosus*[22] あるいは *Bacillus clausii*[23] を1ヶ月摂取後，十二指腸粘膜をバイオプシして，それぞれマイクロアレイ解析でプロトンポンプ阻害剤のみの場合と比較した成績が報告された。いずれの菌末の投与においても，免疫応答，炎症，アポトーシス，細胞増殖，情報伝達，細胞接着機能に関与する遺伝子の発現に影響を与えていることが示された。しかし，両者の投与で変動した個々の遺伝子を調べてみると，報告された遺伝子の中で遺伝子発現が両者で一致しているのはcaspase6，NO合成酵素1ぐらいであり，厳密には遺伝子応答はかなり両者で異なっていると理解すべきかもしれない。本結果はプロトンポンプ阻害剤併用下での解析結果であることが解析を困難にしている。

3.3 宿主の形質発現の変動に対応した腸内フローラの変化

前節では，腸内細菌側から宿主側への働きかけを中心に述べた。宿主の生理的変動が腸内細菌にどのような影響を及ぼしているかについては成績が少ない。その原因の一つには腸内フローラの解析手法に限度があり，培養困難な細菌種の解析，網羅的な解析手法が十分に整備されていなかったという事情が上げられる。しかし，近年，16S rDNAの菌の系統分類に基づいた，DNA，RNAレベルでの解析手法が開発され，菌側への影響も詳細に解析することが可能となった。近年のトピックとして，IgA抗体のクラススイッチに関与するAID遺伝子のノックアウトマウスにおける，嫌気性細菌ならびにSFBの小腸での異常増殖が上げられる[24]。このAID遺伝子の欠損が宿主に何をもたらしているかについては不明であるが，*H. pylori* が感染した胃上皮細胞においてAID遺伝子の発現が認められ，癌化との関連性が示唆された[25]。前述したAID遺伝子ノックアウトマウスにおいてもAID遺伝子がB細胞以外に消化管の上皮細胞でも一定の役割を果たしている可能性があるのかもしれない。一方，よく議論されるIgA抗体と腸内フローラの関係については顕著な変化はないとする報告もあり[26]，今後の問題と思われる。その他，生理的には加齢，肥満，内容物の移動速度の変化に対応した腸内フローラの変化が考えられているが，それらも今後の問題であろう。特にヒトの肥満と腸内フローラの関係を示す結果として，肥満モデルマウス（ob/ob）と対照マウスの糞便フローラを遺伝的な欠損のない正常な無菌マウスに移植することによって，体脂肪率が肥満マウスから移植したものの方が対照マウスより増大したという興味ある知見が報告された[27]。この現象も宿主の肥満遺伝子の変異がどのようなメカニズムで腸内細菌の構成を変化させ，腸内細菌の構成の変化がどのように体脂肪率に影響を及ぼしているかについては不明な点が多く，今後に残された問題である。

4　おわりに

本章のテーマは生体と腸内フローラのクロストークである。消化管内で分解された菌体成分まで想定すると，それらの成分はシステミックなルートを介して，宿主の全身の細胞との相互作用が考えられるが，本章ではあくまで消化管内の生態系としての腸内フローラを中心に考え，腸上皮細胞または腸管腔側に顔を出しているといわれる樹状細胞と常在性腸内細菌の相互作用に焦点をあわせた。樹状細胞の抗原提示機能に関して本章では扱わなかったが，樹状細胞は宿主の自然免疫や獲得免疫応答において極めて重要な役割を果たしていると思われる。近年，高度に洗練された技術によって視覚的に捉えることが可能になった上皮細胞の間隙から管腔側の細菌を認識しているとされる樹状細胞の存在は，腸内細菌に対する宿主応答における吸収上皮細胞の役割にも影響を与えているかもしれない。また上皮細胞画分の解析によって得られた腸管腔の殆どを覆う上皮細胞の特定の常在性腸内細菌種に対する遺伝子発現応答は，通常化と呼んでいる腸内フローラの形成に対応した応答の一部を構成するものと推定された。しかし，2 菌共定着での遺伝子発現応答からは，単独定着とはまったく異なった応答をすることも観察されており，最終的には腸内フローラの再構成実験によって，今後フローラ全体における個々の常在性腸内細菌種の位置づけを確認していく必要があろう。ヒトを想定して選抜されたプロバイオティクス株はどの株も常在性腸内細菌種と比較すると決して顕著な応答は観察されないが，菌株間あるいは菌種間の違いは明確に観察されている。このことは単独定着は極めて単純な系ではあるがプロバイオティクス株のポテンシャルを評価する一手段としては有用であることを示している。

本章で扱った遺伝子発現をベースにした常在性腸内細菌に対する宿主の応答は病原性細菌への応答とどこで区別されるのか，宿主と細菌の相互関係の進化を考える上でも興味ある問題である。通常化と呼んでいる腸内フローラを強制的に定着させたときに生じる遺伝子発現は宿主のホメオスタシスの上限を表しているようにも思われる。いくつかの形質において通常化は離乳期の変化に類似した応答を示すが，生後から離乳に至る一連の腸内細菌の変遷による刺激とどの程度同質な刺激になっているかは不明である。マウスへの単独定着で比較的顕著な遺伝子発現応答を示した常在性腸内細菌である SFB や *B. thetaiotaomicron* においても，遺伝子発現の程度は大枠としては通常化時の応答の範囲内に収まっており，少なくとも正常な宿主動物では病原性に通じるものは覗えない。マウスへのプロバイオティクス株定着においては，さらに個々の遺伝子発現の変化の程度は小さいと思われる。しかしながら，種々のプロバイオティクス株を含め，常在性腸内細菌は宿主に一定のインパクトを持続的に与えていると言える。このように一定の限度内ではあるが，McFall-Ngai も“Unseen forces”と指摘しているように[28]，生後直後からの腸内フローラによる絶えざる宿主への刺激は，宿主動物の成熟・発達，さらには世代を超えて進化にも影響を与えていると推定される。

文　　献

1) C. Atuma *et al., Am. J. Physiol.*, **280**, G922 (2001)
2) M. H. Jang *et al., Proc. Natl. Acad. Sci. USA.*, **101**, 6110 (2004)
3) T. V. Golovkina *et al., Science*, **286**, 1965 (1999)
4) A. J. Macpherson *et al., Science*, **303**, 1662 (2004)
5) R. M. Salazar-Gonzalez *et al., Immunity*, **24**, 623 (2006)
6) J. H. Niess *et al., Science*, **307**, 254 (2005)
7) M. Rescigno *et al., Nat. Immunol.*, **2**, 361 (2001)
8) T. Ayabe *et al., Nat. Immunol.*, **1**, 113 (2000)
9) M. L. Wang *et al., Am. J. Physiol.*, **288**, G1074 (2005)
10) J. Wehkamp *et al., Proc. Natl. Acad. Sci. USA.*, **102**, 18129 (2005)
11) L.V. Hooper *et al., Science*, **291**, 881 (2001)
12) B. S. Samuel *et al., Proc. Natl. Acad. Sci. USA.*, **103**, 10011 (2006)
13) T. Shima *et al., FEMS Immunol. Med. Microbiol.*, submitted
14) S. A. Keilbaugh *et al., Gut*, **54**, 623 (2005)
15) J. L. Sonnenburg *et al., PLoS Biol.*, **4**, e413 (2006)
16) H. L. Cash *et al., Science*, **313**, 1126 (2006)
17) Ishikawa *et al., J. Appl. Microbiol.*, submitted.
18) C. Rousseaux *et al., Nat. Med.*, **13**, 35 (2007)
19) C. Caballero-Franco *et al., Am. J. Physiol.*, **292**, G315 (2007)
20) D. R. Mack *et al., Gut*, **52**, 827 (2003)
21) E. Gaudier *et al., Am. J. Physiol.*, **287**, G1168 (2004)
22) S. Di Caro *et al., Dig. Liver. Dis.*, **37**, 320 (2005)
23) S. Di Caro *et al., Eur. J. Gastroenterol. Hepatol.*, **17**, 951 (2005)
24) K. Suzuki *et al., Proc. Natl. Acad. Sci. USA.*, **101**, 1981 (2004)
25) Y. Matsumoto *et al., Nat. Med.*, **13**, 470 (2007)
26) L. Sait *et al., Appl. Environ. Microbiol.*, **69**, 2100 (2003)
27) P. J. Turnbaugh *et al., Nature*, **444**, 1027 (2006)
28) M. J. McFall-Ngai, *Dev. Biol.*, **242**, 1 (2002)

第７章　腸内の病原性細菌と腸内フローラ

檀原宏文*

1　腸内の病原性細菌と感染症

腸内の病原性細菌による感染症は，①三類感染症，②細菌性食中毒，③敗血症・尿路感染症，④菌交代症，⑤自己免疫病に大別される（表1）。

①，②は外来性細菌の経口感染によるものであり，③，④は腸内フローラを形成する常在細菌の内因性感染が主な原因になる。⑤も常在細菌との関係が推測されている免疫疾患である。

表１　腸内の病原性細菌と感染症

腸内の病原性細菌	感染症
①三類感染症の起因菌	
Escherichia coli（EHEC）	腸管出血性大腸菌感染症
Salmonella enterica serovar Typhi	腸チフス
Salmonella enterica serovar Paratyphi A	パラチフス
Shigella dysenteriae など	細菌性赤痢
Vibrio cholerae O1	コレラ
②細菌性食中毒の起因菌	
感染侵入型	
Escherichia coli（EIEC など）	腸管侵入性大腸菌食中毒
Listeria monocytogenes	リステリア食中毒
Salmonella enterica serovar Enteritidis など	サルモネラ食中毒
Yersinia enterocolitica	エルシニア食中毒
感染毒素型	
Aeromonas hydrophila など	エロモナス食中毒
Bacillus cereus	セレウス菌食中毒
Campylobacter jejuni など	カンピロバクター食中毒
Clostridium perfringens	ウエルシュ菌食中毒
Escherichia coli（ETEC）	毒素原性大腸菌食中毒
Plesiomonas shigelloides	プレジオモナス食中毒
Vibrio parahaemolyticus	腸炎ビブリオ食中毒
毒素型	
Clostridium botulinum	ボツリヌス中毒
Staphylococcus aureus	ブドウ球菌食中毒

（つづく）

*　Hirofumi Danbara　北里大学　薬学部　微生物学　教授

表1　腸内の病原性細菌と感染症　（つづき）

③敗血症・尿路感染症の起因菌*1	
Bacteroides fragilis	敗血症
Eubacterium limosum	敗血症
Veillonella parvula	敗血症
Pseudomonas areuginosa	敗血症（カテーテル）
Serratia marcescens	敗血症（カテーテル）
Citrobacter freundi	敗血症・尿路感染症
Enterobacter cloacae	敗血症・尿路感染症
Enterococcus faecalis	敗血症・尿路感染症
Escherichia coli	敗血症・尿路感染症
Klebsiella pneumoniae	敗血症・尿路感染症
Proteus vulgaris	敗血症・尿路感染症
④菌交代症の起因菌*1	
Clostridium difficile	偽膜性大腸炎
Staphylococcus aureus（MRSA）	MRSA 腸炎
⑤自己免疫病の起因菌*1	
Klebsiella pneumoniae	強直性脊髄関節炎
Streptococcus pyogenes	リウマチ熱

＊1　敗血症・尿路感染症や菌交代症例は腸内フローラを構成する常在細菌の内因性感染が原因になりやすい。また，自己免疫疾患にも常在細菌と自己抗原との分子相同性が原因になるものもある。

1.1　三類感染症

三類感染症とは，感染症法（「感染症の予防及び感染症の患者に対する医療に関する法律」，1998 年施行）に規定されている感染症である。危険度はそう高くないが飲食業など特定の職業への就業によって集団発生を起す可能性のある５つの感染症（腸管出血性大腸菌感染症，腸チフス，パラチフス，細菌性赤痢，コレラ）をさす。

1. 1. 1　腸管出血性大腸菌感染症と enterohemorrhagic *Escherichia coli*

腸管出血性大腸菌感染症は米国におけるハンバーガー食中毒事件として認識された新興感染症であり（1982 年），その原因菌は enterohemorrhagic *Escherichia coli*（EHEC，腸管出血性大腸菌）と命名された。わが国でも岡山県邑久町や大阪府堺市の学童を中心に世界最大規模の集団発生があり，患者 14,488 人のうちの 11 名が死亡した（1996 年）。腸管出血性大腸菌には O157::H7 血清型が多いが，O26::H11，O111::H-，O128::H2 血清型などの大腸菌にも病原性がみられる。自然界ではウシが保菌し糞便中に排菌すると考えられている。

患者には小児や老人が多く，約半数のものは鮮血便を伴う出血性の大腸炎を呈す。典型的な鮮血便は“all blood and no stool”と表現されることもある。患者の数％は溶血性貧血，血小板減少，急性腎不全などを主徴とする重篤な溶血性尿毒症症候群 hemolytic uremic syndrome を続発する。溶血性尿毒症症候群の病原性因子は本菌が産生する２種のベロ毒素 verotoxin，VT1，

VT2 と考えられている。VT1 は *Shigella dysenteriae* 1（志賀赤痢菌）が産生する志賀毒素と同一である。ベロ毒素が有する RNA *N*-グリコシダーゼ活性によってリボソーム RNA の *N*-グリコシド結合が加水分解されて宿主細胞のたん白質合成が阻害される。しかし，このたん白質の合成阻害がどのように溶血性尿毒症症候群の発症と関係しているのかは不明である。腸管出血性大腸菌は胃酸抵抗性のために感染力が強く 100 CFU の摂取で発症するといわれている。

1.1.2　腸チフス，パラチフスと *Salmonella enterica* serovar Typhi，*Salmonella enterica* serovar Parayphi A

腸チフス，パラチフスは共に悪寒を伴って階段状に上昇する発熱と脾腫やバラ疹で特徴づけられる敗血症である。両者は鑑別しにくい。原因菌の *Salmonella enterica* serovar Typhi（チフス菌），*Salmonella enterica* serovar Parayphi A（パラチフス A 菌）は胆嚢内に持続感染するため患者は保菌者 carrier になり易い。

チフス菌とパラチフス A 菌はどちらも小腸に感染して M 細胞から侵入し粘膜固有層や腸間膜リンパ節から血流を介して脾臓や肝臓に運ばれて胆嚢に移行する。そして，胆嚢から十二指腸に排出された細菌は小腸への感染を繰り返す。M 細胞への侵入にはⅢ型分泌システム type Ⅲ secretion system とよばれるたん白質分泌機構が関与している[1]。この分泌機構は，サルモネラが進化の過程で外来性遺伝子を取込んだもので，サルモネラの病原島 *Salmonella* pathogenicity island とよばれる遺伝子領域にコードされている。注射針の形をした分泌装置から M 細胞に注入された細菌のエフェクター（病原性たん白質）が菌体の接触周辺にラフリング ruffling（葉状

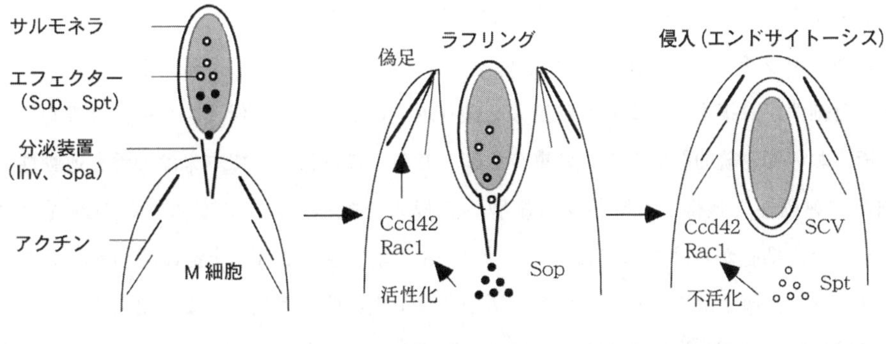

図1　Ⅲ型分泌システムによるサルモネラの細胞侵入性

サルモネラはⅢ型分泌システムと呼ばれるたん白質の分泌システムをもつ。Sop，Spt などのエフェクターたん白質は注射針のような分泌装置（Inv や Spa などから形成される）を介して小腸の M 細胞やマクロファージなどに注入される。Sop（グアニンヌクレオチド交換因子，GEF）が細胞質の Ccd42 や Rac1 などの低分子 GTP 結合たん白質を活性化すると，アクチンフィラメントは細菌の付着部位周辺に再配列する。この結果，細胞質膜はラフリングを起こし，エンドサイトーシスによって細菌を SCV（食胞）に取り込む。そして侵入が完了すると，細菌は Spt（GTPase activating protein の一種）によって Ccd42 および Rac1 を不活化して再配列されたアクチンフィラメントを元の状態に戻す。

の偽足）を起させることで細菌は細胞に侵入する（図1）。また一方では，Ⅲ型分泌システムによって細菌は上皮細胞基底膜下の粘膜固有層や腸間膜リンパ節のマクロファージにも侵入する。これはマクロファージの食菌というよりも細菌の積極的な感染であり，このようなマクロファージには機能的なファゴリソソームが形成されず，また細胞はアポトーシス apoptosis に陥るために細菌は殺菌されることなく全身に感染を拡大する。細胞の自然死であるアポトーシスはネクローシス（壊死）とは異なって宿主の免疫系を誘導しない。これは細菌が持続感染を可能にするための手段である。

1.1.3 細菌性赤痢と *Shigella dysenteriae* など

細菌性赤痢は，シゲラ属 *Shigella* の *S. dysenteriae*（A 群赤痢菌），*S. flexneri*（B 群赤痢菌），*S. boydii*（C 群赤痢菌），*S. sonnei*（D 群赤痢菌）が病原体である。また，enteroinvasive *Escherichia coli*（EIEC，腸管侵入性大腸菌）も赤痢に似た腸炎を起す。A 群赤痢菌による赤痢は最も重症であるが，D 群赤痢菌によるものは軽症で無症候性に経過することもある。志賀毒素産生性と赤痢惹起能との間に直接的な関係はみられないが，ベロ毒素を産出する志賀赤痢菌による赤痢は重症であり，また腸管出血性大腸菌感染症の場合と同様に，溶血性尿毒症症候群を続発しやすくなる（志賀毒素を産生する赤痢菌は志賀赤痢菌 *S. dysenteriae* 1 のみ）。

シゲラ属細菌および腸管侵入性大腸菌は 200 ～ 220kb の大きな病原性プラスミドを保有している。これには細菌の細胞侵入性，食菌抵抗性，運動性などに関わる重要な病原性因子がコードされている。これらプラスミド性の病原性たん白質は，チフス菌とパラチフス A 菌の場合と同様に，Ⅲ型分泌システムによって宿主細胞に直接的に注入されて細菌は大腸や直腸上皮細胞の M 細胞に侵入し[2]，またマクロファージにはアポトーシスを起させる。

チフス菌とパラチフス A 菌に見られないシゲラ属細菌の特徴は，M 細胞やマクロファージから離脱した細菌が隣接する上皮細胞に侵入を繰り返すことである。侵入した細菌は細胞質内で菌体の一極において連続的なアクチンの重合を起させる。これによって本来は鞭毛も運動性も持たない細菌が運動性を獲得して隣接する細胞への侵入を繰返すようになる。この過程でマクロファージと上皮細胞からはそれぞれ IL-1β と IL-8 が産生されこれが炎症に関わる。またチフス菌やパラチフスA菌とは異なって，シゲラ属細菌は上皮細胞基底膜下にまで侵入することはないので全身感染は起さず感染による炎症は局所に限定される。

1.1.4 コレラと *Vibrio cholerae* O1

Vibrio cholerae O1（コレラ菌）による急性胃腸炎をコレラという。コレラ菌でもコレラ毒素非産生株による胃腸炎は食中毒として扱われる。また，1992 年にインドとバングラデシュで流行したコレラ毒素を産生する *V. cholerae* O139 株による胃腸炎もわが国では食中毒に含め法律的にコレラとはいわない（WHO はコレラに準じた扱いをする）。コレラは水様性下痢と嘔吐が

突然始まり，重症例では米のとぎ汁のような水様便が続いて水や電解質が喪失するため患者は脱水症やアシドーシスに陥る。

コレラ菌は小腸の上皮細胞に付着して増殖し，コレラ毒素を産生する。コレラ毒素にはADPリボシルトランスフェラーゼ活性があり，これによってGたん白質はADPリボース化されてそのアデニル酸シクラーゼ活性を調節する機能が失われる。そのために大量に産生されたcAMPが細胞膜の透過性を促進し，水や電解質の細胞外への分泌を亢進する。コレラ菌の主要な病原性因子はコレラ毒素であるが，これ以外にもZot（小腸上皮細胞のタイトジャンクションを弛緩させる毒素）やTCP（小腸上皮細胞への付着線毛）が細菌の病原性を増強している。

1. 2　細菌性食中毒

細菌，ウイルス，化学物質，自然毒などが原因となる急性胃腸炎（腹痛，下痢，嘔吐など）を食中毒 food born disease といい，わが国ではその原因物質を食品衛生法で規定している。また，食品衛生法では三類感染症の起因菌も食中毒原因物質とする。年度による違いはあるが，食中毒原因物質のほとんどは細菌とウイルス（ノロウイルス）で占められる（図2)。細菌性食中毒は感染型と毒素型に大別される。感染型食中毒は食品や水と共に摂取された細菌の腸管への感染が原因になるものであり，毒素型食中毒は飲食物を汚染した細菌毒素の摂取が原因になるもので生菌の摂取は必ずしも必要でない。

1. 2. 1　感染型食中毒と *Salmonella enterica* serovar Enteritidis など

感染型食中毒はさらに感染侵入型と感染毒素型に分けられる，enteroinvasive *Escherichia coli*（EIEC，腸管侵入性大腸菌)，*Listeria monocytogenes*，*Salmonella enterica* serovar Enteritidis，*Yersinia enterocolitica* による食中毒は感染侵入型であり，細菌の腸管上皮細胞への侵入性と腸管マクロファージに対する食菌抵抗性が腸炎の原因になる。細胞侵入性や食菌抵抗性による腸炎のメカニズムはチフス菌，パラチフスA菌やシゲラ属細菌によるものと似ている。細菌性食中毒にはサルモネラ食中毒が最も多く，またその中では *S. enterica* serovar Enteritidis が原因になるものが多い。これは英国で採卵用のニワトリ種鶏が本菌に感染する事故があり（1987年)，それが世界中に輸出された影響が今も続いているためである。enteropathogenic *Escherichia coli*（EPEC，腸管病原性大腸菌）も感染侵入型食中毒の原因になり，これは特に新生児や幼児に重度の下痢を起す。

感染侵入型に対して，摂取された細菌が腸管で産生した毒素による食中毒を感染毒素型という。*Bacillus cereus*（セレウス菌）は芽胞を形成するために食品中で長期間の生存する。このような芽胞は食品と共に摂取されると腸管で発芽し，栄養型となって増殖を始めて毒素を産生するようになる。このうち，エンテロトキシンや嘔吐毒素はそれぞれ下痢や嘔吐の原因になる。

Clostridium perfringens（ウエルシュ菌）にも芽胞形成性があり，腸管で発芽して腸管粘膜絨毛の破壊作用をもつエンテロトキシンを産生する。この他，ウエルシュ菌が創傷に感染してα毒素を産生すると，これは血管内皮細胞に作用して血管を収縮して組織の壊死を起す（ガス壊疽 gas gangrene）。

enterotoxigenic *Escherichia coli*（ETEC，毒素原性大腸菌）の易熱性毒素にはコレラ毒素と同様なADPリボシルトランスフェラーゼ活性があり，このcAMPの上昇作用によってコレラ様の下痢を起こす。毒素原性大腸菌による下痢は旅行者下痢症 traveller's diarrheaの一種である。

わが国では腸炎ビブリオ食中毒が多発する。これは起因菌の *Vibrio parahaemolyticus*（腸炎ビブリオ）が汽水域や沿岸海水域に生息していること，そして日本人にはこのような水域の海産魚介類を生食する習慣があることと関係がある。腸炎ビブリオには下痢原性のある耐熱性溶血毒素を産生する株と毒素非産生株が混在している。食中毒の原因食から分離される腸炎ビラリオは毒素非産生株が多いが，患者分離株では毒素産生株の比率が高くなる。これはヒト体内での増殖には耐熱性溶血毒素が促進的に働き毒素産生株が優位に増殖する結果と考えられている。この現象は発見した神奈川県衛生研究所にちなんで神奈川現象 Kanagawa phenomenonとよばれる。

*Aeromonas*属（*A. hydrophila*，*A. sobrina*），*Campylobacter*属（*C. jejuni*，*C. coli*），また *Plesiomonas*属（*P. shigelloides*）は1982年になって食品衛生法に加えられた食中毒原因物質であり，病原性因子や病原性の機序はまだ不明なものが多い。

1.2.2 毒素型食中毒と *Clostridium botulinum*，*Staphylococcus aureus*

Clostridium botulinum（ボツリヌス菌）または *Staphylococcus aureus*（黄色ブドウ球菌）の毒素による食中毒を毒素型食中毒という。ボツリヌス毒素は毒素成分と無毒成分からなり，無毒成分はペプシンから保護して毒素が胃を通過し易くしている。腸管粘膜から吸収された毒素はリンパ管で無毒成分が切り離され，毒素成分が全身の神経筋接合部に作用する。神経筋接合部のシナプス小頭からアセチルコリンがシナプス間隙に放出されるためにはVAMP（シナプトブレビン），SNAP-25，シンタキシンなどの働きが必要である。しかし，毒素が有するZn-エンドペプチダーゼ活性によってこれらのたん白質は分解されアセチルコリンの遊離が阻害され呼吸筋や心筋の弛緩性麻痺が起こる。このボツリヌス中毒は致命率の高いのが特徴であり，1984年にわが国で起こった辛子レンコン事件では患者36名のうち11名が死亡した。ボツリヌス中毒に対して，乳児ボツリヌス症 infant botulismは感染型食中毒（感染毒素型）であり，腸内細菌叢が未発達な乳児（2～6ヶ月）の腸管内でボツリヌス菌が発芽・増殖して産生されたボツリヌス毒素による中毒である。乳児ボツリヌス症は乳児突然死症候群の一種と考えられている。

黄色ブドウ球菌のエンテロトキシンは耐熱性であり，100℃，10分の加熱でも不活化しない。

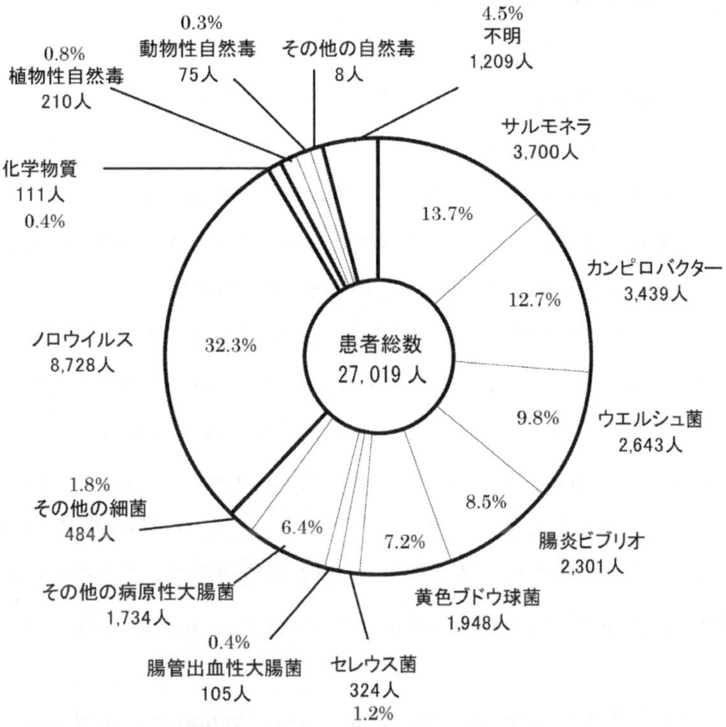

図2　食中毒原因物質

%は患者総数に対する比率。化学物質；メタノール，ヒ素など，植物性自然毒；毒キノコ毒成分（ムスカリン，アマニチン），ばれいしょ芽毒成分（ソラニン）など，動物性自然毒；フグ毒（テトロドトキシン），シガテラ毒（シガトキシン），麻痺性貝毒（サキシトキシン）など

ブドウ球菌食中毒は原因食の摂食後，短時間（1～6時間，平均3時間）に激しい症状（嘔気・嘔吐，腹痛，下痢）が現れるのが特徴である。これはエンテロトキシンが腹部臓器に分布している神経を介して嘔吐中枢を刺激するためと考えられている。また黄色ブドウ球菌のエンテロトキシンには，無差別にT細胞を活性化してルーフなどのサイトカインを過剰に遊離させて生体の恒常性を撹乱するスーパー抗原 super antigen としての性質がある。このようなエントロトキシンのスーパー抗原性もブドウ球菌食中毒の激しい症状に関係している。

1.3　敗血症・尿路感染症

宿主が保有している常在細菌が常在部位以外の臓器に感染することを内因性感染 endogenous infection（または自発性感染 autogenous infection）という。内因性感染は日和見感染 opportunistic infection であり，生体防御能の低下した易感染性宿主に敗血症や尿路感染症を起こしやすい。

1.3.1　敗血症と *Bacteroides fragilis* など

通常では腸内の正常細菌が血液に移行することはない。しかし，糖尿病などの基礎疾患を持つ者や放射線照射や各種免疫抑制剤を投与された者，炎症性腸疾患や腸管の手術などによって腸管粘膜の物理的バリアーや粘膜固有層の免疫システムに障害が起こっている者は常在細菌が血行性，またはリンパ行性に他の臓器に移行することがある。このような現象はバクテリアルトランスロケーション bacterial translocation とよばれる。腸内フローラ構成細菌の病原性は低いが，それでも *Bacteroides fragilis* や *Eubacterium limosum* などは易感染性宿主にバクテリアルトランスロケーションして敗血症を起こすことがある。*B. fragilis* は膿瘍形成を増強する莢膜を保有すること，カタラーゼとスーパーオキシディスムターゼ（SOD）が陽性で酸素に比較的耐性であり，また抗菌薬にも耐性である。このような性質が本菌の起病性に関係している。*Enterococcus faecalis*，*Veillonella parvula* の他に，腸内細菌科の *E. coli*，*Citrobacter freundi*，*Enterobacter cloacae*，*Klebsiella pneumoniae*，*Proteus vulgaris* も血液臨床材料から分離される。全ての菌種を通じて大腸菌敗血症が最も多い。グラム陰性細菌による敗血症がエンドトキシンショックや播種性血管内凝固 disseminated intravascular coagulation（DIC）を併発すると重篤である。

1.3.2　カテーテル敗血症と *Serratia marcescens*，*Pseudomonas areuginosa*

カテーテル敗血症は院内感染症である。高カロリー輸液（IVH）を受けている患者，気管切開患者，人工呼吸器を装着した患者などはカテーテルが長期間にわたって留置される。このような場合，患者自身のフローラまたは院内に定着した細菌がカテーテルを介して感染し敗血症を起すことが多い。たとえば，*Serratia marcescens* や *Pseudomonas areuginosa*（緑膿菌）は菌体周囲に粘着性の強いグリコカリックス glycocalyx（糖衣，糖被）を産生してカテーテル表面に強固に付着する。さらに，グリコカリックスを介して菌体同士が接着してバイオフィルム biofilm とよばれる網目様の膜構造を形成すると食細胞の食菌作用や抗生物質，消毒剤に対して抵抗性となり敗血症は難治化する。特に緑膿菌敗血症の場合は，細菌が有する薬剤の透過性減少と排出亢進作用，また薬剤不活化酵素の産生性など種々の薬剤耐性機構も難治化の原因になる。

1.3.3　尿路感染症と *Escherichia coli* など

尿路感染症の中で，膀胱炎や腎盂腎炎の原因は尿道炎の原因菌が上行性に侵入することが多い。これら尿路感染症の原因菌は患者自身の腸管の常在細菌 *C. freundi*，*E. cloacae*，*E. faecalis*，*E. coli*，*K. pneumoniae*，*P. vulgaris* などであり，80％以上は *E. coli* が原因になる。嫌気性細菌による尿路感染症はまれである。女性は尿道口と肛門が近いために尿路感染症を起こしやすい。

感染成立の第一歩は細菌の尿道粘膜への付着であり，尿路感染症患者から分離される大腸菌には付着線毛を有するものが多い（腎盂腎炎由来の大腸菌はＰ線毛をもつものが多い）。K1 抗原（シアル酸ポリマー）を莢膜抗原とする大腸菌は病原性が強い。これはシアル酸ポリマーには補体活性化の阻害作用や食作用抵抗性があるためである。

1. 4　菌交代症

内因性感染は化学療法に続発することの多い偽膜性大腸炎や MRSA 腸炎など菌交代症の原因にもなる。

1. 4. 1　偽膜性大腸炎と *Clostridium difficle*

偽膜性大腸炎 pseudomembranous colitis は菌交代症の一種であり化学療法を受けることの多い入院患者，特に老人が発症しやすい。抗菌薬の投与は腸管細菌叢を破壊し，抗菌薬に対する耐性度の高い *Clostridium difficile* を異常に増殖させる。そして，産生されたエンテロトキシンとしてのトキシン A がそのグルコシルトランスフェラーゼ活性によって大腸上皮細胞の Rho たん白質をグルコシル化するとＦアクチン細胞骨格が破壊されて細胞が損傷する。そして，そこに遊走してきた顆粒球は上皮細胞からの IL-8 の産生を促し炎症と水分の過分泌を起こす。新生児では *C. difficile* の分離率は高く，トキシン A も高値で検出されるのに偽膜性大腸炎を発症することは少ない（理由は不明）。細胞毒素であるトキシン B もトキシン A と同じ酵素活性をもちこれも炎症に関わる。10^5CFU 以上に *C. difficile* が糞便に見られる場合には数 mm の円形または不規則な形に隆起した偽膜が大腸粘膜に生じることが多い。偽膜形成のメカニズムは不明である。

1. 4. 2　MRSA 腸炎と methicillin-resistant *Staphylococcus aureus*

MRSA methicillin-resistant *Staphylococcus aureus*（メチシリン耐性黄色ブドウ球菌）は，腸管，呼吸器，尿路，創傷など種々の感染症の原因になる。MRSA 腸炎は手術前に行われる腸内容清掃や手術後の感染予防のための抗菌薬投与が腸管内の MRSA を選択的に増加させる結果として起こることが多い。この場合，MRSA が産生するスーパー抗原としてのエンテロトキシンやトキシンショック症候群毒素 TSST-1 が症状を悪化させることもある。

MRSA はメチシリン以外にも多剤耐性であり，一旦 MRSA 感染症を発症すると化学療法が困難になる。このように治療が困難な薬剤耐性菌による感染症を薬剤耐性菌感染症といい，MRSA の他にも，VRE（バンコマイシン耐性腸球菌），PRSP（ペニシリン耐性肺炎レンサ球菌），ESBL 産生菌（基質特異性の広いβラクタマーゼ産生菌，肺炎桿菌や大腸菌など），多剤耐性結核菌（イソニコチン酸ヒドラジドとリファンピシンに同時耐性の結核菌）などによる感染症も化学療法が困難になる。

1.5 自己免疫病

自己成分に対する免疫反応によって起る細胞や組織の傷害を自己免疫病 autoimmune disease という。自己成分と微生物抗原との間の分子相同性 molecular mimicry（交差抗原性）は，一方では正常な免疫応答によって微生物に対する抗体産生を促すが，他方では微生物抗原によって活性化された T 細胞が自己抗原と結合した B 細胞に作用して自己抗体も産生させる。このような非自己抗体および自己抗体は共に自己成分と反応して細胞や組織を傷害する。

1.5.1 強直性脊髄関節炎と *Klebsiella pneumoniae*，リウマチ熱と *Streptococcus pyogenes*

HLA-B27 陽性者には強直性脊髄関節炎 ankylosing spondylarthritis または Reiter 症候群（どちらも慢性多発性関節炎）が多発すること，また患者は腸内フローラとしての *Klebsiella pneumoniae*（肺炎桿菌）の保有率が健常者に比べて有意に高いことが知られている。HLA-B27 と肺炎桿菌のニトロゲナーゼとの間にはアミノ酸の一次構造に類似性があり，HLA-B27 陽性の強直性脊髄関節炎や Reiter 症候群患者には高頻度に HLA-B27 に反応する抗体と肺炎桿菌のニトロゲナーゼに反応する抗体が検出されることから，少なくとも一部の症例ではフローラの肺炎桿菌が HLA-B27 と交差する抗体産生の引き金を引いている可能性がある。

Streptococcus pyogenes（化膿レンサ球菌）の感染後に起こるリウマチ熱 rheumatic fever（心筋炎，心弁膜症）は本菌の M たん白質と心筋や心内膜の間のと交差抗原性が原因と考えられている。リウマチ熱患者では化膿レンサ球菌と自己抗原に対する抗体が産生されており，これらと抗原との複合体が腎糸球体に沈着すると糸球体腎炎 glomerulonephritis を起こすことがある。

また，カンピロバクター食中毒後に発症するギランバレー症候群 Guillan-Barré syndrome も，*C. jejuni* のリポ多糖体（LPS）と神経細胞表面のガングリオシドの分子相同性により LPS 抗体が神経接合部に結合し，運動ニューロンの機能が障害されて筋力低下が起こる自己免疫疾患と考えられている。さらに，広範な潰瘍性炎症を発症する潰瘍性大腸炎 ulcerative colitis やクローン病 Crohn disease も大腸粘膜と腸内の常在細菌との交差抗原性によると考えられている。健常者に比べて潰瘍性大腸炎患者では *Bacteroides* 属の *B. fragilis* や *B. vulgatus* が増加しているという報告があり，これら腸内常在菌と潰瘍性大腸炎との因果関係が疑われている。

2 腸内フローラと病原性

2.1 腸内フローラとグラム陽性細菌

腸内フローラを構成する優勢細菌は *Bifidobacterium*，*Clostridium*，*Eubacterium*，*Peptostreptococus* 属などのグラム陽性細菌で占められている[3, 4]。例外は *Bacteroides* 属で，これはグラム陰性細菌である。しかし，この細菌属の多くのものが 16S-rDNA の分子系統によっ

て *Prevotella* 属や *Porphylomonas* 属に分類し直されて，さらにこれらは腸内フローラではなく口腔内フローラとして位置付けられるようになってきた。また，従来はグラム陰性であった *Veillonella* 属，*Acidaminococcus* 属，*Megasphaera* 属はグラム陽性の *Firmicutes* 門にまとめられ，さらに *Fusobacterium* 属の優勢菌種であった *F. prausnitzzi* も *Faecalibacterium prausnitzzi* と属が変わって，これもグラム陰性からグラム陽性の *Firmicutes* 門に変更された。現在では腸内フローラを構成するグラム陽性細菌は83細菌種，グラム陰性細菌は39細菌種と報告されている[5)]。

腸内フローラが多数のグラム陽性細菌で構成されるのには理由がある。第1の理由は，グラム陽性細菌は細胞壁に厚いペプチドグリカン層をもつために浸透圧の変化に耐えることができ，これが細菌の腸管内での生息に適していると思われる。さらに，グラム陽性の *Clostridium* 属は芽胞形成性を有し，これも腸管での生息に有利に働くと考えられる。

第2は，グラム陽性細菌のペプチドグリカンやタイコ酸にはマクロファージや NK 細胞など自然免疫系を活性化して外来性病原細菌の腸管への感染を防ぐ作用が知られていることに関係している。この自然免疫系の活性化には抗原提示細胞上の TLR-2（Toll-like receptor 2）によるペプチドグリカン認識が重要な役割をしている。このような宿主の免疫を賦活化できる性質はヒトとの共生関係を保つ上で大きな利点になる筈である。

第3は，グラム陽性細菌は内毒素をもたないという特徴があげられる。これはたとえグラム陽性細菌性の菌血症が起こったとしてもエンドトキシンショックなど重篤な敗血症に発展しにくいことを意味している。事実，敗血症の起因菌として同定される細菌は1：2の割合でグラム陰性細菌の方が多い。

我々は醗酵食品にはグラム陽性の乳酸菌を用い，またプロバイオティクスにもグラム陽性細菌を用いるなど，グラム陽性細菌の特質を古くから経験的に知っていたようである。

2.2　常在細菌の脱フローラ化

将来は常在細菌に脱フローラ化現象が起こり，今までの常在細菌が病原体化していく可能性を提唱したい。これはヒトと細菌との長い生物進化の歴史に逆行する現象である（図3）。

先進工業国における乳幼児の死亡率の低下また人口の急激な高齢化，さらに血液疾患や悪性腫瘍，糖尿病などの代謝異常疾患患者の増加は易感染性宿主の集団を拡大させている。また，カテーテルや内視鏡の挿入は皮膚や粘膜などのバリアーを破壊し，放射線照射や抗腫瘍剤・ステロイド剤の投与は先天性および獲得免疫を低下させる。このように医療技術の進歩は，一方では生体防御能の低下した易感染性宿主を増加させている。生体に付着して増殖する能力（定着，感染）は病原体にもまたフローラを構成する常在細菌にも必須の性質である。外来性の病原体に比べて

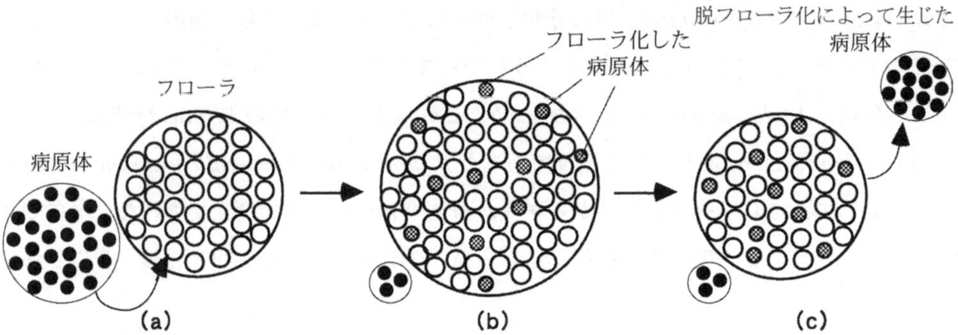

図３　脱フローラ化する常在細菌（仮説）
(a-b)；始めは環境に生息しまた動物の生体などを生息場所としてもヒトには病原体であった細菌が生物進化の中で徐々にヒトの生体を増殖の場とできるようになって病原体はフローラ化してきた。
(b-c)；しかし，生体防御能の低下した者や不適切な化学療法を受けて菌交代症を起こした患者では今までは常在細菌であったものが脱フローラ化して病原体として振舞うようになる。

はるかに定着・感染能に優る常在細菌はもし宿主側に生体防御能の低下が起これば直ちに病原体に変化するポテンシャルを備えている。事実現在では，腸内フローラを構成する常在細菌の日和見感染が原因になる敗血症や尿路感染症が多く報告されるようになっている（1. 3，敗血症・尿路感染症の項参照）。また，上述したように敗血症の起因菌はグラム陰性細菌が多いものの，最近ではグラム陽性細菌による敗血症の増加傾向が見られ，易感染性宿主には *Bifidobacterium* や *Lactobacillus* 属などグラム陽性の腸内常在細菌も敗血症の起因菌として考慮に入れなければならなくなっている。

これは腸内フローラに限ったことではなく，たとえばチフス菌 *Salmonella enterica* serovar Typhi，や結核菌 *Mycobacterium tuberculosis* にはそう遠くない昔の時代に多くの者が持続感染しそのほとんどが無症候性に経過していた。現在においてさえ発展途上国では腸チフスや結核は普通にありふれた病気である。しかし，先進工業国に住む者にとってこれらは強毒な病原体であり，感染は即発病につながる。重要なことはこのような細菌の持続感染は宿主に特異的な獲得免疫をもたらすだけでなく，非特異的な先天性免疫も同時に活性化して全体的な免疫力のレベルを引き上げている可能性があることである[6]。これは逆に，現代の先進工業国に住む我々の免疫力は発展途上国の人々に比べて劣っていることを物語っている。常在細菌の脱フローラ化現象は不適切な化学療法によって惹起される菌交代症にも見られる。菌交代症は常在細菌の構成に撹乱が起こり，菌数の多くない細菌の異常増殖と脱フローラ化によって起こる感染症ともいえる（1. 4，菌交代症の項参照）。

これからのプロバイオティクスや醗酵食品の開発にはこのような易感染性宿主化している現代人の特質を考慮することが重要になる。

文　　　献

1)　T. Kubori *et al., Science,* **280**, 602 (1998)
2)　K. Tamano *et al., EMBO Journal,* **19**, 3876 (2000)
3)　光岡知足，腸内細菌の世界，叢文社，p. 21 (1980)
4)　P. R. Murray, Topley & Wilson's Microbiology and Microbial Infections, vol. 2, p.296 (1998)
5)　江崎孝行，腸内細菌の分子生物学的実験法，㈶日本ビフィズス菌センター，p.7 (2006)
6)　S. Falkow, *Cell,* **124**, 699 (2006)

第8章　プロバイオティクスの安全性評価

石橋憲雄*

1　プロバイオティクスとは

プロバイオティクスとは生菌を含む食品，飼料，薬品などでありそれを摂取することによって生菌の作用による生体にとって有用な生理効果を期待するものである[1]。

しかしながら近年，死菌体の様々な効果が検証されつつあり，「生菌である」ことの定義が見直されるかも知れない。しかし本稿では生菌としてのプロバイオティクスをとりあげる。プロバイオティクスの第一はホストの消化管内で生育し，摂取した際に腸内の微生物バランスに影響を与えることができる菌種である。人の消化管内には非常に多くの微生物が生息しておりそれらの菌叢のバランスが腸内の環境に大きく影響を与えている[2]。多くの腸内微生物の中でホストに有用な影響を与える菌がプロバイオティクスとして選択され乳酸菌（*Lactobacillus* など），ビフィズス菌（*Bifidobacterium*）に属する菌が代表的である[3]。通常腸管に生息しない菌でもプロバイオティクスの範疇に入れられているものがある。主たるものは発酵乳製品や植物性発酵食品に含まれる菌であり，乳酸菌（*L.bulgaricus*, *Streptococcus thermophilus*, *Leuconostoc*, *Lactococcus*）さらには好気性菌の *Bacillus* などである。

2　プロバイオティクスの安全性

食品あるいは医薬品として販売されている多くのプロバイオティクスについて，その安全性を考慮することは非常に重要である。従来プロバイオティクスに属する微生物は長年の経験から安全であると認識されてきた。例えば乳酸菌は長い歴史の中で食品の加工に広く利用され，生菌，死菌体あるいは代謝物とともに摂取されてきた食経験がある。またビフィズス菌は生態学的に人腸内フローラの優勢菌であり，腸管の健康に大きく寄与している[2]。したがってそれらが有害であるとか病原性を有するなどの報告は特に無い。しかしながら近年乳酸菌やビフィズス菌の多くの菌種が感染病巣から検出されることがかなりの頻度で報告されている[4~7]。これらの文献により報告される病巣からの分離菌を表1に示す。感染病巣とは心内膜炎や血流感染等である。ビ

＊　Norio Ishibashi　㈳日本乳業協会　広報部　部長

フィズス菌の代表的な菌種である *B.longum* は1例のみであるが，針治療中の患者の敗血症から分離されている[8]。また実際にプロバイオティクスとして市販されている製品に由来する菌による感染例もある[9, 10]。すなわち Rautio らは *L.rhamnosus* GG 株を使用した発酵乳を摂取した糖尿病患者の肝臓膿瘍から *L.rhamnosus* GG 株と区別できない菌の分離を報告しているし[10]，Mackay らは *L.rhamnosus* カプセルを摂取している僧帽弁逆流症患者の血液から同種の菌を分離している[9]。乳酸菌類による感染症例の割合は，全感染症例数の中では少ないが[11〜13]これらの報告を基にプロバイオティクスの安全性に対する議論が近年非常に盛んになってきている[14〜18]。感染源からの分離が直接病原性や感染性を示すものではないが，現実にプロバイオティクスに属する多くの菌種が分離されている事実を考えれば，工業的，商業的に利用するプロバイオティクスの安全性をいかに検証するかが非常に重要となってきている。

表1　心内膜炎，血流感染などで分離される乳酸菌，ビフィズス菌

Lactobacillus	*rhamnosus, casei, paracasei, salivarius, acidophilus, plantarum, gasseri, leichmanii, jensenii, confusus, brevis, bulgaricus, lactis, fermentum, minutus, catenaforme,* sp.
Lactococcus	*lactis*
Leuconostoc	*mesenteroides, paramesenteroides, citreum, pseudomesenteroides, lactis,* sp.
Pediococcus	*acidilactici, pentosaceus*
Bifidobacterium	*dentium*（*eriksonii*）, *adolescentis, longum*
Enterococcus	*faecalis, faecium, avium,* others

3　プロバイオティクスの安全性に関係する要因

3. 1　菌の病原性，感染性

プロバイオティクスの安全性に関する要因としては，病原性，感染性，有毒性（物質の生産，酵素活性，代謝物）その他菌独自の性質があげられる。通常感染性を持たない乳酸菌類や，ビフィズス菌は，病巣から分離されるからといってすべてが普遍的な感染性をもっている可能性は低い。すなわちあくまで日和見感染的に侵入したものと考えられる。近年になり乳酸菌類の分離に関する報告が頻繁に見られるようになった理由として，日和見感染菌としての乳酸菌に対する認識が増してきたことがあるかも知れない。乳酸菌類がバクテリアルトランスロケーションやその他の経路で生体に侵入することはあるが[19, 20]それらが実際に感染を起こし，例えば敗血症から心内膜炎やその他の感染症に至るのは，菌の性質のみならず生体側の要因も絡み合った結果と考

えられる。菌が有害であり，感染性を持つかどうかの判断は，菌が生体に侵入することとは別に，侵入後に感染を起こし，時によっては重篤な病体を引起こすのかどうか，また生体がその菌の侵入に対してどのような応答を示すのかによって判定できるのかも知れない。

プロバイオティクスに使用されている菌が実際に感染性を持つか持たないかを検証するのは難しい。特に嫌気性菌で一般的に感染性を持たないと考えられている菌についてそれを検証するのは困難である。経口投与を行ったとしても使用する動物が健全な場合には感染は起こりにくい。特に感染力の弱い菌ではなおさらである。感染力の強い菌の場合でも単独菌で感染を成立させるのは容易で無く，実験系に種々の前処理を加えたり，混合感染として感染を成立させるなどの工夫が必要である[21]。菌の単回投与毒性試験，反復投与毒性試験は毒性の一つの証明方法としては有効である[22, 23]。*Streptococcus*，*Lactobacillus*，*Bifidobacterium* など急性毒性試験に関するいくつかのレポートがあるが[24, 25] これらが同じ GLP のレベルで実施されていない可能性があり，データを相対的に比較することは困難である。

先にも述べたがプロバイオティクスとしての乳酸菌，ビフィズス菌が感染を起こすとしても，それはあくまで日和見感染と考えられる。日和見感染には種々の要因から誘発されるバクテリアルトランスロケーションが大きく関係する。バクテリアルトランスロケーションは種々の原因で腸管のバリヤー性が低下し，細菌が粘膜上皮を通過し粘膜固有相，腸管膜リンパ節その他の臓器へ運ばれる現象を言い，菌血症から敗血症，さらには多臓器不全を引起こす原因となる可能性が指摘されている[19, 26, 27]。特に腸内細菌のバクテリアルトランスロケーションによる内因感染は免疫不全ホストにおける日和見感染の原因の一つと考えられる。動物に対してバクテリアルトランスロケーションを誘発する際，健全な腸管からは起こりにくいことが知られ，これを人工的に起こす方法が取られている。例えば抗生物質による処理，免疫抑制剤の投与，あるいはこれらを併用する方法などである。その外に無菌動物を使用する方法がある。健全な SPF マウスではバクテリアルトランスロケーションは起こり難いが，無菌マウスで長期間起こることは良く知られている[28, 29]。これは無菌動物の腸管バリヤーが未熟であるためと，無菌動物のリンパ細胞系の免疫が未発達であることが原因とされている。

プロバイオティクスに属する菌のうち多くの菌種は腸内に生息し，腸内菌との競合など腸内のエコロジーに影響を与える菌であるから，腸管からのバクテリアルトランスロケーション及びその後の動態を評価することが感染性あるいは病原性を評価する一つの方法として興味が持たれる。すなわち侵入した細菌が感染を起こすか否か，生体にどのような影響を及ぼすかである。例えば，抗生物質耐性の *E.coli* C25 を抗生物質処理したマウスに定着させた場合バクテリアルトランスロケーションを起こし全身性の免疫系に悪影響を与える現象が認められている[30]。また極端な例ではあるが病原大腸菌 O111 や O157 を無菌動物に投与すると腸内増殖し，バクテリアルトランスロケーションの後マウスを死亡させる[31, 32]。また一方では腸内細菌はまた宿主の免疫系全般に影響を与えていることが知られている[33, 34]。

無菌マウスに*B.longum* BB536を経口投与し，単独定着した場合のバクテリアルトランスロケーション及び免疫応答に関して山崎らが報告している[31, 35, 36]。無菌マウスに*B.longum*を投与すると，2～3日後から腸内容物1g当り10^9～10^{10}レベルで定着し推移する。定着した*B. longum*は定着後1～2週間の間，腸管膜リンパ節，肝臓，脾臓へのバクテリアルトランスロケーションを起こす。しかし侵入した*B.longum*は宿主に対して感染を起こすなどの有害な作用は示さない。さらにこの侵入した菌は4週目以降消滅して排除される。このバクテリアルトランスロケーションは無菌ヌードマウスでも起こるが同様に感染他の有害な作用は起こさない。しかしSPF無菌マウスで見られた菌の排除はヌードマウスではおこらず継続する。SPF無菌マウスにおけるバクテリアルトランスロケーションの阻止にはTリンパ球免疫系の関与が考えられた。すなわち阻止時期と*B.longum*定着マウスの細胞性免疫発現の時期と一致していた。また*B. longum*の定着により，総IgA，抗*B.longum*抗体IgAの産生が増強された。さらに興味ある事実として*B.longum* BB536を単独定着したマウスはベロ毒素産生性*E.coli* O111，やO157の感染による毒性を軽減した。すなわち無菌マウスにO111またはO157を経口投与すると臓器への侵入・移行が起こり，エンドトキシンショックなどにより死亡を起こす。O157の場合は腎臓における炎症を起こし5週間でほとんど死亡する。*B.longum*をあらかじめ単独定着した場合は，O157を感染させても腸内のO157菌数は低く抑えられ，5週間後でも死亡は起こらない[32]。さらにあらかじめ*B.longum*を定着させたマウスに致死量以下の*E.coli* O111を投与すると最初はバクテリアルトランスロケーションが観察されたが7日以降ではまったく観察されずO111のバクテリアルトランスロケーションを阻止した。一方*B.longum*を定着しなかったマウスでは2週間以上観察された。これら*B.longum* BB536の無菌マウスへの単独定着による免疫学的な応答に対する機序については解析の余地があるが，いずれの成績も*B.longum*の単独定着による宿主の免疫機能増強を示唆している。無菌動物への菌の単独定着，それにより発生するバクテリアルトランスロケーション，さらにその後の宿主の状態のみが病原性，感染性を判定する方法ではないが，*B.longum* BB536が単独定着，バクテリアリトランスロケーションによって宿主に対して特に感染や，害をもたらさないこと，さらには宿主の免疫増強に寄与することが認められるという事実はこのような実験系でのプロバイオティクスの安全性及び有用性に対する評価方法の一つを示唆するものと考える。

3.2　菌の代謝活性（有毒物質の生成に関係する酵素活性）

プロバイオティクスが菌の代謝により有害物を生成しないことは重要な性質である。このような代謝活性，有害物の生成に関連する性質の一つは腸内で食物成分あるいは生体分泌物質から二次的に人体に有害な物質を作り出すかどうかである。例えば蛋白質及びその消化物からは腸内細菌の作用によってアンモニア，インドール，フェノール類，アミン類が生成する。乳酸菌やビフィズス菌については有害な産物を生成するとの報告はなされていない。生体分泌物から菌の作用により生成する有害物質としては特に2次胆汁酸が重要である。2次胆汁酸は多くの腸内細菌の作用により生成するが，粘膜細胞に影響し，増殖を促進することにより発ガン性を示し，発ガンプロモーターとして作用する場合もある[37]。ビフィズス菌や乳酸菌など多くの腸内細菌は抱合胆汁酸の脱抱合活性は有している[38]。しかし2次胆汁酸の生成に関与する7α-dehydroxylase 活性は有しないことが報告されている[39, 40]。

3.3　血小板凝集活性，粘膜分解活性，抗生物質耐性他

菌による血小板の凝集活性は心内膜炎の促進に寄与すると考えられ安全性評価の一つとされている。Harty[41] により心内膜炎から分離された菌について血小板の凝集活性が測定され，保存の同種株と比較された。凝集活性は菌株により異なり，心内膜炎から分離された *L.rhamnosus* では5株中5株が凝集し，保存の同種株では16株中8株が凝集した。この凝集には細胞表層の蛋白質が関与すると考えられ，細胞表層の性質を評価する方法として疎水性，ハイドロオキシアパタイト接着等が測定されている。その結果，心内膜炎から分離された *L.rhamnosus* の活性が，保存株より高いことが示されている[42]。その他の因子として，グリコシダーゼ，プロテアーゼの酵素活性がある。プロテアーゼは糖蛋白質の分解，繊維素凝塊の生成と分解を可能にするとされている。この活性が *L.rhamnosus*，*L.paracasei* subsp. *paracasei*，他の菌株で測定され，菌株によってはこれらの酵素を生産し，心内膜炎の感染に関係する性質を所有する可能性をも示唆されている[43]。また Ruseler は *Lactobacillus*，*Bifidobacterium* 数株の腸粘膜等蛋白質の分解酵素活性測定し，活性の無いことを報告している[44]。これらの酵素活性が感染と関係があるのか，さらにはこれらの活性とプロバイオティクスの要件として指摘されている人腸管細胞への付着性との関係はどうなるのかなどを判定するにはさらに詳細な検討が必要である。

抗生物質耐性菌についての問題も提起されている[7, 45]。プロバイオティクスとしての *Bifidobacterium*[46] や *Lactobacillus*[47] は本来あるレベルの抗生物質耐性を備えているが，望ましくない耐性の転移あるいは付与を防止するためには特に高い耐性を持たないほうが良いと考えられる。多種類の抗生物質に耐性を付与して，抗生物質との併用に耐えることを特長としたビフィズス菌のプロバイオティクスが開発された例もあるが[48]，MRSA や VRE など耐性菌の出現が社会的な問題となっていることを考慮すると，目的以上に多種類の抗生物質に対する耐性は備えない方が良いと考える。

4　おわりに

プロバイオティクスの安全性をすべての側面から判定することは簡単ではない。しかし *in vitro* で判定可能な要因については比較的簡単に判定できる。また菌の食経験や，菌体を利用した臨床試験での結果や判定は安全性に関する有用な情報を与える。現在注目されている項目は菌が感染性を持っているのかどうかの判定である。菌が日和見感染を起こす可能性を試験するのは非常に困難である。菌の急性毒性試験，反復投与毒性試験は一つの傍証とはなるであろう。しかし菌が腸管のバリヤーを通過して，バクテリアルトランスロケーションにより生体内に侵入した際の動態を観察することはより直接的に菌の感染性を判定する資料となるであろう。山崎らの試験では *B.longum* BB536 を無菌マウスに定着させることによりバクテリアルトランスロケーションを起こすが，何らの有害な作用は見出せず，反面宿主免疫の賦活作用を示した。菌の血小板凝集活性は菌体表面の蛋白質，多糖質，その他の高分子物質との相互作用によると考えられるがこの現象が心内膜炎などの感染に関係するかは今後の検討を待たねばならない。またバクテリアルトランスロケーションや感染が菌の腸管細胞粘膜への付着からスタートするならば，プロバイオティクスの腸管表層細胞付着性の必要性を含めた議論も必要である。また粘膜分解の可能性を示す酵素活性の生体に対する影響も今後の検討課題である。今後は感染からの分離菌やプロバイオティクス菌に対する分子生物学的な検討が加えられ[13]，菌株の遺伝学的な形質と感染との関係，あるいは菌株特異的な感染の有無などの検討がなされる必要があろう。

文　　献

1） R. Fuller, History and development of probiotics, In: R. Fuller Ed., "Probiotics, the scientific basis", 1-8, Chapman & Hall, London (1992)

2） T. Mitsuoka, Intestinal bacteria and health, Harcourt Brace Javanovich, Tokyo (1978)

3） B. R. Gordin and S. L. Gorbach, Probiotics for humans, In: R. Fuller Ed., "Probiotics, the scientific basis", 355-376, Chapman & Hall, London (1992)

4） M. Aguirre, M. D. Collins, Lactic acid bacteria and human clinical infection, *J. Appl. Bact.*, **75**, 95-107 (1993)

5） I. Brook, Isolation of non-sporeforming anaerobic rods from infections in children, *Clin. Microbiol.*, **45**, 21-26 (1996)

6） G. F. asser, Safety of lactic acid bacteria and their occurrence in human clinical infections, *Bull. Inst. Pas.*, **92**, 45-67 (1994)

7) R. Maskell, L. Pead, 4-flurorquinolones and *Lactobacillus* spp as emerging pathogens, *The Lancet*, **339**, 929 (1992)

8) G. Y. Ha, C. H. Yang, H. Kim, Y. Chong, Case of sepsis caused by *Bifidobacterium longum*, *J. Clin. Microbiol.*, **37**, 1227-1228 (1999)

9) A. D. Mackay, M. B. Taylor, C. C. Kibbler, J. M. T. Hamilton-Miller, *Lactobacillus* endocarditis caused by a probiotic organism, *Clin. Micribiol. Infect.*, **5**, 290-292 (1999)

10) M. Rautio, H. Jousimies-Somer, H. Kauma, I. Pietarinen, M. Saxelin, S. Tynkkynen, M. Koskela, Liver abscess due to a *Lactobacillus rhamnosus* strain indistinguishable from *L. rhamnosus* strain GG, *Clin. Infectious. Dis.*, **28**, 1159-1160 (1999)

11) M. R. Adams, Safety of industrial lactic acid bacteria, *J. Biotech.*, **68**, 171-178 (1999)

12) F. Delahaye, V. Goulet, F. Lacassin, R. Ecochard, C. Selton-Sutty, B. Hoen, S. Briancon, J. Etienne, C. Leport, Incidence, caracteristiques demographiques, cliniques, microbiologiques et evolutives, de l' endocardite infectieuse en France en 1990-1991, *Med. Mal. Infect.*, **22**, 975-986 (1992)

13) M. Saxelin, N.-H. Chuang, B. Chassy, H. Rautelin, P. H. Mäkelä, S. Salminen, S. L. Gorbach, Lactobacilli and bacteremia in southern Finland, 1989-1992., *Clin. Infectious Dis.*, **22**, 564-566 (1996)

14) M. R. Adams, P. Marteau, On the safety of lactic acid bacteria from food, *Int. J. Food Microbiol.*, **27**, 263-264 (1995)

15) V. G. Klein, C. Bonaparrte, G. Reuter, Laktobazillen als Startekulturen für die Milchwirstschaft unter dem Gesischtspkunt der Sicheren Biotechnologie, *Milchwissenschaft*, **47**, 632-636 (1992)

16) M.Saarela, G. Mogensen, R. Fonden, J. Mättö, T. Mattila-Sandholm, Probiotic bacteria: safety, functional and technological properties, *J. Biotech.*, **84**, 197-215 (2000)

17) S. Salminen, A. von Wright, L. Morelli, P. Marteau, D. Brassart, W. M. de Vos, R. Fonden, M. Saxelin, K. Collins, G. Mogensen, S.-E. Birkeland, T. Mattila-Sandholm, Demonstration of safety of probiotics-a review, *Int. J. Food Microbiol.*, **44**, 93-106 (1998)

18) 五十君靜信, プロバイオティクス, プレバイオティクス, バイオジェニックス, pp.109-113, 光岡知足編, 日本ビフィズス菌センター (2000)

19) R. D. Berg, Translocation and the indigenous gut flora, In: R. Fuller Ed., "Probiotics, the scientific basis", 55-85, Chapman & Hall, London (1992)

20) E. A. Deitch, A. C. Hempa, R. D. Specian, R. D. Bery, A study of the relationships among survival, gut-origin sepsis, and bacterial translocation in a model of systemic inflammation, *J. Trauma.*, **32**, 141-147 (1992)

21) K. Hara, A. Saito, M. Hirota, K. Yamaguchi, Y. Shigeno, S. Kohno, K. Fujita, H. Koga, Y. Dotsu, The analysis of background factors of pneumonia by opportunistic pathogens, *J. Jpn. Assoc. Infectious Dis.*, **60**, 1125-1132 (1986)

22) H. Momose, M. Igarashi, T. Era, Y. Fukuda, M. Yamada, K. Ogasa, Toxicological studies on *Bifidobacterium longum* BB536, *Appl. Phrmacolo.*, **17**, 881-887 (1979)

23) W. Sims, A pathogenic *Lactobacillus*, *J. Path. Bacteriol.*, **87**, 99-105 (1964)

24) D. C. Donohue, M. Deighton, J. Ahokas, Toxicity of lactic acid bacteria, In: S. Salminen and A. von Wright Ed., "Lactic acid bacteria" 307-313, Marcel Dekker, New York (1993)
25) D. C. Donohue, S. Salminen, Safety of probiotic bacteria, *Asia Pacific J. Clin. Nutr.*, **5**, 25-28 (1996)
26) R. D. Berg, Bacterial Translocation from the intestines, *Exp. Anim.*, **34**, 1-16 (1985)
27) P. A. Van Leeuwen, M. A. Boermeester, A. P. Houdijk, C. C. Ferwerda, M. A. Cuesta, S. Meyer, R. I. Wesdorp, Clinical significance of translocation, *Gut*, **35** (1 suppl), S28-S34 (1994)
28) R. D. Berg, A. W. Garlington, Translocation of certain indigenous bacteria from the gastorintestinal tract to the mesenteric lymph nodes and other organs in a gnotobiotic mouse model, *Infect. Immunity*, **23**, 403-411 (1979)
29) K. Maejima, Y. Tajima, Association of gnotobiotic mice with various organisms isolated from conventional mice, *Jap. J. Exp. Med.*, **43**, 289-296 (1973)
30) E. A. Deitch, D. Xu, Q. Lu, R. D. Berg, Bacterial translocation from the gut impairs systemic immunity, *Surgery*, **109**, 269-276 (1991)
31) S. Yamazaki, H. Kamimura, H. Momose, T. Kawashima, K. Ueda, Protective effect of *Bifidobacterium*-monoassociation against lethal activity of *Escherichia coli*, *Bifidobacteria Microflora*, **1**, 55-59 (1982)
32) K. Namba, T. Yaeshima, N. Ishibashi, H. Hayasawa, S. Yamazaki, Inhibitory effects of *B. longum* on enterohemorrhagic *E. coli* O157 : H7 (2003)
33) J. Bienstock, A. D. Befus, Some thoughts on the biologic role of IgA, *Gasgroenterology*, **84**, 178-184 (1983)
34) M. C. Foo, A. Lee, Immunological response of mice to members of the autochthonous intestinal microflora, *Infect. Immunity*, **6**, 525-532 (1972)
35) S. Yamazaki, K. Machii, S. Tsuyuki, H. Momose, T. Kawashima, K. Ueda, Immunological responses to monoassociated *Bifidobacterium longum* and their relation to prevention of bacterial invasion, *Immunology*, **56**, 43-50 (1985)
36) S. Yamazaki, S. Tsuyuki, H. Akashiba, H. Kamimura, M. Kimura, T. Kawashima, K. Ueda, Immune response of *Bifidobacterium*-monoassociated mice, *Bifidobacteria Microflora*, **10**, 19-31 (1991)
37) P. Y. Cheah, Hypotheses for the etiology of colorectal cancer-an overview, *Nutr. Cancer*, **14**, 5-13 (1990)
38) T. Midtvedt, A. Norman, Bile acid transformation by microbial strains belonging to genera found in intestinal contents, *Acta. Pathol. Microbial. Scand.*, **7**, 629-638 (1967)
39) A. Ferrari, N. Pacini, E. Canzi, , A note on bile acid transformations by strains of *Bifidobacterium*, *J. Appl. Bact.*, **49**, 193-197 (1980)
40) T. Takahashi, M. Morotomi, Absence of cholic acid 7α-dehydroxylase activity in the strains of *Lactobacillus* and *Bifidobacterium*, *J. Dairy Sci.*, **77**, 3275-3286 (1994)
41) D. W. S. Harty, M. Patrikakis, E. B. H. Hume, H. J. Oakey, K. W. Knox, The aggregation of human platelets by *Lactobacillus* species, *J. Gen. Micorbiol.*, **139**, 2945-2951 (1993)

42) D. W. S. Harty, M. Patrikakis, K. W. Knox, Identification of *Lactobacillus* strains isolated with infective endocarditis and comparison of their surface-associated properties with those of other strains of the same species, *Microb. Ecol. Health. Dis.*, **6**, 191-201 (1993)
43) H. J. Oakley, D. W. S. Harty, K. W. Knox, Enzyme production by lactobacilli and the potential link with infective endocarditis, *J. Appl. Bactriol.*, **78**, 142-148 (1995)
44) J. G. Ruseler-Van Embden, L. M. Van Lieshout, M. J. Gosselink, P. Marteau, Inability of *Lactobacillus casei* strain GG, *L.acidophilus*, and *Bifidobacterium bifidum* to degrade intestinal mucus glycoproteins, *Scand J. Gastroenterology*, **30**, 675-680 (1995)
45) Y.-K. Lee, S. Salminen, The coming age of probiotics, *Trends Food Sci. Technol.*, **6**, 241-245 (1995)
46) D. Matteuzzi, F. Crociani, P. Brigidi, Antimicrobial susceptibility of *Bifidobacterium*, *Ann Microbiol* (Inst Pasteur), **134A**, 339-349 (1983)
47) P. K. Gupta, B. K. Mital, R. S. Gupta, Antibiotic sensitivity pattern of various *Lactobacillus acidophilus* strains, *Ind. J. Exp. Biol.*, **33**, 620-621 (1995)
48) K. Miyazaki, S. Chida, K. Akiyama, N. Okamura, R. Nakaya, Isolation and characterization of the antibiotic-resistant strains of *Bifidobacterium* spp., *Bifidobacteria Microflora*, **10**, 33-41 (1991)

ゲノム解析編

第9章　乳酸菌・ビフィズス菌のゲノミクス・プロテオミクス

森田英利[*1]，藤　英博[*2]

1　はじめに

近年，自動シークエンサーやコンピュータの能力が向上したため，細菌のゲノム配列は短期間で決定できる時代になり，細菌のゲノム情報は加速度的に蓄積されている。2007年6月までに約570種の真正細菌・古細菌のゲノム配列が公表され，その数は年々増加している。細菌に対する解析対象は，病原菌中心から多様な菌種へ，基準株・代表株から同一菌種内での複数の菌株へと拡大している。多種多様なゲノム情報を利用可能な時代になり，細菌の研究は従来の個別遺伝子に基盤をおく遺伝学的なレベルから，ゲノム情報を基盤とするゲノム生物学のレベルへと移行している。

2001年に世界初の乳酸菌ゲノムとして，*Lactococcus lactis* subsp. *lactis* IL1403株[1)]の配列が報告されて以来，2007年6月までに乳酸菌（*Lactobacillales* 目）の6属15菌種（20菌株），ビフィズス菌（*Bifidobacterium* 属）の2菌種（2菌株）のゲノム配列が公開され，乳酸菌・ビフィズス菌のゲノム情報は急速に蓄積されつつある（表1）[1～13)]。さらに多くの乳酸菌・ビフィズス菌のゲノム配列が現在シークエンシング中であり，筆者らのグループも *Lactobacillus reuteri* と *Lactobacillus fermentum* の全ゲノム配列を決定した。乳酸菌・ビフィズス菌の研究においても，合理的な培養条件や有用菌株を効率よく取得するための指標の開発，プロバイオティクスの機能解明，未知の有用な性質の発見など新たな研究成果を得るために，これらゲノム情報を積極的に活用していく時代になった。近年，ゲノム情報に基づいた乳酸菌・ビフィズス菌のプロテオーム解析，トランスクリプトーム解析（第12章を参照）も展開されつつある。本章では，乳酸菌・ビフィズス菌ゲノムの特徴を紹介し，プロテオーム解析から得られた知見を概説する。

＊1　Hidetoshi Morita　麻布大学　獣医学部　准教授

＊2　Hidehiro Toh　㈱理化学研究所　ゲノム科学総合研究センター　研究員

表１　全ゲノム情報が公開されている乳酸菌とビフィズス菌

Species	Strain	Genome length (bp)	GC content (%)	No. of plasmids	No. of proteins	Year	Reference
Lactococcus lactis subsp. *lactis*	IL1403	2,365,589	35.3	0	2,321	2001	Bolotin *et al.*[1)]
Lactococcus lactis subsp. *cremoris*	SK11	2,598,348	35.8	5	2,509	2006	Makarova *et al.*[2)]
Lactococcus lactis subsp. *cremoris*	MG1363	2,529,478	35.7	0	2,436	2007	Wegmann *et al.*[3)]
Streptococcus themophilus	CNRZ1066	1,796,226	39.1	0	1,915	2004	Bolotin *et al.*[4)]
Streptococcus themophilus	LMG 18311	1,796,846	39.1	0	1,889	2004	Bolotin *et al.*[4)]
Streptococcus themophilus	LMD-9	1,864,178	39.1	2	1,718	2006	Makarova *et al.*[2)]
Lactobacillus plantarum	WCFS1	3,348,625	44.4	3	3,009	2003	Kleerebezem *et al.*[5)]
Lactobacillus johnsonii	NCC 533	1,992,676	34.6	0	1,821	2004	Pridmore *et al.*[6)]
Lactobacillus acidophilus	NCFM	1,993,564	34.7	0	1,864	2005	Altermann *et al.*[7)]
Lactobacillus sakei	23K	1,884,661	41.3	0	1,879	2005	Chaillou *et al.*[8)]
Lactobacillus delbrueckii subsp. *bulgaricus*	ATCC 11842	1,864,998	49.7	0	1,562	2006	van de Guchte *et al.*[9)]
Lactobacillus delbrueckii subsp. *bulgaricus*	ATCC BAA-365	1,856,951	49.7	0	1,725	2006	Makarova *et al.*[2)]
Lactobacillus gasseri	ATCC 33323	1,894,360	35.3	0	1,763	2006	Makarova *et al.*[2)]
Lactobacillus brevis	ATCC 367	2,340,228	46.1	2	2.221	2006	Makarova *et al.*[2)]
Lactobacillus casei	ATCC 334	2,924,325	46.6	1	2,776	2006	Makarova *et al.*[2)]
Lactobacillus salivarius subsp. *salivarius*	UCC118	2,133,977	33.0	3	1,717	2006	Claesson *et al.*[10)]
Lactobacillus reuteri	F275	1,999,618	38.9	0	1,944	2007	Copeland *et al.*[11)]
Oenococcus oeni	PSU-1	1,780,517	37.9	0	1,701	2006	Makarova *et al.*[2)]
Pediococcus pentosaceus	ATCC 25745	1,832,387	37.4	0	1,757	2006	Makarova *et al.*[2)]
Leuconostoc mesenteroides subsp. *mesenteroides*	ATCC 8293	2,075,763	37.7	1	2,009	2006	Makarova *et al.*[2)]
Bifidobacterium longum	NCC2705	2,260,266	60.1	1	1,729	2002	Schell *et al.*[12)]
Bifidobacterium adolescentis	ATCC 15703	2,089,645	59.2	0	1,631	2006	Suzuki *et al.*[13)]

（2007年６月時点）

2　細菌のゲノム解析

細菌のゲノム配列が短期間で決定されるようになった要因としては，全ゲノムショットガン法の開発，自動シークエンサーの能力向上，大量データを処理するコンピュータやプログラムの開発などが挙げられる。全ゲノムショットガン法とは，

① ゲノムDNAを1～2kbの大きさにランダムに断片化し，それをベクターにクローニングしたショットガンライブラリーを作製する。

② ライブラリーから無作為に鋳型を調製する。

③ 各鋳型DNAの両端の塩基配列（約500塩基）を自動シークエンサーで読み取る。対象となるゲノムサイズの10倍量前後の配列データを生産することが目安となる。

④ 得られた粗配列データをコンピュータ上で連結させて，全ゲノム配列を一挙に再構成（アセンブル）させる。

この①～④の数回の工程により，数十～数百個のコンティグからなるドラフト配列が得られる。この手法の利点は，作業内容が単純化されており，大部分の工程が機械と少人数で進めることができるため，ゲノム配列決定に必要な時間とコストが大幅に低減されることである。アセンブルにはPhred-Phrapと呼ばれるプログラムが広く使われ，このようなソフトの開発により客観的な数値によって自動的に配列精度の評価が判断可能となった。ドラフト配列の決定後，未決定領域（ギャップ）をPCR法により埋めて，最終的に高精度な全ゲノム配列を完成させる。

ゲノム生物学の解析では大規模なデータを扱うために，コンピュータを用いて新規な生物学的知見を得るバイオインフォマティクス（生命情報科学）の手法が不可欠である。全ゲノム配列の決定後は，まず遺伝子情報を抽出し，それらの機能を推察する作業（アノテーション）を行う。同定された各遺伝子配列をデータベースに登録されている既知遺伝子に対して，BLASTなどの手法を用いて配列相同性の検索を行う。その結果，抽出した遺伝子が既知遺伝子と有意な配列相同性を示した場合は，その既知遺伝子と同じ機能を有するものと解釈して遺伝子の機能を推察する。抽出した遺伝子をKEGG（http://www.genome.jp/kegg/）などの代謝マップ上に貼付けることにより，その細菌のもつ代謝経路が確認でき，また機能別にオルソログ遺伝子を分類したCOG（http://www.ncbi.nlm.nih.gov/COG/）などのデータベースで検索することにより，全遺伝子の機能別の構成比を知ることができる。近縁種のゲノム情報と比較することにより，オルソログ遺伝子，遺伝子(群)の挿入・欠失や偽遺伝子を検出でき，その菌種に特徴的な代謝系や遺伝子が明らかとなる。オルソログ遺伝子の配列比較から進化速度の推定も可能となる。これまでにゲノム解析された細菌において，抽出された遺伝子のうち機能推定できる遺伝子は60％程度である。しかし，培養実績のない菌種でも，その全配列を決定することで約60％の遺伝子の機能が

推定できるという点は，ゲノム解析の威力を示している。現在のところ，*Escherichia coli* や *Bacillus subtilis* でも未だ約40％の遺伝子の機能が不明であり，プロテオーム解析，トランスクリプトーム解析，遺伝子ノックアウト株の作出によって，機能未知の遺伝子の解明が期待される。

3 乳酸菌のゲノム解析

3.1 個別菌種のゲノム解析

乳酸菌のゲノムサイズは，自由生活性の細菌としては比較的小さく，多くの生合成系の遺伝子群を欠失している。特に，乳酸菌ゲノムはTCA回路を構成する遺伝子の多くを欠失しているため，*E. coli* などと比較して同量の糖から得られるエネルギー量は少ない。そのため，乳酸菌はエネルギー確保のため解糖系（EMP経路）を駆使するが，溜まったピルビン酸をTCA回路により消費できないため，ピルビン酸を乳酸へと変換し菌体外へ放出している。各種糖類の細胞内への取り込みについては，関連する輸送系遺伝子が発現し，取り込まれた糖類はいくつかの経路により最終的に解糖系に入って代謝される。ゲノム解析から得られた知見は，栄養要求性が高いことなど乳酸菌の特性を裏付けている。

TCA回路が不完全であるためアミノ酸合成に必要な中間体を得られず，乳酸菌ゲノムはアミノ酸合成系の遺伝子の多くを欠失している。その代わり，アミノ酸を外部環境から獲得するために，ペプチダーゼ，アミノ酸トランスポーターの遺伝子が乳酸菌ゲノムに数多く含まれている。乳酸菌ゲノムの全遺伝子の13～17％はトランスポーターをコードしており，この割合は他の細菌よりも高く，またアミノ酸トランスポーターが糖やペプチドのトランスポーターより多い[14]。また，絶対的ヘテロ発酵型の *L. brevis*，*L. reuteri* のゲノムでは解糖系の遺伝子（6-phosphofructokinase）を欠いているため，ペントースリン酸経路を介してグルコースを消費している。条件的ホモ発酵型の *L. plantarum*，*L. sakei*，*L. casei* では，EMP経路とペントースリン酸経路の両者を完全に備えているため，ヘキソース代謝は前者で，ペントースやグルコン酸の代謝は後者で行っている。絶対的ホモ発酵型の *L. delbrueckii* subsp. *bulgaricus*，*L. gasseri*，*L. acidophilus* では，EMP経路によりグルコースから乳酸のみを産生するが，ペントースリン酸経路の遺伝子群がゲノムにコードされている点は興味深い。

3.2 比較ゲノム解析

多くの乳酸菌ゲノム情報が蓄積されるに伴い，乳酸菌の近縁菌種・菌株の比較ゲノム解析も可能となり，菌株間の類縁性と進化，菌株間での遺伝子の種類・構成の差異など新たな視点から菌株の特性を解明できるようになった。これまでに報告された比較ゲノム解析の一部を紹介する。

L. plantarum と *L. johnsonii* の比較ゲノムの報告によると，70%の遺伝子が共通していたが，染色体上での遺伝子の並び（シンテニー）は保存されていなかった[15]。*L. plantarum* のゲノムサイズは3.3Mbと既知乳酸菌ゲノムの中で最大だが，その中には糖を取り込む25種のPTS輸送システム，30個のトランスポーター，表層タンパク質，調節タンパク質などの遺伝子がゲノムに多く含まれていた。そして，糖の取り込み・代謝系に関わる遺伝子の多くは水平伝搬で獲得されたと推察されている。多種類の糖を炭素源として利用できる遺伝子群や環境変化に効率的に対応できる遺伝子群を有することは，*L. plantarum* が *Lactobacillus* 属の中でも広範囲に生育できることを反映している。一方，*L. johnsonii* はアミノ酸やビタミンの合成遺伝子群の多くを欠失していたが，それらの物質を外部から取り込むトランスポーターの遺伝子を数多く有していた。これは *L. johnsonii* の分布が栄養豊富な腸内に強く依存していることを示している。さらに，*L. johnsonii* に *L. acidophilus*，*L. gasseri* のゲノムを加えた3菌種を *L. acidophilus* complexと称し *L. plantarum* と比較した結果も同様に，*L. acidophilus* complexはアミノ酸合成系の遺伝子群を欠失していた[14]。特に，*L. johnsonii* と *L. gasseri* はビタミン，核酸，脂肪酸などの合成遺伝子群も欠失していた。ゲノム情報から，*L. acidophilus* complexは不要な遺伝子を退化させることにより，栄養豊富な腸内環境に適応したと考えられる。

また，*L. plantarum*，*L. johnsonii*，*L. acidophilus*，*L. salivarius*，*L. sakei* の5菌種のゲノムを比較した結果も報告された[16]。*L. johnsonii* と *L. acidophilus* 間以外の組み合わせでは，ゲノム間のシンテニーは保存されていなかった。*L. johnsonii* と *L. acidophilus* は以前，1菌種に統合されていたが，DNA-DNAハイブリダイゼーションによる相同性が低いことから，別々の菌種となった経緯がある。さらに，属を越えて乳酸菌9菌種のゲノム配列を加えた比較ゲノム解析が行われた[17]。乳酸菌12菌種の全遺伝子を機能別に分類した結果（LaCOG），3,199種のLaCOGが抽出された。そのうち567種のLaCOGが全12菌種に含まれており，それらの大部分は翻訳・転写・複製という基本的な機能に関わる遺伝子であった。また，16S rRNA配列の代わりに，RNAポリメラーゼおよびリボソームタンパク質の配列を用いて，系統関係を確認した。

チーズのスターターである *Lactococcus lactis* subsp. *cremoris* MG1363株と *L. lactis* subsp. *lactis* IL1403株のゲノムを比較した結果，MG1363株に特異的な領域の約2割が56 kbの領域に集中していた[3]。その領域に含まれる *opp-pepO* 遺伝子群はオリゴペプチドの取り込みと分解に関与しており，乳環境で生育するために不可欠な遺伝子群と考えられる。*opp* 遺伝子群は他の *Lactococcus* ではプラスミド上にコードされていることから，MG1363株の *opp* 遺伝子群は，プラスミド由来のものが染色体に挿入されたと考えられた。

発酵乳のスターターである *Streptococcus themophilus* は，*S. pneumoniae*，*S. pyogenes*，*S. agalctiae*，*S. mutans* といった病原菌と近縁であるが，generally recognized as safe（GRAS）と

して認知されている唯一の *Streptococcus* である。*S. themophilus* とそれら病原菌の *Streptococcus* のゲノムを比較した結果，８割の遺伝子は菌株間で保存されていたが，*S. themophilus* の全遺伝子の１割が偽遺伝子で，その大部分は糖の代謝・輸送に関わる遺伝子群であった[4)]。そのため，病原菌の *Streptococcus* が多種類の糖を利用できるのに対し，*S. themophilus* の利用できる糖の種類は少ない。*S. themophilus* のゲノムは乳環境で長期間継代されている間に，病原性遺伝子など不要な遺伝子が欠失あるいは偽遺伝子化して進化してきた構造と考えられた。

DNA の修復に関与する RecQ ヘリカーゼは，真正細菌・古細菌から真核生物まで生物全体で保存されている。しかし，*Streptococcus* 属では RecQ ヘリカーゼ遺伝子が欠失している。*S. thermophilus* も RecQ ヘリカーゼ遺伝子を欠失していたが，病原性の *Streptococcus* 属とは異なり *sbcC* と *sbcD* 遺伝子を有することで，DNA が修復されゲノムは安定化していると考えられた[4)]。病原性の *Streptococcus* 属では，コンピテント細胞が得られているため，*S. thermophilus* を含む多くの乳酸菌に対しコンピテント細胞の作出が試みられたが，コンピテンス状態にはできなかった。*S. thermophilus* ではコンピテント細胞の状態がなく，外部から有害な遺伝子を取り込んでいないと考えられる。

4　ビフィズス菌のゲノム解析

ビフィズス菌は *Bifidobacterium* 属細菌の総称であり，36 菌種に分類されている。*Bifidobacterium* 属は，乳酸菌と比べて GC 含量が高く，乳酸菌が属する *Firmicutes* 門とは進化系統樹的に離れた位置にあるが，整腸作用，免疫賦活効果，アレルギー低減効果など，有効なプロバイオティクスとして乳酸菌と同様に注目されている。ビフィズス菌は，ヒト腸内細菌叢において優勢な菌種である２株，*B. longum* NCC2705株[12)] と *B. adolescentis* ATCC 15703株[13)] のゲノム情報が公開されている（表１)。また，*B. longum* および *B. breve* の複数株のゲノムシークエンシングが現在，進行中である。

B. longum NCC2705 株の全遺伝子の約１割は，炭水化物の代謝・輸送に関連する遺伝子群であり，この割合は他の細菌と比べて高い。また，PTS 輸送システムの遺伝子は１個しか含まれていないが，オリゴ糖の代謝・輸送に関連する遺伝子群およびそれらを制御する TetR，LacI タイプのリプレッサー遺伝子は数多くコードされていた。小腸に定着する細菌は代謝しやすい単糖類や二糖類を利用すると推察される一方，消化管下流（大腸）に生息する *B. longum* は難消化性のオリゴ糖・多糖をエネルギー源として積極的に利用していると推察される。これらの遺伝子群の重複や水平伝搬による獲得は，*B. longum* が大腸という栄養分の少ない環境中で難消化性の多種多様な基質に適応できるように進化してきたことを示唆している。また，*N*-アセチルグル

コサミンの代謝系が揃っており，これは他の微生物が分解しにくいガラクトマンナン等の利用のために機能していると推察される。乳酸菌と同様に，NCC2705株もTCA回路の遺伝子群が欠失していたが，アミノ酸・核酸・ビタミンの合成遺伝子の多くはコードされていた。これは，乳酸菌と比べてビフィズス菌では栄養要求性の少ないことを裏付けている。

また，ビフィズス菌は絶対嫌気性であるが，菌種菌株によっては微好気状態でも生育可能なものがある。*B. longum* は嫌気性細菌のため，呼吸に関わる遺伝子は存在しないが，NADH-oxidase，thiol peroxidase，alkyl hydroperoxide reductase，peptide methionine sulfoxide reductaseのホモログ遺伝子を有していた。このことから，*B. longum* は微好気状態の酸化ストレスで生育可能なこと推察される。

B. adolescentis ATCC 15703株のゲノム情報を報告した論文は現在のところ未発表である。ATCC 15703株と *B. longum* NCC2705株のゲノム配列を比較した結果，複製開始点を対称軸としたゲノムの逆位が見られ，約1,200個の遺伝子が2株間で保存されていた。また，NCC2705株の配列に基づいたマイクロアレイを用いた *B. longum* biotype *longum*，*B. longum* biotype *infantis*，*B. longum* biotype *suis* の比較ゲノム解析も報告されている[18]。

5　乳酸菌ゲノム情報を利用したプロテオーム解析

プロテオーム（proteome）とは，proteinとgenomeを組み合わせた造語であり，細胞内で発現している全タンパク質の総体である。複数の生物学的な系の間でプロテオームを比較することにより，生命現象を総合的に理解することが可能となる。プロテオームの比較には二次元電気泳動などの方法があり，プロテオームを扱う分野をプロテオミクスという。

5.1　細胞増殖に関わる解析

L. plantarum WCFS1株の対数増殖期の中間と後期，定常期の初期と後期の段階で200個のタンパク質が同定され，増殖の全過程でその29％が変化していた[19]。また，対数増殖期にはエネルギー獲得の代謝系が精力的に機能し，対数増殖期の後期と定常期の初期は増殖が止まる段階にもかかわらず，対数増殖期の中間と定常期の後期よりも二次元電気泳動法で検出されたタンパク質の数は多かった。これはその時期に細胞膜リン脂質の成分である脂肪酸の生合成系と細胞分裂に関わる代謝系が機能するためと考えられた。定常期に起こる培地中のグルコース量の低下は，エネルギー生成のために糖代謝以外の経路を機能させるためである。つまり，対数増殖期の後期と定常期の初期は，細胞壁になる成分をエネルギー源に代える反応が起こるため，増殖が緩やかになり止まるものと推察されている。

5.2 付着因子に関わる解析

ヒトを含めた哺乳動物の消化管における *Lactobacillus* 属の付着性は，以前から注目されている研究分野である。病原細菌とは異なり，乳酸菌は線毛や鞭毛がなく，複数の付着因子により接着性を示すため遺伝子破壊株や付着因子の抗体を使った試験でも明確な結果が得にくい。グラム陽性菌の菌体表層には cell wall-anchored proteins（CWAP）が存在する。Boekhorstら[20]は，ポリペプチド末端がペプチドグリカンにアミド結合して細胞壁に固定される機構であるLPxTG様のモチーフ[21]を探索した結果，*L. johnsonii* NCC533株は sortase が2個，sortase substrate が16個，*L. plantarum* WCFS1株では sortase が1個，sortase substrate が27個見つかった。LPxTG配列はあるものの，NCC533株では12個の sortase substrate が LPQTG であり，WCFS1株では23個の sortase substrate が LPQTxE であった。その後，van Pijkerenら[22]は，*Lactobacillus* 属5菌種の CWAP について8項目を抽出し，各菌株の全ゲノムにコードされたタンパク質の数を推定している。その他の菌株との比較から，sortase substrate の菌種特異性は高く，水平伝播や選択圧による短時間での変異ではないことが考察されている。筆者らも11菌種の *Lactobacillus* ゲノムの全遺伝子について，Gram-positive anchor（Pfam: PF00746），LysM（PF01476），cell wall binding repeat（CWBR）（PF01473）ドメインの有無を調べた（表2）。LysM は乳酸菌のみに見られるドメインの一つで[2]，11菌種のすべてが保有していた。CWBR は，*Clostridium perfringens* や *S. pneumoniae* において生体膜の構成物質コリンに付着する因子であり，細胞付着に関与するタンパク質と推測される。*L. salivalius* と *L. reuteri* には，他の *Lactobacillus* には見られない CWBR の存在が特徴的であった。

表2　*Lactobacillus* 属11菌種のゲノム情報からの cell wall-anchored protein の検索

属	*Lactobacillus*										
種	*reuteri*	*fermentum*	*plantarum*	*brevis*	*salivarius*	*sakei*	*casei*	*acidophilus*	*delbrueckii*	*johnsonii*	*gasseri*
Gram-positive anchor（PF00746）	2	3	1	0	1	0	1	4	1	4	2
LysM domain（PF01476）	8	6	11	4	9	4	4	1	2	1	1
Cell wall binding repeat（PF01473）	6	0	0	0	4	0	0	0	0	0	0

5.3 ストレス応答に関する解析

Lactobacillus 属は，乳酸菌の中で発酵食品のスターターやプロバイオティクスとして最も有効利用されているため，環境中のストレスに対する防御系・耐性を明確にすることは重要である。温度，pH，浸透圧，酸素毒，圧力，飢餓状態などの環境中のストレスに対する防御系の遺

伝子の各反応についてプロテオーム解析した総説を紹介する[23]。

Lactobacillus 属においても，高い温度に曝されると他の生物と同様に，熱ショックタンパク質（HSP）が形成される。菌種ごとに様々なHSP様のタンパク質が確認されており，今後はそれらの詳細な機能解明が進むと思われる。0.3～0.4 M 程度のNaClで予め処理をすると，熱耐性が増すと報告されている。一方，種々の菌種で至適温度よりも10～20℃低い温度になると強く誘導されるタンパク質（CIP）が知られている。その中で低分子量のものは，低温ショックタンパク質（CSP）ファミリーとされ，*L. plantarum* では *cspL*，*cspP*，*cspC* が確認され，その他の菌種でも種々の *csp* 遺伝子が存在する。低温での転写・翻訳の順応性，DNA損傷の修復，細胞質流動性の維持などが，CSPの役割と考えられる。凍結により生存した *L. acidophilus* や *L. johnsonii* は熱耐性やNaCl耐性が増し，*L. acidophilus* の酸耐性や胆汁酸耐性の高い変異株が凍結に対しても高い耐性を示すのは興味深い。酸耐性については，プロトン転移ATPase系の存在が最も重要であり，アルギンデイミナーゼ系など酸を作らないATP産生系が誘導されてくる。酸性条件下において，15～30個程度の酸ショックタンパク質が産生され，*L. delbrueckii* subsp. *bulgaricus* ではHSPであるGroES，GroEL，DnaKが，*L. sanfranciscensis* ではGroES，DnaK，DnaJが多く産生されている。*L. acidophilus* や *L. johnsonii* の培地にNaClを添加すると，*dnaK* 特異的mRNAの濃度が増加することから，種々の環境変化に共通したメカニズムで対応していることが推察される。胆汁酸耐性は経口投与されるプロバイオティクスが生菌で腸管に達するために重要な性質であるが，*Lactobacillus* 属のもつ胆汁酸耐性は，多剤耐性トランスポーターによるものであることが示唆されている。

酸素のストレスについては，活性酸素に対する防御系の有無が重要で，一般にcatalase，NADH oxidase，NADH peroxidase，superoxide dismutaseにより活性酸素を消去するメカニズムがよく知られている。*Lactobacillus* 属の中には，酸素存在下でよく生育する菌株と嫌気条件でのみ生育する菌株がある。酸素存在下でも生育する *L. plantarum*，*L. sanfranciscensis*，*L. delbrueckii* subsp. *bulgaricus*，*L. casei* では NADH：H_2O_2 oxidaseが，*L. plantarum*，*L. sanfranciscensis* では NADH：peroxidaseが，*L. sanfranciscensis*，*L. sakei* では superoxide dismutaseが，*L. delbrueckii* subsp. *bulgaricus*，*L. johnsonii* ではthioredoxin reductaseが，*L. plantarum*，*L. delbrueckii* subsp. *bulgaricus*，*L. casei* ではpyruvate oxidaseが確認されている。また，一般的に乳酸菌はカタラーゼ陰性であるが，*L. sakei* はヘム依存性カタラーゼ遺伝子を有している。あらゆるストレスに対して“adaptation”とよばれる期間や処理をすることで，それぞれの耐性を強化できることは，*Lactobacillus* 属が予めそれらストレスに対する準備を細胞内で行うことを示している。なお，チーズスターターである *Lactococcus lactis* の環境ストレスに関する知見は，Champomier-Vergésの総説[24]を参照されたい。

5.4　有害物質産生に関する解析

発酵食品中に，ヒスタミン，チラミン，プトレッシン，カダベリンなどの生体アミンが混入すると危険であることが指摘されている。これらは細菌によるアミノ酸の脱カルボキシル化により産生されることが多い。そこでアミンを含んだワインから分離された *Lactobacillus* sp. 30a（ATCC 33222）株と *Lactobacillus* sp. w53 株について，ヒスチジン脱カルボキシラーゼ（HDC）とオルニチン脱カルボキシラーゼ（ODC）のプロテオーム解析が行われた[25]。その結果，培地中に遊離アミノ酸が非常に多い場合，対数増殖期にヒスタミン，プトレッシン，カダベリンが産生されている。その時期には，HDC と ODC も多くなり発現量が誘導されていると考えられる。一方，遊離アミノ酸を過剰に添加しない一般に用いる培地では，ヒスタミン，プトレッシン，カダベリンなどのアミン類は検出されておらず，アミン産生が制御されているものと推察される。腸内細菌の一部は，ニトロレダクターゼ，アゾレダクターゼ，β-グルクロニダーゼなど変異原物質産生に関わり発ガンを誘発する遺伝子を含んでいるが，GRAS と考えられる乳酸菌・ビフィズス菌の中にも，そのような遺伝子のホモログが含まれている。ゲノム解析のみではニトロレダクターゼ，アゾレダクターゼ，β-グルクロニダーゼの存在を議論できず，*in vitro* と *in vivo* におけるプロテオーム解析により，上記遺伝子に関わる酵素の存在と産生される物質の確認が重要になると思われる。

6　ビフィズス菌ゲノム情報を利用したプロテオーム解析

pH 3～10，4～7，4.5～5.5，4～5 で培養した細胞のプロテオーム解析によって，*B. longum* NCC2705 株の全遺伝子の 21％にあたる 369 個のタンパク質が検出された[26]。また，グルコースあるいはフルクトース含有培地で NCC2705 株を生育させた時のプロテオーム解析が行われた結果，グルコースあるいはフルクトースで生育した細胞は同じ代謝系を用いており，ABC トランスポーター糖結合部（BL0033）と *frk* の各遺伝子は，グルコースよりフルクトースで培養する方が 10 倍ほど高発現していた。本研究で，95 個の hypothetical protein が実験的に同定されたことは興味深い。また，酸化ストレスに耐えるための NADH oxidase や alkyl hydroperoxide reductase が確認されている。

Bifidobacterium infantis は，かつて母乳栄養児の最優勢菌種として検出されたが，今ではほとんど検出されなくなった。現在，その保存菌株は分類学的に *B. longum* に統合されている。*B. infantis* BI07 株を用いたプロテオーム解析により，136 個のタンパク質が明らかになり，*B. longum* NCC2705 株の全遺伝子と照合したところ，118 個が NCC2705 株のホモログと一致していた[27]。

7　おわりに

乳酸菌・ビフィズス菌においても，菌種菌株によってプロバイオティクス効果は大きく異なる。そのため，菌株ごとに生菌として摂取の安全性，経口投与した細菌の糞便からの生菌回収，宿主腸管細胞への付着性，免疫賦活効果，消化管内における腸内細菌叢のバランス改善効果など，多くの研究データが蓄積されてきた。乳酸菌・ビフィズス菌研究においても，ゲノム解析・プロテオーム解析・トランスクリプトーム解析・メタボローム解析というゲノム情報に基づいた研究により，胃液・胆汁などに耐えて生菌で腸内に到達できること，宿主の消化管細胞に接着性を示すこと，消化管（小腸下部，大腸）で増殖可能なこと，宿主に対して明らかな有用効果を発揮しうること，食品などの形態で有効な菌数が維持できること，食経験を含めて安全性が十分に保証されていること等について機構を説明できる知見が得られてきた。免疫賦活効果については，*Lactobacillus* のリポテイコ酸にD-アラニンが付加されていないと免疫賦活効果が低下することが報告され[28]，*L. plantarum* のゲノム情報がこの知見を得るための一助になったと思われる。今後，乳酸菌・ビフィズス菌に関する様々な研究において，これらのゲノム情報は不可欠な基盤と考えられる。

文　　献

1) A. Bolotin *et al., Genome Res.*, **11**, 731-753 (2001)
2) K. Makarova *et al., Proc. Natl. Acad. Sci. USA*, **103**, 15611-15616 (2006)
3) U. Wegmann *et al., J. Bacteriol.*, **189**, 3256-3270 (2007)
4) A. Bolotin *et al., Nat. Biotechnol.*, 22, 1554-1558 (2004)
5) M. Kleerebezem *et al., Proc. Natl. Acad. Sci. USA*, **100**, 1990-1995 (2003)
6) R. D. Pridmore *et al., Proc. Natl. Acad. Sci. USA*, **101**, 2512-2517 (2004)
7) E. Altermann *et al., Proc. Natl. Acad. Sci. USA*, **102**, 3906-3912 (2005)
8) S. Chaillou *et al., Nat. Biotechnol.*, **23**,1527-1533 (2005)
9) M. van de Guchte *et al., Proc. Natl. Acad. Sci. USA*, **103**, 9274-9279 (2006)
10) M. J. Claesson *et al., Proc. Natl. Acad. Sci. USA*, **103**, 6718-6723 (2006)
11) A. Copeland *et al.*, unpublished
12) M. A. Schell *et al., Proc. Natl. Acad. Sci. USA*, **99**, 14422-14427 (2002) . Erratum in: *Proc. Natl. Acad. Sci. USA*, **102**, 9430 (2005)
13) T. Suzuki *et al.*, unpublished
14) T. R. Klaenhammer *et al., FEMS Microbiol. Rev.*, **29**, 393-409 (2005)

15) J. Boekhorst *et al., Microbiology*, **150**, 3601-3611 (2004)
16) C. Canchaya *et al., Microbiology*, **152**, 3185-3196 (2006)
17) K. S. Makarova and E. V. Koonin, *J. Bacteriol.*, **189**, 1199-1208 (2007)
18) A. Klijn *et al., FEMS Microbiol. Rev.*, **29**, 491-509 (2005)
19) D. P. Cohen *et al., Proteomics*, **6**, 6485-6493 (2006)
20) J. Boekhorst *et al., J. Bacteriol.*, **187**, 4928-4934 (2005)
21) S. K. Mazmanian *et al., Science*, **285**, 760-763 (1999)
22) J. P. van Pijkeren *et al., Appl. Environ. Microbiol.*, **72**, 4143-4153 (2006)
23) M. de Angelis and M. Gobbetti, *Proteomics*, **4**, 106-122 (2004)
24) M. Champomier-Vergés *et al., J. Chromatogr.*, **771**, 329-342 (2002)
25) E. Pessione *et al., Proteomics*, **5**, 687-698 (2005)
26) J. Yuan *et al., Mol. Cell Proteomics*, **5**, 1105-1118 (2006)
27) B. Vitali *et al., Proteomics*, **5**, 1859-1867 (2005)
28) C. Grangette *et al., Proc. Natl. Acad. Sci. USA*, **102**, 10321-10326 (2005)

第10章　腸内細菌叢のメタゲノム解析

服部正平*

1　はじめに

今日までに，自然界での微生物の生態系や多様性の解明，医療や産業に利用できる有用酵素や代謝物の探索等を目的にして，数千種の細菌が環境中のさまざまな細菌集団（叢）から分離培養され，千種以上の細菌のゲノム解析等により個々細菌のもつ性質や機能の研究が行われてきた。しかし，自然環境を技術的に実験室で再現できないことや，細菌間の共生関係の実体が不明であるなどの理由から，これら分離できる細菌は地球に生息する細菌全体の0.1％未満と言われている。そのため，これら難培養性細菌の同定やその遺伝子解析には，PCRや活性相補実験等を用いた環境細菌叢DNAからの16S rDNAや特定遺伝子の直接クローニング等が行われている。しかしながら，これらの方法は，既知遺伝子に類似した一部の遺伝子の単離には効果的だが，細菌叢に存在する多様で膨大未知な遺伝子全体をカバーすることはできない。また，16S rDNA配列情報は菌種の同定には有効だが，細菌の性質や機能の解明には直結しない。

このような難培養性細菌を含む環境細菌叢の全体像を解明する方法として，培養を経ないで環境細菌叢DNAのシークエンス情報を直接かつ網羅的に獲得するメタゲノム解析が開発された(たとえば，総説[1, 2])。メタゲノム解析によって片寄りのない大量の遺伝子情報が得られるため，大部分を占める未知細菌の正体とともに，それらが数種から数万種で構成する自然界細菌叢の生態や多様性等を解明する糸口となる。そして，これら細菌叢の大半が未知細菌である理由から，メタゲノム解析によって発見が予想される新規または多様な細菌，遺伝子，代謝反応，代謝物質の数はこれまでの数百倍になることが必然見込まれる。これらは医療，エネルギー，食糧，環境等の幅広い産業分野において，これまでの限られた微生物資源をはるかに凌駕した多種多様なバイオ資源になると期待できる。

メタゲノム解析の基本プロセスは，同一環境下に棲息している細菌叢の全DNA（構成細菌種ゲノムの混合物）の調製，ショットガンライブラリーの作成，ショットガンシークエンス，シークエンスデータの情報学的解析（遺伝子アノテーション等）からなる（図1)。これによって，そこに棲息している各菌の培養性に関係なく，それらがコードする遺伝子などのゲノム情報をバ

＊　Masahira Hattori　東京大学大学院　新領域創成科学研究科　教授

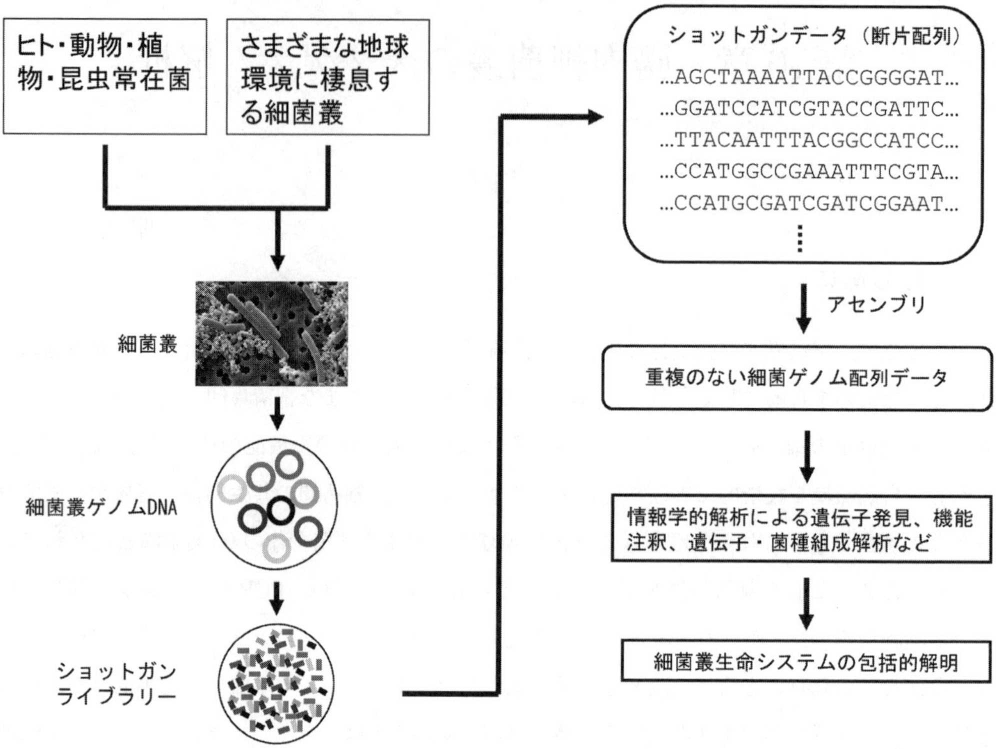

図1　自然環境細菌叢のメタゲノム解析

イアスなく取得できる。これまでに，2004年に発表された鉱山からの強酸性排水中の細菌叢[3]をはじめとして，海洋細菌群[4, 5]，肥沃な農場土壌細菌叢等[6]など，現在では70以上のプロジェクトが世界中で進められている[7]。

以下に，著者らが進めているヒト腸内細菌叢のメタゲノム解析を例にして，遺伝子発見や機能推定等のメタゲノム解析の実際を紹介する[8]。

2　ヒト腸内細菌叢のメタゲノム解析

著者らは2005年度より，さまざまな年齢層の成人及び離乳前後の幼児を含む健康な個人の腸内細菌叢の解析（遺伝子予測，個々遺伝子の相同性検索による機能注釈，クラスタリング，COG（Cluster of Orthologous Group of proteins）解析，個人間や各種環境間の比較メタゲノム等の解析など）を通して，腸内細菌叢の多様性，個人間相違，動的変化等について調べてきた。

2.1　細菌叢ゲノムDNAのシークエンシング

腸内細菌叢DNAのシークエンシングは，(1)ふん便からの腸内細菌（原核生物）叢の分離，(2)細菌叢からゲノムDNAの調製，(3)ショットガンライブラリー作製，(4)鋳型DNAの調製とシークエンス反応，(5)シークエンサーによるシークエンシングの工程からなる。今回の解析では，家族を含めた健康人の13サンプル（年齢：3ヶ月から40歳代の成人男女）について，各サンプルあたり8万リード，トータルで100万リード以上の配列データを生産し，計約727Mbのメタ配列データを得た。

2.2　配列データのアセンブリと遺伝子の同定

配列データ（ショットガンリード）を個人ごとにアセンブリし，それぞれの重複のない配列データを得た。得られるコンティグやシングルトン（アセンブリしないリード）の数は，サンプルごとに大きく変動し，最終的な重複のない配列データの塩基数は約15Mbから50Mbとなった。これは，各サンプル中の優占菌種の割合を反映しているからだと考えられる。つまり，同じゲノムをもつ菌が優占する場合，そのゲノム由来のショットガンリードの割合が高くなり，結果的にアセンブリされる割合も多くなって重複しない配列のサイズは小さくなる。今回のサンプルを大人／離乳後子供と離乳前乳児に分けると，前者はおおよそ60%のショットガンリードがアセンブリされ，後者では80%以上がアセンブリされた。このことは，離乳前乳児では，大人／子供よりも少数の菌種がその腸内細菌叢に優占しており，逆に大人／子供では相対的に多数の菌種が多様に優占していることを示唆する。また，このアセンブリの結果から，少なくとも1000菌種から構成されていると見積もられている腸内細菌叢は数十菌種程度の細菌種がその大部分を占め，残りのわずかな組成を900菌種以上のマイナー菌で構成していることを示唆する。ちなみに，数千菌種から構成される肥沃な農場土壌細菌叢のメタゲノム解析では，約15万本のショットガンリード（約100Mb）を生産しても，その1%以下しかアセンブリされない[6)]。

メタゲノム解析で得られる大量のショットガンリードの配列データの長さは～800塩基であるので，細菌ゲノムの遺伝子密度が平均1遺伝子／kbであることから，得られるショットガンリードのほとんどに何らかの遺伝子がコードされていることになる。つまり，メタゲノム解析からの遺伝子発見はきわめて効率が良いと言える。しかしながら，同定した遺伝子の重複を避けるため，メタゲノム解析ではアセンブリされた（シングルトンも含めた）重複のない配列データに対して遺伝子発見を行う。今回の解析ではMetaGeneというメタゲノム配列用に開発されたソフトウェア[9)]を用いた。このプログラムによって，各サンプルあたり2～6.8万個のたんぱく質をコードした遺伝子（ORF ≧ 20アミノ酸残基）を同定した（13サンプルのトータルで約66万個の遺伝子）。サンプル間の遺伝子数の変動は，上記した重複のない配列データのサイズとおおむね比例

表1　サンプル，シークエンシング，遺伝子同定

サンプル	年齢	リード数	総塩基数（bp）	コンティグ数	シングルトン数	決定サイズ（Mb）	遺伝子数
個人	6ヶ月	80617	62792581	1721	8481	14.88	20063
個人	35	84237	55137918	7613	36312	49.55	67740
個人	3ヶ月	80852	56781600	4819	16838	28.07	37652
個人	24	85787	55404826	8935	36524	46.79	63356
家族	37	80772	55926002	7919	38442	47.02	66461
	36	79163	54885684	6778	30550	40.97	57213
	3	80858	56587120	5032	34252	40.05	57446
	1.5	79754	56276047	9159	32461	46.31	64942

（結果の一部，文献8参照）

関係にある。同定された遺伝子の平均サイズは535bpであり，通常の個別細菌ゲノムから同定される遺伝子の平均サイズ（たとえば，大腸菌K12株の平均遺伝子サイズは950bp）よりも短い。シングルトンだけから同定された遺伝子の平均サイズが417bpであることから，メタデータ中の平均遺伝子サイズが短い理由は，シングルトンに含まれる断片化ORFsに大きく依っているものと考えられる。またこのことは，断片化ORFsのいくつかが同じ遺伝子に由来することも示唆しており，今回同定された遺伝子数は実際の遺伝子数よりも多く見積もっている可能性がある。表1にサンプル，シークエンシング，アセンブリ，遺伝子同定についての結果の一部を示す。

3　腸内細菌叢ゲノムの情報学的解析

図2に著者らが確立した基本的な解析パイプラインを示す。腸内細菌叢メタデータ中に同定された遺伝子セットについて，公的DNAデータバンク中に登録されている細菌遺伝子及び未公開データを含めたインハウス遺伝子データベースに対する相同性検索等により解析を行った。

3.1　腸内細菌叢遺伝子の機能注釈

約66万個の全遺伝子の公的DNAデータバンク（現時点でNCBIによって全遺伝子のCOGが特定されている343個の細菌ゲノム）へのBLASTP解析の結果，その48%が既知遺伝子と有為な相同性をもって，計3,268種類のCOGに特定された。各サンプルあたりでは，離乳前乳児では1,617-2,857個のCOGが，大人／離乳後の子供では2,355-2,921個のCOGがそれぞれ特定された。この結果は，離乳前の腸内細菌叢の遺伝子セットが，大人／子供に比べて機能的にシンプルであるが互いに多様であり（つまり，COG数は少ないがその数は互いのサンプル間で大きく異

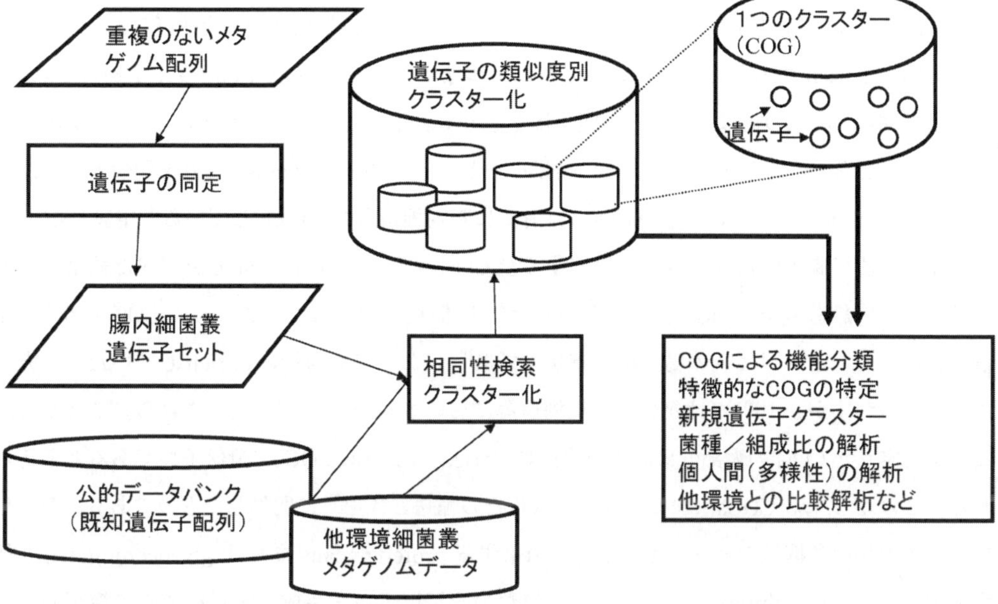

図2　腸内細菌叢メタゲノムデータの情報学的解析パイプライン

なる），一方，大人／子供のそれは相対的に複雑で互いに似ていることを示唆している（つまり，COG数が多く，その数が互いに近接している）。各サンプルのCOG数は他の環境細菌叢であるサルガッソー（5,184 COGs）や鯨骨（3,140 COGs）などの海洋細菌，土壌細菌叢（4,423 COGs）よりも少なく，それぞれのシークエンス量の違いはあるものの，ヒト腸内環境がこれらの他環境に比べて，よりシンプルな生体反応系であることも示唆している。

3.2　腸内細菌叢に特徴的な遺伝子

腸内細菌叢の全遺伝子セットの特徴を解析するために，243個の既知細菌ゲノムからなる遺伝子データベース（Ref-DBとよぶ）を構築し，Ref-DB中よりも有為にメタデータ中で頻度高く存在（enrich）している遺伝子（COG）セットの探索を行った。用いた243個のゲノムでは，大部分が同じ遺伝子で構成される同種で異株のゲノム及びあきらかにヒト腸内由来のゲノム（大腸菌や *Bifidobacterium*）を除外してある。この解析でのenrichment value（頻度の相対比）の閾値を決めるために，大腸菌K12株及び枯草菌168株からのessential遺伝子（150遺伝子）が帰属する126個のCOGに対して，腸内細菌叢とRef-DBそれぞれにおける同一COG中の遺伝子数の割合（実際の遺伝子数／腸内細菌叢またはRef-DBの全遺伝子数）の比（腸内細菌叢での遺伝子数の割合／Ref-DBでの遺伝子数の割合＝enrichment value）を調べた。その結果，1つのCOG

を除いて125個のCOGのenrichment valueは0.3から1.9の間となった(平均値は0.92)。essential遺伝子は基本的にどの細菌種にも存在することから，腸内細菌叢とRef-DBのいずれかで一方的にenrichすることはないと仮定され，つまり，enrichment value = 1が期待される。しかしながら，実際の値は上記した範囲の幅をもっており，これはメタデータ中のシークエンスのバラツキと考えることができる。この結果をもとにenrichment value = 2.0を閾値として，それ以上のenrichment valueをもつCOGsは有意に腸内細菌叢でenrichしていると定義した。

上記の方法で腸内細菌叢遺伝子が帰属する全COGのenrichment valueを調べた結果，大人／子供の腸内細菌叢でenrichしているCOGが237個見いだされた。これらのCOGのうち188個（約80%）はアメリカ人の腸内細菌叢サンプル[10]においても同様にenrichしていた。一方，このうちのわずか5-10%だけが他の環境細菌叢においてenrichしていた。これらのことから，ここに同定したCOGの大部分は腸内特異的にenrichしているCOGs／遺伝子群であると考えられる。このうち，53 COGs（24%）は“炭水化物の輸送と代謝”に関係したものである。それらは，植物由来の多糖類やヒト宿主の細胞に由来するproteoglycansまたはglycoconjugatesを加水分解するglycosyl hydrolases，また，多糖類の分解によって生成する単糖類や二糖類の代謝に関係するL-fucose isomerase，L-arabinose isomerase，galactokinaseなどである。このほかに，ある種のペプチダーゼもenrichしていた。これらのことは，腸内細菌叢はもっぱら食物中の未分解多糖類とペプチドをおもなエネルギー源としていることを示唆する。

ABC-type antimicrobial peptide transport systemやABC-type multidrug transport systemのような抗菌性ペプチド及び多剤性の薬剤排出ポンプに関係する遺伝子もenrichしていた。宿主の腸管細胞や多くの細菌はβ-defensinsのような抗菌性ペプチドを生産することが知られており，これは病原菌などによる外的攻撃からの防御機構の一つと考えられている。つまり，腸内常在菌は自身でこれらの排出ポンプを多く備えることによって，抗菌性ペプチドや薬への耐性を増大させ，腸管内での生存能力を高めているものと考えられる。

Mismatch repair ATPase (MutS family)，DNA primase，DNA-damage-inducible protein JなどのDNAの修復”プロセスに含まれるCOGもenrichしていた。これらのことから，腸管には食物由来及びホスト細胞と腸内細菌によって生成するニトロソ化合物，インドールなどの環状アミン類や二次胆汁酸などのDNAにダメージを与える物質が存在し，腸内細菌のゲノムが予想以上に変異や切断などのダメージを受けていると考えられる。

離乳前乳児の腸内細菌叢の遺伝子セットは，大人／子供のそれらと大きくその組成を異にし，また互いの共通性も低い。しかし，これら離乳前乳児間にも共通してenrichしている136個のCOGが存在する。136個のCOGのうちの47個（35%）は“炭水化物の輸送と代謝”に関係したCOGであり，大人／子供でもenrichしていたglycosyl hydrolasesが含まれ，さらに植物由来の多糖類を分解するpullulanase，arabinogalactan endo-1,4-β-galactosidase，endopolygalacturonase等もenrichしていた。これらの酵素はおそらく母乳に含まれるオリゴ多糖類やホスト由来のムチンのようなproteoglycansの分解に働いているものと考えられる。

このほかに，離乳前乳児に特徴的なことはさまざまなトランスポーターが顕著にenrichしていることである。とくにphosphotransferase systems（PTSs）はラクトースや母乳に含まれるさまざまな低分子糖類の取り込みに働いていると考えられる。また，29個のCOG（22%）は，アミノ酸，長鎖脂肪酸，ヌクレオチド，ビタミン等の母乳に含まれている栄養物質を取り込むトランスポーター関係の遺伝子であった。一方で，大人／子供でenrichしていた“防御機構”と“DNAの修復”に関係するCOGは離乳前乳児ではenrichしていない。

上述した腸内細菌叢に特異的にenrichしたCOGsには，実際の機能がはっきりしないCOG（カテゴリーRとS）がかなり含まれている。さらに，既知のCOGに相同性をもたない，新規な腸内細菌叢の遺伝子だけで構成される647種類のクラスターがみつかった。これらは1クラスターあたり5個以上の遺伝子からなり，最大のクラスターは48個の遺伝子で構成されていた。これらは他環境細菌叢のメタゲノムデータ（サルガッソーや鯨骨，土壌等）にも存在せず，きわめて腸内細菌叢に特異的で新規な遺伝子群と考えられ，今後の腸内細菌叢の機能を解明する上で

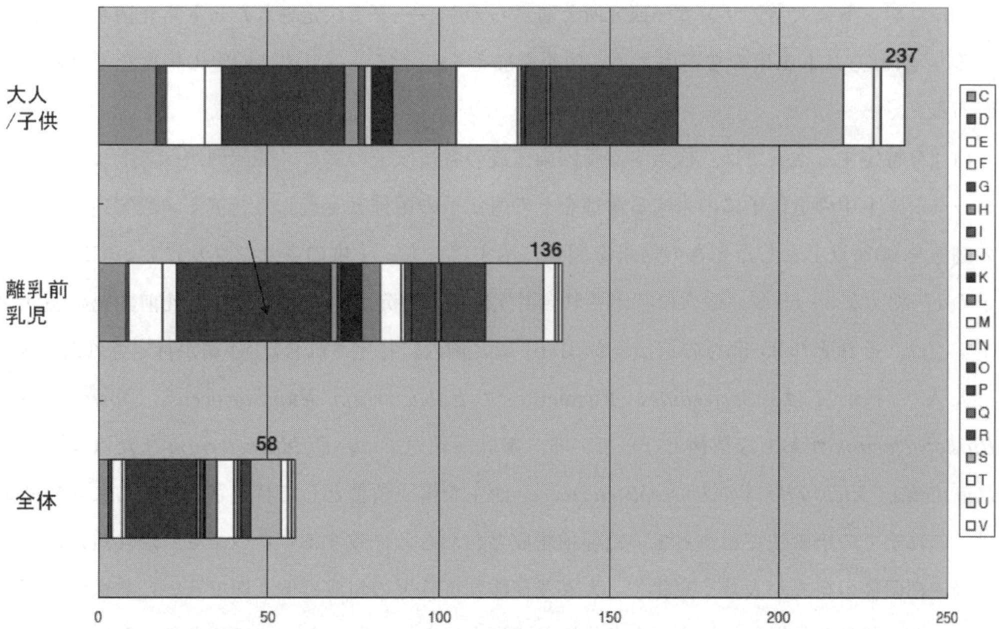

図3　各腸内細菌叢で有意にenrichしていたCOGの数と割合

右カラムはCOGそれぞれの機能分類。G：炭水化物の代謝等に関わる機能；L：DNAの修復に関わる機能；V：防御に関わる機能。R：一般的な機能；S：機能不明。

重要な解析ターゲットとなる。図3に上述した腸内細菌叢で有意にenrichしたCOGの数と割合を示す。

このほか，接合型トランスポゾンに属する遺伝子がすべてのサンプルで共通して顕著にenrichしていることを発見した（全遺伝子の約0.8%）。このような遺伝子群は報告されているいくつかのヒト由来細菌ゲノム（たとえば文献11）だけにしか存在せず，腸内細菌叢内での外来遺伝子を運ぶベクター（運び屋遺伝子群）の役割をもつ機能が含まれると考えられる。つまり，高い細菌密度をもつ腸内は「遺伝子の水平伝播」に適した環境であると考えられているが[12]，接合型トランスポゾンに属する遺伝子群の増幅は，腸内が細菌細胞間の接触を介した遺伝子伝搬や交換の「場」であることを裏打ちしたデータと言える。

4　メタデータからの菌種の特定

メタデータ中に同定された遺伝子のアミノ酸配列類似度を指標としたBLASTPによる属レベルでの菌種組成の解析を試みた。そのために，GenBankの重複のないアミノ酸配列データベース（version 26 May 2007）に47種類の未発表細菌ゲノムからMetaGeneで予測した遺伝子セットを加えたインハウスの重複のないデータセットを構築した。47種類の細菌ゲノムデータには，おもにワシントン大学，サンガー研究所と著者らのグループで決定されたヒト常在菌が多く含まれる[8]。これらヒト由来の常在菌ゲノム情報を加えることによって菌種同定の精度を上げる意味がある。

菌種を特定する検索では，検索する腸内細菌叢の各遺伝子のアミノ酸配列がベストヒットするデータセット中の遺伝子に由来する菌種をその遺伝子の菌種と定義した。アミノ酸配列の類似度の閾値を90%以上としたときの結果を図4に示す。大人／子供の各サンプルにおいて，全遺伝子の17-43%が35-65属／個人に特定され合計121属が特定された。一方，離乳前乳児の各サンプルでは，それぞれ35-55%の遺伝子が31-61属／個人に特定され合計84属が特定された。

大人／子供では，*Bacteroides*，Firmicutesの*Eubacterium*, *Ruminococcus*，*Clostridium*, *Bifidobacterium*がおもな菌種となっている。離乳前乳児では，*Bifidobacterium*または大腸菌，*Raoultella*，*Klebsiella*等の*Enterobacteriaceae*が主な構成菌種として特定された。これらの結果は，これまでの培養法でわかっていた菌種組成とおおむね一致する[13]。つまり，離乳前後において腸内細菌叢の組成が大きく変化し，大人及び離乳後乳児の組成は個人間で互いに共通する傾向にあるが，離乳前幼児間の組成は大きく異なる傾向にある。しかしこの解析条件においては，全遺伝子の約1/3の遺伝子しか属特定ができず，残りの2/3がどの菌種に由来するのか不明となっている。

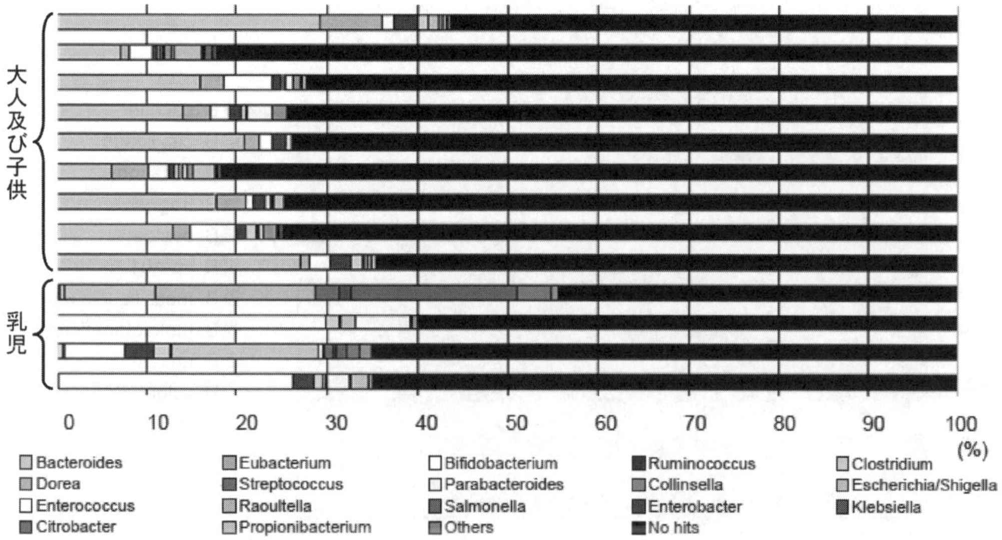

図4　腸内細菌叢遺伝子のアミノ酸配列類似度を指標とした菌種組成（属レベル）の解析

メタデータをより精度高く菌種に特定するために，各ショットガンリードのDNA配列をシークエンスが決定された細菌ゲノムへ高いスコアでマッピングすることを検討した（150bp以上の配列が95％以上の配列類似度をもつリードのゲノムへの張り付け）。その結果，大人／子供では全リードの15-37％が，離乳前乳児ではその42-70％が既知ゲノムにマップされた。離乳前乳児でのマッピングされたリード数の割合が高い理由は，これらのサンプル中では大腸菌や*Bifidobacterium*等の既にシークエンスされた菌種が優占菌種となっているためである。しかし，上述したアミノ酸配列を指標とした場合と同様に，大人／子供の場合では全リードの約2/3はマップされなかった。すなわち，これらの結果はヒト常在菌の大部分が未だ分離またはシークエンスされていないことを意味する。

このショットガンリードの高いスコアでのマッピングは，同じ属の異なった種への特定を可能にする。たとえば，*Bacteroides*では現在11種類のspeciesのゲノムが（発表済みと未発表を含めて）シークエンスされている。マッピングで得られたそれぞれのサンプルにおけるspecies（ゲノム）レベルでの組成比を図5に示す。また，たとえば*Bifidobacterium*属のゲノムに対して，同じマッピングを同時に行うと，*Bacteroides*と*Bifidobacterium*の異なった属間の組成比を正確に知ることもできる（データは割愛）。この解析方法は，菌種ごとに独立した培養条件を用いる従来の解析法と異なるし，16Sデータをベースにした方法[14]における配列類似度の閾値の取り方によるあいまいさを伴わない。このマッピンッグ解析では，70種類の細菌に対して有意にショットガンリードがマップされた。また，全リードの0.1％以上がマップされる菌種の数は，大人／

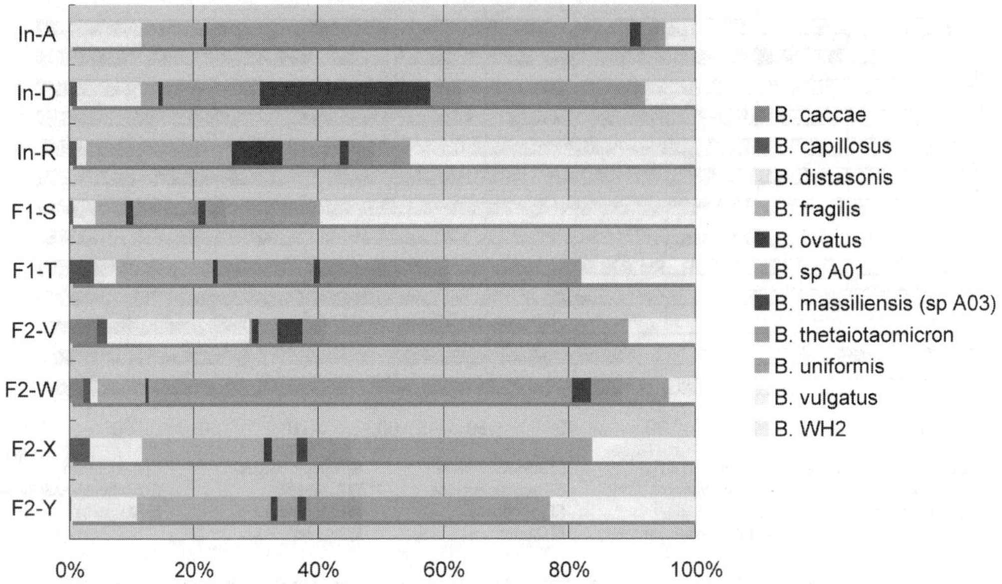

図5　個人における11種類の *Bacteroides* ゲノムへのショットガンリードのマッピングによる組成比解析
左はサンプル名。右のカラムは解析に用いた各 *Bacteroides* の菌種名。
配列類似度≧95%及び相同塩基数≧150 bpの条件で解析した。

子供の各サンプルで18-23菌種，離乳前乳児の各サンプルで8-19菌種となった。ただし，この方法はゲノム情報のない未知細菌種に対しては応用できないこと，細菌叢中に少なくとも0.1%以上存在する菌種に対してのみ有効であることなど，より正確な結果をより多くの細菌種について得るには難培養性細菌を含めた多くのヒト常在菌ゲノムの解読を進める必要がある。その一環としてヒト常在菌のゲノムシークエンスが著者らのグループも含めて現在国際的に進められている[8]。

5　個人サンプル間の配列類似度

個人サンプル間の全遺伝子セットの配列相同性を調べると，大人／子供は相対的に互いに似た配列をもっているが，離乳前乳児間の類似度は大人／子供サンプル間および相互間で相対的に低いことがわかった[8]。この解析からは，家族内の腸内細菌叢が他人とのそれらに比べてより近い関係にあるということや，男女間での相違を明確に示す結果は得られなかった。つまり，家族や遺伝的に近縁の親子／兄弟が，良く似た腸内細菌叢を大部分において共有するという証拠は今回の解析では得られなかった。同様に，同一性間での共通性も見られなかった。これらの知見は，腸内フローラの形成機構や由来を解明する上で新たな視点となる。

6　腸内細菌叢メタゲノム解析の国際動向

これまでに報告されたヒト腸内細菌叢を対象としたメタゲノム解析は2報ある。1報は2人の大人サンプルの解析から，腸内細菌叢では宿主ヒトに欠損するグリカン，アミノ酸，ビタミンなどの代謝に関わる遺伝子群が著しくenrichしていることを示し，ヒト全体の代謝機能が宿主のヒト自身と腸内細菌叢の間の相互扶助的関係で成り立っていることを報告している[10]。もう1報は肥満マウスのメタゲノムデータをベースにして肥満が宿主の遺伝要因だけでなく腸内細菌叢の代謝機能と関連していることを示したものである[15]。いずれの論文も2006年のScience誌とNature誌に発表されており，ヒト常在菌研究の重要性がメタゲノム解析を通して再認識されていることを物語っている。一方，ここで紹介した著者らの解析は，上記2報にくらべて質量ともに大規模なものである。遺伝子／COG組成，菌種組成，個人間の組成の違い，他環境細菌叢との比較，大人と幼児間の違いや共通性など，幅広い年齢のサンプルや大量のメタゲノムデータを用いて，健康なヒト腸内細菌叢の基盤的で広範囲な実体の解明を成し遂げていると言える。

国際的な動向としては，フランスやイギリスを中心としたEU諸国，アメリカ，中国，シンガポールなどがヒト常在菌の研究（健康及び病態のメタゲノム解析，常在菌の個別ゲノム解析，細菌叢の機能解析等）の国レベルでの推進を公表または具体的に実施しており，本研究分野の競争は国際的に激化の様相を呈して来た。とくにアメリカでは，「ヒト・動物・環境中の細菌叢ゲノム解読はヒトゲノム解読と同じように重要である」という認識のもと，ヒト常在細菌叢を含めたさまざまな環境細菌叢のメタゲノム解析の重要性が唱えられている[16]。その中で，ヒト常在菌に関してはHuman Microbiome Project（HMP）として常在菌と病気の関連解明をめざした大規模なメタゲノム解析の開始が2007年5月に承認されている。

このような環境細菌叢の大規模解析の背景には，ここ数年の間の著しいシークエンス技術の進歩がある。現在，ヒト個人のゲノムを1000ドルで解析できるシークエンス技術の開発がアメリカを中心に急がれている[17~20]。ヒトの病気と関連する遺伝子やSNPs（一塩基多型）などの発見には，多くの病態や健康人の個人のゲノムを端から端までシークエンスする必要があり，そのためのスピードアップと低コスト化が必須の克服すべきテーマとなっている。現行のキャピラリ型シークエンサー（ABI 3730xlやMegaBACE4500）とは異なった原理をベースにした次世代シークエンサーが既に数タイプ開発され，主なシークエンスセンターでルーチン稼働している。これらは現行の数百から1000倍の配列生産能力を有する超並列型シークエンサーであり，そのコストは現行の1/10から1/100になると見積もられている。

7 おわりに

メタゲノム解析によってこれまで不可能であった知見を多数得ることができ，概ねこの基本的な進め方／技術は確立でき，その有効性が証明できたと考えている。しかしながら，メタゲノムをどういった観点から情報学的に解析し，どういったフォーマットでその結果をアウトプットし，得られた結果から何を抽出しどう解釈するのかは研究レベルの高度化に重要である。そのため，充実したコンピュータシステムの装備とともに生物学と情報学の知識と技術を十分に有するバイオインフォマティクス研究者の養成または参加が必須である。上述したシークエンス技術のさらなる進歩を考えると，今後もこれまでとは桁違いのメタゲノムデータの生産が予想され，バイオインフォマティクスの高度化は将来におけるメタゲノム解析の推進に大きな鍵を握る。

ヒト腸内細菌叢に関しては，健康で幅広い年齢層サンプルからの基本的データを得たので，今後は感染症を含めたさまざまな病態，生活習慣，プロバイオティクスとの関連などを調べることが重要になると考える。さらに，常在菌ゲノムの個別解析を進め，メタゲノムデータのより効率的で高度な解析結果の取得に繋げることも課題である。一方で，*in vivo* での腸内細菌叢機能の解明はきわめて初歩的な段階にある。メタゲノム及び個別の常在菌ゲノム情報を活用するために，より系統だった機能解析実験系（たとえば，無菌マウス／ノトバイオート系の利用[21]，の確立は急務であると考える。

最後に，ここで述べた解析結果は著者を含めた日本のヒト常在菌叢ゲノム研究コンソーシアム（Human MetaGenome Consortium Japan; HMGJ）の成果の一部であることを付記しておく。

文　献

1） J. Handelsman, *Microbiology and Molecular Biology Reviews,* **68**, 669 (2004)
2） S. Green *et al., Nat. Rev. Genet.,* **6**, 805 (2005)
3） G. W. Tyson *et al., Nature,* **428**, 37 (2004)
4） J. C. Venter *et al., Science,* **304**, 66 (2004)
5） D. B. Rusch *et al., PLoS. Biol.,* **5**, e77, 398 (2007)
6） S. G. Tringe *et al., Science,* **308**, 554 (2005)
7） GOLD (Genomes OnLine Database v 2.0) : http://www.genomesonline.org/
8） K. Kurokawa *et al., DNA Res.,* in press (2007)
9） H. Noguchi *et al., Nucleic Acids Res.,* **34**, 5623 (2006)
10） S. R. Gill *et al., Science,* **312**, 1355 (2006)

11） F. Garnier *et al., Microbiology*, **146**, 1481（2000）
12） R. E. Ley *et al., Cell*, **124**, 837（2006）
13） Y. Benno *et al., Appl. Environ. Microbiol.*, **55**, 1100（1989）
14） P. B. Eckburg *et al., Science*, **308**, 1635（2005）
15） P. J. Turnbaugh *et al., Nature*, **444**, 1027（2006）
16） E. Pennisi. *Science*, **315**, 1781（2007）
17） J. Shendure *et al., Nature Rev. Genet.*, **5**, 335（2004）
18） M. L. Metzker, *Genome Res.*, **15**, 1767（2005）
19） 服部正平，実験医学，**24**, 3003（2006）
20） M. Margulies *et al., Nature*, **437**, 376（2005）
21） F. Bäckhed *et al., Proc. Natl. Acad. Sci. USA.*, **101**, 15718（2004）

第11章　ニュートリゲノミクス

浅見幸夫*

1　はじめに

ヒトゲノムが解読されて以降，ポストゲノム科学から生じた各種の解析技術の進展には目を見張るものがある。さらにハード面を支える技術の開発スピードの向上やIT技術の発達などにより，その進化は過去に類を見ないほどの速さになっている。DNAシーケンサーの能力も飛躍的に向上し，一度に20Mb以上の解読が可能となっており，微生物のゲノムの解読が一ヵ月以内でできる日もそう遠くない。そしてこの様な技術的発展は，乳酸菌研究の方法にも少なからず影響を与えている。既にいくつかの乳酸菌ゲノムの解読が成され，その数は現在も増加している[1~7]。さらにゲノム解読以降の乳酸菌の機能解析においても，ポストゲノム技術としてのトランスクリプトミクス，プロテオミクス，メタボロミクスなどの所謂オミクス科学の導入と応用が始まっている[9~16]。

また2000年初頭から，生体に対する栄養成分の効果とメカニズムについて，ポストゲノム技術を応用して解明して行こうとする新しい学問体系として，ニュートリゲノミクスが生まれてきた[17~21]。トランスクリプトミクスを始めとするポストゲノム技術は，癌や生活習慣病などの治療と創薬研究への応用を中心として発展してきたものである。しかしながら同様な解析方法は，薬を栄養に置き換えるだけでそのまま食品成分の効果検討に応用可能であることが，ニュートリゲノミクスが生まれた大きな所以である。さらに栄養を，乳酸菌を利用したプロバイオティクスやプレバイオティクスに置き換えれば，ニュートリゲノミクスをそのまま乳酸菌の機能性研究に応用することが可能であり，乳酸菌研究とニュートリゲノミクスとの接点がそこに生じると考えられる。したがって本章では，乳酸菌の保健機能について，主に宿主側からの視点で言及したい。

ニュートリゲノミクスができた当初は，DNAマイクロアレイを用いたトランスクリプトミクスが中心であったが，現在ではSNPs，エピジェネティクス，プロテオミクスやメタボロミクスなどのオミクス全般を含めた総合的な解析，さらにそれらの解析から得られる膨大な情報を統合するためのバイオインフォマティクス技術やシステムバイオロジー的な考え方も含めてニュート

---

*　Yukio Asami　明治乳業㈱　研究本部　食機能科学研究所　機能評価研究部
ゲノミクスG　課長

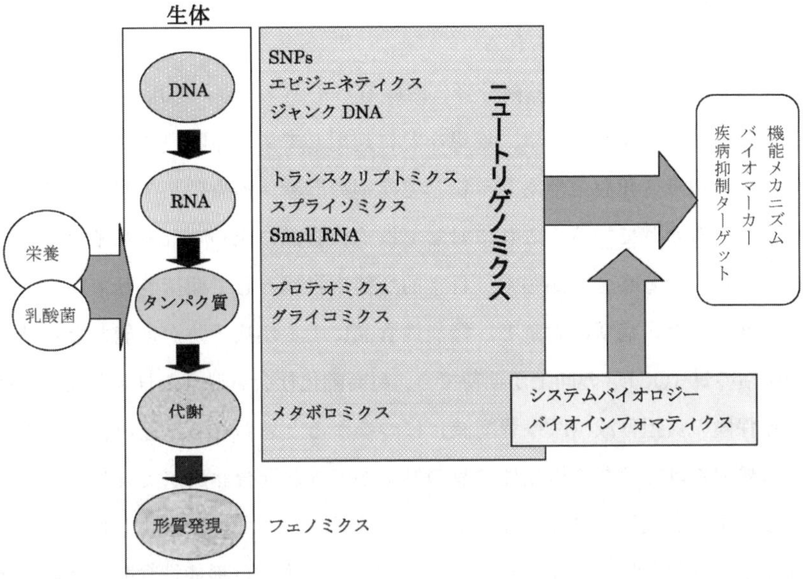

図1　ニュートリゲノミクスと解析プラットホーム

リゲノミクスと言う[22~25]（図1)。そしてニュートリゲノミクスは，栄養の機能発現メカニズムの解明，機能評価におけるバイオマーカーや疾病抑制のためのターゲットとなる因子の探索などに応用され，その最終的なゴールは，栄養による疾病の予防と個人の遺伝的背景に基づいて機能性食品を処方するテーラーメイド栄養の実現である[26, 27]。

2　バイオマーカー

ニュートリゲノミクスの目的のひとつにバイオマーカーの探索がある。一般的なバイオマーカーの定義は，生体情報を数値化あるいは定量化できる指標のことであるが，こと機能性食品開発におけるバイオマーカーは，ヒトの健康状態を定量的に把握可能な科学的指標と言える。生活習慣病の指標としてよく耳にする血糖値，コレステロール値，ウエスト周囲長やBMIなどは，過去より用いられてきた代表的なバイオマーカーである。さらにオミクス技術の出現にともない，網羅的解析により得られる多因子の変化パターンをバイオマーカーにすることも可能となってきている。食品は多くの成分の複合体であるために作用機構が複雑であることから，多変量解析からなるバイオマーカーの開発が重要となる可能性が高い。プレ・プロバイオティクス商品も機能性食品であり，特定保健用食品市場において大きなカテゴリーを形成している。したがって，乳酸菌が生体に与えるベネフィットを科学的に判定可能なバイオマーカーを同定することは，非常に有効であり，また重要と考えられる。

機能性食品開発においても医療診断分野におけるバイオマーカーを用いることは多い。医療診断分野におけるバイオマーカーは，疾患などに起因して生じる物質やタンパク質の量，特定組織の遺伝子の発現量変化などであり，総じて疾病の診断，治療効果の判定や予後などを評価することに重点が置かれている。これに対して機能性食品に求められるバイオマーカーは，疾病を未然に防ぐための意味合いが強く，日常的な健康指標として期待されている。そしてバイオマーカーに基づいた未病期の判定と，機能性食品による疾病予防が可能となれば，医療費負担の軽減や生活の質（QOL）の向上が期待でき，超高齢化社会を迎えた日本で大きな問題となっている，医療保険の負担軽減（医療費削減）につながると思われる。近い将来医療の現場において，薬剤の処方だけではなく機能性食品の処方ができる混合診療が実現した時には，個人の資質を判定して適当な機能性食品を与えるためのバイオマーカーの開発も必要となろう。また医療の現場で機能性食品が用いられるようになれば，「医家向け機能性食品」という新たな市場が生まれる。

3　オミクス技術と乳酸菌の機能解析

3.1　トランスクリプトミクス

乳酸菌の機能性をニュートリゲノミクス的な発想で解析した例は，2001年以降徐々に増えてきている[28～31]。特に米ワシントン大学のGordonらのグループは，純粋なニュートリゲノミクスということではないが，消化管と腸内細菌の関係におけるオミクス解析の分野で成果を上げている[28, 32～36]。オミクス技術のうちでは，圧倒的にトランスクリプトミクスが取入れられている。これはオミクス技術の開発スピードに比例し，解析方法の複雑さや煩雑さに反比例していると言ってよい。

トランスクリプトミクスはゲノム上に存在する遺伝子の転写産物すべて（トランスクリプトーム）を対象として，これらを一度に定量解析することである。方法としてはDNAマイクロアレイを用いるのが一般的である。

DNAマイクロアレイ解析から得られたデータは各条件間で比較され，発現量に変化が生じた遺伝子が抽出される。その後統計解析により有意な変化を示す遺伝子を抽出，主成分分析やクラスター解析などにより，ある特定のパターンを示すグループへの絞込みを行う。ある程度の絞込みを行った遺伝子群についてさらに，Gene ontology（GO）での機能分類やパスウェイ解析を行うことで，生理・生物学的な意味を推定する。そしてこれら一連の操作によって得られた遺伝子群は，ある条件におけるバイオマーカーとしての性質も持つことになる。

トランスクリプトミクスの乳酸菌機能解析への応用局面としては，乳酸菌自体の遺伝子発現変化を解析するために用いる場合と，乳酸菌により影響を受ける宿主側の変化を解析する場合の二通りが考えられる。前者は *in vitro* においてある条件下（例えば消化管内を想定した条件や栄養の違いなど）で培養した場合の変化や，変異株や異なる菌株間での遺伝子発現の違いなどを比較検討するのに用いられることになる。さらに消化管内における，乳酸菌の *in vivo* 遺伝子変動解析などもこちらに含まれる。これに対して後者は解析の対象が宿主であり，腸内細菌叢の変化やプレバイオティクスやプロバイオティクスなどを摂取した時の各種組織における遺伝子発現変化を解析し，その結果から宿主への影響，効果，機能，作用メカニズムなどを推定することである。そして前述のように，ニュートリゲノミクスとしての解析の範疇は後者に属する。

乳酸菌の効果を宿主側から解析する場合に，最初に興味の対象となったのは，乳酸菌と宿主が直接接触を持っている小腸や大腸であった。2005年頃からは，プロバイオティクス菌や腸内細菌の宿主免疫機構に対する効果や認識の機構などにも注目が集まるようになった[37~43]。さらに宿主と腸内細菌の間には共生関係による利害の授受が行われていると推定され，これらはクロストークとして注目されて来ている（図2）。

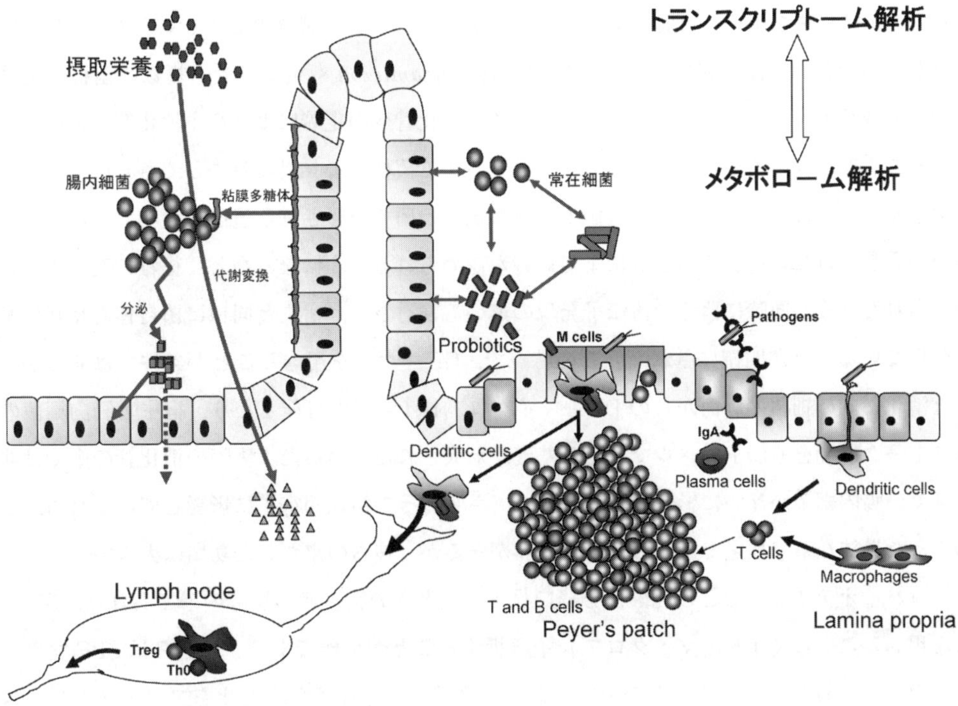

図2　腸内細菌と宿主間のクロストーク

実際に宿主側の解析を行う場合，ヒトの生体試料を入手するのは困難であるため，マウスやラットなどの実験用動物を用いることが中心となると思われる。しかしその場合は，得られた結果をヒトへ外挿できるような配慮が必要である。例えばジャームフリーやノトバイオートなどの動物や疾患モデル系などを利用し，そこに乳酸菌やプロバイオティクスを投与した場合に生じる変化を解析するのがひとつの手段と考えられる。またヒト培養細胞を用いた *in vitro* の系を利用するのも可能な手段の一つであろう。

乳酸菌ではないが上記のような機能性研究の始まりとして，2001年に米ワシントン大学のGordonらのグループの報告が上げられる[28]。彼らは正常なヒト遠位腸管内微生物相において優勢なグラム陰性嫌気性菌である *Bacteroides thetaiotaomicron* をジャームフリーマウス（GFマウス）の消化管に定着させ，小腸の遺伝子発現変化をアフィメトリクス社のGeneChipアレイで解析した。Fukushimaらも同様にGFマウスにSPFマウスの腸管から抽出した細菌懸濁液を摂取させ，その後に小腸のDNAマイクロアレイ解析を行っている[29]。2005年には，同様なGFマウスを用いた系で，消化管内に定着させた *B. thetaiotaomicron* の遺伝子発現変動についてのDNAマイクロアレイ解析が行われ，*in vivo* と *in vitro* での菌の遺伝子発現の違いについて検討された[32]。さらに同様な系を用いて，糖源の異なる食餌を摂取させた場合の遺伝子発現の違いについての解析も行われた。そして翌2006年には，乳酸菌である *Bifidobacterium longum* を定着させたGFマウスを用い，盲腸組織のマイクロディセクション試料のDNAマイクロアレイ解析が報告された[35]。上記の報告では同時に *B. thetaiotaomicron* も定着させ，複数の菌種が定着した場合の変化も検討された。その結果，単一菌の消化管への定着により宿主消化管の遺伝子発現は大きな影響を受けるが，変動する遺伝子は定着する菌種により異なること，さらに複数の菌が定着した場合には，影響を受ける遺伝子は単に個々の菌で影響される遺伝子の和ではなく，それまで影響を受けなかった遺伝子群にまで影響が認められるようになるなど，複雑に変化することが示された。また同時に菌側の遺伝子発現の違いも検討され，宿主と同様に菌自体も相互に影響を受けていることが明確にされた。この時点で，GFマウスを用いることが条件ではあるが，宿主と消化管内の細菌の両面からのDNAマイクロアレイ解析が可能となり，宿主と腸内細菌のクロストーク研究を遺伝子レベルで行える基礎が形成されるに至った。実際の消化管の中では非常に多くの腸内細菌が互いに影響を及ぼし合い，さらにその結果が宿主に影響しているため，上記のような単純な系で推定できることには限界があるが，彼らの果たした功績は大きい。

プロバイオティクスなどの乳酸菌を経口投与したときの宿主側の反応のみであれば，GFマウスを用いることなくDNAマイクロアレイ解析することが可能である。筆者らはSPFマウスに乳酸菌を経口投与し，いくつかの組織における経時的な遺伝子発現変化をアフィメトリクス社のGeneChipアレイを用いて解析した。その結果経口投与した乳酸菌は，消化管を介して数時

表1　乳酸菌経口投与6時間後のマウス脾臓における遺伝子発現量変化

Gene	*Bifidobacterium* A株	*Bifidobacterium* B株	*Bifidobacterium* C株	*Lactobacillus* D株
GRO1 oncogene	9.2	NC	NC	NC
matrix metalloproteinase 8	7.0	NC	2.0	NC
18S rRNA.	6.1	5.3	3.2	4.6
interleukin 1 receptor, type II	5.3	NC	1.7	NC
metallothionein 2	4.6	NC	NC	NC
chitinase 3-like 1	4.0	NC	NC	NC
platelet-derived growth factor-inducible KC protein	3.7	NC	NC	NC
adaptor-related protein complex 2, beta 1 subunit	0.3	NC	0.4	0.4
EMAP-2	0.3	0.5	0.3	0.3
PIG-C	0.4	0.5	NC	0.5
protein phosphatase 1, regulatory (inhibitor) subunit 3C	0.5	NC	0.6	NC
P450, 2e1	0.5	0.4	NC	NC

数字はリン酸緩衝液を経口投与したマウス脾臓の遺伝子発現量を1.0としたときの相対発現量。NCは変化なし。

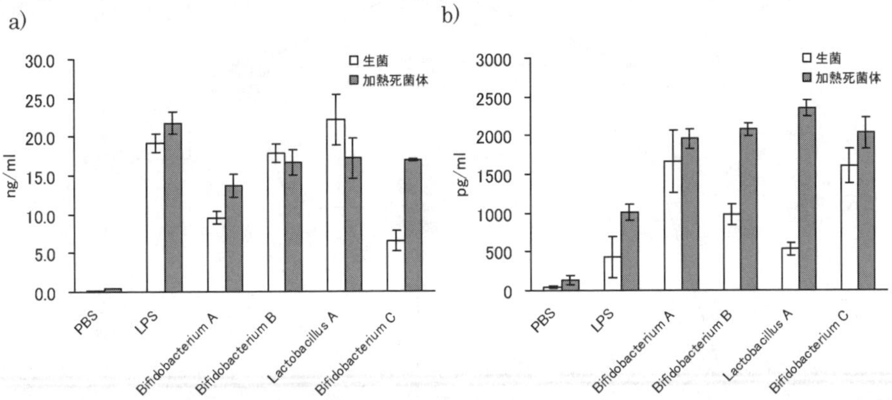

図3　乳酸菌によるマウス樹状細胞からのサイトカイン産生誘導とシグナル伝達系の活性化（a, b）
a：IL-12（p40）の発現量とb：IL-10の発現量。乳酸菌とマウス骨髄由来樹状細胞を24時間共培養し，培養上清中のサイトカイン量をELISA法で測定した。エラーバーは標準偏差（SD）である。

間で脾臓の遺伝子発現に影響を及ぼしていた（表1）。またこの時，経口投与する菌株によって遺伝子発現に違いが認められた。

細胞系を用いた解析も精力的に行われている。腸管の防御機構に関連してMack等は，ヒト大腸癌由来の培養細胞HT-29とプロバイオティクス菌である *Lactobacillus plantarum* 299v株を共培養し，粘液層を構成する主要な糖タンパク質であるムチンタンパク質のうちの，MUC2およびMUC3遺伝子の発現が上昇したことを報告している[44]。この時同時に病原性大腸菌のHT-29細胞への接着が阻害されたことから，プロバイオティクス菌である*L. plantarum* 299vは，腸管上皮に対する何らかの刺激により，粘液層形成促進を介して有害細

c)

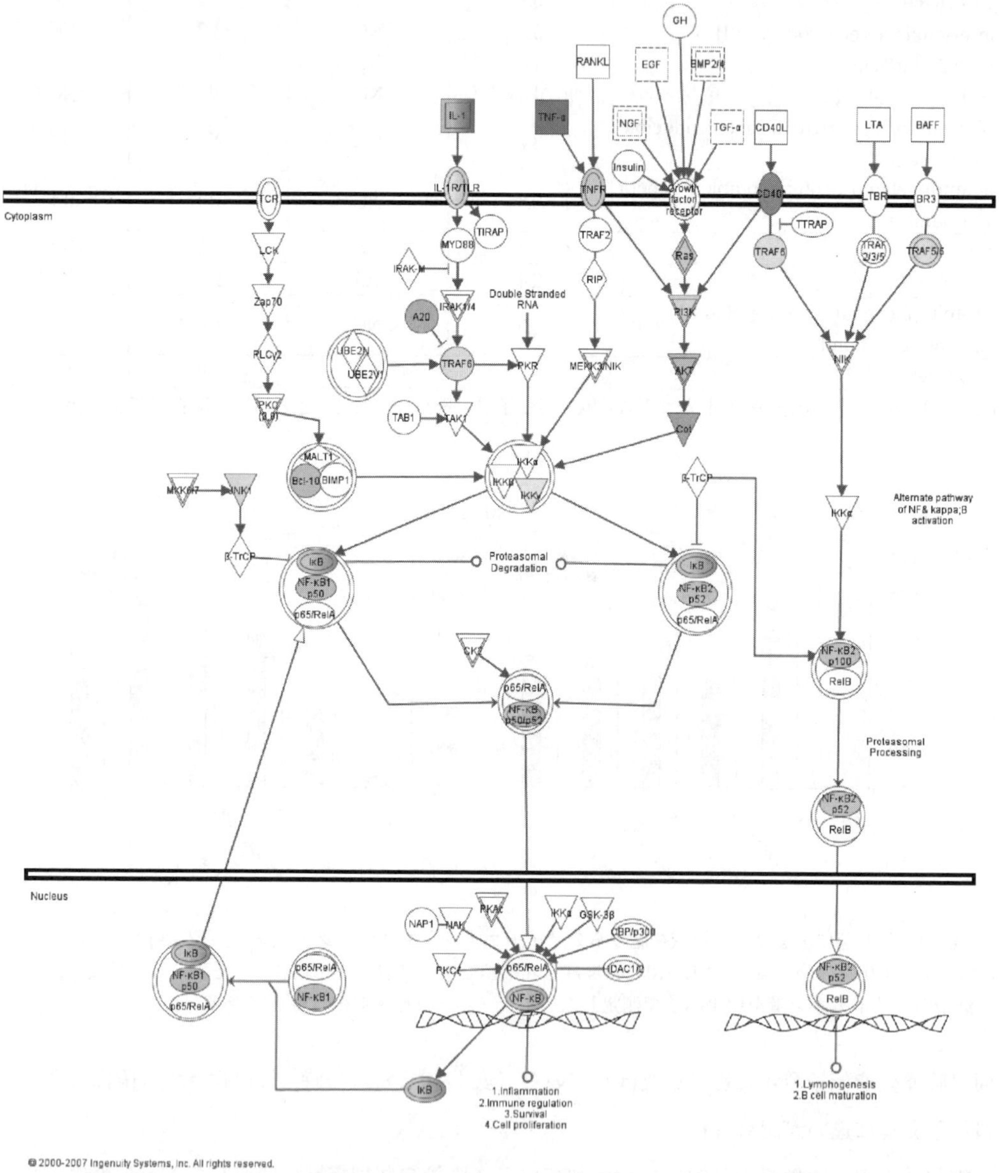

図３　乳酸菌によるマウス樹状細胞からのサイトカイン産生誘導とシグナル伝達系の活性化（c）
c：乳酸菌との共培養時のマウス樹状細胞のNF-κBシグナル伝達系の活性化。GeneChipデータをインジェヌイティ・パスウェイ解析ソフトウエア（IPA 5.0）で解析し，NF-κBシグナル伝達系に該当する遺伝子変動を図示した。色つきは変動が認められた因子。

菌の腸管への接着を阻害し，細菌の感染から宿主を守る効果があることが示唆された。また2000年以降プロバイオティクスのアレルギー改善効果がひとつのトレンドとなり，多くの研究が報告されている[37~43, 45~47]。Mohamadzaeh らはヒト末梢血由来の樹状細胞を用いて，乳酸菌がナイーブT細胞を1型ヘルパーT細胞（Th1）へ強く誘導することを示唆した[43]。我々は，マウスの骨髄由来の樹状細胞と乳酸菌を共培養する *Ex vivo* の系を用いて同様の検討を行った。乳酸菌との共培養により，樹状細胞からのTh1系のサイトカインであるIL-12（p40）の発現が同様に上昇したが，同時にIL-10の発現も上昇した。反応の程度は菌の種類によって異なり，また同一菌株であっても生菌と死菌を反応させた場合で発現量が異なった（図3）。さらに樹状細胞のDNAマイクロアレイ解析からパスウェイ解析までの一連の検討を行った結果から，TLRやNF-κBシグナル伝達系の強い活性化が認められた。この様に乳酸菌の種類やその生死によって，樹状細胞による認識とその後の反応には違いがあり，結果として宿主の免疫系に与える影響も異なることが示唆されてきている。したがって，これらの性質をうまく組み合わせることで，より効果の期待できるプロバイオティクスが開発できると考えられる。また樹状細胞は，CD11b，CD11c，CD4やCD8αなど，細胞表面に発現している分子によって複数の種類が存在することが明らかとなっており，抗原の認識や反応も違うことが分かってきている。さらに局在する組織によっても，産生されるサイトカインが違うため，今後より詳細な検討が必要となろう。

3.2　プロテオミクス

トランスクリプトームは全転写産物であるが，プロテオームは全翻訳産物（＝タンパク質）のことである。そして全てのタンパク質を解析対象とするのがプロテオミクスである。ヒトゲノム中の遺伝子の総数は30,000前後であるが，そこから翻訳されるタンパク質はスプライシングの違いやプロテアーゼによるプロセシング，さらにグリコシレーションやリン酸化などの翻訳後修飾を考慮すると，100万種類以上あると推定されている。またトランスクリプトミクスのように，ハイブリダイゼーションのような簡単な操作で，全産物を分類することは不可能である。したがってプロテオーム解析は，トランスクリプトーム解析と比べてはるかに複雑で困難である。しかしながら，最終的に細胞や組織において機能しているのはタンパク質であり，遺伝子の転写量がタンパク質の量と必ずしも一致しないことなどを考えると，プロテオーム解析の意義は大きい。

プロテオーム解析は，二次元電気泳動や高速液体クロマトグラフィー（LC）と質量分析（MS）を組み合わせた方法が良く用いられる。二次元電気泳動により分離されたタンパク質は染色された後，そのイメージがスキャナーで取り込まれ，複数の条件間で比較できるように標準化され比較統計解析される。最近ではDNAマイクロアレイ解析のように試料ごとのタンパク質を異なる蛍光色素で標識してから混合し，二次元電気泳動で分離した後にレーザースキャナーを用いて同一ゲル上で比較解析を行う，2-D Fluorescence Difference Gel Electrophoresis（2D-DIGE）法も考案されている。またリン酸化や糖修飾されたタンパク質をあらかじめカラム操作などで抽出，精製しておいた後に二次元電気泳動法で分離することで，解析の対象となるタンパク質の数を減らすことも有効な手段と考えられる。ゲル上で直接リン酸化タンパク質を特異的に染色可能な試薬も登場するなど，解析の幅は広がってきている。

乳酸菌研究へのプロテオミクスの応用は，乳酸菌のタンパク質のプロファイリングを行うことや，変異株の比較解析，さらに酸性条件や胆汁酸存在下など各種のストレス条件下における変化の検討や，ある遺伝子を強制発現させた場合の変化解析など，*in vitro* における乳酸菌のタンパク質レベルの変化を解析することが中心であり[48〜53]，宿主側の変化をプロテオーム解析するというニュートリゲノミクス的なアプローチの報告は，今のところほとんど認められない。

3.3 メタボロミクス

冒頭で述べたようにニュートリゲノミクスは，トランスクリプトミクス技術を中心に発展してきた。次にプロテオミクス技術が導入され，その後メタボロミクス，エピジェネティクスやその他を加えた研究の必要性が認知されてきている。メタボロミクスは，生体内の生合成や代謝によって生じる物質の動態を解析するオミクス科学である。メタボロミクスは解析試料として，血液，尿，唾液，汗や涙などを用いることが可能であるため，非侵襲的あるいは低侵襲的解析が可能である。したがって，ヒト臨床試験などへの応用が他のオミクス技術に比べて容易であり，一般社会への応用に関して最も将来性が期待できると思われる。用語としてはメタボロミクス（植物や微生物の研究領域から出てきた。）とメタボノミクス（動物に対して使われる。ファーマコゲノミクスやトキシコゲノミクスから由来する。）の二つがあるが，両者に明確な違いはない。細胞や組織におけるすべての代謝産物を解析対象とし，解析機器を駆使して全体をパターン化し，比較分類するというやり方の点では，トランスクリプトミクスやプロテオミクスと共通する。しかしながら，プロテオミクスなどと比べて，得られたデータから物質を同定するためのデータベースの整備が遅れていた。最近では理研と慶応大学が共同で構築している MassBank など，いくつかのデータベース開発プロジェクトが見られるようになった[54]。メタボロミクス解析の場合，解析方法のインテグレーションと多様性が重要になる。解析技術としては，最初マススペクトルを用いる方法が発達したが，NMR を用いる方法も開発されてきている。何れの場合も，解析にかける前段階の分離技術の違いや解析原理の違いにより，さらに細分化される。マススペクトル解析の場合には，GC-MS，LC-MS，UPLC-MS，CE-MS（キャピラリー電気泳動質量分析装置）などの分離手法との融合が見られ，質量分析装置には MALDI-TOF MS，ESI-MS，

FTICR-MS（フーリエ変換イオンサイクロトロン共鳴質量分析装置），ICP-MS（誘導結合プラズマ質量分析装置），LDI-MS（レーザー脱離イオン化質量分析装置）など，様々な種類が存在する。したがって研究者は，自分の目的とする物質の性質により，これらを使い分ける必要がある。またNMRの場合は^{1}H，^{13}C，^{15}N-NMR，2D-NMR，off line LC-NMR，MAS-NMRなどがある。GCやLCを多次元にしたり，検出側のMSを多次元にしたりすることで，解析能力を上げることも行われている。しかしながら，解析能力が高くなれば得られるデータは精緻になるが，機器の価格は上昇し，専用のオペレーターの存在が必要となるなど，簡単に手を出すことができなくなるのもまた事実である。マススペクトル分析の場合，結果を解析するためのデータベースなどは比較的充実しているが，ダイナミックレンジが狭いことが欠点であった。これに対してNMRは感受性が低い点や結果解析のためのデータベースがほとんど無いなどの欠点を有している。また検討したい物質にあった解析法の選択や試料の調製法なども重要な因子となる。

前述のGordonらのグループの報告において，彼らは遺伝子発現量解析に加え，盲腸内容物中の単糖の量について，GC-MSを用いた解析を行っている[35)]。GFマウスと比べて*B. thetaiotaomicron*が定着したマウスでは，グルコース，ガラクトースとマンノースの減少が認められ，*B. longum*の定着したマウスでは上記3糖に加えて，アラビノースの減少が認められた。この理由として，腸内に定着した菌が宿主の摂取した多糖体や腸管上皮から分泌される多糖体を分解し，それを菌自体か宿主が利用した結果と推定される。さらに両菌が定着した時には，キシロースの減少が加わると同時に，上記4糖の量もさらに減少した。またその際，両菌株のキシロース分解酵素遺伝子の発現が上昇しており，遺伝子レベルでもキシロースの利用が上昇していることが示唆された。したがって引続き糖分解酵素の遺伝子に着目して解析を行ったところ，*B. longum*との共生により*B. thetaiotaomicron*の多糖分解酵素遺伝子の発現に変動が生じ，結果として利用可能な糖が増えることが示唆された。彼らは*Methanobrevibacter smithii*と*B. thetaiotaomicron*をGFマウスに共生させて，同様な解析も行っており，この時には*B. thetaiotaomicron*のフルクタンの分解と利用が上昇した結果，ギ酸と酢酸の産生が上昇することを示した[55)]。

Nicholsonらのグループも GFマウスにプロバイオティクス菌である*Lactobacillus paracasei*を定着させ，消化管各部位の抽出物に関してメタボロミクス解析を行っている[56)]。彼らは解析に高分解能^{1}H NMR（high-resolution magic-angle-spinning ^{1}H NMR）を用い，十二指腸，空腸，回腸，近位および遠位結腸の上皮細胞の解析を行った。その結果，アミノ酸，抗酸化物質やクレアチンの濃度は消化管部位で異なっており，それぞれの部位が生理的に異なる代謝を行っていることが示された。また脂質の合成と蓄積は，主に空腸と結腸で行われていた。*L. paracasei*の定着により結腸を除く消化管で代謝変化が認められ，これらは食物の消化吸収や代謝，脂質合成，さらには生体防御機構の変動と一致した。ガンマ線照射した死菌体では上記のような変動は認められず，ここでも生菌と死菌で生体の認識と応答が違うことが確認されている。また彼らは同様な方法を用いて，アルコール非依存性脂肪肝のモデルマウスの尿と血漿の解析を行い，腸内菌叢が脂肪肝誘導に関与していることを示した[57]。脂肪肝モデルマウスでは，腸内細菌が食事由来のコリンを積極的にメチルアミンに代謝したため，尿中のトリメチルアミンが上昇し，血中のホスファチジルコリンが減少していた。結果コリン欠乏食を摂取しているのと同じ状態となり，肝臓におけるVLDL合成の低下，トリメチルアミンの肝毒性や脂質代謝上昇による酸化ストレス上昇などが生じ，脂肪肝を誘発していたと考えられた。この結果を現代の我々の食生活に拡大して考えてみた場合，ある特別な腸内細菌叢を持つ集団は，動物性脂肪の多い西洋式の食生活をすると，高い確率でアルコール非依存性の脂肪肝になることを示している。また食習慣や環境因子によって腸内細菌叢が変化した場合にも，疾患の発症頻度が増すことを示唆している。そして腸内菌叢の形成や変化は宿主の遺伝的な背景に関係がない可能性が高く，したがってSNPsなどの遺伝子診断だけでは解決ができないことを意味している。

4　腸内細菌研究の重要性と今後の展望

前述のNicholsonらのグループの報告に見られるように，腸内細菌叢の変化はある疾患の原因となることが科学的に証明されつつある。また2007年には，肥満者の腸内菌叢では*Bacteroides*が減少，逆に*Firmicutes*が増加しており，その結果として宿主の食事からのエネルギー吸収量が増加していることが報告された[36, 58]。このように腸内細菌叢は宿主の一部であり，ひとつの組織と言っても良いだろう。そして腸内細菌叢の変化による不調は，そのまま宿主の不調となって現れる。したがって，乳酸菌と宿主とのクロストークが生体に与える影響を研究することは，今後非常に重要になってくると考えられる。その意味で，ニュートリゲノミクス的な手法や考え方を乳酸菌研究に応用することは，非常に有効な手段であると思われる。また宿主側の変化だけではなく，消化管内での乳酸菌を含めた腸内細菌叢全体の変化も合わせて考えていくことが重要となるであろう。

現在*in vitro*で培養した乳酸菌のトランスクリプトーム解析を行うことは容易になっているが，宿主の消化管試料から直接トランスクリプトーム解析を行い，特定の乳酸菌の遺伝子発現パターンを検討することは困難な状況である。唯一GFマウスに菌を定着させることが有効な解析方法であるが，解析可能部位が盲腸であることや，定着させる菌の種類を多くすることができないなど改良すべき点も多い。またGFマウスの検討では無菌状態から菌の定着と，消化管内の急激な環境変化による影響が強いため，そのまま通常のヒトに外挿できるかどうか疑問な点も多い。したがって，今後はより多くの腸内細菌が存在する状況での検討と，そのための方法の開発が必須となろう。それには消化管試料から腸内細菌のRNAを効率よく抽出する方法や微量なRNAから解析用の試料を調製する方法の開発，さらに腸内細菌あるいは特定の乳酸菌のトランスクリプトーム解析するためのツールの開発が必要である。前者は宿主由来のRNAを除去し，細菌由来のRNAを増幅すれば良いので，比較的容易と考えられるが，後者にはかなりの困難が予想される。特に全体で1兆個存在すると言われている腸内細菌の中で，特定の細菌のみの遺伝子発現変動を追うことは現状では難しい。しかしながら，腸内細菌全体をひとつの組織として考えることで，全体の代謝変動などを予想することは可能と思われる。そのためには，腸内細菌全体のゲノム配列解読，所謂メタゲノム解析が必要であり，実際に解析は進行している。そしてメタゲノム解析によって得られるDNA塩基配列データを基にしたオリゴDNAアレイ解析により，複雑な腸内細菌全体の変動を把握できる可能性が期待できる。さらにここにメタボロミクスを加えることで，研究に幅と深みを増すことができると考えられる。

文　　献

1) A. Bolotin *et al.*, *Genome Res.*, **11**, 731 (2001)
2) M. Kleerebezem *et al.*, *Proc. Natl. Acad. Sci. USA*, **100**, 1990 (2003)
3) R. D. Pridmore *et al.*, *Proc. Natl. Acad. Sci. USA*, **101**, 2512 (2004)
4) T. Klaenhammer *et al.*, *Antonie Van Leeuwenhoek*, **82**, 29 (2002)
5) E. Altermann *et al.*, *Proc. Natl. Acad. Sci. USA*, **102**, 3906 (2005)
6) K. Makarova *et al.*, *Proc. Natl. Acad. Sci. USA*, **103**, 15611 (2006)
7) M. van de Guchte *et al.*, *Proc. Natl. Acad. Sci. USA*, **103**, 9274 (2006)
8) R. F. Wang *et al.*, *FEMS Microbiol. Lett.*, **213**, 175 (2002)
9) R. F. Wang *et al.*, *Mol. Cell. Probes*, **16**, 341 (2002)
10) R. F. Wang *et al.*, *Mol. Cell. Probes*, **18**, 223 (2004)
11) M. C. Champomier-Verges *et al.*, *J. Chromatogr B Analyt. Technol. Biomed. Life Sci.*, **771**, 329 (2002)
12) O. Drews *et al.*, *Proteomics*, **4**, 1293 (2004)
13) K. Vido *et al.*, *J. Bacteriol.*, **186**, 1648 (2004)
14) N. H. Beyer *et al.*, *Proteomics*, **3**, 786 (2003)
15) R. Goodacre, *J. Nutr.*, **137**, 259S (2007)
16) D. P. Cohen *et al.*, *Proteomics*, **6**, 6485 (2006)
17) B. van Ommen *et al.*, *Curr. Opin. Biotechnol.*, **13**, 517 (2002)
18) M. Muller *et al.*, *Nat. Rev. Genet.*, **4**, 315 (2003)

19) C. D. Davis *et al., Mutat. Res.*, **551**, 51 (2004)
20) E. S. Lander *et al., Nature*, **409**, 860 (2001)
21) R. H. Waterston *et al., Nature*, **420**, 520 (2002)
22) Y. Naito *et al., Int. J. Mol. Med.*, **18**, 685 (2006)
23) Mariappan D. *et al., Curr. Med. Chem.*, **13**, 1481 (2006)
24) E. Trujillo *et al., J. Am. Diet. Assoc.*, **106**, 403 (2006)
25) F. Desiere, *Biotechnol. Annu. Rev.*, **10**, 51 (2004)
26) Sutton K. H., Nutrigenomics New Zealand, *Mutat. Res.*, [Epub ahead of print] (2007)
27) J. Hesketh *et al., Br. J. Nutr.*, **95**, 1232 (2006)
28) L. V. Hooper *et al., Science*, **291**, 881 (2001)
29) K. Fukushima *et al., Scand. J. Gastroenterol.*, **38**, 626 (2003)
30) R. F. Wang *et al., Mol. Cell. Probes*, **16**, 341 (2002)
31) Z. Li *et al., Hepatorogy*, **37**, 343 (2003)
32) J. L. Sonnenburg *et al., Science*, **307**, 1955 (2005)
33) P. T. Turnbaugh *et al., Science*, **444**, 1027 (2006)
34) M. K. Bjursell *et al., J. Biol. Chemistry*, **281**, 36269 (2006)
35) J. L. Sonnenburg *et al., PLoS Biology*, **4**, e413 (2006)
36) F. Backhed *et al., Proc. Natl. Acad. Sci. USA*, **104**, 979 (2007)
37) T. T. MacDonald *et al., Science*, **307**, 1920 (2005)
38) M. Drakes *et al., Infection and Immunity*, **72**, 3299 (2004)
39) H. L. Cash *et al., Science*, **313**, 1126 (2006)
40) L. O' Mahony *et al., Gastroenterology*, **128**, 541 (2005)
41) H. H. Smith *et al., J. Allergy Clin. Immunol.*, **115**, 1260 (2005)
42) L. Wu *et al., Science*, **309**, 774 (2005)
43) M. Mohamadzadeh *et al., Proc. Natl. Acad. Sci. USA*, **102**, 2880 (2005)
44) D. R. Mack *et al., Am. J. Physiol.*, **276**, G941 (1999)
45) E. Isolauri *et al., Am. J. Clin. Nutr.*, **73**, 444S (2001)
46) S. Parvez *et al., J. Appl. Microbiol.*, **100**, 1171 (2006)
47) R. Paganelli *et al., Allergy*, **57**, 97 (2002)
48) C. Gitton *et al., Appl. Environ. Microbiol.*, **71**, 7152 (2005)
49) E. M. Lim *et al., Electrophoresis*, **21**, 2557 (2000)
50) D. P. Cohen *et al., Proteomics*, **6**, 6485 (2006)
51) M. Kilstrup *et al., FEMS Microbiol. Rev.*, **29**, 555 (2005)
52) M. Willemoes *et al., Proteomics*, **2**, 1041 (2002)
53) J. A. Wouters *et al., Appl. Environ. Microbiol.*, **66**, 3756 (2000)
54) Mass Bank.jp, http://www.massbank.jp/index.html
55) B. S. Samuel *et al., Proc. Natl. Acad. Sci. USA*, **103**, 10011 (2006)
56) F. P. Martin *et al., J. Proteome Res.*, [Epub ahead of print] (2007)
57) M. E. Dumas *et al., Proc. Natl. Acad. Sci. USA*, **103**, 12511 (2006)
58) P. J. Turnbaugh *et al., Nature*, 444, 1027 (2006)

第12章　DNAマイクロアレイを用いた腸内フローラと乳酸菌の解析

佐々木泰子*

1　はじめに

ゲノムが解読されている腸内細菌や乳酸菌の数は著しく増加している。NCBI（National Center for Biotechnology Information）で2007年3月現在に公開されているゲノムプロジェクト（ドラフトを含む）を見ると，代表的な腸内細菌では，*Bacteroides* 属8菌株，*Parabacteroides* 属2菌株，*Bifidobacterium* 属8菌株，*Clostridium* 属5菌株，*Eubacterium* 属7菌株，*Enterococcus* 属（3菌株）にのぼり，大腸菌に至っては22菌株になる。

乳酸菌では，代表的な株である *Lactococcus lactis* IL1403株の完全ゲノムが2001年に報告されたのを皮切りに，現在では進行中のものを含めると *Lactobacillus* 属（14菌株）を筆頭に，*Lactococcus* 属（5菌株），*Leuconostoc* 属（3菌株），*Oenococcus* 属（2菌株），*Pediococcus* 属（1菌株），*Streptococcus thermophilus*（1菌株）となる。情報が公開されていない産業株などを加えると，その数はもっと多くなると考えられる。

これらのゲノム情報を利用したマイクロアレイを用いて，近年，各細菌の腸内や種々の環境下での遺伝子発現を網羅的に観察する研究が増えており，また，腸内細菌同士の相互作用や，腸内細菌（叢）と宿主細胞とのクロストークに関する研究も始まっている。アレイは複数の菌および宿主細胞とで構成されているこの様な複雑な系を解析する強力なツールである。

DNAマイクロアレイは，ガラスまたはシリコン基板上に，数千から数万の遺伝子のPCR増幅断片（あるいは合成オリゴヌクレオチド）を高密度にスポットして固定したもの（プローブと呼ぶ）であり，いずれも，ハイブリダイゼーションの原理，すなわち1重鎖のDNAまたはRNAが2重鎖を形成する際に相補的な塩基同士が特異的に結合する反応を利用している。蛍光標識してハイブリダイゼーションを行うDNA，cDNA，cRNA　などの断片をターゲットと呼ぶ。

アレイは製造方法により大きく2つに分けられる。1つは，Affymetrix社のGeneChipに代表されるオリゴヌクレオチドアレイで，これは20-merから60-mer程度のオリゴヌクレオチドをプローブとするもので高密度に配置して作られる。標識色素は，通常1種類であるが，2種類使

---

*　Yasuko Sasaki　明治乳業(株)　研究本部　食機能科学研究所　ゲノミクスG

用する場合もある。もう1つは，cDNAマイクロアレイ（Stanfordタイプとも呼ばれる）で，ゲノム配列から予測されるORFの内側数百ベースをPCR増幅したDNA断片をスライドグラス上にスポットしたもので，2種類の標識色素（Cy5，Cy3）を用いる。

これらの両アレイはともに，数千の別個のDNA配列を同時に検出・測定できる技術であり，ハイスループットで，定量的かつシステマティックで詳細な研究ができる有力なツールとして認識されている。近年アレイの利用は多岐に渡っており，本稿の前半では，プロバイオティクス乳酸菌の転写解析について，後半では腸内フローラの解析に用いられている研究例について述べる。

2 マイクロアレイを用いたプロバイオティクス乳酸菌のトランスクリプトーム解析

プロバイオティクス菌の腸内での挙動や胆汁酸および酸耐性などが，アレイを用いて解析されている。ここでは以下の5つのプロバイオティクス菌株に関する研究を紹介する。

2.1 *Lactobacillus plantarum* WCFS1株（オランダ）

Lactobacillus plantarum WCFS1株（ゲノムサイズ：3.3Mb）は，ヒト唾液由来であり，腸管で生残することが確認されているプロバイオティクス菌で，*in vitro*，動物実験，ヒト試験などによって，免疫賦活やコレステロール低減効果などが報告されている。Bronら[1]は，WCFS1株の2,683遺伝子から成るcDNAアレイを用いて，ブタ胆汁酸に対するトランスクリプトーム解析を行った。その結果，胆汁酸によって転写促進される遺伝子群（28 genes）と抑制される遺伝子群（62 genes）の半分がクラスター（12 clusters）を形成していた。典型的なストレス関連遺伝子群の他に，細胞壁機能に関連する遺伝子群の転写促進が特徴的であったことから，胆汁酸が細胞に与える主な作用が細胞膜・壁の機能/構成に関するものであると結論している。

de Vries[2]らは，健康なヒトボランティアの潅流（perfusion）生検サンプルを用いてWCFS1株のトランスクリプトーム解析を行い，ヒト小腸内で特異的に発現する46遺伝子を抽出している。これらの遺伝子は主にタンパク合成（ribosomal protein, tRNA ligase）や，輸送・分泌に関連する膜タンパクをコードしていた。以上の結果から，WCFS1株が小腸内で環境に適応するために活発に代謝を行っていることが推定された。

2.2 *Lactobacillus acidophilus* NCFM株（USA）

Lactobacillus acidophilus NCFM株（ゲノムサイズ：1.99Mb）はヒト由来のプロバイオティク

ス菌で，フローラの改善や免疫反応調節効果の報告があり，アメリカではアシドフィルスミルクやヨーグルト等に使用されて25年間の歴史を持つ。Barrangou等は[3]，NCFM株の1,889遺伝子から成るcDNAタイプアレイを用いて，8種類の糖を与えた場合の糖吸収およびその代謝に関するトランスクリプトーム解析を行った。クラスター解析などを通じてそのダイナミックなシステム全体を推定しているが，図1(A)に示すように，本株においては，糖を吸収する3種類の輸送システムがあり，PTS（phosphoenolpyruvate:sugar transferase system）は，グルコース（マンノース）・フルクトース・シュークロース・トレハロースの輸送を，ABC（ATP-binding cassette transporters）は，ラフィノース・フルクトオリゴ糖の輸送を，GPH（LacS subfamily of galactoside-pentose hexuronide translocators）は，ラクトース・ガラクトースの輸送を担っている。多くの場合，輸送体をコードする遺伝子群はその糖の代謝経路酵素群とクラスターを形成しており（図1(B)），それらの酵素によって分解されて解糖系に入る。アレイ解析の結果から，グルコースやフルクトースが存在する場合にはカタボライト抑制（CCR；carbon catabolite repression）が認められ，ゲノム配列からは25箇所のcre配列が見出された。低GC含量のグラム陽性菌で一般的な制御システムであるCcpAが仲介する負の制御によって，糖の吸収・代謝の調節がグローバルに転写レベルで行われている。しかし実際の腸内環境下では，単糖や二糖はヒト消化管の上部で吸収・代謝されてしまい，大腸内で利用できる糖は限られているため，ラフィノース・フルクトオリゴ糖などの難分解オリゴ糖を吸収するためのABC輸送システムが，同菌の生存には重要になると考えられた。

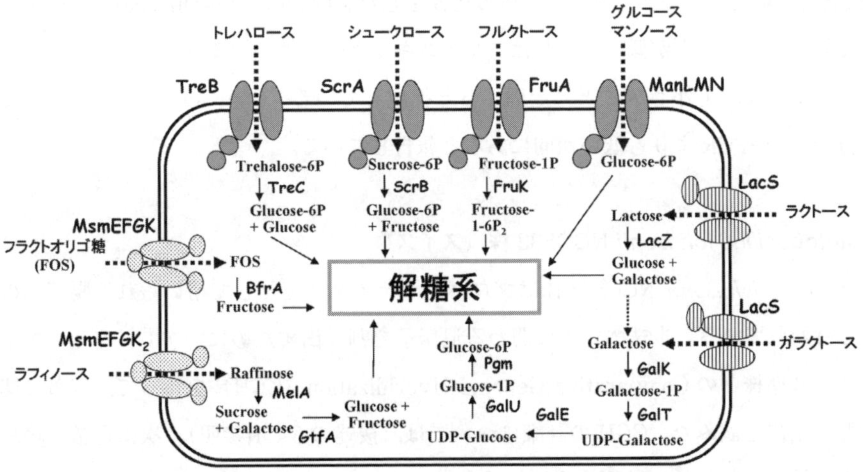

図1(A)　アレイによる転写解析から推定される各種糖の吸収・代謝経路

灰色：PTS（phosphoenolpyruvate:sugar transferase system），
縦線：GPH（LacS subfamily of galactoside-pentose hexuronide translocators），
点線：ABC（ATP-binding cassette transporters）

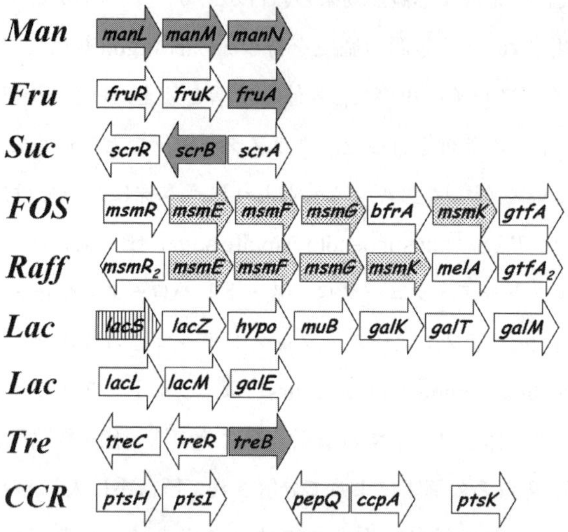

図1(B)　各種糖の吸収・代謝経路酵素群の遺伝子配列

Man, Glucose-Mannose; *Fru*, Fructose; *Suc*, Sucrose; *Tre*, Trehalose;
FOS, Fructooligosuccharide; *Raff*：Raffinose, *Lac*: lactose-galactose loci;
CCR, carbon catabolite repression loci
灰色：PTS，縦線：GPH，点線：ABC
Barrangou, Rodolphe *et al.* (2006) Proc. Natl. Acad. Sci. USA 103, 3816-3821 Fig.4 より引用，一部改変。

また，彼らは促進・抑制などランダムな挙動を示す5つの遺伝子の発現に関して，アレイとqRT-PCR（定量RT-PCR）で得られた値の比較をした。両者には高い相関関係が認められるが，アレイで得られる値の方が低く，これはアレイスキャナーのダイナミックレンジがqRT-PCRサイクラーのそれよりも小さいことに起因すると推定している。Conwayら[4]も，アレイで得られる値の方がqRT-PCRよりも低い傾向にあると報告している。

2.3　*Lactobacillus johnsonii* NCC533株（スイス）

Lactobacillus johnsonii NCC533株はプロバイオティクス菌として用いられ，腸管への定着性が高いと言われている。本株の定着に関わる遺伝子を割り出すために，アレイを用いてまず，定着性の低い基準株とのComparative Genome Hybridization（CGH）を行って，定着に関連する遺伝子群の抽出を試みた（CGHの詳細については，後述の3.4項参照）。次に通常の培地と比較してマウス腸内で特徴的に発現する遺伝子をアレイによる転写解析によって抽出し，先のCGHの結果を含めて総合的に判断することで定着関連の遺伝子（クラスター）を抽出し，それらのノックアウトを作成して，実際の定着性が減少した遺伝子を特定している。

2.4 *Lactobacillus gasseri* OLL2716（LG21）株（日本）

著者らは，ヒト腸管由来で，耐酸性，耐胆汁酸性，および抗 *Helicobacter pylori* 効果が高いプロバイオティクス菌である *Lactobacillus gasseri* OLL2716（LG21）株のトランスクリプトーム解析を行っている。*L. gasseri* OLL2716（LG21）株の示す抗 *Helicobacter pylori* 効果のメカニズムの全容は明らかにはなっていないが，胃の中で生存し，乳酸を生成する事が重要であることが確認されているため，我々は本株の酸耐性メカニズムについて調べている。定常期の *L. gasseri* OLL2716（LG21）は高い酸耐性を示すが，対数増殖期の *L. gasseri* OLL2716（LG21）株は比較的酸に弱い。しかし本株でも，予めヨーグルトのような弱酸環境にさらすと強酸に対する耐性が誘導されるいわゆる“酸適応”が観察される。この酸適応が起こる際に，どの様な転写変化が起きるかを3分，8分，30分と経時的にアレイ解析した結果，図2のように，本株では酸適応に関して複数のメカニズムが短時間にダイナミックに働くことが示された。その結果として，細胞内pHの維持などの酸耐性能力が発現し，強酸に抵抗する総合的な体制が整うと考えられた。関連遺伝子をノックアウトした結果より，これらの複数の酸耐性メカニズムは，相互に補いあうダイナミックなものであることも示唆された。

また，*L. gasseri* OLL2716（LG21）株において培地pHに応じて異なる酸耐性メカニズムが働くことが推定され，アレイ解析の結果はこれを支持している。すなわち，図3(A）は分子プローブ cFSE（carboxyfluorescin succinimidyl ester）を用いて蛍光分光光度計により細胞内pHを測定した結果である。pH4.8でもpH3.8でも培地pHに比較して高い細胞内pHが観測され，両pHにおいて酸耐性メカニズムが働き，細胞内pHが維持されていることが示唆された。しかし，図3(B）に示されるように，pH4.8では“酸適応”が観察されるが，pH3.8では観察されなかった。両pHにおいて，転写促進される遺伝子群を比較すると，図3(C）に示されるように，各々の

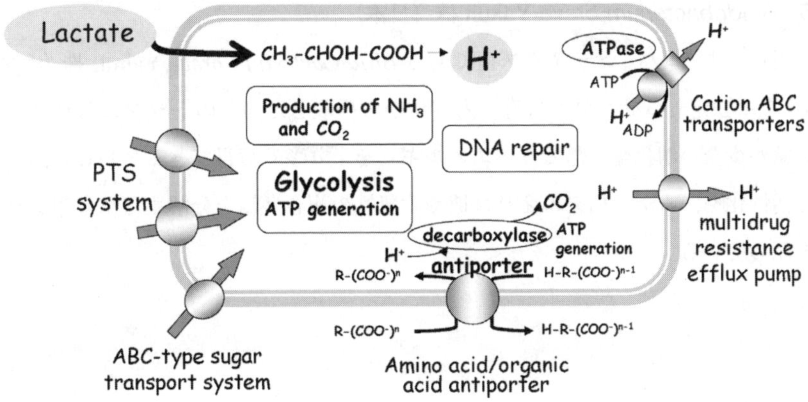

図2　アレイ結果から推定される *Lactobacillus gasseri* OLL2716（LG21）株酸適応メカニズム

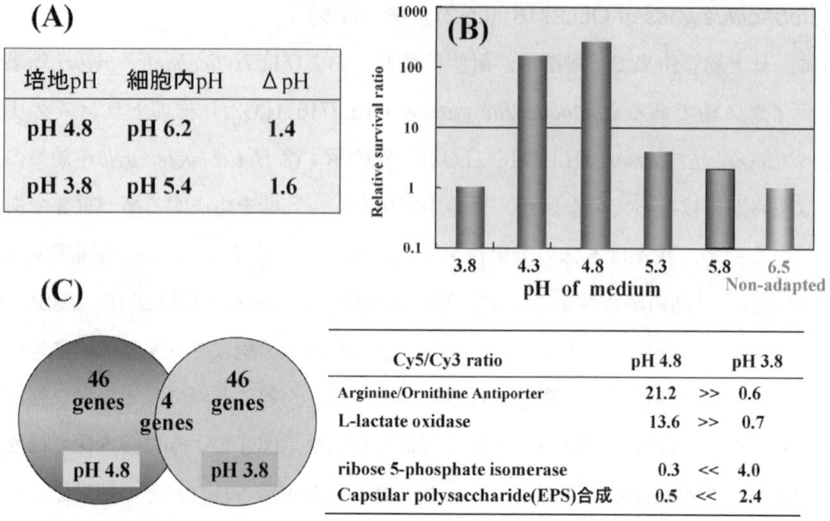

培地pH	細胞内pH	ΔpH
pH 4.8	pH 6.2	1.4
pH 3.8	pH 5.4	1.6

Cy5/Cy3 ratio	pH 4.8		pH 3.8
Arginine/Ornithine Antiporter	21.2	>>	0.6
L-lactate oxidase	13.6	>>	0.7
ribose 5-phosphate isomerase	0.3	<<	4.0
Capsular polysaccharide(EPS)合成	0.5	<<	2.4

図3 *Lactobacillus gasseri* OLL2716（LG21）株の培地pHに応じた酸耐性メカニズム

(A) 細胞内pHの維持：細胞外に比較して約1.5高い細胞内pHが測定された

(B) 酸適応：pH4.3またはpH4.8の弱酸条件で30分間処理すると，生残率は処理無しに比較して数百倍向上した。しかし，pH3.8, 30分間の処理では効果がなく，生残率向上は認められなかった。

(C) アレイ解析結果：pH4.8およびpH3.8で転写促進が著しい各々50の遺伝子は，殆ど重ならない。また，pH3.8において著しい転写促進を示す遺伝子はpH4.8ではむしろ抑制されており，pH4.8で転写促進が著しい遺伝子はpH3.8では促進されないか，抑制されていた。

pHで異なる遺伝子群の転写が誘導されており，図3(C)の表に一例を挙げるが，pH4.8で転写促進される遺伝子群の多くはpH3.8では抑制されており，pH3.8で転写促進される遺伝子群の多くはpH4.8では促進されないか，もしくは抑制される傾向が認められた。以上のように，アレイ解析の結果から，"酸耐性"には，各pHに応じて働く多重のメカニズムの存在が示された。

2.5 *Bifidobacterium breve* Yakult株（日本）

石川ら[5]はプロバイオティクス菌である*Bifidobacterium breve* Yakult株（ゲノムサイズ：2.35 Mb）を単独定着させたマウス盲腸内容物から採取した同菌のトランスクリプトーム解析を行った。糖が少ない消化管下部では，エネルギーをより多く獲得できるピルビン酸経由の酢酸生成経路の活性化や，ムチン由来のオリゴ糖や食餌性の複合多糖を分解する糖代謝クラスターの転写促進を認めている。

3　マイクロアレイを用いた腸内フローラの解析

3.1　腸内フローラを構成する菌の同定

腸内菌叢の解析には，従来行われてきた培養法のほかに分子的モニタリング法（定量的PCR法，FISH法，DGGE/TGGEなどの電気泳動法，T-RFLP法など[6]）が用いられているが，数年前から，マイクロアレイも利用され始めている。その特徴は，簡便に菌種の識別ができ，かつ短時間で培養困難な菌の同定も行え，再現性がある点である。菌叢解析では，ヒト糞便から短時間でのDNAやRNAの調製が重要である。DNAを抽出せずにフィルター処理で得たテンプレートをPCRにかける方法もあり，目的に応じて用いられている。

これらのアレイでは，同定しようとする全菌種の16S ribosome RNA遺伝子の特異的配列（12 mer〜40 mer）をスライドグラス上にスポットしてプローブとし，そこに糞便などサンプル全体のDNAをuniversal primerでPCR増幅したDNA断片（ターゲット）を蛍光標識して，ハイブリダイゼーションを行う。目的に応じて様々なアレイが作製されており，以下にいくつかの例を紹介する。

①　特定属・種の細菌検出用のアレイ

これらのアレイでは，検出しようとする菌に絞ってプローブがデザインされている。日和見感染菌である*Enterococcus*属の種を識別するアレイとしては，16Sおよび23S rDNAをプローブとして*Enterococcus*に属する19種の識別用アレイ（*ECC-PhyloChip*）[7]や，系統分類的マーカーとして使用される3遺伝子（16S rDNA，cpn60，recA）をプローブとして多形性を検出するようにデザインされた12-18 bpオリゴヌクレオチドアレイなどがある。また，オランダのde Vosらはヒト由来の数種のビフィズス菌用アレイを設計しており，これを用いて，ヒト・動物さらに人工胃腸システム（TIM：TNO Intestinal Model）間でのビフィズス菌種の差異を報告している[8]。

迅速な判定が要求される病原菌などの診断用アレイは種々のものが開発されている。*Campylobacter*は殺菌が十分でない食品あるいは犬猫からの感染が多いために問題となるが，Keramasら[9]はこの菌のオリゴヌクレオチドアレイを作製している。糞便サンプルをPCRにかけ，蛍光色素Cy5で標識してハイブリダイゼーションする一連の工程は本アレイを用いると3時間以内（作業時間は15分）で行うことができ，かつ従来法では困難であった近縁種の識別も可能であることを報告している。

②　網羅的な菌叢解析用アレイ

Stanford大学のP. O. Brownらは，より多くの菌種（229種）を対象としたアレイを開発している[10]。このオリゴヌクレオチドアレイは，Cy5・Cy3二色法と，amino-allyl標識single strand

RNAを用いる点が特徴で，多菌種の同定およびその存在比の測定を可能にするためにデザインされたプローブ（アレイ）は，10,462個（そのうち7,167個はuniqueな配列）の40 merのsmall subunit（SSU）rDNAから成る。種特異的プローブが不備な菌や，未知の菌も同定するために，より高いオーダーの分類学的グループに対応するプローブをデザインしてアレイを作成している。測定したいサンプルをCy5で標識し，菌種の構成等がわかっている参照サンプルをCy3で標識してハイブリダイゼーションを行い，得られたCy5/Cy3比と，あらかじめ作成した‘スコア’を掛け合わせることによって種の同定およびその存在比の推定を行った。実際に，ヒト結腸生検サンプルを用いて，本アレイ法とSSU rDNAシークエンス法を比較したところ，菌種同定と存在比の推定の両方で，同様の結果を得ることができた。腸内菌叢解析では，多様な菌が様々なポピュレーションで存在しており，存在比が低い菌の検出および定量化は困難が予想される。図4は，存在比が低い菌種の定量化について検討した結果である。190菌種から構成される全体サンプルの一部（31-32菌種）の存在比を3%から段階的に10倍ずつ希釈して検出限界を調べた結果，存在比が0.03%以上の場合は定量的に検出できることが認められた。

また，オランダのde VosらのグループがHIT-CHIP（Human Intestinal Tract Chip）は，1000以上の菌種をカバーする4020のプローブ（16S rRNA；V1,V6領域を使用）から成るアレイで，網羅的な解析が可能であり，ある程度の定量も同時に行うことができる（personal communication)。

アメリカFDAのWangらは，代表的なヒト腸内細菌40種類（*Bacteroides*（7種），*Clostridium*（7種），*Ruminococcus*（6種），*Bifidobacterium*（5種），*Eubacterium*（4種），*Fusobacterium*（2

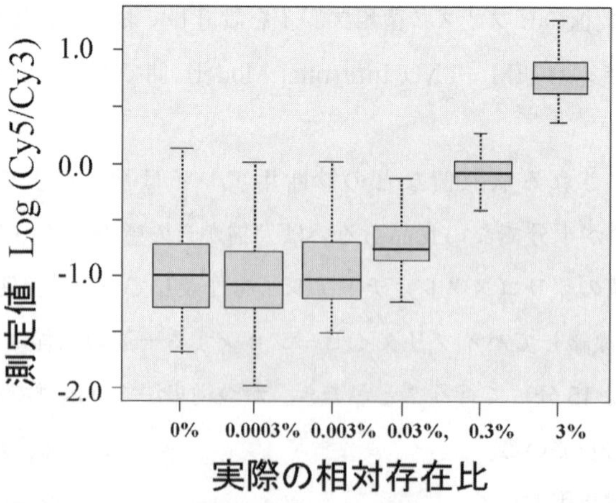

図4　複合サンプル中の菌種の定量

実験区：一部の菌（31から32菌種）の存在比を3%から0.0003%まで希釈して混合し，Cy5標識。

対照区：192菌種のrDNA配列を増幅し，等モルずつ混合し，Cy3標識。

種），*Lactobacillus*（2種），*Enterococcus*（2種），以下は1種の*Collinsella*，*Eggerthella*，*Escherichia*，*Faecalibacterium*，*Finegoldia*.）から成る腸内細菌同定用アレイを作製した[11]。16S rDNA配列からデザインした各菌種に特有な3つの40-merオリゴDNAをプローブとしてアレイを作製し，11人の健康なヒト糞便を試料として16S rDNAユニバーサル・プライマーを用いてDNAを増幅し，Cy5で標識してターゲットとした。ハイブリダイゼーションした結果，各人から25種以上，全体では40菌種全ての検出に成功した。

3.2　腸内菌叢に与える食品などの影響の解析

オランダTNOのvan der Vossenらは，54種類の菌種（一部は属）をカバーし，菌種ごとに400 spotのプローブを載せたアレイ（I-CHIP：Intestinal Chip）を用いて，プロバイオティクス，抗生物質や食品などが宿主の腸内菌叢に与える影響を調べている（personal communication）。しかもヒト腸管（*in vivo*）はもちろん，*in vitro*の胃腸管モデル（TIM：TNO Intestinal Model）からも糞便サンプルを採取して両者を比較している。

アレイを用いた腸内菌叢の同定は迅速・簡便で，培養困難な菌種の解析も期待できるので，多検体の分析が必要とされる腸内菌叢の解析での利用が今後増加するであろう。ただし，腸内菌叢では菌種によって存在数が大きく異なるので，網羅的な解析の際には，菌数が数オーダー異なる菌種が混在していてもほぼ正確に検出できるように改善されれば，アレイは今後強力なツールとなるであろう。

3.3　アレイによる抗生物質耐性遺伝子など特定遺伝子の検出

特定の遺伝子，例えば，病原性大腸菌由来の病原性遺伝子が糞便や尿中に含まれるかどうかを調べる診断用アレイが開発されており[12]，短時間での診断を可能にしている。同様に，抗生物質耐性遺伝子が食品やプロバイオティクス製品に含まれているかどうかの検査に使用するためのアレイがアメリカFDA（U. S. Food and Drug Administration）およびNCTR（National Center for Toxicological Research）で開発されており，25種類の抗生物質耐性遺伝子プローブをのせたアレイによって*Salmonella typhimurium* DT23を調べた結果が報告されている。

また，腸内細菌の抗生物質耐性遺伝子の存在や，腸内細菌間での抗生物質耐性遺伝子の移行などを調べるのに，マイクロアレイを用いた抗生物質耐性遺伝子の検出が行われ始めている。この方法は生育の遅い菌に対しては特に有効であり，感染症では早急な処置が必要であるが，培養法ではTEM Beta-Lactamaseのgenotypingの判定に2日かかるのに対して，アレイ法では3.5時間で検出できたという報告がある。

Perretenら[13]は，グラム陽性菌の抗生物質耐性遺伝子90個を迅速に検出できるオリゴヌクレオチドマイクロアレイを作製した。多剤耐性株の *Enterococcus faecium, E. faecalis, Staphylococcus haemolyticus* などがどのような抗生物質耐性遺伝子を持っているかを調べた。*S. haemolyticus* からは 12 個，*Clostridium perfringens* からは 6 個の耐性遺伝子を検出し，それらが実際に各株が示す抗生物質の最小生育阻止濃度（MIC）に対応していることを示している。

3. 4 Comparative Genome Hybridization 法

Comparative Genome Hybridization（CGH）法とは，ある菌種のゲノムが解読されて遺伝子を網羅するマイクロアレイがある場合に，そのアレイを利用して，ゲノム解読がなされていない同一種の他株（あるいはごく近縁種株）とのゲノム構成を比較する方法である。すなわち，DNA-DNA ハイブリダイゼーションを行うことによって，ゲノム中に全体で約 2000～4000 個ある遺伝子の存否とコピー数などを簡単に比較することができる。乳酸菌のように多様性があり多数の株が産業的に使用されているものでは，各株の特質をゲノム遺伝子の構成から解析する手法としても期待される。

CGH を用いた研究例としては，前述の *Lactobacillus johnsonii* NCC533 株の例の他に 20 株の *Lactobacillus plantarum* の比較を行った報告[14] がある。*L. plantarum* はヒトや動物の腸管に生育し，かつ乳・肉などの発酵食品，漬物など植物の発酵食品にも欠かせない菌であり，多様な糖を資化できる能力を有する。ゲノム解読が完了している *L. plantarum* WCFS1 株のゲノムサイズは 3.3 Mb で，これまで解読された乳酸菌の中では最も大きいが，多様な環境で生育できるこの菌株の性質と関連すると考えられている。この株と，同種の 20 株の CGH を行った結果，タンパク質・脂質・核酸など細胞構造を担う化合物の生合成や分解に関わる遺伝子は共通に保存されており，逆に，糖の輸送と分解系，ファージやバクテリオシン関連遺伝子，菌体外多糖生合成系などの遺伝子群は，株によって変化に富み多様であることが明らかとなった。

4 おわりに

ゲノム解読されている腸内細菌や乳酸菌の数は著しく増加しており，これに伴ってマイクロアレイを用いた転写全体の網羅的解析を行うトランスクリプトーム研究が多くの菌で可能になった。 ここでは数種のプロバイオティクス菌のトランスクリプトーム解析例を紹介したが，それらの結果からは，胃酸存在下や栄養素が枯渇している大腸など過酷な環境条件に適応し，生存・増殖するために，複数のメカニズムが多様に働く優れたシステムとしての乳酸菌の実態が浮かび上がってくる。

ただしアレイ実験を行う場合は，培地の組成や培養条件が変わると全く異なる結果が得られることが多い。1回の実験で得られる情報量が多いだけに，目的に適したように他のストレスを与えずに，如何に正確にサンプリングし，結果を考察できるかが重要なポイントになってくる。

今後は，単菌から細菌同士の相互作用のトランスクリプトーム解析へ，さらに腸内においては，複数の菌と宿主細胞とのクロストークに関する研究が期待される。将来的には菌叢全体のゲノム（メタゲノム）解読結果を基に作成される総合的なアレイを用いたトランスクリプトーム解析によって，複雑な腸内菌叢全体に関する知見が集積されることになるであろう。

一方，アレイの利用はトランスクリプトーム解析にとどまらず，網羅的（または特定の菌種に絞った）腸内フローラ解析を始め，薬物や食品・プロバイオティクスなどに対する腸内菌叢の応答観察，株間のゲノム構成比較（CGH），抗生物質耐性遺伝子のような特定遺伝子の検出など多岐にわたっての利用が可能である。

アレイ解析の特徴は，迅速・簡便な手法であるにもかかわらず，再現性ある膨大な情報を得ることができる点にある。これまでは，ゲノム解読はコストがかかるものであったが，今後は次世代高速シーケンサーによって，以前より大幅なコストダウンが可能となり，アレイ解析の利用も増加することが予想される。アレイを用いて複雑な腸内菌叢全体のpopulationや網羅的な転写変化を解析し，ヒトの疾病および健康との関連に関する知見が集積することが期待されている。

文　献

1) Bron P. A., Molenaar D., de Vos W. M., Kleerebezem M., *J. Appl. Microbiol.*, **100**, pp.728-38 (2006)
2) de Vries M. C., in Dr. thesis "Analyzing global gene expression of Lactobacillus plantarum in the human gastro-intestinal tract" (2005)
3) Barrangou R., Azcarate-Peril M. A., Duong T., Conners S. B., Kelly R. M., Klaenhammer T. R., Proc. Natl. Acad. Sci. USA., **103**, pp.3816-21 (2006)
4) Conway T. and Schoolnik G. K., *Mol. Microbiol.*, **47**, pp.879-889 (2003)
5) 石川英司，島龍一郎，白澤幸生，佐藤隆，塩崎良則，日本乳酸菌学会誌，**18**, pp.17-21 (2007)
6) 光岡友足編，「腸内細菌の分子生物的実験法」，日本ビフィズス菌センター発行 (2006)
7) Lehner A., Loy A., Behr T., Gaenge H., Ludwig W., Wagner M. and Schleifer K. H., *FEMS Microbiol. Lett.*, **246**, pp.133-42 (2005)
8) Satokari R. M., Vaughan E. E., Smidt H., Saarela M., Mätt and de Vos W. M., *System. Appl. Microbio.*, **26**, pp.572-584 (2003)
9) Keramas G., Bang D. D., Lund M., Madsen M., Rasmussen S. E., Bunkenborg H., Telleman

P. and Christensen C. B., *Mol. Cell. Probes*, **17**, pp.187-196 (2003)
10) Palmer C., Bik E. M., Eisen M. B., Eckburg P. B., Sana T. R., Wolber P. K., Relman D. A. and Brown P. O., *Nucleic Acids Res.*, **34**, e5 (2006)
11) Wang R. F., Beggs M. L., Erickson B. D. and Cerniglia C. E., *Mol. Cell. Probes.*, **17**, pp.187-196 (2003)
12) Bekal S., Brousseau R., Masson L., Prefontaine G., Fairbrother J., Harel J., *J. Clin. Microbiol.*, **41**, pp.2113-25 (2003)
13) Perreten V., Vorlet-Fawer L., Slickers P., Ehricht R., Kuhnert P. and Frey J., *J. Clin. Microbiol.*, **43**, pp.2291-2302 (2005)
14) Molenaar D., Bringel F., Schuren F. H., de Vos W. M., Siezen R. J. and Kleerebezem M., *J. Bacteriol.*, **187**, pp.6119-27 (2005)

応　用　編

〈食品由来乳酸菌〉

第13章　発酵乳（ヨーグルト）などに用いられる乳酸菌の機能

森　毅*

1　発酵乳の歴史

発酵乳の歴史の始まりは，紀元前3000年ころのシュメール人の遺跡から発見された石版に記録されたものがあるが，実際にはさらに古いと考えられている。ウシ，ヒツジなどが家畜化され，ミルクが食料となったのが紀元前10000～8000年頃といわれており，紀元前5000年頃には，酸乳や凝乳などの発酵乳が作り出されていたと考えられている。ミルクを保存するためにいれた木の桶や皮の袋にいた乳酸菌により，乳から発酵乳が作られ，保存方法として利用が始まった。東ヨーロッパや西アジアの遊牧民によって発見されたという説もあれば，約2,500年前のインドのヨガ修行僧たちは，発酵乳を「神々の食べ物」と呼んでいたという話もある。ギリシャ神話や北欧神話，インド神話などにも登場しており，古くから人々の生活に密接にかかわっていたことがうかがわれる。現在でもエジプトの「レーベン」，コーカサスの「ケフィア」，シベリアの「クミス」をはじめ，世界の広い地域にその土地特有の発酵乳が存在する。ブルガリアでは，古代トラキア人が，素焼きのつぼで「プロキッシュ」とよばれる発酵乳をつくっていたのが始まりといわれている。紀元前5000年頃の古代ギリシャの歴史家ヘロドトスの著作にもヨーグルトに関する記述がある。「ヨーグルト」の名は，ブルガリア語のjaurt（酸味），またはトルコ語のyogurt（ヨールト，かきまぜる，または酸っぱい乳の意）が語源であるとされている。

日本では，蘇や醍醐は大和朝廷時代の書物に記載がある。日本最古の医学書といわれる，丹波康頼が編集した医心方には酪，蘇，醍醐の効用として全身の衰弱を治し，便秘を和らげ，皮膚をつややかにするとの記載がある。言い換えれば，当時から健康効用に着目し使われていた食品ということもでき，おいしい，体によい食べ物として現代にまで受け継がれている。安全性については，米国FDAの「GRAS（Generally Recognized As Safe）」にいくつかの乳酸菌種が登録されており，古くからの食習慣もあることから，一般に認められている。1950年に国内での工業的生産が始まり，70年代に入りフルーツ入り，プレーン，ドリンクヨーグルトなど多様な商品が生産され，さらに健康志向とプロバイオティクスヨーグルトの登場と相まって消費量は伸び続

＊　Takeshi Mori　明治乳業㈱　研究本部　食機能科学研究所　乳酸菌研究部　菌叢解析G課長

けている。

健康効果については，20世紀初頭，パスツール研究所のE. Metchnikoff（1845～1916）が，著書「The Prolongation of Life：Optimistic Studies（邦訳：長寿の研究―楽観論者のエッセイ）」に生理機能についてあらわした後，栄養生理機能の科学的な検証がさかんとなった。ブルガリア・スモーリアン地方で日常的に多量に摂取されている，乳酸菌 *Lactobacillus delbrueckii* subsp. *bulgaricus*（S. Grigorovが分離した）を含む発酵乳（ヨーグルト）が，腸内での腐敗産物の産生を抑制し長寿をもたらすとする彼の長寿論は，その後の発酵乳の栄養生理機能研究に大きな影響を与えた。

さらにMetchnikoffは，「長寿の研究」の中で，動物の寿命について深く考察し，大腸の発達したヒトを含む哺乳類においては腐敗産物の発生を防ぐような食生活が重要であると述べている。

「腸内フローラこそ老衰の重要なる原因」，「便秘者の尿には腸内腐敗の結果の硫酸エーテルの増加を示す」，「消化管のすべての部分で大腸がもっとも細菌に富んでおり，その大腸は他の脊椎動物より，哺乳類において非常によく発達しているのであり，哺乳類の寿命はこんな多い腸内フローラの慢性中毒によって，いよいよ短縮せられているのだと考えることができる。」などと記し，現在研究されているような腸内フローラと宿主である人間の健康との関係をすでに100年前に予見していた。さらにブルガリア菌を用いた酸乳を友人らに投与する経験を通して「世の中には有用な細菌が実にたくさんあるのだ。そして，乳酸菌はそのなかで特に優れている」，「腸内腐敗に対するたたかいでは，乳酸菌こそは疑うことのできない重大な役目を果たすことができると確信する。」と述べるに至った。バイオテクノロジーの急激な進展と相まって，腸内細菌叢の解析研究や細菌分類学は飛躍的に進歩し，盛んとなっているが，彼の優れた洞察によりもたらされた，上記のような推論は，今日でも大筋では変化がない。

発酵乳は，最近では研究報告やそれと関連した商品群の増加に伴い，一般的な認知度も高まり食文化の一翼を担っている。日本国内の生産量は2006年で過去最高の958,988 kLに達している。食による健康管理への関心の高まりと相まって，発酵乳は健康にいい食品だという認識が定着するとともに，更なる機能性についても期待が高まっている。

2　主な発酵乳乳酸菌の特徴

乳酸菌はL. Pasteurによって発見され，Orla-Jensenによって定義づけられた。乳酸菌という呼び名は，便宜上のものであり，乳酸を大量に作る細菌群の総称である。ブドウ糖に対してホモ発酵またはヘテロ発酵で乳酸を生成し，生成する酸の50%以上が乳酸である。炭水化物を含む培地によく繁殖しグラム陽性，運動性はなく，胞子を作らない菌群で，桿菌または球菌でカタラーゼは生産しない。乳製品製造用の乳酸菌の種類は多い。主要な製造用乳酸菌の特徴は，全国はっ酵乳乳酸菌飲料協会のホームページ（http://www.nyusankin.or.jp）にも記載されている。

Lactobacillus 属は，自然界に広く分布しており，耐酸性に優れている。ヨーグルトスターターに用いる *L. bulgaricus* がブルガリアの植物から回収された報告があり，乳製品はもとより種々の発酵製品にも含まれている。桿菌であり，ホモ乳酸発酵，ヘテロ乳酸発酵の両タイプが含まれている。ヒトに対する生理作用が報告されている種も多く存在する。*Lactococcus* 属では *Lc. lactis* が乳製品と関係が深く，北欧ヨーグルト（villi），カスピ海ヨーグルトなどに含まれている。粘性多糖を生成するものもあり，糸を引くような特徴的な物性をあたえる。*Streptococcus* 属では *S. thermophilus* が，*L. bulgaricus* とともにヨーグルトのスターターとして用いられ，製造上重要である。*Bifidobacterium* 属は，乳酸と酢酸を作るヘテロ発酵をすることから，乳酸菌の定義からは外れているが，ヒト腸管内に生息し，優れた保健効果を保持していることから関連付けて述べられる。1899 年にパスツール研究所の H. Tissier により母乳栄養児の糞便から分離された。グラム陽性で *bifido-* の名のとおり，Y 字型や V 字型に枝分かれをした形の桿菌である。嫌気性の条件で分離されるが，継代により好気条件でもコロニーを形成するようになる。ヒト腸管や糞便，膣や口腔にも存在し，多くの動物の腸管糞便からも分離される。ヒトでは乳児期，幼児期，成人と成長するに連れ，腸管内に住むビフィズス菌種が変化し，さらに老人に向かうに連れて菌数が減少していくことが知られている。これらの変化がアレルギーなどの体質や老化・免疫と関係するかについては興味がもたれており，将来に向けて重要な研究課題であると考えられる。ヨーグルトに配合する場合には菌の製品中での生残性が重要になるため，製法，容器などにも工夫が必要とされる。

日本国内において，発酵乳は，食品衛生法にもとづく「乳及び乳製品の成分規格等に関する省令」（乳等省令）で，「乳又はこれと同等以上の無脂乳固形分を含む乳等を乳酸菌又は酵母で発酵させ，糊状又は液状にしたもの又はこれらを凍結したもの」と定義されており，ヨーグルトという名称は一般名である。成分規格は無脂乳固形分 8.0％以上，乳酸菌数（または酵母数）が 1,000 万 /ml 以上で大腸菌群が陰性となっている。

一方，消費者の健康保護と公正な食品貿易の確保を目的とした国際政府間機関である CODEX 委員会は，2003 年に「発酵乳改正規格案」を採択した。このなかで「ヨーグルト」は，*L. delbrueckii* subsp. *bulgaricus* と *S. thermophilus* の共生カルチャーをスターターとして発酵させた乳製品と定義された。また，「あらゆる乳酸桿菌属」と *S. thermophilus* をスターターとして発酵させた乳製品を，「カルチャー代替ヨーグルト」として分類している。

3　発酵乳における乳酸菌の共生と利用

伝統的なヨーグルトの製造に用いる二種類の乳酸菌，*L. bulgaricus* と *S. thermophilus* の間には，共生関係が成り立っている。乳中の少量の遊離アミノ酸を用いて，生育の早い *S. thermophilus* がまず増殖し，ギ酸を産生する。*S. thermophilus* が生成するギ酸は，*L. bulgaricus* に取り込まれて，核酸合成に利用され，増殖が活発になる。タンパク分解能のある *L. bulgaricus* の増殖に伴い，量が増加した遊離アミノ酸，ペプチドを *S. thermophilus* がさらに利用し増殖すると考えられている。この共生は，酸素濃度が低い状態でさらに増殖を早めることが明らかとなっており，低酸素状態でかつ37℃付近の発酵温度で発酵させることにより，通常より濃厚感のある発酵乳を工業的に製造することができる。

4　腸内細菌の働き

ヒトの腸内細菌は，100種100兆個の多岐にわたり，体調，ストレスや食事内容によっても変化すると考えられている。食物として摂取した発酵乳乳酸菌は，この腸内細菌叢に作用すると考えられる。腸に到達した生菌は，有機酸を生成するし，死んだ菌であっても細胞壁成分などが食物繊維と同等の働きをし，常在する腸内細菌叢に影響を与えると考えられている。

以下に揚げる腸内菌叢の多様な働きそれぞれが，生体にとっても非常に重要な働きであることはいうまでもない。

⑴　脂質代謝の活性化

コレステロールや中性脂肪などの消化，吸収のコントロール。余分な脂肪分を細胞壁などに吸着して排泄する。

⑵　ホルモン，ビタミンの産生

ある種の乳酸菌がホルモン用物質を産生することが明らかとなっているが，ヒトの健康状態にどう影響をするかについては，まだ不明な点も多い。ビフィズス菌がビタミンB群（チアミン，リボフラビン，ピリドキシン，B_{12}），ビオチン，葉酸，ビタミンKの産生に関与している。乳児にビフィズス菌を投与すると，血中及び尿中の総ビタミンB_1量が増加することが知られていることから，腸管から吸収される可能性がある。

⑶　消化・吸収・代謝

腸内細菌には，食物繊維，難消化性糖の分解をおこなうものもいる。このことは，菌叢の状態により栄養吸収効率が変化し，宿主のカロリー摂取へ影響を与えている可能性を想起させる。最近，肥満者とそうでないヒトの間に菌叢の違いがあることが報告された。すなわち，肥満者集団

では *Firmicutes* 門バクテリアの割合が高く，非肥満者集団では，*Bacteroidetes* 門バクテリアの割合が高かった。また，食事内容を改善し，肥満が改善したヒトの腸内細菌を調べたところ，*Bacteroidetes* 門バクテリアの割合が高くなっていた。この菌叢の変化が，肥満の原因であるかについては，今後の検討を待つ必要があるが，本来の腸内細菌と宿主の共生関係の成立理由を考える上で重要な知見である。

⑷　有害物質の分解・排泄

大腸菌やウェルシュ菌などが生成するアンモニア，硫化水素，フェノール，インドール，p-クレゾール，アミンなどの化学物質は宿主にとって，好ましい物質ではない。またニトロソアミンや二次胆汁酸などの発ガン物質も腸内で発生する。菌叢バランスにより，特定の有害物質生産菌が増えたりしないようにコントロールするとともに，細胞壁へこれらの物質を吸着し，排出している菌も存在する。

⑸　免疫系のコントロール

小腸内には，パイエル板が存在し，摂取した食物中のタンパクや菌を常に監視する体制が整っている。小腸は活発に蠕動運動していることから腸内菌数はさほど多くはないが，それらの腸内菌が適度に免疫系を活性化していると考えられる。腸内細菌と宿主の免疫の関係は，現在プロバイオティクス応用研究で最もホットになっている分野である。動物を用いた実験では，免疫系に対する効果は，必ずしも菌が生きていなくても発揮されると考えられる。新生児においては，適度な微生物の刺激により，正常の免疫システムが構築されるのではないかとの知見も得られている。

⑹　pH 調節と蠕動運動の活性化

腸内細菌が産生する有機酸により，腸内の pH は低く保たれており，病原菌や有害菌の増殖阻止，蠕動運動の活性化を行っている。

⑺　病原菌，有害菌の感染防御

口から摂取され，胃酸，胆汁酸で死滅しなかった有害菌，病原菌の定着，感染を表層をカバーすることにより阻止している。

5　発酵乳の生理機能

発酵乳・乳酸菌飲料の生理機能にかかわる要因は①発酵乳に含まれる乳成分（タンパク質，脂質，炭水化物，ビタミン，ミネラルなど），②含まれる乳酸菌，またはその構成成分（ペプチドグリカンやタイコ酸，多糖などの細胞壁成分，タンパク，脂質，核酸などの細胞質成分，β-ガラクトシダーゼ，プロテアーゼなどの酵素），③乳酸菌が作り出す乳酸，有機酸，多糖類，バクテリオシンなどの抗菌物質，ペプチド類，葉酸，多糖など，④消化内容物より乳酸菌が作り出す物質などが考えられる。これらの要因が，直接的あるいは腸内細菌叢のコントロールなどの間接的，複合的に作用して生体にさまざまな効果を及ぼすと考えられる。前述したもので，②に含まれる乳酸菌体の成分は，宿主の自然免疫系を動かしているTLR（Toll like receptor）のリガンドとなっていることが明らかとなっている。リポタンパク，ペプチドグリカンはTLR2，リポタイコ酸はグラム陰性菌のLPSと共通のTLR4，バクテリア由来の非メチル化CpG DNAはTLR9，RNAはTLR3,7にそれぞれ認識れている。さらにペプチドグリカンの一部であるiE-DAP（γD-glutamyl-meso-diaminopimelic acid）はNOD1が，ムラミルジペプチドはNOD2が認識していることが明らかとなっている。これらのリガンド－レセプターの関係は，本来病原菌に対抗するために使用される機構であると考えられるが，乳酸菌はそのうちのいくつかを刺激することにより宿主の防御機能を高めていると思われる。これらの機能の中心には生きた乳酸菌があり，プロバイオティクス（probiotics）という概念はこれらの機能を積極的に利用とする考えから生まれたものである。当初，*L. bulgaricus*は，胃酸耐性などが弱く腸へ到達しないといわれていたが，培養法の改良によりヒト糞便から生きた菌が回収され，生きたまま腸まで到達していることが明らかとなっている。

プロバイオティクスという用語は，Parker（1974）が，抗生物質（antibiotics）に対して提案したものであるが，Havenaar（1992）らは，「ヒトや動物に投与した際に，微生物フローラの改善効果によって，消化器系，呼吸器系，泌尿器系等を対象に広く宿主の健康に好影響を与える一種または混合微生物」と食品としての摂取を含む概念を提起した。

6　栄養生理機能

プロバイオティクスとして乳酸菌側が注目されている発酵乳ではあるが，もともと栄養源としても優れていることはいうまでもない。後に述べるような特徴から考えても，高齢者や入院患者には好適な栄養源のひとつと考えられる。

発酵乳に含まれる乳タンパクは，乳酸菌プロテアーゼの働きにより分解を受け，遊離アミノ酸量が乳に比べ約2倍高くなる。乳酸発酵により形成されたカードは，胃に入るとソフトカードを形成し，胃排出時間の延長が起こり，分解作用をより受けやすくなり，結果として消化吸収効率が上昇する。牛乳中の炭水化物はほとんどが乳糖で，発酵乳中では乳酸菌のβ-ガラクトシダーゼにより約20～30%程度が分解されている。乳糖の摂取は，大腸内の*Bifidobacterium*属細菌の生育を促進し，腸内菌叢を整える働きをする。乳糖や分解産物のグルコース，ガラクトースは*Enterobacteriaceae, Bacteroidaceae*のトリプトファナーゼを抑制し，腸内腐敗物質のインドール産生を抑える。インドールは，合成されると消化管より吸収され，体内でインジカンに変化され尿中に排出されるが，インジカンと膀胱がん発症には関連があるといわれている。

乳酸などの短鎖脂肪酸は，消化管より吸収され，肝臓での糖新生を経て，グルコースまたはグリコーゲンに変換されエネルギーとしても利用される。消化管内での乳酸は，結腸上皮増殖促進，蠕動運動の促進，胃酸分泌の促進にも作用する。また，有害細菌に対する生育抑制作用があるとともに小腸，大腸でのミネラル吸収を促進する。

発酵乳中にはビタミンC以外のビタミンはすべて含まれているが，その含量は，発酵時または保存中に若干減少する。葉酸は例外で，*L. bulgaricus* は消費するが，*S. thermophilus* は産生し発酵乳中では数倍増加する。乳はミネラルも豊富で，発酵乳もまた優れたミネラル源である。中でもカルシウムが 100g 中に 100mg 以上と豊富に含まれており，貴重な供給源である。カルシウムの一日所要量は，600mg とされており，日本人は意識的な摂取が必要と考えられている。発酵乳中では可溶性カルシウムが多く，吸収促進作用のある乳糖とカゼインホスホペプチド（CPP）も含まれることから，効率よく腸管上皮からカルシウムが吸収される。またカリウムも多く含まれ，ナトリウム排泄に一役買っている。

7　乳糖不耐症

牛乳などの摂取で，消化されない乳糖が大腸に到達することにより，下痢，腹痛，ごろごろ感などいわゆる乳糖不耐症が起こる。乳糖が腸内細菌により分解代謝され，有機酸生成が起こり，また乳糖自身の濃度により腸管内に多量の水が保持される。また，乳糖自身にも腸管蠕動運動の促進作用がある。ヒトは哺乳期を過ぎると，空調粘膜の β-ガラクトシダーゼ活性が低下し，人種による低下の度合いの違いが報告されている。米国では 3～5,000 万とも言われ，西ヨーロッパ以外の地域では 7～9 割が乳糖不耐症の素因を持つといわれている。

発酵乳摂取による乳糖不耐症改善効果に関する報告がある。健常成人に牛乳 300 mL とヨーグルト 500 mL を投与した試験において，呼気中の水素濃度を比較した。分解されずに大腸に到達した乳糖は，腸内細菌に分解され発生した水素が吸収され，呼気に排出される。発酵乳摂取者では，水素濃度が上昇したヒトの数が減少し，腹部不快症状を呈した人数も減少した。乳酸菌による分解を受けるため，発酵乳では大腸にまで到達した乳糖の量が少なく，症状をあらわさなかったと考えられる。

以上述べてきたように発酵乳は，牛乳の優れた栄養成分を保持しつつ，吸収についてさらに優れていることが明らかとなっている。乳糖不耐症が多いとされる日本人の，特に高齢者に対して適した栄養源のひとつと考えることができる。

8 整腸作用

女性の二人に一人は，便秘であるといわれ，また最近ではストレスに起因すると考えられる下痢も多発している。健康を維持する上で腸内環境を整えることがひとつのキーワードになっている。

発酵乳の特定保健用食品の試験データでは，排便回数が週3〜4日以下の便秘傾向者の排便回数を増加させることが報告されている。それに伴い，腹部の張り，腹痛などの症状の改善も認められる。投与した乳酸菌が生成する乳酸の蠕動運動亢進効果などにより，排便が促されるものと推定される。同時にビフィズス菌占有率の上昇といった菌叢変化がおこり，腸管内環境も改善されることも報告されている。ビフィズス菌占有率の上昇は大腸菌，ウェルシュ菌，クトストリジウムなどの腐敗物質産生菌の増加阻止につながる。

腸内腐敗物質は，大腸から血中に吸収されると宿主に悪影響を及ぼすことが知られている。アンモニア，アミンによる肝性昏睡，インドール代謝物のインジカンによる尿酸尿症誘発，インドールやフェノールのがん誘発，硫化水素の呼気毒性，トリプトファン代謝物，チロシン代謝物によるがん誘発などが知られている。最近になって，腸内腐敗産物により宿主の皮膚の状態が悪化する可能性についても指摘されている。分解排出にかかわる肝臓・腎臓にも大きな負担をかけることにもなる。乳酸菌の摂取は腸内菌叢を改善し，これらの腸内腐敗物質の産生を抑制，早期排出することにより吸収を低下させ，宿主の健康を改善する。さらに乳酸菌には変異原物質やコレステロールの吸着作用があることも報告されており，腸のみならず，全身の疾病リスクを下げる働きがあるものと考えられる。

大腸に関して逆の症状と考えられる下痢については，大腸の運動性の異常亢進やウイルス，病原菌の感染，水分，電解質輸送の異常などが要因と考えられるが，栄養不良や抗生物質投与による下痢症や小児下痢症などに対しての乳酸菌の改善効果は古くから報告されている。この改善効果は，すでに述べたような菌叢の正常化と合わせて，乳酸菌の病原菌や腐敗物質産生菌に対しての制菌効果で説明されている。乳酸菌が生成する乳酸や酢酸などの有機酸，過酸化水素，バクテリオシンなどの働きによると考えられるが，制菌効果の大部分は，乳酸の生成とそのことによるpHの低下が担っていると考えられる。*Staphylococcus*（ブドウ球菌），*Bacillus, Clostridium, Listeria, Salmonela, Yersinia, Psudomonas, Helicobacter, Vibrio* などに対する試験管内での制菌効果が報告されており，その多くはpH4以下ではほとんど生育が起こらない。同じpHの場合，生育阻害作用は，無機酸よりも有機酸のほうが効果が高いとされ，腸管内において乳酸菌は乳酸や酢酸の生成を通じて，病原菌や有害菌の増えにくい環境を形成している。また，一部の乳酸菌では免疫賦活効果を持つものが報告されており，腸管免疫を活性化することによって，腸内環境の正常化に寄与しているものと考えられる。

9　医療分野での栄養管理

一方，医療分野での治療を目的とした栄養管理への発酵乳利用が報告されるようになってきた。小児や成人性下痢症への栄養補給に発酵乳投与が有効であるとの報告がある。また，重症熱傷患者に対する栄養管理でshock期を乗り越えた患者に対して，高たんぱく，高カロリーの経腸栄養として1 kcal/mLに調製したヨーグルトとはちみつの混合物投与により有効な治療成績が得られた。患者の感染症に対する抵抗力の増強，積極的な経腸での栄養補給による体力の回復効果にヨーグルトが寄与していると考えられる。そのほかにも外科手術後や重症外傷，重症感染症等の消耗性疾患での栄養補給が必要とされる場面で発酵乳の有効性は示されており，栄養バランスと吸収効率の良さと腸内環境を整える効果を併せ持ち，感染症や日和見感染の防止に効果を発揮する発酵乳を基本とした食品の投与の有効性に期待が集まっている。

10　おわりに

以上，述べてきたとおり，発酵乳とそれに含まれる乳酸菌は宿主の腸内環境を整え，健康状態や種々の健康リスクに対して，対応をするための有効な手段として利用可能である。プロバイオティクスの健康効果についての研究は，非常に盛んになっており，便通改善効果，フローラのバランス改善，腸内環境改善作用（腐敗産物の低減効果）のほかにも，感染防御，サイトカイン誘導を中心とするTh1/2バランスの調節を伴うアレルギー抑制やNK活性の増強，IgAの産生誘導といった免疫賦活効果のメカニズムなどが明らかにされつつある。

食の欧米化に関連する大腸がんの増加，メタボリックシンドロームの増加や高齢化の進展といった背景があり，「健康で長生き」するためによい食生活に注目が集まっている中，プロバイオティクスを応用した発酵乳の研究，商品開発に，ますます大きな期待がかかっているといえる。

文　献

1)　E.メチニコフ，長寿の研究，平野威馬雄訳，幸書房（2006）
2)　細野明義編，発酵乳の科学，アイケイコーポレーション（2002）

3) 森地敏樹，“乳酸菌”って，どんな菌？—その特徴と利用性—，全国はっ酵乳乳酸菌飲料協会 (2007)

4) Michaylova *et al.*, Isolation and characterization of Lactobacillus delbrueckii ssp. Bulgaricus and Streptcoccus thermophilus from plants in Bulgaria, *FEMS Microbiol Lett.*, **269**, 160-9 (2007)

5) 村尾ほか，乳糖不耐症者による牛乳とヨーグルト飲用後の呼気中水素と腹部症状の相違，日本栄養食料学会誌，**45**, 507-512 (1992)

6) Fuller *et al.*, Probiotics in man and animals, *J. Appl.Bacterol.*, **66**, 365-378 (1989)

7) 植田ほか，重症熱傷患者に対するヨーグルトハチミツによる経腸管栄養，熱傷，6. 2, 193-197 (1981)

8) Winkler *et al.*, Molecular and Cellular basis of Microflora-Host interactions, *J. Nutr.*, **137**, 756S-772S (2007)

9) Abrahamsson *et al.*, Probiotics in prevention of IgE-associated eczema:A double-blind, randomized, placebo-controlled trial, *J. Allergy Clin. Immunol.*, **119**, 1174-80 (2007)

10) Penders *et al.*, Gut microbiota composition and development of atopic manifestations in infancy, the KOALA Birth Cohort Study, *Gut*, **56**, 661-7 (2006)

11) Rafter *et al.*, Dietary synbiotics reduce cancer risk factors in polypectomized and colon cancer patients, *Am. J. Clin. Nutr.*, **85** (2), 488-96 (2007)

12) Sugawara *et al.*, Perioperative synbiotic treatment to prevent postoperative infectious complications in biliary cancer surgery: a randomized controlled trial, *Ann. Surg.*, **244**, 706-14 (2006)

13) Noel *et al.*, Hydrogen breath test of lactose absorption in adults: the application of physiological doses and whole cow's milk sources, *Am. J. Clin. Nutr.*, **33**, 545-554 (1980)

第14章　植物性食品から採取した乳酸菌の機能

矢嶋信浩*

1　はじめに

乳酸菌はグラム陽性，カタラーゼ陰性の球菌または桿菌であり，消費したブドウ糖に対して50%以上の乳酸を産生する。乳酸菌は有史以前から人類と食を通して深く関わり，その学術的発見は，パストゥールによる腐敗したワインからとされる[1]。乳酸菌の仲間は多彩であるが，同一菌種内の多様性はよく知られており，菌の特徴を語るときは菌株単位で多くの議論がなされている。ドラフトではあるが，遺伝子配列が解析され，そのゲノム・サイズやG+C含量は同一菌種内でも菌株によって異なると，報告されている[2]。また，Alexanderら[3]や森田ら[4]は，*Lactococcus lactis* subsp. *lactis*のアミノ酸生合成に関する研究から，分離源の違いにより，複数の遺伝子変異があることを指摘している。更に，Nomuraら[5]は約2600株の乳酸菌から*Lactococcus lactis*特異的なPCRを行い，106株を*Lactococcus lactis*と，同定した。その中から，表現型（Phenotype）や遺伝子型（Genotype）について調査を行い，塩やpHなどのストレス下で高い耐性を示したり，多くの糖を資化したり，同種でも菌株ごとにその性質が異なることを報告している。このように分離源や棲息場所が異なることによる環境適応に基づいた表現型や遺伝子型の変化は乳酸菌において顕著に観察され，乳酸菌の多様性が理解できる[6]。植物性食品から採取した乳酸菌についてはまだ研究報告が少なく，棲息環境に起因する特異な機能性特徴に期待があり，新しい研究分野としての可能性が示唆されている[7]。

Lactobacillus brevis KB290は，京都の伝統漬物である「すぐき」（図1）から採取した乳酸菌であり，形態学的観察（図2），糖の資化性，16S rDNA解析，ならびにDNA-DNAハイブリダイゼーションにより*Lactobacillus*（以下，*L.*）*brevis*と同定された乳酸桿菌である。

乳酸菌の保健機能は多岐に渡るが，とりわけ，整腸作用は機能効果の根幹をなすものと考えられる。近年，粘膜免疫や腸管免疫に関する研究が進み，乳酸菌による整腸作用や腸管・全身免疫に対する賦活作用，調節作用に期待が集まっている。著者らが*L. brevis* KB290について研究を開始したときには，既にヒトにおける免疫調節作用が報告されていた[8]ため，整腸作用を明らかにすることは本菌株の機能や作用機序を解明する上で重要なステップであると考えた。また，整

＊　Nobuhiro Yajima　カゴメ㈱　総合研究所　プロバイオティクス研究部　部長

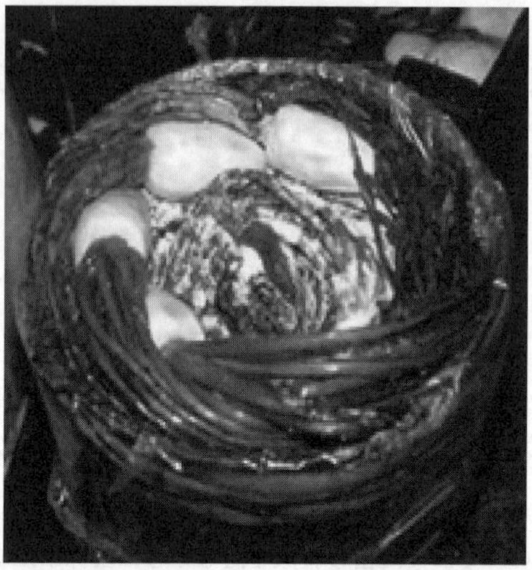

図1　樽に漬けられた「すぐき」，京都３大漬物のひとつとされる

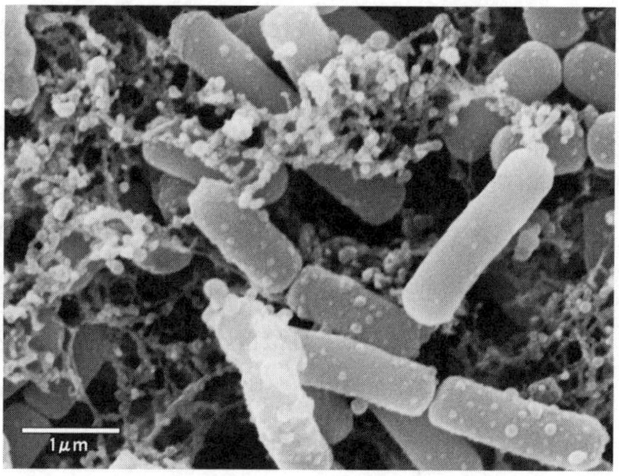

図2　*L. brevis* KB290 の電子顕微鏡写真
（写真提供：㈱アイカム）

腸作用後の腸管免疫，全身免疫の賦活や調節作用機序に関する研究は，生物学的反応プロセスを埋める作業として進めている。

2　*L. brevis* KB290 によるインターフェロン（IFN）-αの産生能亢進

Kishiら[8] によって報告された *L. brevis* KB290 による IFN-αの産生能亢進について紹介する。被験者 60 名（男 33 名，女 27 名，年齢 35 ± 11 歳）を 5 群に分け，1 群は対照群とし，2 群は生

表 1　群構成

実験群			被験物質	被験物質中の生菌数
1 群	対照群	(n=12)	−	−
2 群	低用量摂取群	(n=12)	3 生菌錠	1.5×10^8 cfu
3 群	中用量摂取群	(n=12)	6 生菌錠	3.0×10^8 cfu
4 群	高用量摂取群	(n=12)	12 生菌錠	6.0×10^8 cfu
5 群	死菌摂取群	(n=12)	6 加熱殺菌錠	−

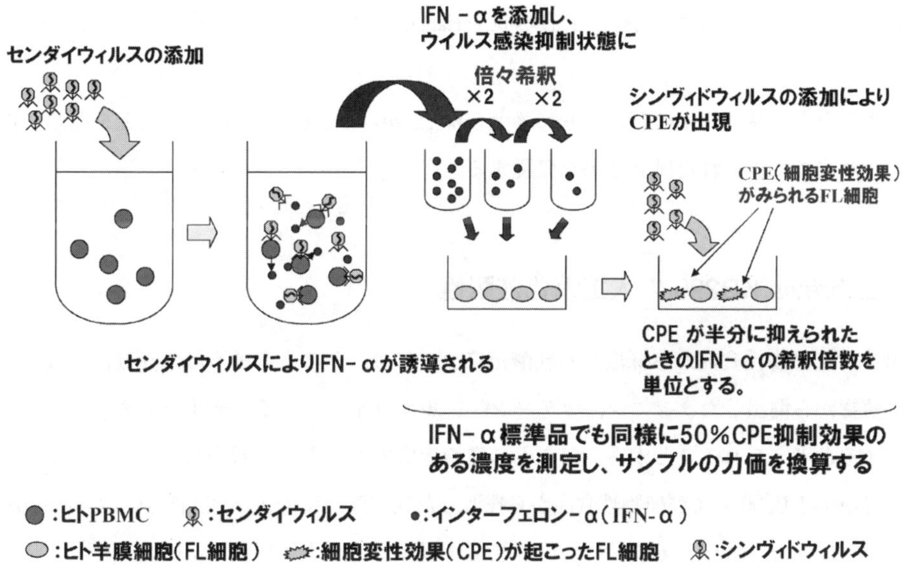

図 3　インターフェロン（IFN）－ **α**の測定方法[8]
詳細は本文参照。

きた *L. brevis* KB290 1.5×10^8 cfu，3 群は同 3.0×10^8 cfu，4 群は同 6.0×10^8 cfu，5 群には加熱殺菌した *L. brevis* KB290（元の生菌数 3.0×10^8 cfu）を含む錠剤を，それぞれ毎日，4 週間摂取させた。表 1 に群構成を示した。各群の被験者から毎週採血し，IFN-α の産生能を測定した。

なお，IFN-α の産生能は図 3 に示した方法[8] により測定した。即ち，被験者からヘパリン採血し，センダイウィルスで 20 時間刺激し，放出された上澄中の IFN-α を 2 倍ずつ段階希釈し，その希釈液を予めヒト羊膜細胞である FL 細胞に作用させ，シンヴィドウィルスによる FL 細胞に対する変性効果が半分に抑制されるときの IFN-α の希釈倍数を単位とした。

3 群の 4 週，4 群の 2 および 4 週で，対照群と比較して統計学的（Analysis of variance）有意に IFN-α 産生能の亢進が観察された（表 2）。IFN-α 産生能と易感染性との相関が指摘されていることから，IFN-α 産生能の亢進は感染に対する防御効果を増強する可能性が期待される。

表2　生菌または加熱殺菌した *L. brevis* KB290 を含む錠剤摂取後，0，1，2，3，4 週における IFN-α産生能

時間（週）	用量（錠／日）				
	1群：0錠	2群：3生菌錠	3群：6生菌錠	4群：12生菌錠	5群：6加熱殺菌錠
0	5700 ± 2760	4372 ± 2195	5359 ± 4614	5986 ± 5789	5934 ± 4156
1	4777 ± 2897	3186 ± 1436	4797 ± 2919	5072 ± 3866	4194 ± 2584
2	3841 ± 2265	4665 ± 3946	6198 ± 3861	10346 ± 5561 *	4869 ± 4735
3	3860 ± 2001	3092 ± 1269	5027 ± 3887	4807 ± 4475	4225 ± 2529
4	5842 ± 4192	5896 ± 4281	9769 ± 4809 *	9522 ± 4728 *	8287 ± 4622

数値は平均±標準偏差（IU/ml）
＊ $p< 0.05$ 対照群との統計学的比較（Analysis of variance）による

このような免疫賦活作用の報告を基に著者らは *L. brevis* KB290 に関する研究を開始した。以下に，これまでに得られた研究結果を概説する。

3　*L. brevis* KB290 の人工消化液耐性

岡田[7] は，植物性食品から採取した乳酸菌については，その生育場所は栄養豊富とはいえず，また，植物から漏出したタンニン，カテキン，アルカロイド類，イソチオシアネート化合物などが存在すると考えられることから，何らかの環境適応能力があると報告している。そこで，著者らは *L. brevis* KB290 および植物性食品から採取した乳酸菌（*L. brevis* : 22 株，*L. alimentarius* : 10 株，*L. plantarum* group : 56 株）について 37℃の試験管内で人工胃液（pH3.0，表3）3時間，人工腸液（pH7.0，表4）7時間，図4に示した方法[9] により処理した。

結果を図5に示した。*L. brevis* KB290（図中，左から2番目）は，これらの乳酸菌株と比較しても人工胃液，人工腸液に対して強い耐性を持つことが示唆された。また，生残率は菌種によ

表3　人工胃液（pH3.0）の組成

NaCl	0.85	%（w/v）
Mucin	0.1	%（w/v）
Pepsin	0.04	%（w/v）

表4　人工腸液（pH7.0）の組成

NaCl	0.85	%（w/v）
Mucin	0.1	%（w/v）
Trypsin	0.04	%（w/v）
Pancreacin	0.04	%（w/v）
Bile salt	0.2	%（w/v）
GAM Broth	0.6	%（w/v）

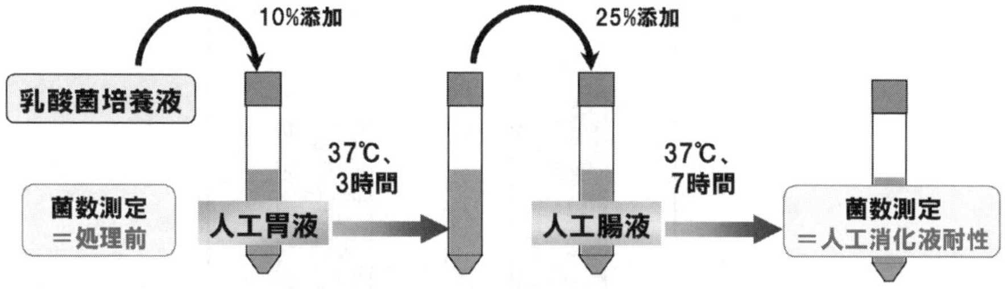

図4　人工消化液処理による生残率の測定法[9)]
試験管内で，人工胃液（pH3.0）で37℃，3時間処理後，腸液（pH7.0）で37℃，7時間処理。

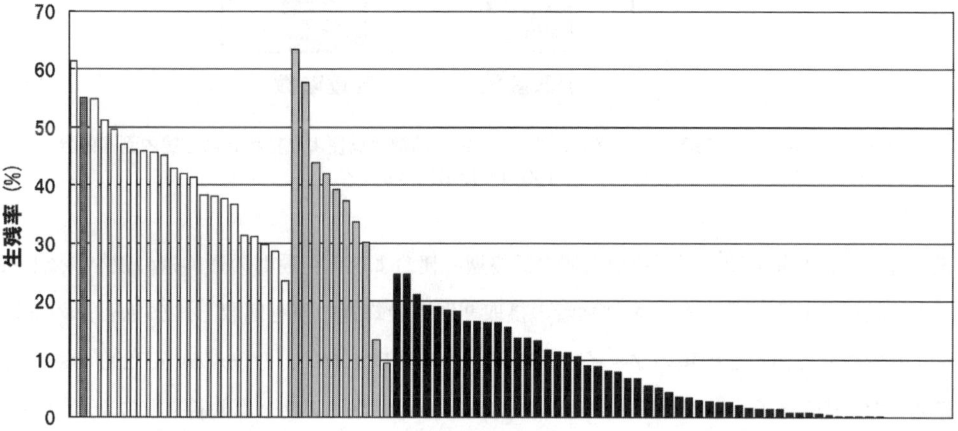

図5　植物性食品から採取した乳酸菌の人工消化液処理による生残率
□ *L. brevis*（22株），▒ *L. alimentarius*（10株），■ *L. plantarum* group（56株）

る違いよりも，菌株による違いに大きな差がみられた。

4　ヒトにおける腸内到達性と整腸作用

上記のように *L. brevis* KB290は試験管内試験において，腸への到達性が示唆されたので，実際にヒトでの腸内到達性と整腸作用を検討した。

健常で，正常な排便回数を示す30歳以上の男女36名を試験開始時に2群に分けた。試験はプラセボ対照二重盲検（2群間の並行群間法）とし，それぞれ，被験飲料（にんじん抽出液を *L. brevis* KB290で発酵させ，1本130 mlあたりに 1.0×10^{10} cfu以上の生きた *L. brevis* KB290が含まれる）摂取群とプラセボ飲料（にんじん抽出液に乳酸を用いて，被験飲料と同じ香味，同じpHに調整）摂取群とした。摂取前期間（2週間）の後，被験飲料またはプラセボ飲料を1本／日，毎日摂取させる摂取期間（8週間），その後，休止期間（4週間）を設けた。

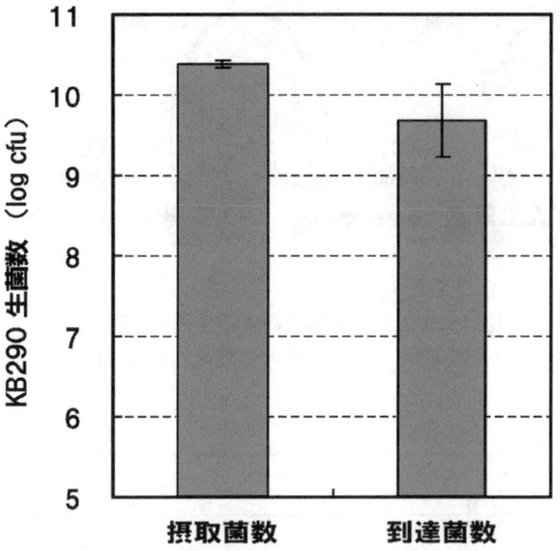

図6　*L. brevis* KB290 が検出された 11 人の摂取菌数と糞便より推定される腸内到達菌数
（平均値±標準偏差）

被験者から摂取前期間の便，摂取期間の最終週の便および休止期間の最終週の便を各々1回採取した。被験飲料を摂取させた全被験者の摂取期間の最終週の便を回収し，*L. brevis* の選択培地により分離した菌を2種類のプライマーを用い，RAPD を行い，*L. brevis* KB290 であることを確認した。試験終了時の有効症例数は被験飲料摂取群 11 名，プラセボ飲料摂取群 16 名だった。

被験飲料摂取群の摂取期間の最終週の全 11 名の便から *L. brevis* KB290 と同定された乳酸菌が検出された。一方，同群の摂取前および休止期間の最終週に採取した便からは *L. brevis* KB290 と同定できる乳酸菌は検出できなかった。また，プラセボ飲料摂取群については摂取前，摂取期間および休止期間の最終週に採取した便からは *L. brevis* KB290 と同定できる乳酸菌は検出できなかった。

L. brevis KB290 が検出された 11 人の摂取菌数と糞便より推定される腸内到達菌数を図6に示した。両者の間に有意差は認められなかった。

次いで，整腸作用の検討を行った。女子大学の学生および教職員から便秘傾向（排便回数2～5回／週）の自覚がある 23 名の被験者を選定した。試験はオープン試験とし，1週間の摂取前期間の後，同様の被験飲料を1本／日，2週間摂取させた。摂取前期間における週あたりの平均排便回数は 4.2 であったが，摂取1週後には週あたりの平均排便回数は 5.2 となり，2週後では 5.0 となった。摂取期間の週あたりの排便回数を摂取前期間のそれと比較すると，摂取1週において週あたりの排便回数が有意に増加した（図7）。

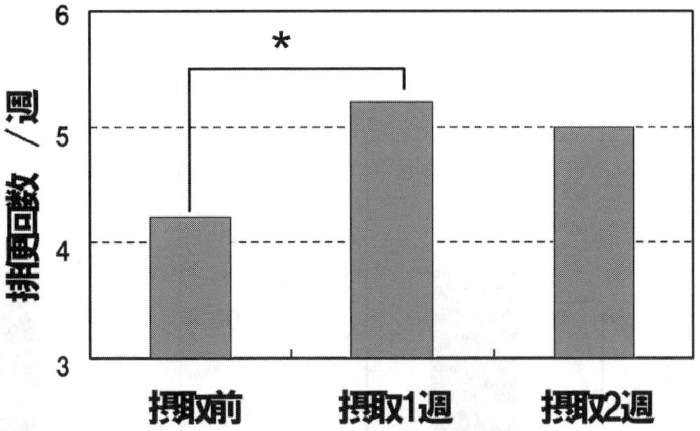

図 7　*L. brevis* KB290 による排便回数改善作用
＊：ウィルコクソンの順位和検定（$p < 0.05$）

5　マウスを用いた DNA マイクロアレイを用いた遺伝子発現の網羅的解析

ヒトにおける整腸作用の検証に次いで，マウスを用いて *L. brevis* KB290 の免疫賦活作用の確認とその機序を解明するために，DNA マイクロアレイを用いて NK 活性および IFN-α 産生能関与遺伝子の発現を網羅的に解析した。

予め行った強制経口投与試験によって，投与後 5 および 13 日に脾臓の NK 活性が対照群に比べ，有意に上昇することを確認したので，C57BL/6 雄性マウス（8 週齢）に，*L. brevis* KB290 によって発酵したリンゴ汁を混ぜた餌を自由摂取させた（*L. brevis* KB290 発酵リンゴ汁摂取群：8 匹）。対照群（8 匹）には通常の餌を自由摂取させ，14 日後に脾臓を採取し，IFN-α 産生能，NK 活性を測定した。対照群と比べ発酵リンゴ汁摂取群の NK 活性は高まる傾向にあり（$p=0.08$），IFN-α 産生能も平均値が上昇した（図 8）。

採取した脾臓より，RNA を抽出して DNA マイクロアレイを用いた遺伝子発現の網羅的解析に供した。遺伝子発現の網羅的解析のために，各群より 5 匹選抜した。選抜基準は各個体の NK 活性，IFN-α 産生能，体重を考慮し，群の平均値に近い個体とした。次いで，定法に従い，全 RNA を抽出・精製し，cDNA の作製，*in vitro* 転写によるビオチン化 cRNA の生成，ハイブリダイゼーション，スキャニングを行い，GeneChip 解析システムにより蛍光強度から遺伝子の発現量を算出した。各 GeneChip 間の発現量補正は GeneChip 搭載遺伝子で発現ありと判定された遺伝子の発現量のメジアン値で各遺伝子の発現量を割り，メジアン値を揃えることによって補正した。解析対象遺伝子として，少なくともどちらかの群の過半数の個体において発現していると判定された遺伝子を絞込み，この中から，分散分析（ANOVA）により群間に有意差（$p<0.05$）

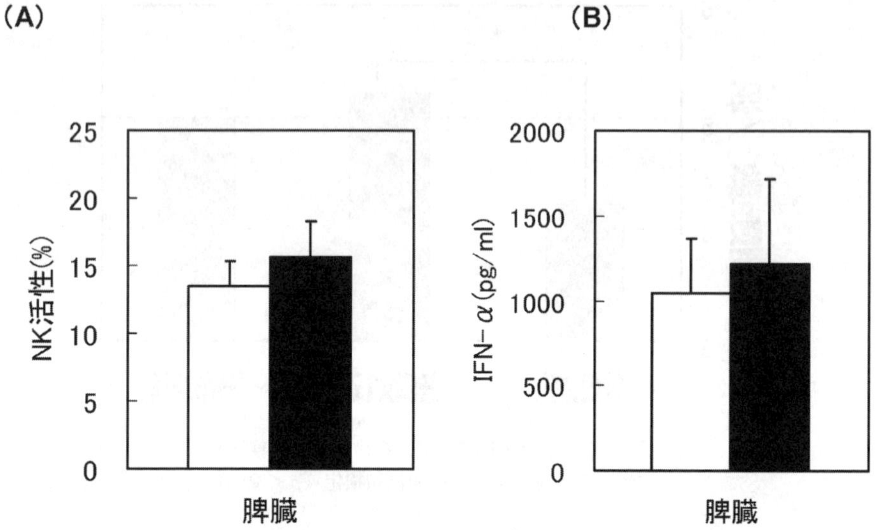

図8 *L. brevis* KB290 発酵リンゴ汁を混合した餌を摂取後14日のマウスの脾臓における NK 活性と IFN-α産生能
(A) NK 活性
(B) IFN-α 産生能
□：対照群
■：*L. brevis* KB290 発酵リンゴ汁摂取群
平均値＋標準偏差 (*n*=8)

があった遺伝子について発現変動があった遺伝子として抽出した。

遺伝子発現量解析の結果，発現変動があった遺伝子数を表5に示した。*L. brevis* KB290による発酵物摂取群で発現量が増加した遺伝子数は333，減少した遺伝子数は64であった。表6に発現変動があった遺伝子の生物学的プロセス機能を示した。免疫反応に分類される機能遺伝子の14個が発現亢進しており，逆に抑制された遺伝子は0個であった。

発現変動があった遺伝子の中でNK活性に関与する遺伝子を表7に示した。NK細胞増殖促進，炎症作用があるインターロイキン（IL)-1β，細胞傷害活性を増強するIL-2，NK細胞の分化に関与する転写因子であるSp3，NK-T細胞の活性化に関わるCD1d1抗原，細胞障害活性を増強し，IFN-αの産生を誘導するIL-12A（IL-12p35)，IL-12により発現誘導され，NK細胞の

表5 対照群と比較して発現量が変化した遺伝子数

増加	333	(198)
減少	64	(35)
合計	397	(233)

( ) 内は機能が既知である遺伝子数
解析遺伝子数 45,101

表6　対照群と比較して発現量が変化した遺伝子の生物学的プロセス機能

生物学的プロセス機能	増加	減少
immune/inflammatory response	14	0
apoptosis/cell death	7	6
macromolecule metabolism	36	31
DNA/RNA　metabolism	11	6
regulation of transcription	14	12
protein biosynthesis	5	9
cell proliferation	10	6
transport	17	11
cell organization and biogenesis	13	10
DNA replication	1	0
DNA repair	1	1
signal transduction	23	15
cell-cell signaling	2	0
cell adhesion	7	2
morphogenesis	11	6
cell differentiation	4	2

Gene Ontology の biological process に基づく分類

表7　対照群と比較して発現量が変化したNK活性に関与する遺伝子

遺伝子シンボル	遺伝子名	発現量の変化*	機能など
IL1 β	interleukin 1b	↑	NK細胞増殖促進，炎症作用
IL2	interleukin 2	↑	細胞傷害活性の増強
Sp3	trans-acting transcription factor 3	↑	NK細胞の分化
Cd1d1	CD1d1 antigen	↑	NK-T細胞活性化
IL12A	interleukin 12a	↑	細胞障害活性の増強，IFN-γの産生誘導
IL18r1	interleukin 18 receptor 1	↑	IL-12により発現誘導，NK細胞のIFN-γ産生に必須

＊↑発現亢進

IFN-γの産生に必須なIL-18レセプター1の発現が亢進されていた。

また，IFN-α産生能に関与する遺伝子の中で発現変動があったのはIL-1β，MyD88であり，いずれも発現が亢進されていた（表8）。MyD88はサイトカイン類産生におけるシグナル伝達で重要な働きをしているアダプター分子で，一本鎖RNA（ssRNA）や非メチル化CpG DNAを認識するトールライクレセプター（Toll-like receptor：TLR）7，9から，転写因子インターフェロンレギュラトリーファクター（IRF）7により転写誘導されIFN-αが産生される経路において必須である[10]（図9）。また，MyD88は他のTLRにより産生される炎症性サイトカインのシグナル伝達系やIL-1レセプターやIL-18レセプターを介するNF-κBの活性化シグナルにも関与している[11]。

表8　対照群と比較して発現量が変化したIFN-α産生能に関与する遺伝子

遺伝子シンボル	遺伝子名	発現量の変化*	機能など
IL1 β	interleukin 1b	↑	NK細胞増殖促進，炎症作用
Myd88	Myeloid differentiation primary response gene 88	↑	細胞内シグナルの活性化によるサイトカイン産生

＊↑発現亢進

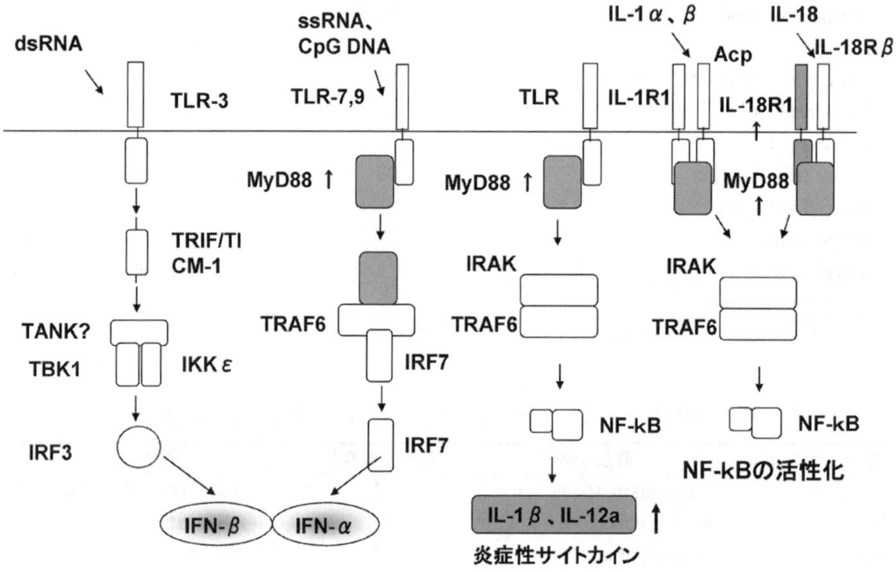

図9　TLRやサイトカインレセプターからのシグナル伝達経路[10)]

6　おわりに

L. brevis KB290の機能的な諸性質を概観したが，本菌を発見したルイ・パストゥール医学研究センターの故岸田綱太郎博士は，インターフェロンの日本における第一人者でもあり，ガンの化学療法の手段として早くからインターフェロンに着目し，研究を行っていた[12)]。本稿で紹介した *L. brevis* KB290によるIFN-αの産生能試験が発表された1996年は，奇しくも，現在，免疫学の最も注目される分野となっているTLRのもととなるショウジョウバエのToll分子が抗菌（真菌）作用に必須であることがJ. Hoffmannら[13)]によって見出された年であった。翌年にはR. Medzhitovら[14)]が哺乳類（ヒト）においてTLRの存在を見出し，現在では10種におよぶTLRが見出されている。遠野ら[15)]は，ガセリ菌やブルガリア菌の染色体DNAの分解断片が，樹状細胞のTLR-9などの機能性タンパク質に認識され，その結果多くのサイトカインを生産して，免疫系を活性化させる機構を推定している。

著者等の *L. brevis* KB290の研究は始まったばかりではあるが，*L. brevis* KB290を摂取したマウスではMyD88の発現が亢進した。TLR-7/-9→MyD88→TRAF6→IRF7→IFN-α/IFN誘導性遺伝子群のシグナル伝達経路（図9）が推定されていることから，TLRを介した *L. brevis* KB290による自然免疫能の亢進に関する研究の進展に期待が募る。

一方，本稿では充分な報告が出来なかったが，著者らの研究では，*L. brevis* KB290を強制経口投与したマウスの脾臓でIFN-α産生能やNK活性の亢進が明らかになりつつある。さらに，整腸作用についても便秘傾向者の菌叢改善が示唆されている。

今後は，これらIFN-α産生能やNK活性の亢進が明らかになったマウス個体やIFN-α産生後の脾臓における遺伝子発現を観察し，*L. brevis* KB290による自然免疫能亢進メカニズムを明らかにしていきたい。

文　献

1) 細野明義，乳酸菌の歴史，小崎道雄編著，乳酸発酵の文化譜，雪印乳業健康生活研究所編 pp.12-34（1996）
2) Roland J. S. *et al., Current Opinion in Biotechnology,* Vol. 15, Issue 2, pp.105-115, April（2004）
3) Alexander Bolotin *et al., Journal of Applied Microbiology,* Vol. 11, Issue 5, pp.731-753, May（2001）
4) 森田英利ほか，プロバイオティクスとバイオジェニクス，NTS, pp.215-226（2005）
5) Nomura M. *et al., Journal of Applied Microbiology,* **101**（2）, pp.396-405（2006）
6) 渡辺幸一，*FFI JOURNAL,* Vol. 209, No. 9, pp.723-729（2004）
7) 岡田早苗，植物質の発酵食品に棲む乳酸菌，植物性乳酸菌の世界，小崎道雄・佐藤英一編著，乳酸発酵の新しい系譜，雪印乳業健康生活研究所編，pp.25-58（2004）
8) Kishi *et al., J. Am. Coll. Nutr.,* Aug. **15**（4）, pp.408-12（1996）
9) 鈴木重德ほか，*In vitro* モデルおよび *in vivo* におけるラブレ菌の腸内細菌叢に与える影響，日本乳酸菌学会2005年度大会（2005）
10) Uematsu S., Akira S., *Uirusu,* Vol. 56, No. 1, pp.1-8（2006）
11) 瀧井猛将，薬学雑誌，121（1），pp.9-21（2001）
12) 中野不二男，インターフェロン第五の奇跡，文藝春秋（1992）
13) B. Lemaitre *et al., Cell,* Sep. 20, **86**（6）, pp.973-83（1996）
14) R. Medzhitov *et al., Nature.,* Jul. 24, **388**（6640）, pp.394-7（1997）
15) 遠野雅徳ほか，ヒトモデルとしてのブタ腸管関連リンパ組織におけるToll様受容体2および9の発現解析，日本食品免疫学会第1回学術集会（2005）

第15章 腸内フローラとアレルギー発症の関係

田中重光*1，八村敏志*2，中山二郎*3

1 はじめに

100種以上，100兆個といわれる細菌から形成される腸内フローラは，宿主免疫系と強力かつ複雑な相互作用をしている。新生児において免疫系は未発達で，生後すぐに次々と腸管に定着を始める腸内細菌からの多種多様な異物刺激を受けながら成熟する。しかし，意外にも新生児における腸内フローラの発達様式は，出産様式や授乳様式，さらには乳児を取り囲む環境により様々である。過剰衛生説の概念は，腸内フローラとアレルギー発症の関連性にもあてはまる。つまり，人体における異物との接触の最前線である腸管において，細菌による刺激入力が不足すると健全な免疫系の構築が行われないという作業仮説である。実際に，2000年前後に北欧2カ国で行われた疫学調査は，先進国と発展途上国という育児環境の違いが乳幼児の腸内フローラの構成にも大きな違いを生み出していること，さらにはその2カ国間での乳幼児アレルギー罹患率の違いにも関連していることを実証している。21世紀に入ると，分子生物学的手法を用いた腸内フローラの詳細な解析が行われるようになり，近年ではどの細菌がアレルギーの発症に影響を及ぼしているか解明しようという研究も行われている。本稿では，これらの腸内フローラと宿主免疫系そしてアレルギーとの関係に関して概説する。

2 腸内フローラの構築と腸管免疫系の発達

胎児の腸管は無菌的であるが，分娩時あるいは生後すぐに新生児の腸管には種々細菌が入り込み，ある種の細菌の定着が始まる。著者らの研究[1)]では，まず *Pseudomonas* 属細菌を中心とする好気性のグラム陰性菌が定着・増殖し，生後2〜3日目には *Streptococcus, Enterococcus,* 大腸菌群などの通性嫌気性菌に完全に置き換わり，そして，早い乳児であれば生後1週間以内に，遅

---

*1 Shigemitsu Tanaka 九州大学大学院 生物資源環境科学府 生物機能科学専攻 博士課程；日本学術振興会特別研究員

*2 Satoshi Hachimura 東京大学大学院 農学生命科学研究科 応用生命化学専攻 准教授

*3 Jiro Nakayama 九州大学大学院 農学研究院 生物機能科学部門 准教授

い場合でも1～2カ月の間には偏性嫌気生菌の *Bifidobacterium* が優先種として存在する“Bifidus flora”が形成される傾向を観察している。形成されたBifidus floraは乳児期には比較的安定である。しかし，離乳期を迎え離乳食が始まると，今度は食餌の影響を受けフローラが大きく変化する。*Bacteroides* や *Clostridium* などが *Bifidobacterium* の牙城を切り崩し，徐々に複雑化し，最終的には100種以上の細菌から形成される成人型のフローラへと変化していく[2, 3]。

出生時は腸管免疫系も未発達である。上記のBifidus floraが形成されフローラが安定するまでは，個々の乳児にとって初めて遭遇する異物である微生物が次々と腸管に入り込み，そこで増殖し腸内上皮細胞近傍に定着する。この間，腸管免疫系はそれら異物の抗原刺激を受けながら発達していく。乳児における免疫系は一般的にTh2細胞が受け持つ液性免疫に偏っていると言われるが，抗原刺激によりこれらが抑制され，細胞性免疫を担当するTh1細胞を亢進することにより，最終的にTh1とTh2のバランスのとれた免疫システムが構築される。ところが，乳幼児期に細菌等による刺激が少ないと，免疫系の発達がうまく行かず，免疫系のバランスが崩れることにより，アレルギー疾患を誘発するのではないかと考えられている。この仮説が過剰衛生説と呼ばれるものである[4]。

腸内細菌の定着が宿主免疫系の構築に非常に重要な役割を果たしていることは無菌動物の研究により多く示されている。これまでに，腸内フローラを全くもたない無菌マウスでは，パイエル板が杯中心を欠いた状態で小さくなること，粘膜固有層におけるIgA形質細胞やCD4細胞の減少，腸管上皮細胞間リンパ球（IEL）の減少などの特徴がみられることが知られている[5]。また，Umesakiら[6]により無菌マウスではマウス小腸部位に生息する細菌であるセグメント細菌（SFB）を定着させることにより，IELやIgA産生細胞，吸収細胞，杯細胞などの分化発達が誘導されることが示されている。同時に，*Clostridium* の定着は大腸粘膜の形質に影響し，これらSFBと *Clostridium* を定着させることにより，通常の腸内フローラが定着したマウスとほぼ同等の腸管粘膜形質の発達が見られることが示されている。また，Yamanakaら[7]によって無菌ラットのリンパ濾胞上皮下にはT細胞やB細胞の数が少なく，B細胞はT細胞の活性化に必要な補助刺激分子CD86を発現しないが，細菌を定着させることでT細胞およびCD86+B細胞が顕著に増加することが示されている。無菌マウスにおいては経口免疫寛容が十分に誘導されないことも知られている[8]。しかし，新生児期に *Escherichia coli, Bifidobacterium infantis, Lactobacillus paracasei* などを腸内定着させると，免疫寛容が回復することも示されている[8~10]。以上，腸内フローラ由来の抗原刺激が健全な免疫系の構築に不可欠であることが示されている。

3　腸管免疫系における腸内細菌の認識と応答および寛容

ヒトの腸管には体内の6割のリンパ球が集中しており，腸管粘膜上の異物を常に監視し，病原菌やウィルスなどが侵入した場合には積極的に排除する免疫系を発動させる。しかし，一般的に口腔から次々と流れ込む食餌成分や腸内に定着している常在菌に対し逐次異物排除の免疫反応を発動させることはない。これらは免疫寛容と呼ばれ，特に食餌因子に対しては経口免疫寛容と呼ばれる。

旧来，異物の認識は抗原提示細胞（APC）による貪食に始まり，APC表面へのエピトープの提示，そしてエピトープ特異的なT細胞の刺激へとつながり，獲得免疫系が惹起されるとされていた。しかし，近年さらに，抗原提示細胞の表面上に発現しているTLRが微生物や寄生虫な

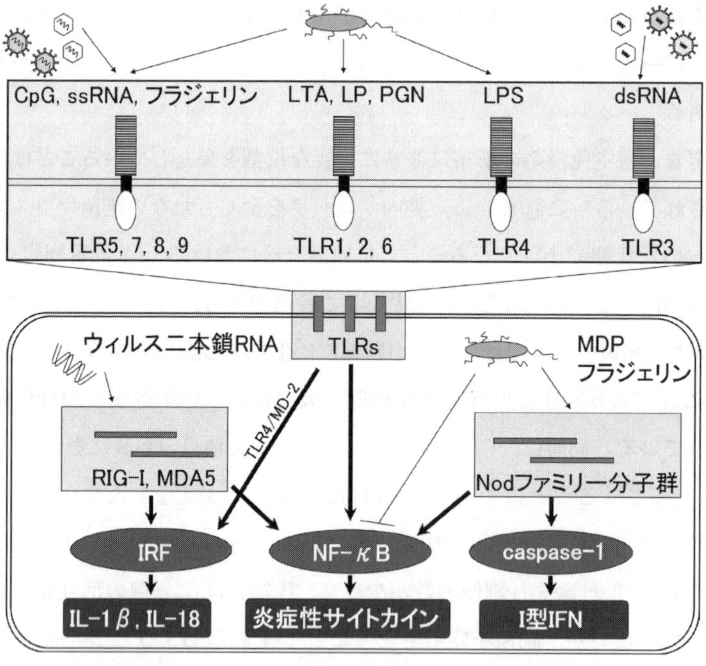

図1　免疫細胞による微生物成分の認識およびシグナル伝達機構

これまでにヒトで発見されている10種のTLRは図に示した微生物成分（ssRNA，一本鎖RNA；LTA，リポテイコ酸；LP，リポペプチド；PGN，ペプチドグリカン；LPS，リポ多糖；dsRNA，二本鎖RNA）をそれぞれ認識し，そのシグナルを細胞内に伝達する。また，多くの微生物は細胞質にも侵入するが，それらに対しては細菌由来のMDP（ムラミルジペプチド）やフラジェリンなどを認識するNodファミリー分子群やウィルス由来の二本鎖RNAを認識するRIG-I，MDA5などの微生物センサーが対応する。これら微生物センサーを介するシグナル伝達系の下流で，NF-κB，IRF，caspase-1等が活性化され，炎症性サイトカインやI型IFNの遺伝子発現が核内で誘導される。また，*Bacteroides*などの常在菌がNF-κBによるシグナル伝達を阻害し炎症反応を抑制することが示されている。

どの成分の認識に重要な働きをしていることが明らかにされた[11, 12]。この発見により，樹状細胞やマクロファージなど従来貪食細胞としての機能がクローズアップされていた自然免疫系の細胞に，細菌，ウィルス，寄生虫などの成分を認識する機構が備わっていることが明らかになった（図1）。また，多くの微生物は細胞質内にも侵入するが，それらに対しては細菌由来のムラミルジペプチド（MDP）やフラジェリンなどを認識するNodファミリー分子群やウィルス由来二本鎖RNAを認識するretinoic acid-inducible gene-I(RIG-I)，melanoma differentiation-associated gene 5(MDA5）などの微生物センサーが対応する。これら微生物センサーを介するシグナル伝達系の下流では，NF-κB, interferon regulatory factor(IRF)，caspase-1等が活性化される（図1）。そして，最終的にサイトカインやCD40, CD80, CD86などの副刺激分子が発現誘導され，MHCを介する抗原提示と相まってTナイーブ細胞を刺激し，Th1あるいはTh2へ分化誘導する[13, 14]（図2）。

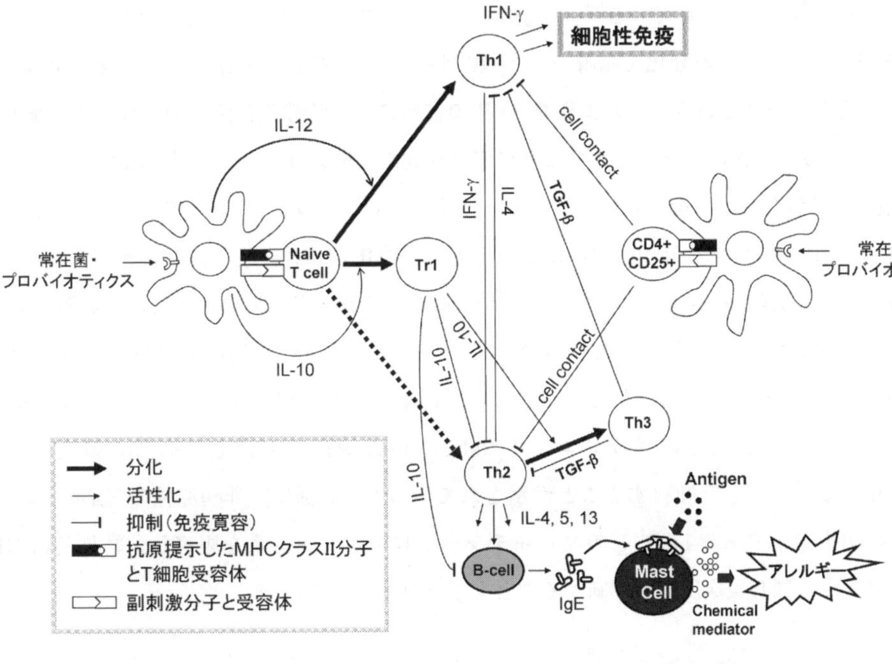

図2　腸内細菌による樹状細胞の活性化とアレルギー抑制の細胞分子メカニズム

常在菌やプロバイオティクスなどは樹状細胞に貪食された後，抗原提示され，副刺激分子と共にナイーブT細胞あるいはCD4+CD25+細胞を刺激する。同時にTLRを介して常在菌やプロバイオティクスの成分を感知した樹状細胞はIL-12を分泌し，ナイーブT細胞をTh1へと誘導する。Th1はIFN-βを分泌し，細胞性免疫を亢進させるとともに，Th2の機能を抑制する。また，ナイーブT細胞は樹状細胞から分泌されるIL-10の刺激によりTr1へと分化する。Tr1はIL-10を分泌し，一連の液性免疫系を抑制する。CD4+CD25+細胞も樹状細胞によりナイーブT細胞と同様の機構により活性化する。活性化されたCD4+CD25+細胞は分化することなく，Th1とTh2の活性を抑制する。

一般的に，LPS や CpG などの微生物菌体成分は T ナイーブ細胞を Th1 に分化誘導する傾向が強いのに対し，ある種の寄生虫やカビ，そしてアレルゲンは Th2 に誘導する傾向が強い。また，元来，乳児期では獲得免疫系が Th2 に偏っている。つまり，アレルギーを発症しないためには，腸内細菌による樹状細胞の刺激が重要となる。また近年，制御性 T 細胞による Th1，Th2 細胞の抑制が免疫寛容に大きく貢献していることが明らかにされている[15]（図 2）。制御性 T 細胞には Th1，Th2 と同様 T ナイーブ細胞から分化する Tr1 や Th3 と，胸腺で機能的に成熟する CD4+CD25+Treg が知られる。Th3 は TGF-β を，Tr1 は IL-10 といった抗炎症性サイトカインを分泌し過度の Th1 や Th2 反応を抑制している。CD4+CD25+Treg も T 細胞の活性化を抑制することが知られている。Tr1 の分化誘導および CD4+CD25+Treg の活性化にも腸内細菌による樹状細胞の刺激が一役買っている[15]。

Re と Strominger は，TLR4 のリガンドである LPS で樹状細胞を刺激した場合と，TLR2 のリガンドであるペプチドグリカンで刺激した場合とで，誘導されるサイトカインがそれぞれ IL-12 と IL-10 と異なることを示している[16]。同様の結果が，動物細胞を用いた実験でも示されている。IL-12 は一般的に Th1 への分化を誘導し，IL-10 は制御性 T 細胞を誘導し，炎症反応を抑制する働きをすると言われている。このような TLR の種類による活性化経路の使い分けは，樹状細胞が微生物の成分を識別し，そのタイプごとに応答様式を使い分けていると見て取れる。しかし，TLR の種類と活性化される経路はいつも一対一であるとは限らず，TLR の種類，そしてさらにそれぞれの TLR に結合する分子の違いによっても，活性化される経路，強さなどが異なり，非常に複雑である。現在，それらに関して一つずつ詳細が明らかにされているところである。また，今のところ TLR だけでは病原菌と常在菌の識別は説明できず，常在菌が宿主の免疫応答をどのように回避しているかは興味のもたれるところである。近年，腸内常在菌である *Bacteroides thetaiotaomicron* が NF-κB の構成ユニット RelA の核外輸送を促進し，細菌の鞭毛による TLR5 を介する炎症反応を抑制することが示されている[17]。同様に，非病原性の *Salmonella* が NF-κB の阻害因子である IκB-α のユビキチン・プロテアソーム系を阻害し，結果的に NF-κB の活性化を抑制し炎症反応を抑制することも示されている[18]。

4　腸内フローラとアレルギー罹患に関する疫学研究

近年の世界規模でのアレルギー罹患率の急増は，食事様式や生活習慣あるいは生活環境の変化，そして抗生物質の高頻度使用による疾病の減少や腸内フローラの偏倚が関連していると考えられる。シュタイナー学校の子供（アントロポゾフィーの理念に基づいた生活習慣を持つ）とその近郊の一般的な学校に通う子供を対象にしたコホート研究は，生活習慣の近代化とアレルギー罹患率の増加を見事に実証している[19]。特に，興味深いことに，アレルギー罹患率が顕著に低いシュタイナー学校の子供は，徹底して抗生物質の使用を制限し，発酵野菜を多く消費する生活習慣を持っている。最近，シュタイナー学校の児童と一般的な学校に通う児童の腸内フローラの比較研究[20]が発表され，予想されるとおりシュタイナー学校の児童は他の児童に比べて多様性に富んだ腸内フローラを有していることが示されている。

1997年，Sepp ら[21]により欧州における先進国スウェーデンと発展途上国エストニアで1歳児の腸内フローラが大きく異なることが示された。後に，その両国における乳幼児のアレルギー罹患率の違いが腸内フローラの違いによって説明できるのではないかということで，両国における2歳児の腸内フローラが詳細に調査され，アレルギー罹患との関連性が調べられた。Björkstén ら[22]は，アレルギー罹患率の高いスウェーデンと罹患率が低いエストニアにおける乳幼児の腸内フローラを比較し，アレルギー罹患児では *Staphylococcus aureus* が有意に多く，*Lactobacillus, Bacteroides* が少ないことを示している。また，新生児からの2年間の前向き調査により，アレルギー罹患児には健常児に比べ生後1カ月で *Enterococcus* が少なく，生後6カ月で *Staphylococcus aureus* が多く，生後12カ月では *Bifidobacterium* が多く *Bacteroides* が少ない傾向があることを示した[23]。本報告により，乳幼児がアレルギー症状を示す前の早い時期に，アレルギー罹患児と健常児では，すでに腸内フローラの組成に違いが存在することが明らかにされた。また，これまでにこれら以外にも多くのアレルギー罹患児と非アレルギー罹患児の腸内フローラの違いに関する報告[24〜28]がなされているが，概ねそれらは共通して，アレルギー罹患児には *Bifidobacterium* が少なく，*Clostridium* が多い傾向にあることを指摘している。これらから，*Bifidobacterium* の有する免疫賦活作用や下痢・便秘などの予防効果，病原性細菌の増殖抑制効果などのプロバイオティクス能がアレルギー抑制に大きく寄与するのではないかと考えられている。また，生後2〜7カ月目にアレルギー罹患児には *Bifidobacterium adolescentis* が多く，非アレルギー罹患児には *Bifidobacterium bifidum* が多いなど，同じ *Bifidobacterium* 属細菌でも種レベルでの差異があることも示されている[28]。近年では，乳幼児における *Staphylococcus aureus* や *Clostridium difficile*，*Escherichia coli* などの病原性細菌の腸管定着がアレルギー発症リスクを高めることを示唆する結果も報告されている[29〜32]。このように，これまでにアレルギー発症の指標と成り得る腸内細菌がいくつか見出されてきた（表1）。

日本においても同様の疫学調査が行われている。Shimojo ら[33]は，生後2年時において *Bacteroides* の *Bifidobacterium* に対する存在比が，アレルギー罹患群で有意に高くなっていることを示している。著者らのグループでも，生後2歳までの間にアトピー性皮膚炎，喘息，食物アレルギーを発症したアレルギー群において，健常者に比べ，生後1カ月時の糞便でバクテロイデスの細菌数が有意に多いことを示している（Songjinda ら，投稿中）。*Bacteroides* とアレルギー

表１　これまでに行われた乳幼児の腸内フローラとアレルギー発症に関する疫学調査

調査実施国	対象疾患	調査期間	被験者数	アレルギー罹患群の細菌数	文献
スウェーデン エストニア	アトピー性皮膚炎 skin prick tests 陽性	～2歳	63	好気性菌↑(y2)，嫌気性菌↓(y2)，大腸菌群↑(y2)，*Bacteroides*↓(y2)，*Lactobacillus*↓(y2)，*Staphylococcus aureus*↑(y2)	22)
スウェーデン エストニア	アトピー性皮膚炎	～2歳	44	*Enterococcus*↓(m1)，*Bifidobacterium*↓(y1)，*Clostridium*↑(m3)，*Bacteroides*↓(y1) *Staphylococcus aureus*↑(m6)	23)
フィンランド	アトピー性皮膚炎	離乳期前後	37	総細菌数↓(m5, m6)，*Bacteroides*↑(m5, m6)，グラム陽性好気性菌↓(m5, m6)，*Bifidobacterium*↓(m5, m6)	24)
フィンランド	アトピー性皮膚炎	～1歳	29	*Clostridium*↑(w3)，*Bifidobacterium*↓(w3)	25)
エストニア	アトピー性皮膚炎，喘息 アレルギー性鼻炎 skin prick tests 陽性	～5歳	38	*Clostridium*↑(y5)，*Bifidobacterium*↓(y5)	26)
シンガポール	湿疹	3歳	49	*Enterococcus*↑(y3)，乳酸菌↑(y3)，*Clostridium*↓(y3)，*Bifidobacterium*↓(y3)	27)
フィンランド	食物アレルギー， アトピー性皮膚炎	2～7ヵ月	10	*Bifidobacterium adolescentis*↑(m2-7)，*Bifidobacterium bifidum*↓(m2-7)	28)
オランダ	アトピー性皮膚炎	1歳	78	*E. coli*↑(m1)	31)
オランダ	湿疹 喘息 アトピー性皮膚炎	～2歳	957	*E. coli* が湿疹にハイリスク(m1) *Clostridium difficile* がアトピーにハイリスク(m1)	32)
日本	アトピー性皮膚炎 skin test 陽性	～2歳	12	*Bacteroides*↑/*Bifidobacterium*↓(y2)	33)
日本	食物アレルギー， アトピー性皮膚炎， 喘息	～2歳	16	*Bacteroides*↑(m2)	投稿中

y，生後の経過年数；m，生後の経過月数；w，生後の経過週数；↑，多い；↓，少ない．

との関連性は，Kirjavainen らによっても指摘されている[34]。アレルギー早期予知に利用できるか否か今後注目されるところである。しかし，Björkstén らの疫学サンプリング研究[23]においては，むしろアレルギー罹患者には *Bacteroides* が少ないことが示されている。ただし，Björkstén らの研究においては，糞便サンプリングが離乳後であり，著者らの2カ月という乳児期のデータと単純に比較することはできない。概して，*Bacteroides* は離乳後に優勢種となる細菌で，一般的に乳児期には菌数はさほど多くない。アレルギー発症児において離乳前に優勢化していることは免疫系の発達に何らかの影響を及ぼしている可能性がある。

5　腸内フローラに影響する外因子とアレルギーの誘発および抑制

食餌因子や生活環境などがアレルギーを誘発したり，逆に抑制したりすることはよく知られている[35]。そのメカニズムは，食餌成分や環境因子が直接宿主免疫系に影響を及ぼす一次作用で主に説明されるが，腸内フローラを介しての二次的要因が介在している場合も多い。腸内フローラを撹乱しアレルギーを誘発する外因子として最も顕著な例は抗生物質である。特に，乳児期の腸内フローラはデリケートで抗生物質により大きなダメージを受ける。著者らの研究[1]において，生後4日間の抗生物質の連続的投与を受けた新生児の多くが，直後に腸球菌の異常増殖を起こし，さらにその影響が1～2カ月後に*Bifidobacterium*に乏しく大腸菌群が多いフローラ構成として残ることが示されている。また，抗生物質投与の成人を含めた腸内フローラに与える影響としては，腸内有用菌とされる*Bifidobacterium*や*Lactobacillus*が顕著に減少し，逆に大腸菌群や腸球菌が増殖していることが示されている[36, 37]。一方，アレルギー発症との関連性については，幼児期に抗生物質投与を受けた子供は有意に高いアレルギー発症率を示すことが幾つかの疫学調査で明らかにされている[38]。また，動物実験においても，抗生物質の投与がTh1/Th2のバランスをTh2にシフトさせることが示されている[39]。

乳は新生児における腸内フローラの構築に必須で多大な影響を与える。母乳摂取群と人工乳摂取群のフローラの比較データは非常に多く，特に1950年代には人工乳摂取児の*Bifidobacterium*定着が悪いことが示され，母乳中の*Bifidobacterium*増殖因子オリゴ糖が脚光を浴びた。現在では，ほとんどの人工乳に*Bifidobacterium*を増殖させるためのオリゴ糖が添加されており，それは乳幼児の*Bifidobacterium*の増殖を促進し，腸内フローラによる代謝活性をより母乳栄養児に近いものへと改善する効果を示すという報告もある[40]。また，アレルギーとの関連性は様々な説が提唱されている。1930年代に英国で行われた新生児の9カ月間の追跡調査[41]で，母乳摂取によるアレルギー発症が低減することが示されて以来，母乳は乳児の健全な発育になくてはならないものと考えられている。しかし，近年の疫学調査[42]では，どちらかというと母乳摂取児にアレルギー罹患率が高い傾向が示されることもあり，アレルギー抑制という観点において一概に母乳が人工乳を凌駕するとは言えなくなってきている。1930年代からは，人工乳の成分が劇的に改善されているだけでなく，乳幼児を取り巻く環境が大きく変化したので，当時のデータと現在のデータを一概に比較することはできない。母乳および人工乳が現在の乳児の腸内フローラ形成にどのような差を生み，その結果，それぞれの児童にどのような免疫系の差を誘導しているか詳細に観察する研究が必要であると思われる。

食餌因子に関してもアレルギー発症との関連性が種々示されている。Weilandら[43]は，児童のトランス脂肪酸の摂取と喘息，アレルギー性鼻炎，アトピー性皮膚炎の罹患に関連性があることを示している。また，68歳の成人において，喘息罹患者が非罹患者に比べ脂質の摂取量が有意に高いことが示されている[44)]。一般的に食餌性脂質にはロイコトリエンやプロスタグランジン等の脂質炎症メディエーターのアゴニストあるいはモジュレーターとしての機能があると言われており，このような一次的な作用によりアレルギーを誘発している可能性が示唆されている。一方，長鎖脂肪酸が多くの偏性嫌気性菌の生育因子となっているなど[45)]，食餌性脂質は腸内細菌の特定種に増殖効果を示すなどして，フローラの構成を変化させる可能性も示唆されている[35)]。

ポリフェノールやビタミンC，ビタミンEなどの食餌性抗酸化物質の高摂取がアレルギー罹患率の低下に関与することも報告されている[46)]。抗酸化物質の作用としては，細胞を過酸化物による損傷から保護する効果がよく知られているが，一方，ポリフェノール等は抗菌物質としての作用があることもよく知られる。つまり，食餌由来の抗酸化物が腸内フローラに影響を与え，その二次的要因として抗アレルギー作用を示しているという可能性も考えられる。

6　プロバイオティクスによる腸内フローラの改善とアレルギー抑制実験

プロバイオティクスによるアレルギー抑制の試みは，以後の章にも多く紹介されているように，国内外で積極的に行われている。その効果は概して，プロバイオティクスの菌体成分が直接腸管免疫系に作用することで生じるものと，腸内フローラの改善を介して生じるものの両側面から期待される。前者の作用機序としては，図2に示したようなTh1/Th2バランスの改善（IL-12の産生誘導などが特に注目されている）やIL-10の産生誘導などの制御性T細胞の賦活化などが特によく研究されている。詳細に関しては，参考文献[47)]や，本書の他章を参照されたい。本章では後者について紹介する。但し，プロバイオティクスとフローラの改善とアレルギー抑制や軽減の3者の一連の流れを観察した研究はあまり多くない。

Kukkonenら[48)]はアレルギーにハイリスクな乳幼児を対象としたプロバイオティクス（*Lactobacillus rhamnosus* GG，*Lactobacillus rhamnosus* LC705，*Bifidobacterium breve* Bb99，*Propionibacterium freudenreichii* ssp. *shermanii* JSの混合物を妊娠中に母親に2～4週間，出生後乳幼児に対して6カ月間投与した）投与試験において，プロバイオティクス投与群は有意にアトピー性皮膚炎罹患率が低下し，このときのプロバイオティクス投与群には*Lactobacillus*や*Bifidobacterium*が有意に多くなることを示した。また，Kirjavainenら[34)]は，高度加水分解乳（EHF）に感作したアトピー性皮膚炎罹患児に対し，*Bifidobacterium lactis* Bb-12を投与し，血中IgE値と正の相関関係を示す*Escherichia coli*を減少させ，同じくIgE値と正の相関関係を示した*Bacteroides*の増加を阻止できることを示した。最近，スギ花粉症患者に対する*Bifidobacterium longum* BB536の投与試験において，花粉飛散に伴う花粉症患者の*Bacteroides* *fragilis* groupの増加が，有意に抑制されたことも報告されている[49]。*Escherichia coli*や*Bacteroides*は，炎症やトキシン生産を伴い，腸管の膜透過性を増加させ，結果としてアレルゲンとなりうることが示唆されている[50, 51]。このように，アレルギーを誘発する悪玉菌をプロバイオティクスにより減少させ，菌体自身が示す免疫系への一次効果と併せてアレルギーを抑制している例は，他のプロバイオティクスにも多く当てはまりそうである。

7　今後の研究展望

近年の免疫学の進歩は，腸管免疫細胞がどのように菌体成分を認識し，どのようにそのシグナルを免疫反応あるいは寛容へと繋げているか，一つずつ明らかにしている。近い将来，その分子メカニズムの全貌が詳細に明らかにされ，これまで状況証拠のみで語られてきた善玉菌の善玉菌たる所以，悪玉菌の悪玉菌たる所以，そしてプロバイオティクスのプロバイオティクスたる所以が，分子レベルで証明されることになるであろう。また，近年の分子生物学的手法による腸内細菌叢解析技術の進展は，腸内細菌叢の網羅的解析を可能にしている。そして，それらの手法による細菌叢解析は年々身近なものとなってきている。つまり，菌種レベルでのフローラの変動が比較的容易にモニタリングできるようになってきており，疫学調査や機能性食品，プロバイオティクスのフローラに与える影響を菌種レベルで追跡することが可能となってきている。本章で紹介したプロバイオティクスによるアレルギー軽減の研究のように，菌体が直接免疫系細胞に作用する一次効果と，プロバイオティクスが腸内フローラを改善し宿主免疫系に効果を及ぼす二次効果が複合的に作用する場合は，後者の腸内フローラの変動を詳細かつ正確に把握する必要がある。食餌成分によるアレルギー軽減の研究においても同様のことが言える。今後，フローラの網羅的かつ菌種レベルでの解析が，この分野の鍵となることは間違いないだろう。

文　　献

1)　P. Songjinda *et al., Biosci. Biotechnol. Biochem.,* **69**, 638-641 (2005)
2)　C. F. Favier *et al., Appl. Environ. Microbiol.,* **68**, 219-226 (2002)
3)　光岡知足ほか，腸内フローラと生活習慣病，学会出版センター，pp.1-40 (2000)
4)　中川武正，石田明，Hygiene hypothesisとは，アレルギー・免疫，**11**, pp.455-460 (2004)
5)　H. L. Klaasen *et al., Infect. Immun.,* **61**, 303-306 (1993)
6)　Y. Umesaki *et al., Microbiol. Immunol.,* **39**, 555-562 (1995)

7) T. Yamanaka *et al., J. Immunol.*, **170**, 816-822 (2003)
8) N. Sudo *et al., J. Immunol.*,**159**, 1739-1745 (1997)
9) K. Tanaka *et al., Histopathol.*, **19**, 907-914 (2004)
10) G. Prioul *et al., Clin. Diagn. Lab., Immunol.*, **10**, 787-792 (2003)
11) K. Takeda *et al., Annu. Rev. Immunol.*, **21**, 335-376 (2003)
12) B. Beutler, *Nature*, **430**, 257-263 (2004)
13) T. A. Kufer, P. J. Sansonetti, *Current Opinion in Microbiology*, **10**, 62-69 (2007)
14) 三宅健介，細胞工学，**25**, 734-735 (2006)
15) S. Sakaguchi, *J. Exp. Med.*, **197**, 397-401 (2003)
16) F. Re, J. L. S. Strominger, *Infect. Immun.*, **71**, 3337-3342 (2003)
17) D. Kelly *et al., Nat. Immunol.*, **5**, 104-112 (2004)
18) Neish AS *et al., Science*, **289**, 1560-1563 (2000)
19) J. S. Alm *et al., Lancet.*, **1**, 353, 1485-1488 (1999)
20) J. Dicksved *et al., Appl. Environ. Microbiol.*, **73**, 2284-2289 (1999)
21) E. Sepp *et al., Acta. Paediatr.*, **86**, 956-961 (1997)
22) B. Björkstén *et al., Clin. Exp. Allergy*, **29**, 342-346 (1999)
23) B. Björkstén *et al., J. Allergy Clin. Immunol.*, **108**, 516-520 (2001)
24) P. V. Kirjavainen *et al., FEMS Immunol. Med. Microbiol.*, **32**, 1-7 (2001)
25) M. Kalliomaki *et al., J. Allergy Clin. Immunol.*, **107**, 129-134 (2001)
26) E. Sepp *et al., Clin. Exp. Allergy*, **35**, 1141-1146 (2005)
27) K. W. Mah *et al., Int. Arch. Allergy Immunol.*, **140**, 157-163 (2006)
28) F. He *et al., FEMS Immunol. Med. Microbiol.*, **30**, 43-47 (2001)
29) A-C. Lundell *et al., Clin. Exp. Allergy*, **37**, 62-71 (2007)
30) A. Woodcock *et al., Pediatr. Allergy Immunol.*, **13**, 357-360 (2002)
31) J. Penders *et al., Clin. Exp. Allergy*, **36**, 1602-1608 (2006)
32) J. Penders *et al., Gut*, **56**, 661-667 (2002)
33) N. Shimojo *et al., Allrgology International*, **54**, 515-520 (2005)
34) P. V. Kirjavainen *et al., Gut*, **51**, 51-55 (2002)
35) M. C. Noverr, G. B. Huffnagle, *Clin. Exp. Allergy*, **35**, 1511-1520 (2005)
36) A. Sullivan *et al., Lancet Infect. Dis.*, **1**, 101-114 (2001)
37) C. E. Nord *et al., Antimicrob. Agents Chemother.*, **50**, 3375-3380 (2006)
38) J. H. Droste *et al., Clin. Exp. Allergy*, **30**, 1547-1153 (2000)
39) N. Oyama *et al., J. Allergy Clin. Immunol.*, **107**, 153-159 (2001)
40) J. Knol *et al., J. Pediatr. Gastroenterol. Nutr.*, **40**, 36-42 (2005)
41) C. G. Grulee, H. N. Sanford, *J. Pediatr.*, **9**, 223-225 (1936)
42) B. Laubereau *et al., J. Pediatr.*, **144**, 602-607 (2004)
43) S. K. Weiland *et al., Lancet*, **353**, 2040-2041 (1999)
44) K. Storm *et al., Monaldi. Arch. Chest. Dis.*, **51**, 16-21 (1996)
45) M. Morotomi *et al., Appl. Environ. Microbiol.*, **31**, 475-480 (1976)
46) A. Fogarty, J. Britton, *Curr. Opin. Pulm. Med.*, **6**, 86-89 (2000)

47）八村敏志ほか，プロバイオティクスとバイオジェニクス，NTS，pp.64-71（2005）
48）K. Kukkonen *et al., J. Allergy Clin. Immunol.,* **119**, 192-198（2007）
49）T. Odamaki *et al., J. Investig. Allergol. Clin. Immunol.,* **17**, 92-100（2007）
50）E. A. Deitch *et al., Crit. Care. Med.,* **19**, 785-791（1991）
51）R. J. Obiso Jr. *et al., Infect. Immun.,* **63**, 3820-3826（1995）

第16章　乳酸菌のアレルギー反応抑制の機構

志田　寛*

1　はじめに

花粉症，アトピー性皮膚炎，気管支喘息，食品アレルギーなどのアレルギー疾患の増加が問題となっている。現在，アレルギー疾患に対しては抗ヒスタミン剤などを利用して炎症症状を抑える対症療法が主流であるが，減感作療法や，研究レベルでは免疫抑制性細胞の移入や経口免疫寛容の誘導などへの期待も高い。また，近年，アレルギー疾患を穏やかにではあるが抑制的に制御し得る可能性が注目を集めているのがプロバイオティクスである。乳酸菌やビフィズス菌などのプロバイオティクスが宿主の免疫系に有益な作用を示す可能性については古くから研究が行われてきたが，アレルギー疾患に対する有効性に注目が集まったのは，2001年にKalliomäkiら[1]によってLancet誌に報告された，*Lactobacillus rhamnosus* GG株摂取によるアトピー性皮膚炎予防効果の論文に因るところが大きい。一方，我々の研究グループでも，*L. casei* Shirota株がマクロファージからのInterleukin（IL)-12産生誘導を介してT helper（Th）1/Th2バランスを改善してImmunoglobulin E（IgE）産生を抑制することを1998年に報告し[2]，プロバイオティクスによるアレルギー抑制の機序の一つを明確に提示した。プロバイオティクスによるIL-12産生誘導を介するTh1/Th2バランスの制御は，その後，動物実験を中心に他の多くのプロバイオティクスについても確認された。

本章においては，プロバイオティクスによるTh1/Th2バランスの制御を介するアレルギー抑制効果について，マウス細胞培養系およびマウス食品アレルギーモデル系での検討結果を*L. casei* Shirota株での研究を例に解説する。また，プロバイオティクスによるTh1/Th2バランスの制御において鍵を握るサイトカインであるIL-12の産生誘導効果を規定する乳酸菌の性質についても紹介する。さらに，種々のプロバイオティクスを用いてアレルギー抑制効果を検討した臨床試験の現状についても簡単に紹介したい。Th1/Th2バランスの制御はアレルギー抑制のストラテジーとして今なお色あせることなく期待されているが，一方で，プロバイオティクスによるアレルギー抑制の作用機序に関して，Th1/Th2バランスの制御のみでは説明のつかないことも多い。Th1/Th2バランスの制御以外に推定されている作用機序についても，本章の最後でふれ

＊　Kan Shida　㈱ヤクルト本社中央研究所　応用研究二部　免疫研究室　主任研究員

てみたい。

2　Th1/Th2バランスとアレルギー

アレルギーの発症には Th2 細胞が中心的な役割を演じている。Th2 細胞は IL-4，IL-5 および IL-6 を産生して B 細胞による IgE 産生を誘導する。IgE はマスト細胞表面のレセプターに結合し，アレルゲンによって架橋されるとマスト細胞内に刺激が伝えられ，ヒスタミンやロイコトリエンなどの化学伝達物質が放出され，アレルギー症状が引き起こされる。これが，即時型アレルギー反応と呼ばれるものである。また，マスト細胞の発達や分化には Th2 細胞の産生する IL-3 および IL-4 が関与している。さらに，Th2 細胞の産生する IL-5 は好酸球の増殖や活性化を促し，炎症性タンパク質の放出を誘導する。IL-5・好酸球系の反応は，炎症の慢性化と深く関わっている。

このように，アレルギー疾患においては，Th2 細胞を中心として，IL-4，IL-5，IgE，マスト細胞，好酸球などの作用により炎症反応が引き起こされる（図 1）。一方，細胞性免疫の活性化と深く関わる Th1 細胞は，Interferon（IFN）- γ を産生して，Th2 細胞の増殖やサイトカイン産生などの機能を抑制する。したがって，Th2 細胞に対して抑制的に働く Th1 細胞応答を活性化して，Th1/Th2 バランスを改善することで，アレルギー疾患の抑制が期待される。

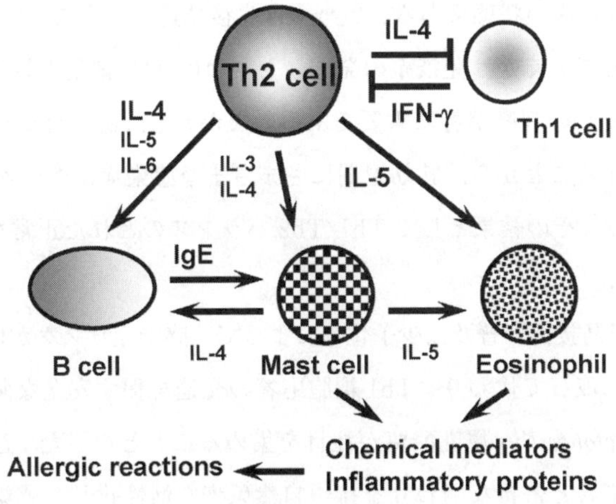

図 1　Th2 細胞とアレルギー

3　衛生仮説とプロバイオティクスによるアレルギー制御の可能性

世界規模で行われた疫学調査の結果，アレルギー罹患率の増加が世界中で確認され，先進諸国，なかでもその都市部において罹患率は高く，また，開発途上国においても西欧化が進むにつれて増加するという特徴が示された[3)]。これは，アレルギー疾患の増加が西欧型ライフスタイルと密接に関わっていることを示しており，具体的には，ハウスダストや花粉等の抗原の増加，食生活の変化，環境汚染，ストレスの増加などが指摘されている。また，近年，特に注目を集めているのがStrachan[4)]によって提唱された「Hygiene hypothesis：衛生仮説」である。この仮説は，17,000人以上の子供を対象にイギリスで行われた疫学調査の結果をもとに1989年に提唱された。すなわち，枯草熱（花粉症）やアトピー性皮膚炎の発症頻度が兄姉を多く持つ子供ほど低かったという調査結果を元に，Strachanはこの原因を年長の兄弟を持つ場合，それを媒介とした感染症に罹患する頻度が上がり，その結果として免疫系の発達が促され，アレルギー疾患にかかり難くなったのではないかと考察した。逆に言えば，「衛生環境の改善や少子化にともなう乳幼児期の感染症リスクの低下が近年のアレルギー疾患増加の一因ではないか」と考えられるわけである。衛生仮説は，それが提唱された当初，免疫学的な裏づけが乏しかったことから，ほとんど注目されることはなかったが，その後，Th1細胞およびTh2細胞に関する理解が進むにつれて注目される説となった。

ヒトを含む哺乳動物においては，胎児期および新生児期の免疫反応は通常Th2側に偏っており，アレルギーリスクの高い状態にある。免疫系は生後発達にともなってTh1/Th2バランスのとれたものへと移行していくが，免疫系の発達，とりわけTh1細胞応答の発達には，我々を取り巻く多くの微生物からの刺激が特に重要である。なかでも，感染性微生物からの刺激はTh1細胞応答を強く誘導することから，乳幼児期にさまざまな感染症にかかることがTh1細胞の発達を助けることになり，その結果としてTh1/Th2バランスのとれた正常な免疫系が確立されてくると考えられている。

衛生環境の改善，予防接種の普及，少子化等によって，感染症リスクが低下した先進諸国において，感染性微生物に取って代わり，Th1細胞応答の発達を促す安全な刺激として，プロバイオティクス，特に*Lactobacillus*属乳酸菌が注目を集めることとなった。*Lactobacillus*属乳酸菌の中には，Th1細胞応答と密接な関わりを持つ自然免疫を活性化し，感染防御効果や抗腫瘍効果を発揮するものがあることが1980年代には既に報告されていた。我々のグループでは，1990年代に入り，代表的プロバイオティクスである*L. casei* Shirota株を材料として，Th1/Th2バランスの制御を介するアレルギー抑制の可能性について検討を行った。

4　*L. casei* Shirota株によるTh1細胞応答の活性化とIgE産生抑制[2)]
― 細胞培養系での検討 ―

Th1細胞およびTh2細胞はともに未感作ヘルパーT細胞から分化する。Th1細胞またはTh2細胞への分化は様々な要因により規定されるが，特に重要なのがサイトカイン環境である。すなわち，未感作ヘルパーT細胞が抗原刺激を受けて増殖・分化する時，IL-12が作用するとTh1細胞へ，また，IL-4が作用するとTh2細胞へと分化が誘導される。

卵白アルブミン（Ovalbumin：OVA）特異的T細胞レセプタートランスジェニックマウスより調製したOVA特異的未感作T細胞を用いて，*L. casei* Shirota株のTh1細胞分化誘導効果を検討した成績を紹介する。OVA特異的未感作T細胞を抗原提示細胞存在下でOVAおよび*L. casei* Shirota株加熱死菌体を添加して培養したところ，IFN-γ産生が強く誘導され，IL-4産生が顕著に低下して，Th1細胞への分化が誘導されることがわかった。また，*L. casei* Shirota株がマクロファージを刺激してIL-12産生を誘導することを確認し，さらに，*L. casei* Shirota株のTh1細胞分化誘導効果が抗IL-12中和抗体の添加により消失することを見出した。これらの結果より，*L. casei* Shirota株はマクロファージからのIL-12産生誘導を介して未感作ヘルパーT細胞をTh1細胞へと分化誘導すると考えられる。

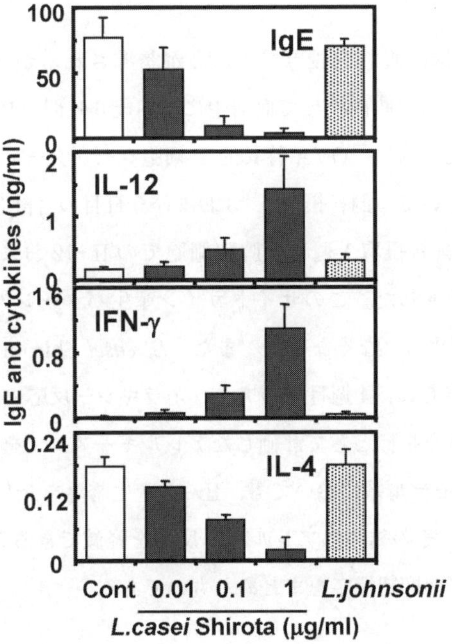

図2　*L. casei* Shirota株によるTh1細胞応答の活性化とIgE産生抑制

次に，抗原感作BALB/cマウス脾臓細胞培養系を用いて，*L. casei* Shirota株のIgE産生抑制効果を検討した成績を紹介する。OVAで免疫したBALB/cマウスより調製した脾臓細胞をOVAと共に培養する系に*L. casei* Shirota株加熱死菌体を添加して培養したところ，IL-12およびIFN-γ産生が増加し，IL-4およびIL-5産生は低下して，IgE産生が強く抑制された（図2）。この系に抗IL-12中和抗体を添加したところ，IFN-γ産生はコントロールレベルまで低下してIL-4およびIL-5産生は回復し，IgE産生も回復した。これらの結果より，*L. casei* Shirota株はIL-12産生誘導を介してサイトカイン産生パターンをTh2優位なものからTh1優位なものにシフトさせて，IgE産生を抑制することが明らかとなった。

5 *L. casei* Shirota株によるTh1細胞応答の活性化とアレルギー反応抑制[5)] — アレルギーモデルマウスでの検討 —

OVA特異的T細胞レセプタートランスジェニックマウスを用いた食品アレルギーモデル系によって*L. casei* Shirota株のアレルギー抑制効果を検討した成績を紹介する。このマウスにOVA含有飼料を自由摂取させると，飼料摂取1週目の脾臓中にIL-4を高産生するTh2様細胞が出現し，飼料摂取2週目以降に血中にOVA特異的IgE応答が誘導される[6)]。そして，十分にIgE応答が誘導された飼料摂取4週目にOVAを静脈内投与すると，全身性アナフィラキシー反応が誘導される。

まず，*L. casei* Shirota株の腹腔内投与でIL-12が誘導されるかどうか検討したところ，*L. casei* Shirota株加熱死菌体の腹腔内投与で血清中に投与後6時間をピークとする一過性のIL-12レベルの上昇が認められた。次に，OVA特異的T細胞レセプタートランスジェニックマウス食品アレルギーモデル系において，飼料摂取1，3および5日目の合計3回，*L. casei* Shirota株を腹腔内投与したところ，飼料摂取1週目の脾臓細胞でのIL-12およびIFN-γ産生が増加し，IL-4およびIL-5産生が低下した。このサイトカイン産生パターンのTh1側へのシフトは，抗IL-12中和抗体の投与で認められなくなった。また，*L. casei* Shirota株の投与は血中OVA特異的IgE応答を抑制した。さらに，4週目でのアナフィラキシー反応の誘導にともなう直腸温の低下を抑制し，運動性の低下を指標として評価したアレルギースコアを改善させた。このように，*L. casei* Shirota株は動物モデル系においても，IL-12産生誘導を介してTh1/Th2バランスを制御してIgE応答を抑制し，その結果，アレルギー反応を軽減できることが示された。図3は*L. casei* Shirota株のアレルギー抑制機序をまとめたものである。

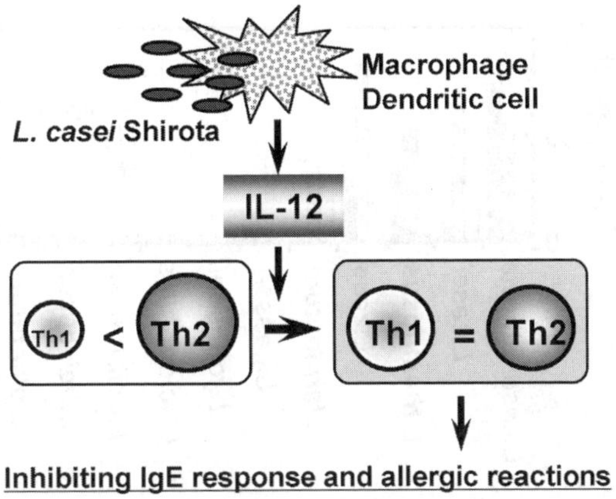

図3　乳酸菌によるTh1/Th2バランスの改善とアレルギー抑制作用

6　乳酸桿菌のIL-12産生誘導活性[7)]

前述してきたように，*Lactobacillus*属乳酸菌によるTh1/Th2バランスの制御を介したアレルギー抑制作用には，菌体刺激によってマクロファージや樹状細胞から産生されるIL-12が重要な役割を果たす。*Lactobacillus*属乳酸菌のIL-12産生誘導活性については様々な菌株で報告があり，こうした活性は各菌株固有の性質であると一般に考えられてきた。また，IL-12産生を誘導する*Lactobacillus*属乳酸菌の菌体成分として，DNAやリポテイコ酸などが同定されてきた。一方，我々のグループでは，つい最近，マウス腹腔マクロファージ培養系を用いて検討した結果，*Lactobacillus*属乳酸菌の主たるIL-12産生誘導活性本体は三次元構造を保持する菌体細胞壁であり，可溶化して単離することはできないことを示した。また，*L. casei*グループ（*L. casei*, *L. paracasei*, *L. rhamnosus*, *L. zeae*）の菌株の多くが，マクロファージに貪食された後，細胞内消化に耐性を示す菌体細胞壁を介してIL-12産生を強く誘導することを見出した。

腹腔マクロファージ培養系に*L. casei* Shirota株および代表的な*Lactobacillus*属乳酸菌の基準株の加熱死菌体を添加してIL-12産生誘導活性を調べた成績を紹介する。図4に示すとおり，*L. casei* Shirota株を含む*L. casei*グループの菌株が特に強いIL-12誘導活性を持つことがわかった。また，*Lactobacillus*属乳酸菌36株について，IL-12産生誘導活性と細胞壁溶解酵素に対する消化性を検討して両者の関係を調べたところ，多少の例外はあるものの，一般に細胞壁溶解酵素に対して耐性を示す株ほどIL-12産生誘導活性が強いことがわかった（図5）。

さらに，*L. casei* Shirota株を用いて，菌体成分を分画してIL-12誘導活性を調べたところ，三次元構造を保持した細胞壁に強い活性が認められた。一方，可溶化した細胞壁や，細胞壁から多糖部分を除去したものではIL-12産生誘導活性はほとんど認められなかった。実際，IL-12産

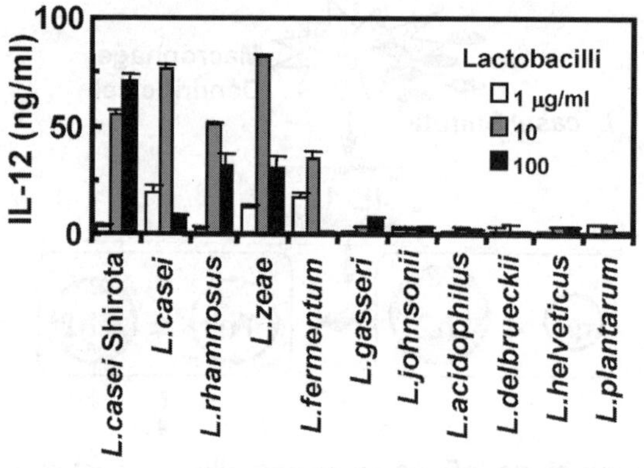

図4　*Lactobacillus* 属乳酸菌の IL-12 産生誘導活性

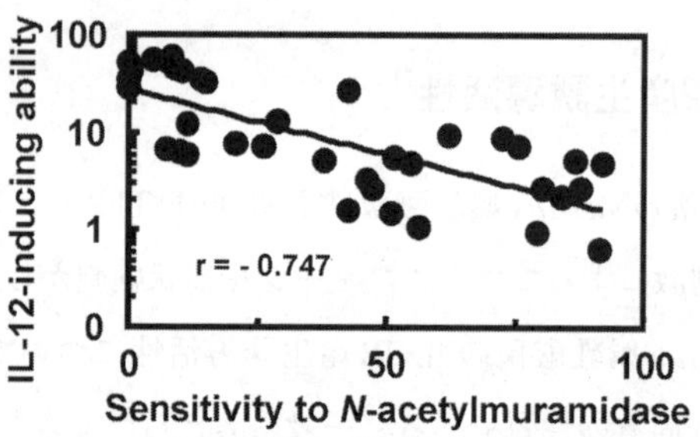

図5　*Lactobacillus* 属乳酸菌の IL-12 産生誘導活性と細胞壁溶解酵素感受性との関係

生誘導活性の強い *L. casei* Shirota 株や *L. rhamnosus* ではマクロファージに貪食された後，消化されるまでに長時間を要するが，*L. johnsonii* や *L. acidophilus* などでは貪食後，速やかに消化されることも確認された。これらの結果から，貪食された後，細胞内消化に耐性を示し，細胞壁構造を介して持続的にマクロファージを刺激できる菌株ほど強く IL-12 産生を誘導し，Th1 細胞応答を効果的に誘導すると考えられた。

7　プロバイオティクスのアレルギー抑制効果を検討した臨床試験

母親および新生児への *L. rhamnosus* GG 株の投与によって，2 歳までにアトピー性皮膚炎を発症する頻度が半減するとの報告が，2001 年に Kalliomäki ら[1] によって Lancet 誌に発表された。それ以来，様々なプロバイオティクスを用いて臨床試験が行われ，アレルギー抑制効果が検討された。表 1 に代表的な臨床試験例を，推定される作用機序と共にまとめた。使用されているプロバイオティクスは，現在までのところ，*Lactobacillus* 属乳酸菌がほとんどであり，*Bifidobacterium*

表1　プロバイオティクスによるアレルギー抑制臨床試験例

菌株	発表	対象疾患	対象者	効果	推定される作用機序
L. rhamnosus GG	Kalliomäki *et al.*, 2001	アトピー性皮膚炎	新生児	2歳までのアトピー性皮膚炎発症率の低下	不明（IgE レベルに変化無し。他論文で IL-10, TGF-β, IFN-γ 産生増強，腸管バリア機構の強化が報告）
L. rhamnosus 19070-2 *L. reuteri* DSM 122460	Rosenfeldt *et al.*, 2003	アトピー性皮膚炎	1～13歳児	アトピー性皮膚炎症状の軽減	不明（IFN-γ，IL-4, IL-10 産生に変化無し）
L. paracasei LP-33	Wang *et al.*, 2004	通年性鼻炎	青年	QOL の改善	記載無し
L. fermentum PCC	Prescott *et al.*, 2005	アトピー性皮膚炎	乳幼児	アトピー性皮膚炎重傷度スコアの改善	IFN-γ 産生増強
L. acidophilus L-92	Ishida *et al.*, 2005	通年性鼻炎 花粉症	成人	鼻症状スコアの改善 目症状スコアの改善	不明（Th1/Th2 バランス，IgE レベルに変化無し）
L. gasseri TMC0356	Morita *et al.*, 2006	通年性鼻炎	成人	血中総 IgE レベルの低下	Th1/Th2 バランスの改善
L. casei Shirota	Tamura *et al.*, 2007	花粉症	成人	鼻症状の重い患者においてスコアの改善	不明（Th1/Th2 バランス，IgE レベルに変化無し）
B. lactis Bb-12	Isolauri *et al.*, 2000	アトピー性皮膚炎	新生児	アトピー性皮膚炎重傷度スコアの改善	記載無し
B. longum BB536	Xiao *et al.*, 2006	花粉症	成人	鼻症状スコアの改善，症状悪化に伴う試験脱落者の減少	Th2 細胞抑制

属に関する報告は少ない。

ところで，プロバイオティクスによるアレルギー症状改善の作用機序は，臨床試験においては必ずしも特定されていない。プロバイオティクス投与により Th1/Th2 バランスの改善が認められたとの報告もあるが，Th1/Th2 バランスに変化は無かったにもかかわらずアレルギー症状が改善された例も少なくない。これらの結果は，プロバイオティクスによる Th1/Th2 バランスの制御以外の機序もアレルギー症状の軽減に関与する可能性を示唆している。この点から興味深いものとして，*L. rhamnosus* GG 株投与により，抗炎症性サイトカインである IL-10 や Transforming growth factor（TGF）-β の産生が増強されることを示した報告がある。さらに，*L. rhamnosus* GG 株が腸管 IgA 量を増加させることや，腸管バリア機構の破綻の指標となる便中 α1-アンチトリプシンレベルを低下させることも報告されている。プロバイオティクスは，おそらく様々な機序を介してアレルギー疾患に対し穏やかな効果を発揮するものと考えられる。

アレルギー疾患をターゲットとしたプロバイオティクスによる臨床試験に関する報告は，近年，急速に増加している。また，その作用機序に関する情報も徐々に蓄積されつつあり，今後，作用機序の解明も進むものと期待される。

8　発展する衛生仮説と今後の展望

1989年に提唱された衛生仮説は，乳幼児期の細菌やウイルスの感染によってTh1細胞の発達が促され，免疫系はTh1/Th2バランスのとれたものとなり，アレルギー発症リスクが低下するというものであった。このため，感染の機会の低下した先進諸国においては，Th1細胞の十分な発達が誘導されず，免疫系はTh2優位なものとなり，アレルギーリスクが上昇すると考えられた。しかしながら，最近の研究において，このような単純な理論だけでは説明しきれないこともわかってきた。例えば，アレルギー疾患とは逆にTh1細胞応答の異常亢進が発症と関わっているとされるI型糖尿病，リウマチ，多発性硬化症などの自己免疫疾患も，アレルギー疾患と同様，先進諸国で罹患率の増加が認められている。また，アレルギー患者においては，そうでない人と比べて，自己免疫疾患の罹患率が高いとの報告もある。これらの結果は，アレルギー疾患や自己免疫疾患を単純にTh1/Th2バランスの破綻から説明することが困難であることを示唆している。ところで，免疫系は必要に応じて活性化される一方で，不必要な，あるいは極端な免疫系の活性化は生体にとって不利益なものとなる。したがって，免疫系は様々な抑制性の制御機構を介してその恒常性を維持しているわけであるが，アレルギー疾患や自己免疫疾患では，こうした抑制性の制御機構に何らかの破綻が生じている可能性が指摘されている。

抑制性の制御機構として，近年，特に注目されているのがTh1細胞応答やTh2細胞応答をともに抑制し得る調節性T細胞の存在である。調節性T細胞には，IL-10の高産生を特徴とするTr1細胞，TGF-βの高産生を特徴とするTh3細胞，Foxp3の発現を特徴とするCD4陽性CD25陽性Treg細胞がある。実際，これらの調節性T細胞がアレルギー疾患や自己免疫疾患を

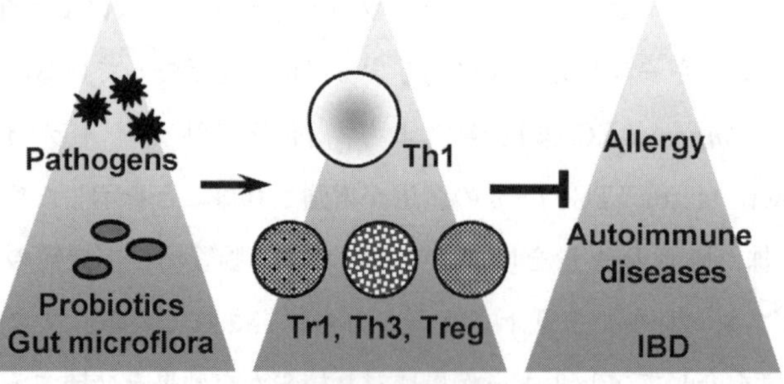

図6　注目度を増す衛生仮説

抑制できることを示した報告も少なくない。先に記述したとおり，プロバイオティクスを用いたアレルギーをターゲットとした臨床試験では，Th1細胞応答の活性化が認められなかったにもかかわらず，症状が改善した例もみられる。また，実際，プロバイオティクスが調節性T細胞を誘導する可能性を示した報告[8]もあることから，プロバイオティクスによるアレルギー抑制効果の発現に調節性T細胞の誘導を介する機序も推察されている。

こうした背景から，現在では，Strachanによって提唱された衛生仮説を発展させる形での理解が広まりつつある。図6に示すように，免疫系の発達を促す微生物刺激として感染性微生物に加えて腸内細菌やプロバイオティクスの重要性にも焦点を当て，また，免疫系の修飾としてTh1細胞の誘導に加えて調節性T細胞の誘導や，免疫系全体の成熟や機能維持が期待され，さらに，これらの作用によって発症リスクが低下する疾患にアレルギー疾患に加えて，自己免疫疾患や炎症性腸疾患（IBD）なども含むことが提案されている[9]。

以上，本章においては，プロバイオティクス乳酸菌に期待されるアレルギー抑制作用に関して，作用機序を中心に解説した。乳酸菌が穏やかにアレルギー疾患を制御できる可能性を証明するデータが蓄積されつつあり，本分野の研究は現在も急速に進んでいる。今後，作用機序の解明やより強い効果の期待できる乳酸菌の特徴なども徐々に解明されてくるものと期待される。

［謝辞］なお，最後に，本章で紹介したデータの多くは上野川修一教授（東京大学）および垣生園子教授（東海大学）らのご協力の下で得られたものです。また，本稿の作成に当たり，南野昌信博士（ヤクルト本社中央研究所）にご助言を頂きました。諸先生方に心より感謝申し上げます。

文　　献

1) M. Kalliomäki *et al., Lancet,* **357**, 1076 (2001)
2) K. Shida *et al., Int. Arch. Allergy Immunol.,* **115**, 278 (1998)
3) R. Beasley *et al., J. Allergy Clin. Immunol.,* **105**, S466 (2000)
4) D. P. Strachan, *Br. Med. J.,* **299**, 1259 (1989)
5) K. Shida *et al., Clin. Exp. Allergy,* **32**, 563 (2002)
6) K. Shida *et al., J. Allergy Clin. Immunol.,* **105**, 788 (2000)
7) K. Shida *et al., J. Dairy Sci.,* **89**, 3306 (2006)
8) H. Hermelijn *et al., J. Allergy Clin. Immunol.,* **115**, 1260 (2005)
9) S. Rautava *et al., J. Allergy Clin. Immunol.,* **116**, 31 (2005)

第 17 章　乳酸菌の抗アレルギー作用①

若林英行*

1　バイオジェニックスとしての乳酸菌の機能

プロバイオティクスとは「腸内フローラを改善し，生体に良い影響を与える生菌」と定義される。乳酸菌はこのプロバイオティクスとしての効果，すなわち生きて腸に届くことにより腸内フローラを改善し，整腸作用など様々な生体調節機能を発揮することが知られている。一方で，乳酸菌は腸に生きたまま届かなくても，また腸内に定着しなくても生理機能を発揮する可能性がある。腸管には抗原提示細胞と呼ばれる食細胞などが集積しているパイエル板という特有のリンパ節があり，腸管内腔のバクテリアを生菌，死菌を問わず取り込むことができる。またパイエル板以外に存在する抗原提示細胞でも腸管内腔に触手を伸ばして腸内細菌を直接取り込むことできるという報告もある[1]。そのため乳酸菌の構成成分自身も宿主に様々な効果を発揮していると考えられている。このような腸内フローラを介さない，乳酸菌成分の宿主への直接的な生体調節機能をプロバイオティクスと区別してバイオジェニックスと言われている。乳酸菌を直接取り込み，分解する抗原提示細胞は免疫機能において基点となる細胞であることから，バイオジェニックスとしての乳酸菌は，生体調節機能の中でも免疫調節において大いに効果が期待できる。

我が国において3人に1人は花粉症やアトピー性皮膚炎，喘息などのアレルギー疾患を発症していると言われており，アレルギーの予防は社会的に取り組むべき課題となっている。またアレルギーは先進国特有の現代病と言われており，その原因は衛生環境向上による感染症減少であるという仮説（衛生仮説）も提唱されている。この仮説をもとにすれば結核菌などの病原菌は感染症を引き起こすリスクがある一方で，アレルギー予防に繋がる免疫賦活能も発揮するという，宿主にとってプラスとなる一面も持ち合わせているということになる。この理論を応用してBCGワクチンを利用したアレルギー治療法の開発も進んでいる[2]。乳酸菌は代表的な病原菌である結核菌と同じグラム陽性菌に分類されるが，食経験も豊富で安全性は高く病原性もない。そこで我々は乳酸菌の中からバイオジェニックスとして抗アレルギー効果が優れた菌株を *in vitro* 実験によって選抜しその薬理効果を検証した。

*　Hideyuki Wakabayashi　キリンビール㈱　フロンティア技術研究所　研究員

2　抗アレルギー効果を持つ乳酸菌*Lactobacillus paracasei* KW3110株の発見

アレルギーは発症メカニズムによって大きく4つに分類される。そのなかでも日本で患者数が多い花粉症や喘息といった疾患は同じ「I型（即時型）アレルギー」に分類される。I型アレルギーの発症メカニズムには多くの細胞が関与する。まず体外から侵入してきたスギ花粉やダニアレルゲンといった抗原は抗原提示細胞に貪食され，その抗原断片の提示を受けたT細胞が抗原特異的なTh2細胞に分化する。Th2細胞はIL-4やIL-5と呼ばれるサイトカインを分泌する。これらサイトカインはB細胞を分化・増殖させる因子であり，この刺激を受けてB細胞は抗原特異的なIgEを産生する細胞へと分化する。IgEは次に鼻腔内，肺などに局在するマスト細胞などの顆粒球の細胞表面にあるFcレセプターに結合し，新たに襲来する抗原に対して即時に対応できる体制を整えている。そして宿主が再度抗原に感作され，その抗原がマスト細胞に結合した抗原特異的なIgEに結合することでヒスタミンなどの化学伝達物質が大量に放出される。これら化学物質がくしゃみや痒み，腫れなどアレルギー特有の症状の原因となっている。その反応がひどい場合にはアナフィラキシーショックと言われるような低体温，低血圧症状を引き起こし，死に至ることもある。この即時型反応は寄生虫など有害な物質排除に対しては有効に働くものであるが，花粉など環境中に存在する通常無害な物質にまで過敏に反応してしまうことで生体に障害をもたらす免疫機能となってしまったと考えられている。ところで抗原提示細胞はT細胞をTh1細胞へと分化する能力も有している。Th1細胞はIFN-γを産生し抗腫瘍効果などを発揮す

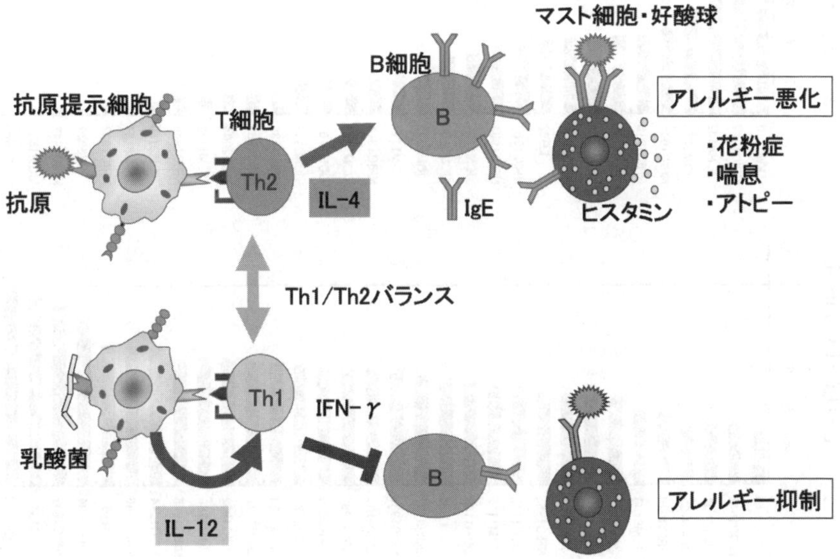

図1　アレルギー発症メカニズム（Th1/Th2バランス）

るだけでなく，B細胞がIgE産生細胞に分化・増殖するのを阻害する機能も有している。

このように生体の免疫機能を制御する細胞としてTh1細胞とTh2細胞という2種のT細胞サブセットが存在する。先に述べたようにTh1細胞は免疫賦活を亢進する一方，Th2細胞は抗体産生などの液性免疫を司り，両者は拮抗することで生体の免疫バランスを保っている（図1)。アレルギー罹患時は，通常保たれているTh1/Th2バランスが崩れて，Th2細胞過多に偏向していることが報告されている。動物実験ではマウスに抗原である卵白アルブミン（OVA）とアジュバントである水酸化アルミニウムゲル（ALUM）を投与しTh2細胞偏向モデルを作成することができる。この脾臓細胞をOVA添加した培地で培養するとTh2細胞がIL-4などのサイトカインを高産生するが，同時に乳酸菌を添加するとこの乳酸菌は抗原提示細胞に取り込まれIL-12が産生される。IL-12は，Th1細胞の分化を促進することでTh2細胞の分化を阻害し，結果としてIgE産生を抑制する免疫賦活因子である。

このようにTh1/Th2細胞のバランスはTh1系のサイトカインであるIL-12とTh2系サイトカインであるIL-4を定量することで評価することが可能である。そこで乳酸菌株ごとのIL-12産生誘導能とIL-4産生抑制能を比較することでアレルギー体質を改善する可能性のある乳酸菌を見出すことができると考え，この実験系を用いて18種100株以上の乳酸菌のTh1/Th2バラ

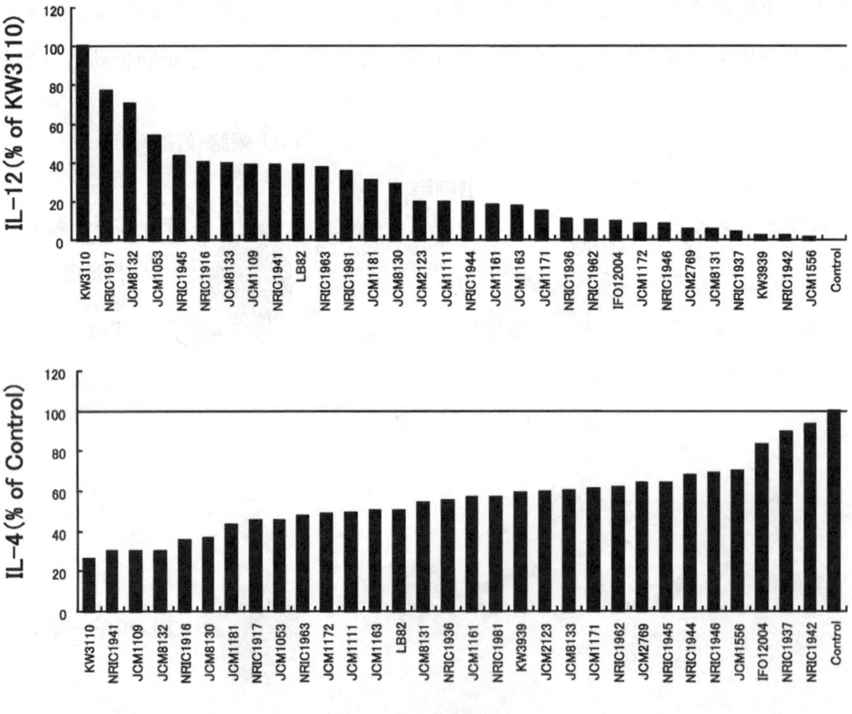

図2　IL-12産生誘導能とIL-4産生抑制能の*L.paracasei*間差

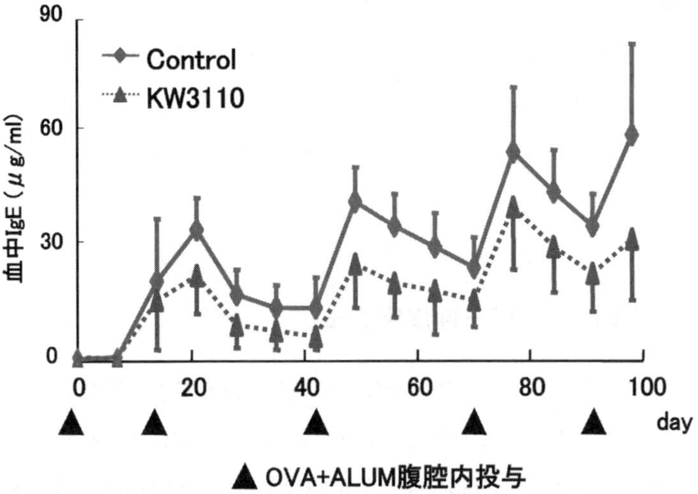

図3　アレルギー誘導マウスにおける *L.paracasei* KW3110株のIgE上昇抑制効果

ンス改善能を比較した。その際，バイオジェニックスとしての効果を評価するため，実験にはすべて死菌体を使用した。その結果，数多くの乳酸菌の中でも *Lactobacillus paracasei* KW3110株が最も強くIL-12産生を誘導し，IL-4産生を最も抑制した[3]。また新たな知見として，これら活性は *Bifidobacterium* 属と *Lactobacillus* 属といった菌属レベルや，*L.paracasei* と *L.acidophilus* といった菌種レベルの差ではなく，菌株レベルで異なることが見出された。すなわち同じ *L.paracasei* 種内でもまったく活性が異なり，免疫を調節する活性が菌株ごとに異なることが明らかになった（図2）。また *L.paracasei* KW3110株に限らずIL-12産生誘導能が高い菌株において，IL-4は逆に強く抑制されていた。このことはIL-12がTh2細胞の分化や活性化の抑制に重要な役割を果たしていることを示している。

乳酸菌は食品素材であることから，生体に対する影響も経口から摂取することによる効果で評価する必要がある。そこでまず，この *L.paracasei* KW3110株をアレルギーモデル動物に経口摂取させることでアレルギー発症を抑えられるか否かについて検討した。まずマウスを2群に分け，一方には対照群として標準飼料を，もう一方には *L.paracasei* KW3110株を含む飼料を摂取させた。その両群に対して3，4週間おきにOVAを腹腔内投与しアレルギー体質を誘導した。試験期間中は毎週継続的に採血を行い，アレルギーの指標となる血中総IgE濃度を測定した。実験の結果，抗原を投与する度に対照群は血中総IgE濃度が上昇したが，*L.paracasei* KW3110株摂取群ではその上昇が有意に抑えられた（図3）。花粉症などのように抗原に繰り返し感作されるとTh1/Th2バランスが崩れてアレルギー体質となり，血中のIgE濃度が上昇する。*L.paracasei* KW3110株はそのようなTh1/Th2バランスの乱れを改善することによって，結果的にIgEの上昇を抑えていると推察できる。IgEは主要なアレルギー疾患パラメーターであり，様々なアレルギー疾患の臨床症状と相関することから臨床検査のみならず動物実験でも広く活用されている。しかし血中IgE濃度の結果だけでは実際のアレルギー症状を評価していることにはならない。そこで次に花粉症およびアトピー性皮膚炎の症状を呈するモデルマウスを用いて臨床学的な評価を行った。

3　花粉症モデルとアトピー性皮膚炎モデル

花粉症は典型的なI型アレルギー疾患で発作性のくしゃみや鼻閉を特徴とし，原因となる抗原としてスギ，ヒノキ，ブタクサなどの花粉があげられる。日本ではスギ花粉症が主流であるが，世界的にはあまり報告がなく，スギ花粉症モデル動物を用いた研究例も少ないのが現状である。そこで我々はスギ花粉抗原を用いた気道炎症モデル評価系を立ち上げた。スギ花粉抗原により感作したマウスにスギ花粉抗原を点鼻投与もしくは噴霧し吸引させることにより，マウスの上気道（鼻腔～咽頭）と下気道（気管～肺）に炎症を起こし，生化学指標や臨床症状を評価した。その結果，この気道炎症モデルマウスにおいて，*L.paracasei* KW3110株を摂取させることによって肺胞洗浄液中のTh2サイトカイン（IL-5，IL-13）の産生抑制，肺組織における好酸球増加抑制，くしゃみ・引っ掻き行動抑制といったアレルギー症状の改善が確認された[4]。このことから*L.paracasei* KW3110株を摂取することにより，花粉症やアレルギー性鼻炎といったアレルギー疾患を予防できるのではないかと推察する。また花粉症患者の末梢血単核球を用いた細胞実験を行ったところ，*L.paracasei* KW3110株は高いIL-12産生を誘導し，スギ花粉抗原で誘導されるIL-4などのTh2サイトカインを強く抑制した。この実験結果から，ヒトの細胞においてもスギ花粉暴露によって崩れたTh1/Th2バランスを改善することが出来る可能性が示唆された。

喘息や鼻炎と並ぶ代表的アレルギー疾患のひとつにアトピー性皮膚炎がある。アトピー性皮膚炎は増悪・寛解を繰り返す，掻痒のある湿疹を主病変とする難治療性の皮膚疾患である。このアトピー性皮膚炎発症にもTh2細胞が関与していることが知られているが，まだ明確な発症メカニズムは分かっていない。またアトピー性皮膚炎に対する乳酸菌の効果に関しては，アレルギー体質の母親が特定の乳酸菌を食べるとその子供のアトピー性皮膚炎罹患率が低下することを示した報告がある[5]。我々は*L.paracasei* KW3110株のアトピー性皮膚炎に対する影響を調べるために，アトピー性皮膚炎モデル動物であるNC/Ngaマウスを用いて*L.paracasei* KW3110株のアトピー性皮膚炎に対する効果を検証した。このマウスはConventional環境下でもアトピー性皮膚炎症状を自然発症するが，ハプテンであるピクリルクロライドを塗布することで，より安定的に皮膚炎を誘導することができる。この実験モデルを用いて評価した結果，標準飼料を与えた対照

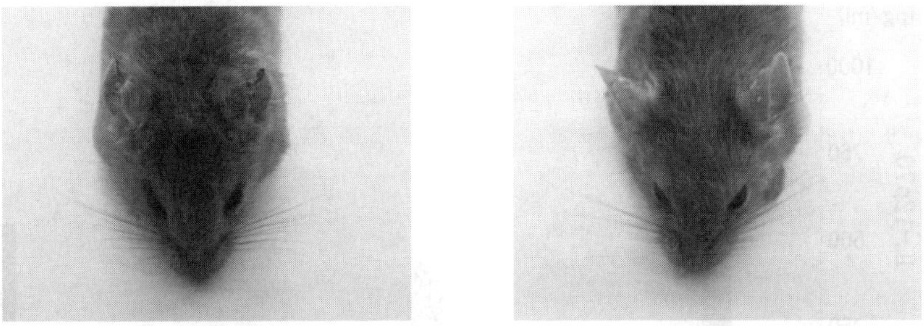

図 4　*L.paracasei* KW3110 株のアトピー性皮膚炎モデルマウスでの効果

群は皮膚の出血・浮腫，耳介部の欠損などアトピーに酷似した症状を呈したが，*L.paracasei* KW3110 株摂取群はそのような症状の悪化が有意に抑制された（図 4）。また対照群では症状悪化とともに血中総 IgE 濃度が上昇したが，*L.paracasei* KW3110 株摂取群ではそれを有意に抑制した[6)]。このことから *L.paracasei* KW3110 株にはアトピー性皮膚炎の予防・改善効果が期待できる。

4　乳酸菌のアレルギー抑制メカニズム

L.paracasei KW3110 株は IL-12 産生誘導能が強い乳酸菌として選抜された。乳酸菌は生体にとっては異物として認識される。その異物を最初に認識するのが貪食機能を持つ抗原提示細胞という細胞集団であり，この集団が *L.paracasei* KW3110 株の IL-12 産生を担っている。主な抗原提示細胞としてはマクロファージ（表面抗原 CD11b ＋細胞），樹状細胞（CD11c ＋細胞）が存在する。アレルギー状態マウスの脾臓細胞から特定の免疫担当細胞群を 1 種類ずつ除去し *L.paracasei* KW3110 株を添加した結果，CD11b を細胞表面に発現している細胞，すなわちマクロファージを除去した場合にのみ IL-12 産生の完全な抑制が確認された[3)]（図 5）。このことから宿主の *L.paracasei* KW3110 株の認識には免疫担当細胞の中でも主にマクロファージが関わっていることが示された。

IL-12 が抗アレルギー反応においてどれだけ重要度が高い因子であるかを明確にするため，Th2 細胞偏向マウスの脾臓細胞に対して *L.paracasei* KW3110 株と同時に IL-12 中和抗体を添加し，その際産生される培養上清中の IL-4 と IgE を測定した。その結果，IL-12 中和抗体処理により *L.paracasei* KW3110 株で強く抑制されていた IL-4，IgE 産生が対照群のレベルにまで上昇していた[7)]。すなわち，*L.paracasei* KW3110 株の抗アレルギー効果は IL-12 産生を誘導することで得られた機能性だと推察できる。

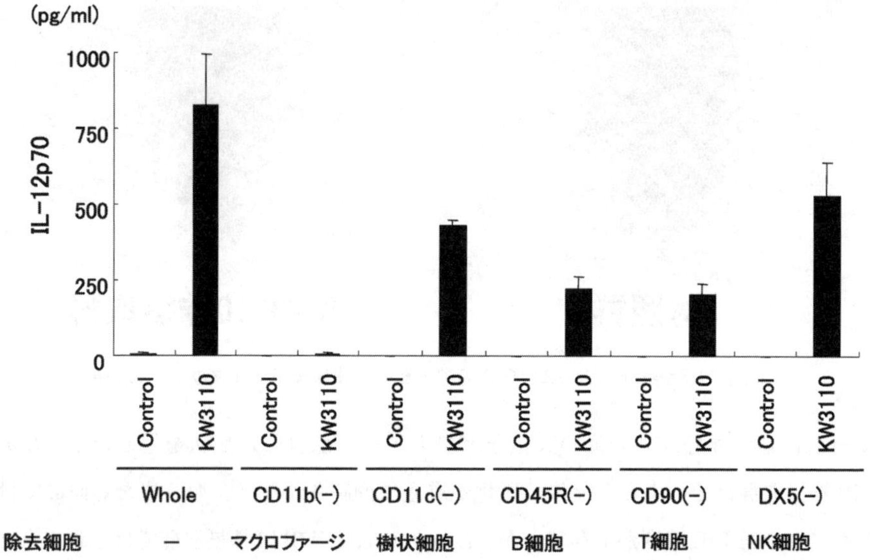

図5　*L.paracasei* KW3110株によって誘導されるIL-12を産生する細胞の同定

経口から生体に入った乳酸菌はまず腸管のリンパ組織において認識され，その刺激が伝播し全身の免疫機能が変化していると考えられる。そこで *L.paracasei* KW3110株をマウスに経口投与した際の生体でのIL-12の分布と変動を検証したところ，投与後2時間目から腸管リンパ組織であるパイエル板と腸間膜リンパ節でのIL-12遺伝子の発現が上昇し，さらに血中では投与後4時間目からIL-12濃度の上昇が確認できた[8)]。これは *L.paracasei* KW3110株が摂取されることによって腸管リンパ組織で速やかに認識されることを示している。そして腸管リンパ組織の抗原提示細胞が乳酸菌刺激によってIL-12を産生し，さらにそのIL-12が血液を介して全身の免疫を制御していることが伺える結果である。

5　乳酸菌の抗アレルギー活性本体

乳酸菌のどの成分が抗アレルギー効果を担っているのか。乳酸菌に特徴的な主成分は3つある。強固な細胞壁を形成しているペプチドグリカン（PG）とリポテイコ酸（LTA），さらにCpGモチーフを有するDNA（CpG-DNA）である。抗原提示細胞が病原菌などを認識する受容体として，Toll Like Receptor（TLR）が近年見出された。PGやLTAはTLR2もしくはTLR4，CpG-DNAはTLR9に認識されることが明らかにされている[9)]。TLRから細胞内に伝えられたシグナルはNF-κBという転写因子を活性化しIL-12やTNF-αを生成する。*L.paracasei* KW3110株のLTAを調製して *in vitro* 評価したところ，NF-κBが活性化されることが示され

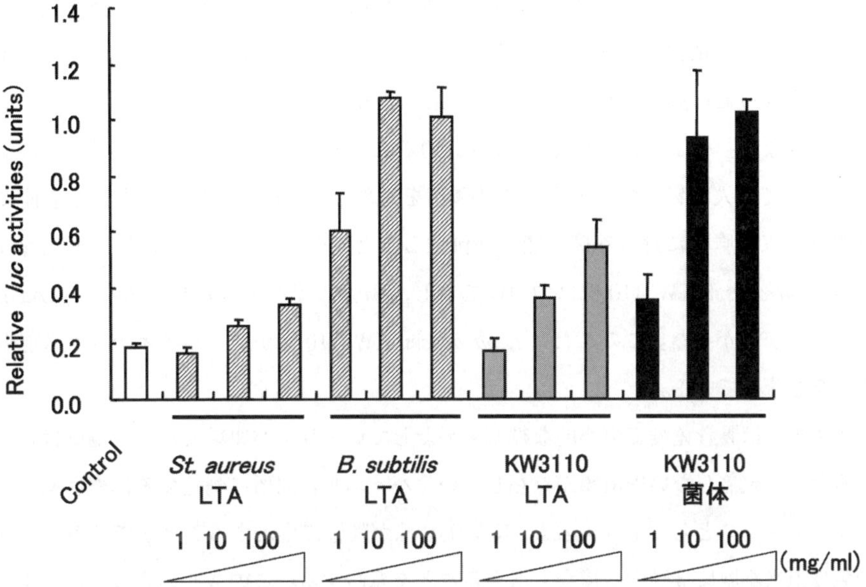

図6　*L.paracasei* KW3110 株由来 LTA の NF-κB 活性化能

た（図6)。このことから *L.paracasei* KW3110 株の IL-12 産生誘導には細胞壁成分 LTA による NF-κB の活性化が関与していることが示唆された。一方，LTA と同量の *L.paracasei* KW3110 株菌体を添加すると，より高い NF-κB 活性化が確認された。このことから LTA のみならず，PG や CpG-DNA，さらにはその他成分も相加・相補的に作用して乳酸菌の抗アレルギー効果を発揮していることが推察される。

乳酸菌株間や種間でそれほどまでに主成分量に違いがあるのか？同じ菌群に属している以上，成分量的にそれほどの大きな違いは考えにくい。また同じ菌種であれば遺伝学的にもほとんど違いがない。しかしゲノム塩基配列は一塩基異なるだけでまったく異なる性質をもつ個体が発生する。すなわち同じ菌種であっても塩基配列が異なる以上，構造上はまったく異なる可能性がある。この遺伝学的な僅かな違いと免疫活性の菌株の違いを結びつけることができれば，活性本体を解明することができると考える。

6　プロバイオティクス効果も持つ*Lactobacillus paracasei* KW3110株

これまでは死菌体，すなわちバイオジェニックスとしての機能を追究してきたが，乳酸菌は元来プロバイオティクスとしての効果も期待できる食品素材である。プロバイオティクス菌は腸に留まることにより整腸作用をもたらすだけではなく，様々な慢性疾患の予防につながることが知られている。しかしヒトの消化器官は胃酸と胆汁酸という2つのバリア機能を有しているため，乳酸菌のすべての菌株が生きて腸に届くわけではない。また酸耐性を有していても腸に留まることができなければ腸内フローラの改善効果や乳酸菌の産生する有機酸などの付与効果はあまり期待できない。そこで *L.paracasei* KW3110株についても耐酸性と腸管接着能を評価した。耐酸性については人工胃・膵・小腸液で乳酸菌を処理した後の増殖能を，腸管接着能に関してはヒト腸管由来細胞株に対する接着能を評価することで確認した。その結果，消化管液処理した後でも *L.paracasei* KW3110株は増殖能を有し，腸管に接着する能力も他の *L.paracasei* 株よりも強いことが分かった。このことは *L.paracasei* KW3110株がプロバイオティクス能も有していることを意味している。

パイエル板は腸管免疫で中心的な役割を果たしているリンパ組織である。腸管は粘液に覆われているため，定着しない細菌類が点在しているパイエル板局所に到達する確率は低い。しかしプロバイオティクスとして *L.paracasei* KW3110株が腸管に生着することができるということは腸管の免疫担当細胞に接触する機会も増えることを意味する。この多くの乳酸菌が有するプロバイオティクス機能と，他菌株よりも高いIL-12産生誘導能という *L.paracasei* KW3110株特有のバイオジェニックス機能が相乗的に機能することでより強く生体防御機能を亢進させることが期待できる。

7　おわりに

乳酸菌の免疫機能に関しては，様々なアレルギー疾患に対する改善効果や制御性T細胞（Treg）を介したメカニズムなどの新たな角度からの研究が年々報告されている。Treg細胞はIL-10を高産生する。IL-10はTh2細胞も産生するが，Treg細胞はTh2細胞と異なりIL-4やIL-5などアレルギーに起因するサイトカインをほとんど産生しない。IL-10は抑制性サイトカインと呼ばれ，抗原提示細胞の活性化やTh1細胞などの分化を抑制することができる。アトピー性皮膚炎などの複雑なアレルギー疾患はTh2細胞やIgE依存的な反応だけでは完全に説明できない。またTh1細胞はアレルギーを抑制する一方，リウマチなど自己免疫疾患の原因ともなる。そのため乳酸菌はこのTreg細胞に作用して免疫を調節していると考える説もある[10)]。

しかし同じCD4+T細胞のなかでも大半を占めるTh1/Th2が免疫調節の中核であるという考え方も根強く，Th1/Th2の免疫疾患における重要性が再認識され始めている。Th2細胞はこれまで分化することはないと言われていたが，Th2細胞がIL-12やIFN-γなどによってTh1に再分化する可能性も示された[11)]。またゲノムワイドなTh1/Th2の相違探索によりサブセット特有の機能を明確にする研究も進められている[12)]。このように日々進歩し多様化するアレルギー発症・抑制メカニズムの中から，乳酸菌がどの機序に作用して効果を発揮しているのかを検証していかなくてはならない。

さらにアトピー性皮膚炎に効果がある乳酸菌が報告される一方で，近年，アトピー性皮膚炎患者を用いた大規模ヒト試験において乳酸菌投与による明確な効果がなかったという報告もある[13]。このことは菌種・菌株により抗アレルギー効果が異なることを意味する。アレルギーはまだ不明な要素が多い疾患であり医薬品でも特効薬はない。その難解な疾患に対して乳酸菌が明確に効果を発揮するためには，菌株ごとの相違点を認識することと，際立った特徴を有する菌株を用いることが重要なポイントであると考える。

文　献

1) M. Rescigno *et al., Nat. Immunol.*, **2**, 361-367 (2001)
2) J. Li *et al., Chin. Med. J.* (*Engl.*), **118**, 1595-1603 (2005)
3) D. Fujiwara *et al., Int. Arch Allergy Immunol.*, **135**, 205-215 (2004)
4) 若林英行ほか，第 54 回日本アレルギー学会総会要旨集，910 (2004)
5) M. Kalliomaki *et al., Lancet*, **357**, 1076-1079 (2001)
6) 若林英行ほか，日本農芸化学会大会講演要旨集，216 (2004)
7) 若林英行ほか，日本農芸化学会大会講演要旨集，45 (2006)
8) 市川晋太郎ほか，日本食品免疫学会要旨集，72 (2006)
9) S. Akira *et al., Nat. Immunol.*, **2**, 675-680 (2001)
10) H. H. Smits *et al., J. Allergy Clin. Immunol.*, **115**, 1260-1267 (2005)
11) S. Radhakrishnan *et al., J. Immunol.*, **178**, 3583-3592 (2007)
12) R. J. Lund *et al., J. Immunol.*, **178**, 3648-3660 (2007)
13) A. L. Taylor *et al., J. Allergy Clin. Immunol.*, **119**, 184-191 (2007)

関連 URL　http://www.kirin.co.jp/active/R&D/index.html

第18章　乳酸菌の抗アレルギー作用②

川瀬　学*1，何　方*2

1　はじめに

現在の我が国においてスギ花粉症は最も広く知られているアレルギー性疾患である。その有病率は1998年の調査の全国平均で16.2%とされている[1)]。このスギ花粉症の有病率は地域や年齢，調査年によってばらつきがあるものの，2006年に実施された首都圏の八都県市を対象とした花粉症に関するアンケート調査では回答者の約40%が花粉症という結果であり，今では国民病とまで言われている。

このスギ花粉症はスギ（*Cryptomeria japonica*）花粉の主要アレルゲンCry j 1, Cry j 2によって引き起こされるI型アレルギー（IgE依存型）に属するアレルギー疾患である。スギ花粉症の増加は要因としてスギ花粉の増加だけでなく，ストレス，大気汚染，食生活の変化等もこの発症の増加に関与する因子であると考えられている。さらにStrachan[2)]によるアレルギー疾患の保有率と家族数，同胞数は反比例するなどの疫学調査の結果を最初に，先進国による清潔志向，抗生物質の乱用などによる衛生環境の変化によって微生物に感染する機会が減少したことも増加の一因と考えられている（衛生仮説）。こうしたことから発酵乳に含まれる乳酸菌など安全な微生物の適切な摂取は腸管免疫系の発達や改善を促すことにより花粉症などのアレルギー症状の予防・緩和につながる対策の一つになるのではないかと期待されている。

Lactobacillus rhamnosus GG株は健康成人の腸内から分離された乳酸菌で，現在世界で最も研究されている代表的なプロバイオティックス乳酸菌の一つである。海外で行なわれた臨床試験において，アレルギー体質の妊婦とその子供が*L. rhamnosus* GG株を摂取することによって，生まれた子供の2歳時でのアトピー性皮膚炎の発症が約50%抑えられたことでその抗アレルギー効果が注目されている[3)]。その後，乳酸菌の抗アレルギー効果に関する臨床試験がいくつか実施されてきており，その中には花粉症や関連する通年性アレルギー性鼻炎に関する報告も含まれる。

本稿では乳酸菌の花粉症緩和作用について，筆者らが*L. rhamnosus* GG株と*Lactobacillus*

＊1　Manabu Kawase　タカナシ乳業㈱　研究開発部　商品研究所　研究員
＊2　Fang He　タカナシ乳業㈱　研究開発部　商品研究所　マネジャー

gasseri TMC0356株の2つの乳酸菌を用いて行った試験結果を中心にこの分野の最近の研究状況について記述した。

2　花粉症の発症メカニズム

花粉症をはじめとするアレルギー性鼻炎の発症メカニズムはサイトカイン，ケモカイン，ケミカルメディエーターのみならず，知覚神経や炎症性細胞など多くの因子が関与し大変複雑である。詳細は総説[1, 4~6]を参照されたいが，まとめると以下のとおりである。

① 吸入された抗原が鼻粘膜の抗原提示細胞によりペプチドに分解されMHC抗原とともに，ヘルパーT細胞（Th2）に認識される。

② 抗原特異的T細胞の活性化が起き，活性化T細胞が産生するIL-4，IL-13によりB細胞のクラススイッチが誘導され，抗原特異的なIgE抗体が産生される。

③ 抗原特異的IgE抗体が鼻粘膜に分布する肥満細胞上のIgE受容体に固着することによって感作が成立する。

④ 感作陽性者の鼻より吸入した抗原は，鼻粘膜表層に分布する肥満細胞上の抗原特異的IgE抗体と結合し，架橋形成の結果，抗原抗体反応が生じ，肥満細胞から種々の化学伝達物質（ヒスタミン，ロイコトリエンなど）が放出される。

⑤ これらの化学伝達物質が知覚神経，血管，鼻腺へ作用することによりくしゃみ，鼻汁過多，鼻閉といった三主徴が誘発される（即時相反応）。主に，ヒスタミンが三叉神経終末を刺激してくしゃみ反射に連なり，三叉神経への刺激はさらに副交感神経へと伝達され末端からのアセチルコリンの遊離を促し，これが鼻腺を刺激して鼻汁過多となる。血管に作用したヒスタミンやロイコトリエンは血管の透過性を亢進し血管拡張，血流うっ滞を引き起こし，鼻粘膜が腫脹し鼻閉を誘発する。

⑥ 続いて，肥満細胞，Th2リンパ球で産生されるサイトカイン（IL-4，IL-5，IL-13，GM-CSFなど），化学伝達物質（LTB4, LTs, PAF, TXA2），上皮細胞，血管内皮細胞，線維芽細胞で産生されるケモカイン（TARC, RANTES, eotaxin）などの炎症細胞動員因子を放出し，好酸球を中心とした炎症性細胞が浸潤する。これらの炎症性細胞はECP，PAF，特にLTsや，Th2サイトカイン，炎症性サイトカインを放出し，鼻閉を中心とした抗原曝露6-10時間後に見られる遅発相を形成し，さらにアレルギー性鼻炎の慢性化，難治化を引き起こす。

3 花粉症モデル動物実験

乳酸菌の抗アレルギー効果を評価する動物試験系として，卵白アルブミン（OVA）を感作したマウスを用いた試験がいくつか報告されている[7)]。この試験の評価項目として血清総IgE，抗原特異的IgEを測定しその抗原感作による上昇抑制が評価されている。さらにこのIgEの抑制メカニズムを評価する目的で，マウスから脾臓細胞をとりだし，そのIFN-γ，IL-12，IL-4，IL-5などのサイトカイン発現量が調査されている[8)]。マウスの使用は飼育が容易であること，豊富な市販の抗体，サイトカイン測定試薬があるなどの利点がある。しかしながら，症状についてはくしゃみ回数や引っ掻き回数測定などの方法があるものの，鼻腔内局所の炎症反応を客観的に測定することが難しい。近年，花粉症を含むアレルギー性の鼻炎に対する医薬品の有効性評価方法としてモルモットやラットを用いた鼻粘膜血管透過性試験，モルモットを用いた鼻腔抵抗測定試験法などが開発されている。筆者らはこれら医薬品の評価方法を用いて，初めてアレルギー性鼻炎に対する乳酸菌の有効性を調査した。

3.1 ラットを用いた鼻粘膜血管透過性試験

前述のように鼻粘膜の血管透過性の亢進は肥満細胞から放出された化学伝達物質によって即時相反応の鼻閉などの鼻アレルギー症状を誘発する。抗原で感作した実験動物にあらかじめ色素を静脈注射しておき，気管から鼻咽腔にカニューレを留置し，シリンジポンプにて抗原溶液を灌流することにより，鼻粘膜の血管透過性の変化をみることができる[9)] この試験方法はモルモットやラットを用いて実施することが可能である。

筆者ら[10)] はBrown Norwayラットを用いて試験を行った。ラットに*L. gasseri* TMC0356株と*L. rhamnosus* GG株の凍結乾燥菌体をそれぞれコントロール食に対して0.1％混合したものを4週間自由摂取させた。ラットは乳酸菌摂取開始後に卵白アルブミン，アラムを皮下投与して感作させた。最終感作2週間後，ラットに人工呼吸処置を施し，気管から生理食塩水を鼻腔内に灌流させた。色素を静脈注射し，OVA溶液を鼻腔内へ灌流させ外鼻腔より流出した洗浄液を採取し，鼻腔内での炎症反応の結果漏出する透過色素量を測定した（図1）。その結果，*L. gasseri* TMC0356株と*L. rhamnosus* GG株の2つの乳酸菌を摂取させた試験群は対照群と比較して，鼻腔内にOVAを暴露させたことによって誘発された鼻粘膜血管透過性の亢進を統計的に有意に抑制した（$P<0.01$）（図2）。しかしながら，血管透過性試験終了直後に供試ラットから採取した血清中のIgEを調べたところ，*L. rhamnosus* GG株と*L. gasseri* TMC0356株を投与したラットの血清中のIgEは対照食を摂取したラットに比べて低下する傾向はあるものの有意差は認められなかった。従来，マウスを用いた試験では血清IgE値は重要な指標として測定されているが，

この研究結果から鼻粘膜の血管透過性の変化は血清IgE値を必ずしも反映していないことを示唆され，従来の試験ではみられない乳酸菌の鼻アレルギー緩和作用の一側面が明らかとなった。

3.2　モルモットを用いた鼻腔抵抗性試験

モルモットはおとなしく，扱いやすくアレルギーを発症しやすいことから喘息のモデル動物として広く用いられている。またモルモットは鼻腔（気道）抵抗の変化を測定するのが最も容易な実験動物である。モルモットの感作モデルは抗原特異的IgEの上昇のみならず，抗原誘発後の即時相と遅発相の鼻閉など鼻アレルギー症状を示し，さらに好酸球浸潤などヒトの鼻アレルギーと類似した症状を示す[11)]。しかしながら，メディエーター関連の豊富なデータがある利点があるものの，市販の抗体，サイトカイン類の試薬が少ない。

筆者らはHartley系モルモットを用いて，乳酸菌の経口摂取がアレルギー性の鼻閉に与える効果について検討したので紹介する。乳酸菌摂取群にはコントロール食に *L. gasseri* TMC0356株と *L. rhamnosus* GG株の凍結乾燥菌体をそれぞれ0.2%混合したものを3週間摂取させた。モルモットに卵白アルブミン（OVA）とアラムを皮下投与して感作させた。さらにOVAを鼻腔内に投与して鼻閉反応を誘発した。鼻閉反応すなわち鼻腔抵抗（nRaw）の増加は総合呼吸機能測定システム（Pulmos-I, M.I.P.S）により測定した（図3）。コントロール群では鼻腔内へOVAを投与した10分後に即時型鼻腔抵抗の上昇が観察され，4-5時間後に遅発型鼻腔抵抗の再上昇という2相性の反応が認められた（図4）。乳酸菌摂取群はコントロール群と比較して点鼻10分後の即時型の鼻腔抵抗の上昇を有意に抑制した（$P<0.05$）。さらに誘発5時間後の遅発型の鼻腔抵

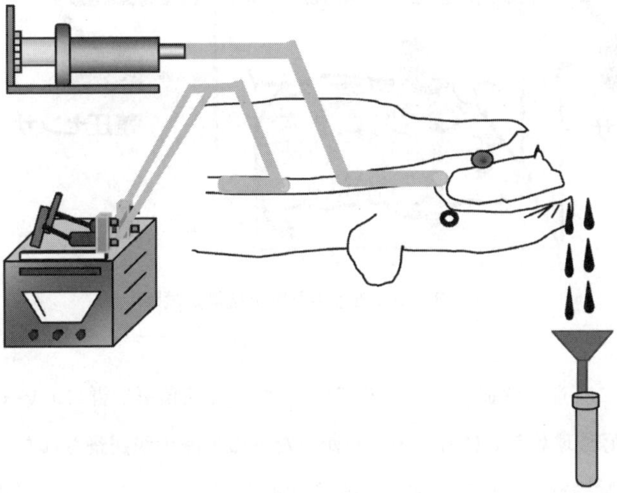

図1　ラット鼻粘膜血管透過性試験

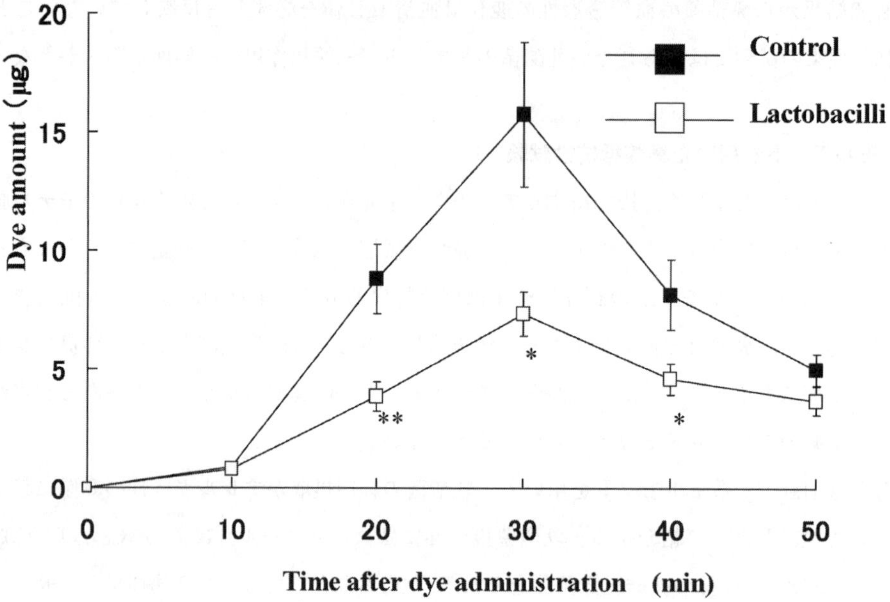

図２　OVA 曝露によって誘導された鼻粘膜血管透過性の上昇に及ぼす乳酸菌体摂取の影響

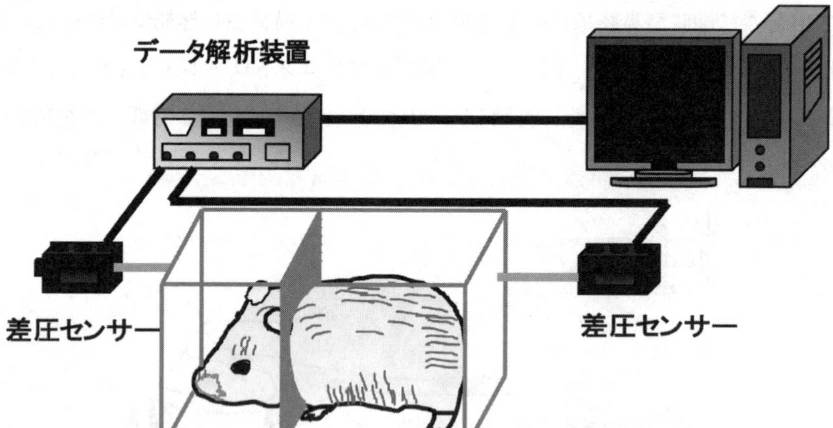

図３　モルモット鼻腔抵抗測定試験

抗の上昇も統計的に有意に抑制した（$P<0.05$）。また，乳酸菌摂取群においては血清中の IgE，鼻腔内洗浄液中の好酸球数ともに有意差はなかったものの減少が観察された。ラットを用いた鼻粘膜血管透過性試験同様に，従来の血清 IgE を中心としたマウスを用いた試験では見られない乳酸菌の鼻アレルギー緩和作用の新たな側面が明らかとなった。

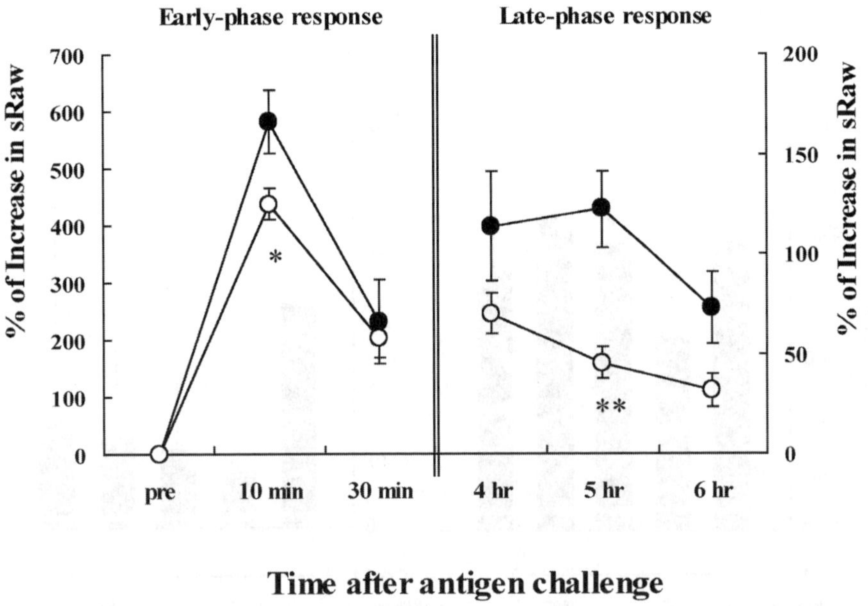

図 4　OVA 曝露によって誘導された鼻腔抵抗の上昇に対する乳酸菌体摂取の影響

4　花粉症患者由来の末梢血単核球（PBMCs）に対する作用

先に述べたように，マウスを用いた動物実験によって，ある種の乳酸菌の経口摂取は抗原感作によって上昇する血清 IgE を抑制させる。またマウスから分離された脾臓細胞を用いた細胞培養試験によって，培地中への乳酸菌の添加は IgE と Th2 サイトカインである IL-4, IL-5 を低下させる。またいくつかの臨床試験によって乳酸菌の抗アレルギー効果が報告されていることから，乳酸菌の抗アレルギー効果のメカニズムに Th1/Th2 活性のバランス変化が関係していると考えられている。ヒトの免疫細胞に対する乳酸菌の作用を評価するのに，末梢血から分離されたリンパ球が用いられている。Pochard[12] らは健康な被験者とダニ抗原感作被験者から末梢血単核球を分離して乳酸菌の共培養がその Th2 サイトカインに与える影響を評価している。

筆者らも花粉症患者から末梢血単核球を分離し，スギ花粉抗原ならびに乳酸菌と共培養し，そのサイトカイン産生に与える影響を評価した。*L. rhamnosus* GG 株，*L. gasseri* TMC0356 株と対照としてヨーグルトの製造に一般的に用いられる菌種である *L. bulugaricus* TMC0222, *Streptococcus thermophilus* TMC1551 を用いた。文書による同意を得たスギに対する特異的 IgE 抗体を有するスギ花粉症患者 7 名の被験者から得られた末梢血単核球（PBMCs）を分離し，スギ花粉症の主要アレルゲンである Cry j 1 とともに供試乳酸菌と共培養し，上清中のサイトカイ

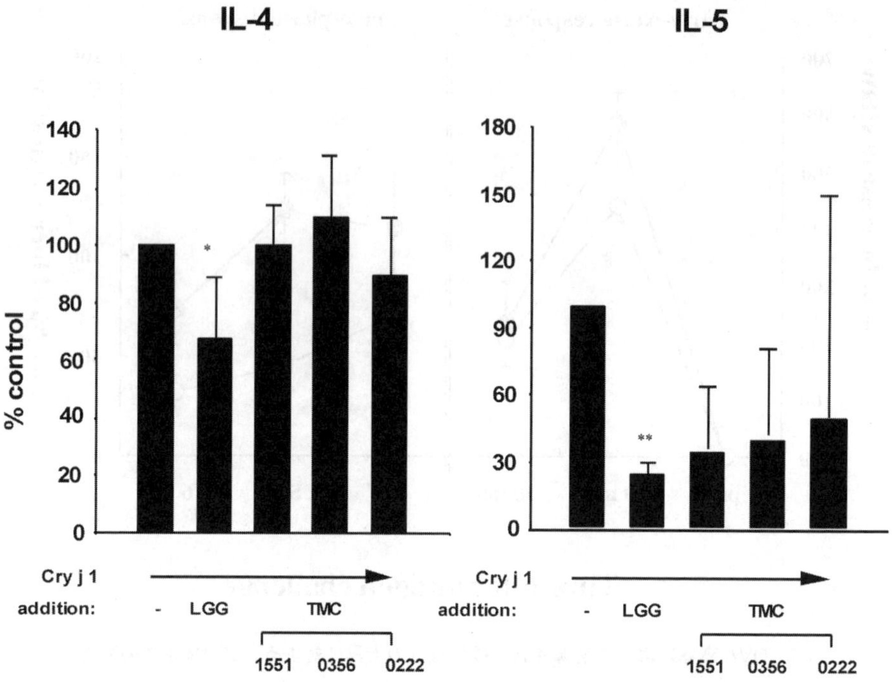

図5　スギ花粉症患者由来末梢血単核球へのスギ花粉抗原刺激によって
産生されるサイトカインに及ぼす乳酸菌体添加の影響

ンを測定した。その結果，4つの乳酸菌の中で唯一 *L. rhamnosus* GG 株だけが IL-4 を低下させ，菌株による差異が認められた（図5）。IL-5 については3菌株で低下が認められた。しかしながら IFN-γの有意な変化は観察されなかった。Pochard[12] の試験では *L. rhamnosus* GG 株のダニ抗原感作被験者由来の末梢血単核球細胞への添加は IFN-γの上昇が観察されていることから，乳酸菌株が抗原とともに共培養したときの末梢血単核球細胞に与える影響は被験者あるいは抗原などによって異なるものであることを示している。

以上のことからマウスのみならずヒトにおいても乳酸菌の添加は菌株特異的に Th2 活性を抑制させることが示された。しかしながら経口的に摂取させた乳酸菌がヒトの腸管免疫系，鼻粘膜細胞，血中等のサイトカインネットワークに影響を与えるのかは不明である。

5　スギ花粉症患者を対象とした臨床試験

スギ花粉症患者を対象とした臨床試験はいくつかの乳酸菌株で試みられている。*L. acidophilus* L-92 を含む殺菌乳酸菌飲料の6週間の摂取は眼症状を改善したことが報告されている[13]。また

B. longum BB536を含む発酵乳の14週間の摂取も同様に眼症状を改善したことが報告されている[14]。*L. paracasei* KW3110を含む発酵乳の12週間の摂取は花粉の飛散に伴うTh1/Th2とECPの低下が抑えられた結果が示されている[15]。

ラットの鼻粘膜血管透過性試験，モルモットの鼻腔抵抗上昇抑制試験という鼻アレルギーモデル動物実験においてその抗アレルギー作用が見られた乳酸菌が，ヒトの鼻アレルギーに対する効果を臨床試験で評価された報告はこれまでにない。筆者らは2006年の花粉症シーズンに*L. rhamnosus* GG株と*L. gasseri* TMC0356株の2株で発酵乳を調整し，その摂取が花粉症症状に与える影響を二重盲検試験により評価した。神奈川県内に在住するスギ花粉症患者を無作為に2群に割り付けした。試験発酵乳もしくはプラセボ食を10週間（2006年1月30日開始）摂取させた。2006年の神奈川県相模原市のスギ花粉飛散は2月上旬から飛散がはじまり，ピークが3月6日であった。

被験者日誌による自覚症状の調査では花粉の飛散量の増加とともに徐々に症状が出始め，飛散量のピークである試験開始6週目に鼻アレルギーの症状のピークが観察された。鼻閉症状の解析結果では摂取開始6週間からプラセボ群との間に差が見られ始め，摂取開始9週と10週でプラセボ群と比較して発酵乳群で有意な低下を示した（図6）。鼻水の症状においても9週と10

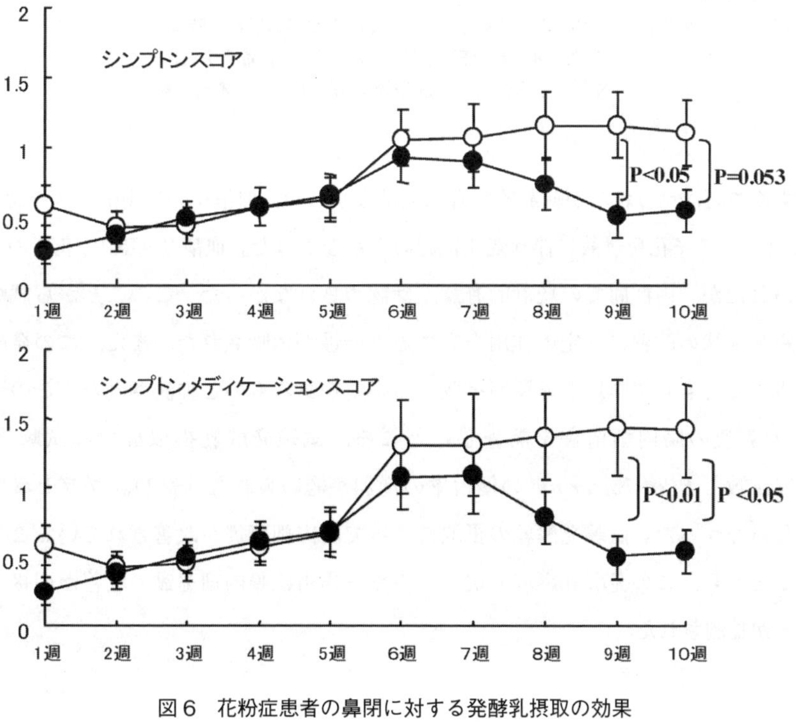

図6　花粉症患者の鼻閉に対する発酵乳摂取の効果

表 1　花粉症患者の腸内細菌叢に及ぼす発酵乳摂取の効果

細菌群	プラセボ摂取群（n=15）				試験食摂取群（n=14）			
	試験開始時		試験終了時		試験開始時		試験終了時	
	菌数	（検出率）	菌数	（検出率）	菌数	（検出率）	菌数	（検出率）
総菌数	10.50 ± 0.17		10.67 ± 0.35		10.74 ± 0.22		10.65 ± 0.19	
総嫌気性菌数	10.50 ± 0.18		10.67 ± 0.35		10.74 ± 0.23		10.65 ± 0.19	
総好気性菌数	7.68 ± 1.43		7.63 ± 1.20		8.21 ± 0.62		8.34 ± 0.53	
Bacteroidaceae	10.08 ± 0.25	(15/15)	10.27 ± 0.39	(15/15)	10.29 ± 0.26	(14/14)	10.31 ± 0.34	(14/14)
Bifidobacterium	9.76 ± 0.49	(14/15)	9.90 ± 0.53	(14/15)	9.85 ± 0.48	(14/14)	10.05 ± 0.44	(14/14)
Bifidobacterium 占有率（%）	24.74 ± 16.64		27.70 ± 22.71		18.54 ± 14.99		33.88 ± 21.62[a]	
Eubacterium	9.70 ± 0.40	(15/15)	9.66 ± 0.63	(15/15)	9.89 ± 0.34	(14/14)	9.64 ± 0.47	(14/14)
Clostridium（レチナーゼ陽性）	3.81 ± 1.20	(7/15)	3.89 ± 1.26	(4/15)	4.18 ± 1.72	(6/14)	4.23 ± 1.36	(5/14)
Clostridium（レチナーゼ陰性）	8.03 ± 1.05	(15/15)	8.24 ± 0.77	(15/15)	7.55 ± 2.00	(14/14)	8.14 ± 0.70	(14/14)
Fusobacterium	N. D.	(0/15)	8.78 ± 0.76	(4/15)	8.89 ± 0.70	(3/14)	8.88 ± 0.37	(5/14)
Veillonella	N. D.	(0/15)	9.66 ± 0.10	(3/15)	9.3	(1/14)	9.10 ± 0.28	(2/14)
Peptoococcaceae	9.31 ± 0.38	(8/15)	8.83 ± 0.50	(3/15)	9.03 ± 1.06	(6/14)	8.07 ± 1.21	(4/14)
Lactobacillus	4.54 ± 0.70	(12/15)	4.81 ± 1.40	(11/15)	5.43 ± 1.43	(12/14)	7.52 ± 1.11[b]	(14/14)
Lactobacillus GG 株	N. D.[C]	(0/15)	N. D.[C]	(0/15)	N. D.[C]	(0/14)	7.51 ± 0.99	(14/14)
Streptcoccus	6.50 ± 1.79	(15/15)	6.57 ± 1.44	(15/15)	7.00 ± 1.06	(14/14)	7.21 ± 0.83	(14/14)
Enterobacteriaceae	6.70 ± 1.58	(15/15)	6.42 ± 1.41	(15/15)	6.86 ± 1.44	(14/14)	7.01 ± 1.11	(14/14)
Yeasts	3.58 ± 0.05	(4/15)	3.22 ± 0.67	(5/15)	3.42 ± 0.80	(4/14)	3.18 ± 0.93	(5/14)

菌数：対数平均±標準偏差
検出率：検出者数／被験者数
[a]$p<0.05$：試験開始時に対して
[b]$p<0.001$：試験開始時及びプラセボ群試験終了時に対して
N. D.：非検出（BL 培地；10^7，10^8，10^9 希釈平板）
N. D.[C]：非検出（LBS 培地；10^1，10^3，10^5 希釈平板）

週に改善する傾向は見られたが統計的な有意差はなかった。血清中の総 IgE，スギ特異的 IgE，Th1/Th2 ともにスギ花粉飛散に伴う変化は認められなかった。血清 TARC は花粉の飛散に伴う変化が見られたが，両群間での統計的有意差は認められなかった。このことから試験発酵乳にはスギ花粉症症状の改善に一定の作用を有する可能性が示唆された。また，この発酵乳の摂取効果には少なくとも 6 週間以上の期間摂取する必要があるものと推測された。この試験開始時と終了時の糞便の腸内細菌叢を調査したところ，試験発酵乳摂取群では試験終了時には *Lactobacillus* 数と *Bifidobacterium* の優占率の増加が認められた（表 1）。プラセボ群ではそのような変化はなかった。試験発酵乳の摂取によって腸内細菌叢が改善されていることが明らかになったことから，この発酵乳摂取の抗アレルギー作用に腸内細菌叢の改善が間接的に関与していることが推測された。

6　おわりに

免疫学研究の進展によって，ヒト免疫機能の発達及び正常化に腸内細菌が重要な役割を果たしていることがより明らかにされつつある。それに伴い，乳酸菌あるいはそれを含む発酵乳の花粉症など鼻アレルギーに対する予防及び改善作用が期待され，この分野の研究は近年盛んに行なわれてきており，幾つかの優れた乳酸菌が選抜され商品化もなされている。これらの乳酸菌は動物・培養細胞試験において，Th1/Th2免疫バランスを調整し，食物抗原刺激による血清IgEの上昇を抑制している。ヒト臨床試験では，アンケート調査などによってこれらの乳酸菌のアレルギー症状の改善効果が観察されたが，これらの乳酸菌は動物試験のように被験者の血清IgEには影響を与えなかった。従って，花粉症など鼻アレルギー症状に対する乳酸菌の可能性をより明確にするために，症状改善の客観的な評価及び関与機序の多方面の解析はまだ必要であると考えられている。

一方，Kalliomäkiらは*L. rhamnosus* GG株の摂取がアトピー皮膚炎の発症を有意に抑制し，アレルギー疾患に対して乳酸菌が予防効果を持つ可能性を示唆している。著者ら[16]はアトピー性皮膚炎自然発症モデル動物であるNC/ngaマウスを用いて，*L. rhamnosus* GG株のアトピー性皮膚炎の予防効果を再確認し，ヒト臨床試験と同様に*L. rhamnosus* GG株の抗アレルギー作

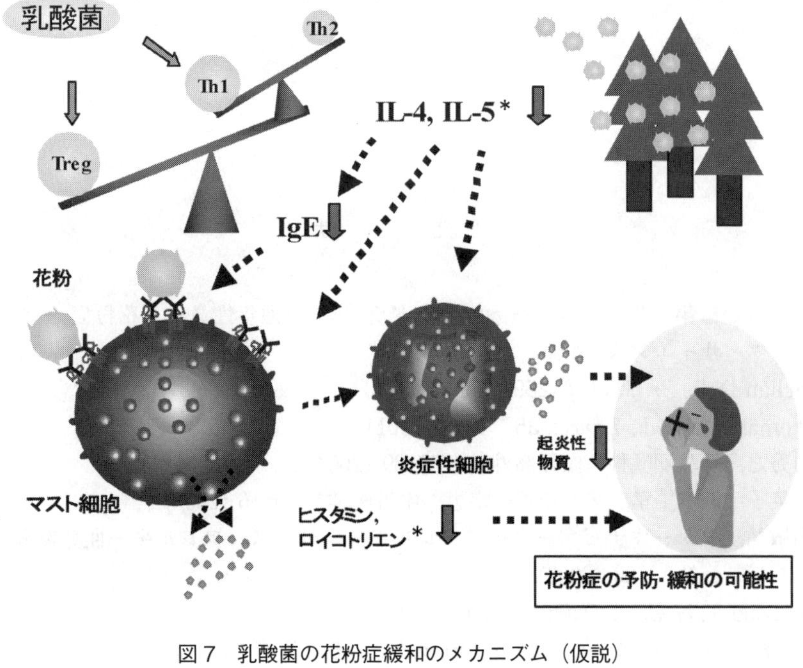

図7　乳酸菌の花粉症緩和のメカニズム（仮説）

用が血清 IgE の変化に密接には関与していないことも明らかにした。これらの研究結果から，乳酸菌は腸管免疫細胞に関与して Th1/Th2 バランス改善の他に，制御性 T 細胞，マスト細胞，炎症性細胞の活性化調節など多様な生体免疫調節機構を介して，アレルギー症状の改善を果たしていると考えられる（図 7）。

著者らはモルモット及びラットを用いて，鼻粘膜血管透過性，鼻腔抵抗性を評価指標として，鼻アレルギー症状に対する乳酸菌の改善効果をより客観的に評価した。その結果，乳酸菌（*L. rhamnosus* GG 株と *L. gasseri* TMC0356 株）は抗原刺激による鼻粘膜血管透過性，鼻腔抵抗の上昇を有意に抑制したが，供試動物の血清 IgE 上昇への影響が見られなかった。さらに，ヒト臨床試験において，供試乳酸菌を含む発酵乳の摂取はこれまで報告されているように，被験者のスギ花粉に対するアレルギー症状の改善は見られているが，血清 IgE への影響はなかった。これらの研究結果は，乳酸菌が血清 IgE を変化させなくても，スギ花粉アレルギーの症状改善にも期待できることを示唆し，乳酸菌の抗アレルギー作用に関する新たな科学的根拠を与え，機能性乳酸菌の新しい選抜評価方法を確立した。

発酵乳，乳酸菌の鼻アレルギーに及ぼす影響を評価した臨床試験はまだ多くはない。薬とは異なり，一般に食品による抗アレルギー効果は長期間の摂取によってはじめて効果が得られるものである。加えて，被験者のアレルギー症状は抗原の種類や曝露量，時期や生活場所によっても変化するため，そのアレルギー症状に与える影響を評価する為には二重盲検試験による客観的な評価を多く実施するなどにより明らかになってくるものと思われ，今後のさらなる研究発展が期待される。

文　　献

1）奥田稔ほか編集，鼻アレルギー診療ガイドライン ―通年性鼻炎と花粉症― 改訂第 5 版，㈱ライフ・サイエンス（2005）

2）Strachan D. P., *Br. Med. J.*, **299**, 1259（1989）

3）Kalliomäki M. *et al.*, *Lancet*, **357**, 1076（2001）

4）川内秀之，耳鼻咽喉科・頭頸部外科，**76**, 39（2004）

5）横尾英子，岡本美孝，アレルギー疾患，中外医学社，p.16（2003）

6）増山敬祐，ファーマナビゲーター　アレルギーシリーズ－アレルギー性鼻炎編，㈱メディカルレビュー社，p.20（2003）

7）Matsuzaki T. *et al.*, *J. Dairy Sci.*, **81**, 48（1998）

8）Shida K. *et al.*, *Int. Arch. Allergy Immunol.*, **115**, 278（1998）

9) Kojima M. *et al., Japan. J. Allergol.*, **35**, 180 (1986)
10) Kawase M. *et al., Biosci. Biotechnol. Biochem.*, **70**, 3025 (2006)
11) 朝倉光司，形浦昭克，アレルギーの領域，**3**, 13 (1996)
12) Pochard P. *et al., J. Allergy Clin. Immunol.*, **110**, 617 (2002)
13) Ishida Y. *et al., Biosci. Biotechnol. Biochem.*, **69**, 1652 (2005)
14) Xiao J. Z. *et al., J. Investig. Allergol. Clin. Immunol.*, **16**, 86 (2006)
15) Fujiwara D. *et al., Allergol. Int.*, **54**, 143 (2005)
16) Sawada J. *et al., Clin. Exp. Allergy,* **37**, 296 (2007)

第19章 プロバイオティクスによる腸管感染防御

野本康二*

1 はじめに

現在においても下痢症による死亡率は世界の5歳以下の全小児の死亡率の20%を上回るとされている。赤痢菌，コレラ菌，病原大腸菌，カンピロバクター，ロタウイルスなどを病原微生物とする急性感染性下痢症は開発途上国における主要な死亡原因である[1]。一方で，医療界では，重症患者における腸内菌叢のかく乱が主な原因とされる内在性感染症，あるいは多剤耐性菌による院内感染症が問題となっている。これまでヨーグルト，乳酸菌飲料，あるいは他の発酵食品の中に含有されている一部の有用菌が，プロバイオティクスという医学的概念として認識されるようになった[2]。本稿においては，急性下痢症，新生児および小児科，消化器外科といった領域におけるプロバイオティクスの臨床研究を概説するとともに，動物実験モデルにおけるプロバイオティクスの感染防御作用と作用機序について考察する。

2 急性下痢症に対するプロバイオティクスの感染防御作用

2.1 ロタウイルス感染性下痢に対する作用

ロタウイルス下痢症は，生後6ヶ月から2歳の間の乳幼児を主体に発生し，嘔吐やそれに続く急激な水様性下痢を主症状とする。治療は脱水に対する補液と栄養管理である。プラセボを対照とする二重盲検ランダム化試験によるロタウイルス感染性下痢に対する種々のプロバイオティクスの効果が報告されている[3~5]。例えば，ヨーロッパにおいて実施された多施設試験[5]では，291名の1−3ヶ月令の下痢入院乳児が無作為に2群に分けられ，入院4−6時間目の脱水処置の後に，乳酸桿菌 *L. rhamnosus* GG株あるいはプラセボが投与されたが，*L. rhamnosus* GG株群では下痢発症期間がプラセボ群に比べて有意に短かったと報告されている。一方で，6−36ヶ月令の患児（このうち75%がロタウイルス感染）を対象とするプラセボ対照二重盲検ランダム化試験において，*L. reuteri* SD2222株の摂取により水様性下痢の期間がプラセボ群に比べて短縮化され

* Koji Nomoto ㈱ヤクルト本社中央研究所 基礎研究二部 臨床微生物研究室 副主席研究員

る傾向が認められた[4]。さらに，タイで実施された175名の6–36ヶ月令の保育園児を対象とする試験においては，試験群は，粉ミルク摂取群，*Bifidobacterium Lactis* Bb12を添加された粉ミルクの摂取群，あるいは*B. Lactisi* Bb12および*Streptococcus thermophilus*を添加された粉ミルク摂取群の3群に分けられ，ロタウイルス感染の指標として唾液中の抗ロタウイルスIgA抗体の力値が測定された[6]。粉ミルクのみの対照群の30.4%において，8ヶ月の試験期間中に4倍かそれ以上の抗体価の上昇が認められたが，*B. Lactis* Bb12投与群，あるいは*B. Lactis* Bb12および*S. thermophilus*投与群の大多数において全く抗体価の上昇が認められなかった。また，バングラデシュで行われた，4－24ヶ月令の230名の男児を対象とするプラセボ対照二重盲検ランダム化試験において*Lactobacillus paracasei* ST11の急性下痢症に対する効果が調べられている[7]。下痢を発症して2日以内の小児に1日あたり10^{10} CFUのST11を含有する生菌製剤が5日間与えられた。その結果，下痢発症期間，ORS摂取量，排便回数，排便量等の臨床症状による判定では，ST11は重症のロタウイルス下痢症には無効であったが，非ロタウイルス性下痢症には有効である，との結果が得られている。

上記のようなプロバイオティクスのウイルス性下痢症低減作用のメカニズムとして，プロバイオティクスによる，腸管局所の抗ウイルス免疫増強，ウイルス粒子の直接的な不活化，ウイルスの腸管上皮粘膜への接着抑制，等が考えられているが，詳細は明らかにされていない。

2.2　抗生剤誘導下痢症

抗生剤を処方された患者の20%で腸内菌叢のバランス異常による下痢が起こるとされている。プラセボ対照二重盲検試験において，*Saccharomyces boulardii*，*L. rhamnosus* GG株，*Bifidobacterium longum*あるいは*Enterococcus faecium* SF68株といったプロバイオティクスが，健常者あるいは抗生剤を処方された患者の下痢発症率を有意に低下させることが報告されている[2]。クリンダマイシンや広域セファロスポリンなどの抗生剤投与下における*Clostridium difficile*による下痢症が問題となっている。*C. difficile*感染症の特徴は，抗生剤による内在性腸内菌叢の撹乱が引き金となって誘導されること，種々の毒素産生を許してしまうことにより，ときには偽膜性腸炎へと重篤化すること，さらには除菌処置の中止とともに再発する率が高いことである。*C. difficile*感染の再発に対するプロバイオティクスの予防効果が検討されている。すなわち，除菌のためのバンコマイシンに*S. boulardii*を併用することにより，プラセボ投与群に比べて，*S. boulardii*投与群において有意な再発予防作用（*S. boulardii*群：16.7%，プラセボ群：50%，P=0.05）が認められた[8]。この試験における*S. boulardii*の感染防御メカニズムとして，*C. difficile*の病因として重要なtoxin AあるいはB，さらには腸管粘膜上皮のこれらの毒素に対する受容体が，*S. boulardii*の産生するタンパク分解酵素により消化されてしまうのではないかと考察されている[8]。抗生剤誘導下痢に対するプロバイオティクスのプラセボ対照二重盲検試験効果に関するメタ分析の結果，*S. boulardii* や乳酸桿菌といったプロバイオティクスの作用が有意であることが明らかにされている[9, 10]。これらに続き最近でも抗生剤投与下の高齢者や小児患者における *S. boulardii* の抗生剤誘導下痢に対する予防作用が報告されている[11, 12]。

2.3 旅行者下痢症

旅行者下痢症は，亜熱帯あるいは熱帯を旅行した後の先進国住民に発生する下痢症（1日3回以上の下痢）である。トルコの2箇所に旅行した820名の旅行者について *L. rhamnosus* GG株飲用の効果が試験された。2箇所を合わせた結果では，*L. rhamnosus* GG株の効果は有意でなかったが，1箇所については有意な下痢発症の低下が認められている[13]。このほかにも，282名の軍人を対象とする *L. acidophilus* LA株あるいは *L. fermentum* KLD株の下痢予防作用に関する試験があるが，有意な予防作用は認められていない[14]。旅行者下痢症の試験では，対象となる旅行地を適切に選択することなどにより，より信頼性の高い結果を得る必要があるものと考えられる。

3 新生児および小児科領域におけるプロバイオティクスの効果

壊死性腸炎は，未熟な腸管が分娩前後の低酸素状態，腸内細菌，ミルクの投与などにより障害をうけ炎症，壊死や穿孔を生ずる疾患で，集中治療室における早産児（1,500g未満）の10-25%，あるいは極低出生体重児の1/3から1/2において発生するとされている。死亡率は20-30%と高く，さらに短腸症や腸閉塞などの後遺症も約1/4に発生する[15]。腸球菌，大腸菌，ブドウ球菌，さらに *Clostridium perfringens* などの増加といった壊死性腸炎患者における腸内菌叢の異常がその症状の悪化要因であることも示唆されている。ビフィズス菌や乳酸桿菌による壊死性腸炎の発症低下作用が報告されている[16]。コロンビアの試験では，1,237名の新生児に 2.5×10^8 CFUの *L. acidophilus* および *B. infantis* が投与されたが，前年の1,282名の非投与入院患者にくらべて壊死性腸炎の発症は60%低下した[16]。本邦においては，Kitajimaらにより，極低出生体重児に *B. breve* Yakult株生菌を投与することにより，①投与ビフィズス菌が高レベルで腸管内に定着する，②腸球菌などの腸内細菌の異常増殖が阻止される，③腸管内ガス産生が抑制される，ことが報告されている[17]。臨床症状として，ビフィズス菌の定着群では体重増加の改善や胃内ガス吸引量の減少，摂取カロリーの上昇が認められたとしている。Kanamoriらは，新生直後より重症の小児外科疾患（短腸症候群，Hirschsprung病，喉頭気管食道裂）の患児において，*L. casei* Shirota株，*B. breve* Yakult株およびガラクトオリゴ糖の3者で構成されるシンバイオティクス（プロバイオティクス＋プレバイオティクス）療法を施行（経腸あるいは胃内）したところ，腸内菌叢，腸管機能（ぜん動運動，Na+ 塩の吸収）の改善とともに全身症状も顕著に改善し得たと報告している[18~20]。さらにCandyらは，短腸症の男児について，*L.casei* Shirota株を与えたところ，尿中へのNa+ 塩の排泄が改善され，排便回数も投与前の1日12回が4回に減じ，しかも夜間の排便がなくなった，等の作用が認められたことを報告している[21]。上記の作用機序として，プロバイオティクスによる腸内悪玉菌に対する競合拮抗作用や産生された有機酸の作用（腸管運動亢進，pH低下，Na+ 塩吸収）が重要であることが考察されている。

4　消化器外科領域における感染性合併症の予防

消化器外科手術後の感染性合併症の予防が同領域臨床の大きな課題となっており，さらに，多剤耐性緑膿菌やメチシリン耐性黄色ブドウ球菌（MRSA）などの抗生剤低感受性菌による感染症の発生を未然に防ぐために抗生剤の使用が控えられる傾向の中で，術後感染症の解決策としてプロバイオティクスやシンバイオティクスが導入されている。Rayesらは，95例の肝移植症例において（a）抗生剤による腸管内除菌群（b）シンバイオティクス投与群（c）死菌乳酸菌投与群の3群間で術後合併症を比較検討した[22]。シンバイオティクス療法群には，プロバイオティクスとして*Lactobacillus plantarum* 299を，プレバイオティクスとしてオート麦（燕麦）が12日間にわたり投与された。退院までの術後感染症の発症率は，（a）群48%，（b）群13%，（c）群34%であり，シンバイオティクス療法群の術後感染症は腸管内除菌群に比べ有意に低かったと報告されている[22]。また，同グループは，シンバイオティクス療法として4種類の乳酸菌と4種類のファイバーを組み合わせて投与すると，さらに術後感染症は減少し，3%（33人中1人のみ）となったことを報告している[23]。これらの結果は，抗生剤による腸管内除菌だけでは十分にコントロールできない術後感染性合併症症がシンバイオティクス療法によって減少させ得ることを示している。

一方，Olahらは，45例の急性膵炎症例において治療群（シンバイオティクス投与＋経腸栄養）と対照群（死菌乳酸菌＋経腸栄養）で感染性合併症の発症率を比較検討している[24]。プロバイオティクスとして*L. plantarum* 299を，プレバイオティクスとしてオート麦が1週間投与された。その結果，感染性の膵壊死や膿瘍の発症率は，対照群では30.4%（7/23）であったのに対し，シンバイオティクス治療群では4.5%（1/22）と有意に減少していた。

さらに名古屋大学・腫瘍外科グループの梛野・金澤らは，44例の胆道癌症例において，シンバイオティクス投与群と非投与群で術後感染症の発生を比較検討している[25]。プロバイオティクスとして*B. breve* Yakult株，*L. casei* Shirota株の2種類を含む生菌製剤が，プレバイオティクスとしてガラクトオリゴ糖が術後経腸栄養に添加された。その結果，術後感染性合併症の発生率は，非投与群の52%（12/23）に比べてシンバイオティクス投与群では19%（4/21）と有意に減少した（表1）。腸内細菌叢を比較したところ，投与群では非投与群に比べてビフィズス菌および乳酸桿菌が有意に増加し，一方，大腸菌群，緑膿菌，カンディダといった日和見感染起因菌が

表1　胆道癌患者におけるシンバイオティクスによる術後感染症の予防

	非投与対照群（23名）	シンバイオティクス群（21名）
創傷部感染	6	3
菌血症	4	1
腹腔内膿瘍	4	1
肺炎	1	0
術後感染症	12（52%）	4＊（19%）

胆管癌患者の術後の経腸栄養に，*B. breve* Yakult 株および *L. casei* Shirota 株（1.5×10^{10} CFU/ 日）およびガラクトオリゴ糖（55%溶液，12g/ 日）が添加されたシンバイオティクス群（21例）では，非投与対照群（23例）にくらべて，術後の感染性合併症の発症率が低かった。＊ $p < 0.05$.（文献25より改変して引用）

減少していた（図1）。本感染防御作用においては，患者腸内の有機酸濃度も健常人レベルに改善されている（図2）ことから，シンバイオティクス療法が，腸管環境を改善することにより，カンディダ，緑膿菌，あるいは大腸菌群といった腸管内の日和見感染起因菌の術後の増殖さらにはその生体内侵襲を抑制するものと考えられる。さらに同グループでは，術後の経腸栄養へのシンバ

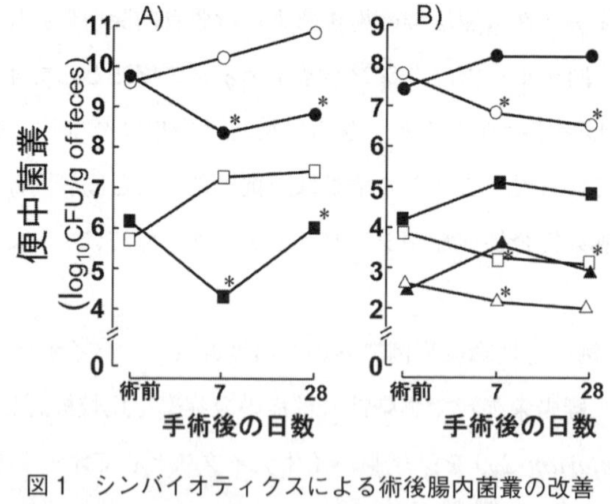

図1　シンバイオティクスによる術後腸内菌叢の改善

表1と同様の処置を受けた患者の手術直前，手術7および28日目の新鮮便の細菌叢が調べられた。

A）○：シンバイオティクス群のビフィズス菌数，●：対照群のビフィズス菌数，□：シンバイオティクス群の乳酸桿菌数，■：対照群の乳酸桿菌数。

B）○：シンバイオティクス群の大腸菌群菌数，●：対照群の大腸菌群菌数，□：シンバイオティクス群のカンディダ菌数，■：対照群のカンディダ菌数，△：シンバイオティクス群の緑膿菌数，▲：対照群の緑膿菌数。術後の腸内菌叢の顕著な乱れがシンバイオティクス投与により改善された。＊ $p < 0.05$.（文献25より改変して引用）

イオティクス添加に加えて，術前にシンバイオティクス飲料（*B. breve* Yakult株，*L. casei* Shirota株，ガラクトオリゴ糖を含む）をあらかじめ飲用することで，患者の炎症症状の軽減，NK活性など免疫状態の改善などの術後の状態がさらに有意に改善されることを報告している[26]。

大阪大学・救命救急医療センターの小倉・清水らは，救命救急医療におけるSIRS（Systemic inflammatory response syndrome：全身性炎症反応症候群）状態における患者腸内フローラが健常成人に比べて，著しくかく乱されていることを報告している[27]。特に，腸内フローラを健常に保つと考えられているビフィズス菌や乳酸桿菌の数は健常成人に比べて1/100から1/1000と少なく，逆に感染症の原因となり得るブドウ球菌などの通性嫌気性菌数が増加していることが確認された。さらに，上記の腸内フローラの異常を反映するような腸内環境の悪化（腸内有機酸量の低下や腸内pHの上昇）が認められた[27]。そこで，SIRS状態の患者において同様のシンバイオティクス療法が検討された[28]。その結果，予想されたとおり，シンバイオティクス療法を受けた患者の腸内ビフィズス菌や乳酸桿菌は，入院後著しく増加し，腸管内有機酸濃度もシンバイオティクスによる改善が明らかであった。腸炎，肺炎，敗血症といった全身性の感染症の発症率も，シンバイオティクスを受けなかったグループに比べてはるかに低いことが示されている。

バクテリアルトランスロケーション（BT）とは『腸管粘膜を介して生きた腸内細菌が腸管内から粘膜固有層，そしてそれから腸管膜リンパ節（MLN）や他の臓器に移行する』ことと定義されている[29]。BTを惹起する要因として，①腸管内における細菌の異常増殖，②消化管壁のバ

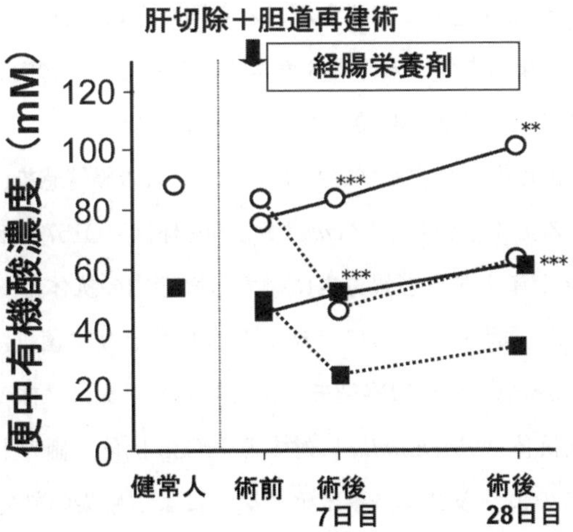

図2　シンバイオティクスによる術後腸内環境の改善

表1と同様の処置を受けた患者から，手術直前，手術7および28日目に得られた新鮮便の有機酸濃度を調べた。○—○：シンバイオティクス群の便中総有機酸濃度，○- - ○：対照群の便中総有機酸濃度，■—■：シンバイオティクス群の便中酢酸濃度，■- - ■：対照群の便中酢酸濃度。術後の腸内環境の乱れがシンバイオティクスにより著明に改善された。＊＊ $p < 0.01$，＊＊＊ $p < 0.001$.（文献25より改変して引用）

リアー機能の障害，③侵襲してくる細菌に対する生体防御機構の不全，が重要と考えられている。従って，プロバイオティクス，シンバイオティクスの投与により腸内で産生される有機酸が消化器外科の術後感染症における上記のBTの3要素を改善している可能性がある。以上の結果から，シンバイオティクス療法が，手術侵襲などの重症病態において，腸内細菌叢を改善し感染合併症を防止する効果をもつ可能性が示唆される。

5　実験的腸管感染症に対するプロバイオティクスの効果

腸管出血性大腸菌やサルモネラ菌等の食中毒起因性の腸管病原菌に対するプロバイオティクスの感染防御作用をヒトで検証することは，その散発性などの点から容易ではない。従って，こういった腸管病原菌に対するプロバイオティクスの感染防御作用やその作用機序が動物実験により検証されてきた。プロバイオティクスの多くは飲用後比較的速やかに腸管を通過して便中に排泄される，いわゆる通過菌である。しかしながら，連続的な抗生剤投与によって腸管環境を乱した状況のマウスに，投与された抗生剤に自然耐性を有するプロバイオティクス（*B. breve* Yakult株）を与えると，プロバイオティクスは腸内に大量に長期間定着する。この状況で強力な腸管病原菌であるサルモネラ菌や腸管出血性大腸菌O157：H7を経口感染させると，その腸管内での爆発的な増殖や生体内への侵襲，あるいは毒素産生といった感染菌の病原性が顕著に抑制される[30, 31]（図3，4-a）。さらに，O157の重要な病原因子である志賀毒素の産生や志賀毒素遺伝子の発現をビフィズス菌がほぼ完全に抑制することも明らかにされている（図4-b）。このようなプロバイオティクスの感染防御作用の作用メカニズムとして，腸管内環境（有機酸濃度およびpH）の改善作用が重要であることが示唆されている（図4-c,d）。

一方で，宿主の感染防御機構を介するプロバイオティクスの腸管感染防御作用の可能性も動物実験により示唆されている。すなわち，*L. casei* Shirota株は，O157の腸管内増殖を抑制するのみならず，O157やO157が産生する志賀毒素に対する腸管内の抗体価を上昇させる作用を有することが報告されている[32]（図5）。さらに，ラットのリステリア菌（*Listeria monocytogenes*）や旋毛虫（*Trichinella spiralis*）の経口感染モデルにおいて，シロタ株の経口投与により遅延型過敏症反応の亢進や特異抗体（*Trichinella*に対するIgG2b抗体）価の上昇が認められることも報告されている[33, 34]。このようなプロバイオティクスによる感染防御免疫促進作用は，自然免疫系の抗菌活性を直接的に増強したり，あるいは抗原提示細胞（マクロファージや樹状細胞）への刺激を介して獲得免疫系を増強する作用を介して発揮されるものと考えられている[35]。

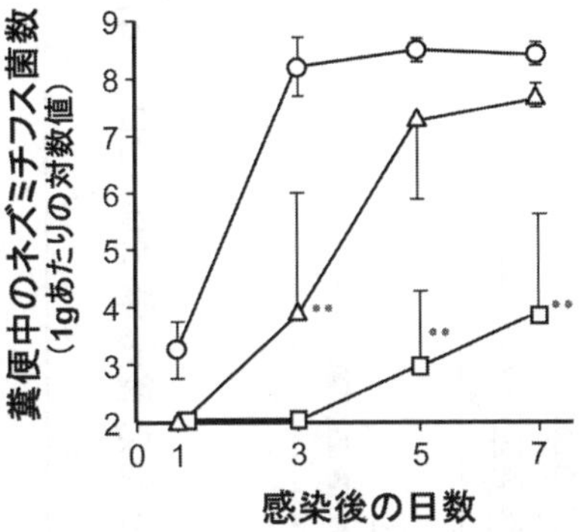

図3　抗生剤（ストレプトマイシン）投与下のマウス腸管内における
ネズミチフス菌の増殖に対するプロバイオティクスの増殖抑制作用

ストレプトマイシン投与下のマウスに10^2個のネズミチフス菌を経口感染させ，感染後のマウスの糞便中に排泄されるネズミチフス菌の生菌数を調べた。感染後急激な排泄菌数の上昇が認められる対照群（○）に比べて，*B. breve* Yakult 株投与群（△）および *B. breve* Yakult 株とガラクトオリゴ糖を併用投与した群（□）では，排泄菌数が顕著に低かった。＊＊$p < 0.01$.（文献30より引用）。

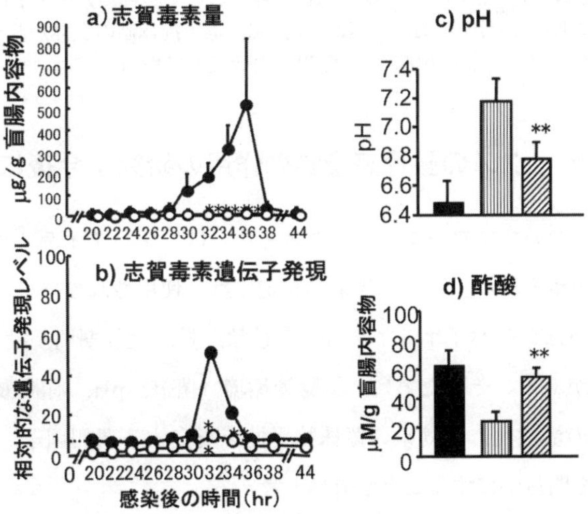

図4　抗生剤（フォスフォマイシン）投与下のマウスにおける腸管出血性
大腸菌O157：H7に対するプロバイオティクスの感染防御作用

フォスフォマイシン投与下のマウスに500個のO157菌を経口感染させ，主要な感染部位である盲腸内のa）志賀毒素量，b）志賀毒素遺伝子発現レベルの変化，c）pH，d）酢酸濃度，を調べた。a, b）●：O157感染対照群，○：O157感染＋プロバイオティクス。c, d）■：無処置正常マウス，▥：O157感染対照群，▨：O157感染＋プロバイオティクス。（文献31より改変して引用）。

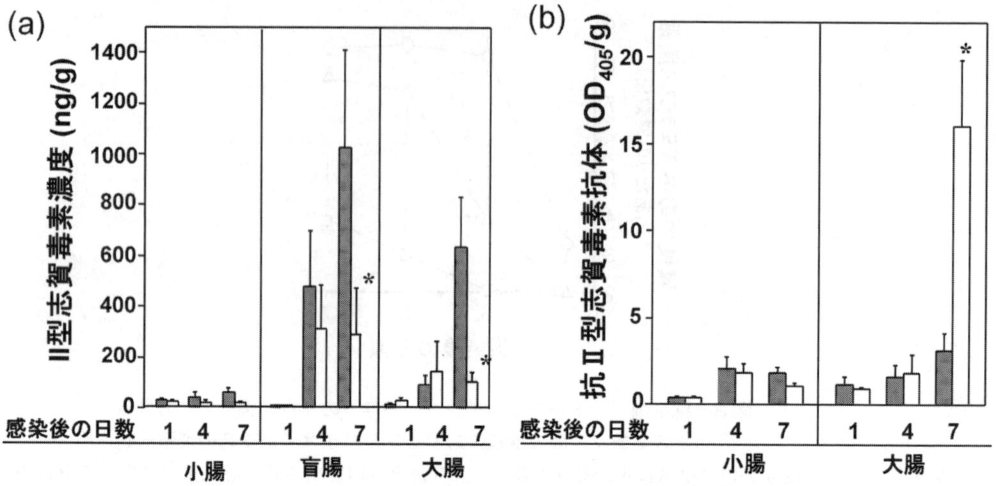

図５　腸管出血性大腸菌 O157 の幼若ウサギ経口感染モデルにおける
プロバイオティクスの感染防御効果
(a) 腸管内の志賀毒素の産生抑制，(b) 抗志賀毒素抗体産生の増強
3 日令の幼若ウサギに 2×10^3 個の O157 を経口感染させ，その 4 および 7 日後の腸管内の志賀毒素濃度を調べた。生後 1 日目から連日乳酸桿菌 *L. casei* Shirota 株を経口投与することにより，(a) 感染 7 日目における O157 の腸管の各部位における，*L. casei* Shirota 株投与群において志賀毒素産生が抑制されており，(b) *L. casei* Shirota 株投与群において対照群に比べて顕著な抗志賀毒素抗体価の上昇が認められた。■：対照群，□：*L. casei* Shirota 株投与群。＊ $p < 0.05$. (文献 32 より改変して引用)。

6　プロバイオティクスの腸管感染防御作用の研究：今後に向けて

大規模な臨床試験においてプロバイオティクスあるいはシンバイオティクスの腸管感染防御作用が検証されることが望まれる。特に，効果の判定には，使用されるプロバイオティクス（プレバイオティクスあるいはシンバイオティクス）の種類，量，投与期間，投与経路（経口，経腸）などを考慮する必要がある。そのために，①腸管環境（菌叢，pH，有機酸濃度など）の改善，②宿主生体防御機構の活性化，③効果の菌株特異性を規定する菌側因子，といったプロバイオティクスの作用機序を明らかにすることが有効と考える。

文　　献

1) M. Kosek *et al.*, *Bull. World Health Organ.*, **81**, 197 (2003)
2) G. Reid, *Clin. Microbiol. Rev.*, **16**, 658 (2003)

3) E. Isolauri *et al., Pediatrics,* **88**, 90 (1991)
4) A. V. Shornikova *et al., J. Pediatr. Gastroenterol. Nutr.,* **24**, 399 (1997)
5) S. Guandalini *et al., J. Pediatr. Gastroenterol. Nutr.,* **30**, 54 (2000)
6) J. M. Saavedra *et al., Lancet,* **344**, 1046 (1994)
7) S. A. Sarker *et al., Pediatrics,* **116**, 221 (2005)
8) L. V. McFarland *et al., Am. J. Gastroenterol.,* **90**, 439 (1995)
9) A. L. D' Souza *et al., Brit. Med. J.,* **324**, 1361 (2002)
10) H. Szajewska *et al., Aliment. Pharmacol. Ther.,* **22**, 365 (2005)
11) M. Can *et al., Med. Sci. Monit.,* **12**, 119 (2006)
12) M. Kotowska *et al., Aliment. Pharmacol. Ther.,* **21**, 583 (2005)
13) P. J. Oksanen *et al., Ann. Med.,* **22**, 53 (1990)
14) P. H. Katelaris *et al., N. Engl. J. Med.,* **333**, 1360 (1995)
15) A. Lucas *et al., Lancet,* **336**, 1519 (1990)
16) A. B. Hoyos *et al., Int. J. Dis.,* **3**, 197 (1999)
17) H. Kitajima *et al., Arch. Dis. Child. Fetal. Neonatal. Ed.,* **76**, F101 (1997)
18) Y. Kanamori *et al., Digest. Dis. Science,* **46**, 2010 (2001)
19) Y. Kanamori *et al., Clin. Nutr.,* **21**, 527 (2002)
20) Y. Kanamori *et al., Pediatr. Intern.,* **45**, 359 (2003)
21) D. C. A. Candy *et al., J. Pediatr. Gastroenterol. Nutr.,* **32**, 506 (2001)
22) N. Rayes *et al., Transplantation,* **74**, 123 (2002)
23) N. Rayes *et al., Nutrition,* **18**, 609 (2002)
24) A. Olah *et al., Br. J. Surg.,* **89**, 1103 (2002)
25) H. Kanazawa *et al., Langenbeck' s Arch. Surg.,* **390**, 104 (2005)
26) G. Sugawara *et al., Annal. Surg.,* **244**, 706 (2006)
27) K. Shimizu *et al., J. Trauma,* **60**, 126 (2006)
28) K. Shimizu *et al., Crit. Care Med.,* **suppl.**, A9 (2005)
29) R. Wiest *et al., Best Pract. Res. Clin. Gastroenterol.,* **17**, 397 (2003)
30) T. Asahara *et al., J. Appl. Microbiol.,* **91**, 985 (2001)
31) T. Asahara *et al., Infect. Immun.,* **72**, 2240 (2004)
32) M. Ogawa *et al., Infect. Immun.,* **69**, 1101 (2001)
33) R. de Waard *et al., Clin. Diagn. Lab. Immunol.,* **10**, 59 (2003)
34) R. de Waard *et al., Clin. Diagn. Lab. Immunol.,* **8**, 762 (2001)
35) 野本康二，細胞，**37**, No.1, 18 (2005)

第20章　乳酸菌のウイルス感染防御作用

保井久子*

1　はじめに

いわゆる乳酸菌は，糖類をエネルギー源として乳酸を主要な代謝産物とする細菌の総称である。形態的には桿菌と球菌があり，乳酸のみを産生するホモ発酵菌と乳酸，エチルアルコール，炭酸ガス，有機酸などを産生するヘテロ発酵菌がある。そして，乳酸菌は自然界に広く分布している細菌で，私たち人間をはじめとする動物の腸内にも腸内細菌の一員として多数棲息している。また，古来より乳酸菌は人間の生活に密着し，特に食品加工では，多くの面で利用されている。例えばヨーグルトをはじめとする発酵乳，チーズ，パン，味噌，醤油，漬物やワインなどがその例である。発酵乳には，*Lactobacillus* 属（乳酸桿菌），*Bifidobacterium* 属（ビフィズス菌），*Streptococcus* 属（連鎖球菌）などが使われ，清酒，味噌，チーズや漬物には，それぞれ *Leuconostoc* 属，*Pediococcus* 属，*Lactococcus* 属や *Lactobacillus* 属などが使用される。近年，ヒトの腸管に棲息しており，発酵乳の創製に用いられる乳酸菌（*Lactobacillus* 属（乳酸桿菌），*Bifidobacterium* 属（ビフィズス菌）および *Streptococcus* 属（連鎖球菌））に種々の生理活性が確認され，免疫調節作用も明らかにされた[1]。そして，免疫調節作用を介してウイルス感染が予防できる可能性も示唆された。

一方，ヒトや動物には免疫系が備わっており，病原菌やウイルスなどが体内に侵入したりがんが出現するとそれらを排除しようとする。このような免疫系には，抗体が関与する液性免疫系とナチュラルキラー（NK）細胞やT細胞が関与する細胞性免疫系がある。病原菌やウイルスなどの抗原は体内に侵入すると，マクロファージや樹状細胞などの抗原提示細胞によりB細胞，T細胞に提示される。B細胞はT細胞の助けを受けて抗体を産生する。そして，再度，抗原が侵入した場合にその抗体は抗原を排除する。これが液性免疫反応である。NK細胞やT細胞ががん細胞や感染細胞を非自己と認識し，それを攻撃し排除する。これが細胞性免疫反応である。

また，外来の病原微生物やアレルゲンなどの抗原が直接遭遇する腸管や呼吸器などの粘膜組織には局所粘膜免疫が存在し，液性免疫の一つである分泌型IgAが産生され，抗原の体内への侵入を阻止する。分泌型IgAは，次の機構で産生される[2]。腸管には腸管関連リンパ組織の一つで

---

*　Hisako Yasui　信州大学大学院　農学研究科　機能性食料開発学専攻　教授

あるパイエル板が存在し，上皮細胞中にあるM細胞が管腔内の抗原をパイエル板内に取り込む。取り込まれた抗原はマクロファージや樹状細胞などの抗原提示細胞によってB細胞（IgA前駆細胞），T細胞に提示される。そして，活性化されたB細胞およびT細胞は胸管から血液循環系を介して腸管，上気道，下気道などの粘膜固有層または唾液腺，乳腺などの粘膜関連リンパ組織に到達し，そこでIgA前駆細胞はT細胞が産生するIgA誘導サイトカイン（IL-5，IL-6，IL10など）により形質細胞化してIgAを産生する。このように，各粘膜組織は相互に関連を持っている（共通粘膜免疫系）。IgAは各組織の上皮細胞で産生される分泌片と結合して分泌型IgAとして分泌され，各粘膜組織に再度侵入してきた抗原を排除する。これらの分泌型IgAは，アレルゲンや病原毒素を吸着し，ウイルスを不活化し，病原菌の上皮細胞への付着を阻止し，これらの抗原が体内に侵入するのを阻止する。局所粘膜免疫を突破して体内に侵入した病原菌やウイルスなどの抗原は，脾臓を中心とした全身性免疫組織において産生される抗体（主に血中IgG）により排除される。このように生体には幾重にも防御機構が備わっている。

本稿では，ある種の乳酸菌が生体に備わっている免疫機能を賦活化し，ウイルス感染（ロタウイルス及びインフルエンザウイルス感染）を防御する作用について述べる。

2　ウイルス感染症

ウイルスは生きた細胞に感染してその酵素などを借りて自己複製・増殖サイクルを完結する偏性細胞寄生生体であり，多種多様な種類が存在する。飛沫，食物・飲料水，性行為，輸血などを介してヒトからヒトに感染したり，またヒト以外の動物（蚊やネズミなど）を介して感染して発症する[3)]。

現在，ウイルス感染を予防・治療する特効薬の開発が各種ウイルスで試みられているが，効果や副作用の面で問題が残っている。細菌感染の治療に有効である抗生物質はウイルス感染をより悪化させることが多い。このような細胞寄生生体を予防・治療するには，宿主の免疫能を活性化し高めておくことが重要である。いくつかのウイルス感染症の予防には1769年Jennerが痘瘡に対して行った予防接種（ワクチン）の方法が行われ，効果を上げているが，①安全性に問題がありまだ開発されていない感染症や，②ウイルス粒子自身の変異が多く効果の面で問題を残す感染症などが数多く残っている。

今回は，①の感染症の一つであるロタウイルス下痢症と，②の感染症の一つであり毎年冬季の流行時には人々の健康を脅かすインフルエンザ感染症に注目し，これらの感染症に対して予防・軽減作用を示す乳酸菌について論じる。

ロタウイルス感染症は，冬季に発症する感染性胃腸炎で，米のとぎ汁のような白い下痢を起こすために赤痢に対して白痢とも言われている疾病である[4]。これは，ロタウイルスによっておこる。ロタウイルスは，直径約70nmの中型の二本鎖RNAウイルスである。日本では5歳までに大部分の小児に感染するが，6ヵ月から2歳までの乳幼児にもっとも強い臨床症状（下痢，嘔吐，発熱，脱水など）を引き起こす。栄養状態の悪い発展途上国における場合などは，死の転帰をとることもある。現在，世界で年間数十万人の乳幼児がこの疾病により死亡している。ロタウイルスワクチンの研究開発は進められているが，安全性および効能の高いワクチンは完成に至っていない。このような状況下で，ロタウイルス感染を防御するには，免疫力の増強に頼らざるを得ない。ロタウイルス感染防御には分泌型IgAの関与が大きく，分泌型IgAは腸管に侵入したロタウイルスと結合し，ウイルスの腸上皮細胞への吸着を阻止して発症を防御する。

インフルエンザは毎年，冬から春先にかけて流行する急性呼吸器感染症であり，インフルエンザウイルス（Flu）が鼻咽喉より侵入し上気道で感染した後，下気道に向かって進展し発病する。その症状はふつうの風邪と似ているが，40℃近い発熱，頭痛，腰痛，関節炎や倦怠感といった症状が認められる。

Fluは，A型，B型，C型の3グループがあり，A型ウイルスの遺伝子は非常に変化しやすい特徴をもっており，ヒトに何度でも感染する危険性があるので注意を要する。B型ウイルスによる症状は，A型ウイルスによる症状に比べて軽いのが一般的である。さらにC型ウイルスによる症状は，普通の風邪と同じで，しかも遺伝子の変化も起こさないので大きな被害はほとんどでない。

インフルエンザは，1週間程度で治癒する予後良好な病気であるが，免疫能の低い高齢者や乳幼児などは，合併症，特に肺炎や脳炎を起こし重症化する場合もあり注意を要する。そのため近年では，高齢者や乳幼児にワクチン接種を奨励している。またアマンタジン，オセルタミビル（商品名：タミフル），ザナミビルなどのインフルエンザ新薬の開発も進められている。その一方でワクチン不足や新薬に対する耐性ウイルスの出現や副作用などの問題もでてきている。このような背景のもと，我々は安全な食品を継続的に摂り宿主の免疫能を高めることにより，Flu感染を防御あるいは軽減できるのではないかと考え検討を行った。

3　液性免疫増強作用を有するビフィズス菌の抗ロタウイルス作用及び抗インフルエンザ作用

3.1　抗ロタウイルス作用

ロタウイルス下痢症の防御には分泌型IgAが重要な役割を果たす。そこで主要な腸内細菌の一つであるビフィズス菌属にIgA産生を増強する菌株があるかを腸管免疫組織の一つであるパイエル板の細胞を用いて検証した。マウスパイエル板細胞培養法を確立し，この培養系に健康なヒトの糞便由来ビフィズス菌（*B.breve* 及び *B.longum*）120株（熱処理死菌体）を添加してIgA誘導活性を測定した。その結果，高いIgA誘導活性を示す菌株として，*B.breve* 2株及び *B.longum* 1株の3株がスクリーニングされた[5)]。

3菌株の中から母乳栄養児由来の *B.breve* YIT4064株を選択し，サイトカイン産生を測定したところ，本菌株はIL-4, IL-5の産生を上昇させ，表面IgA陽性細胞数およびIgA産生細胞数を増加させた[6)]。これらのことから，本菌株はパイエル板のヘルパー2型T細胞（Th2）を活性化して，IL-4，IL-5などのサイトカインを誘導して，IgA前駆細胞（B細胞）の分化を促し，IgA産生を増強することが推測された。また，本菌株をロタウイルス，ポリオウイルスまたはインフルエンザウイルスのような強い抗原性を持つ抗原と共にパイエル板細胞培養系に添加すると，それぞれの抗原のみの添加に比べ，抗原に対するIgA産生は増加した[7)]。このことから，本菌株はアジュバント作用を有し，抗原特異的IgA産生を増強することが明らかになった。

そこで，IgA産生増強作用を有する *B.breve* YIT4064にロタウイルス感染阻止作用があるかをマウス実験系で検証した[8)]。マウスにおけるロタウイルス下痢症は8日齢までの仔マウスで発症する。しかし，このような仔マウスでは，まだ免疫機構が成熟しておらずIgA産生能も完全でないため，本菌株の効果は期待できない。そこで，母マウスの成熟した免疫機構及び共通粘膜免疫系を用いて，本菌株による仔マウスの下痢発症防御作用について調べた。雌マウスを本菌株

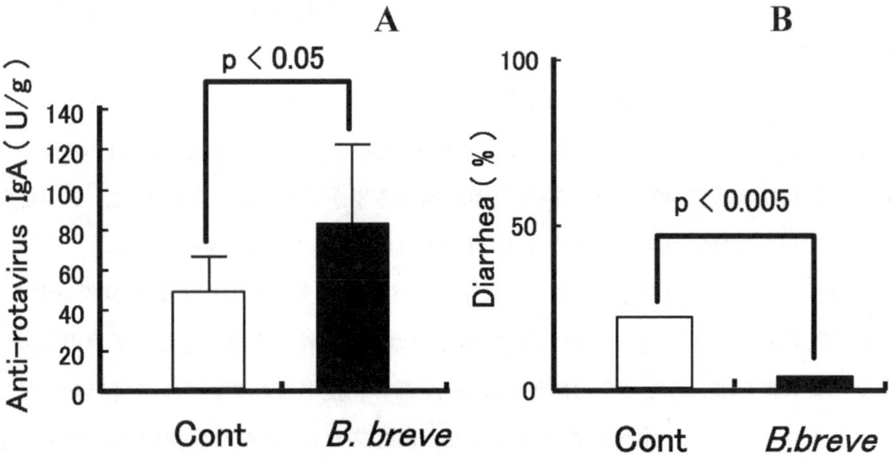

図1　*B.breve* YIT4064のIgA産生増強作用およびロタウイルス感染防御作用

母マウスに0.05% *B.breve* YIT4064（熱死菌）添加飼料（*B.breve* 群）または無添加飼料（Cont群）を出産前12週間と出産後14日間摂食させた。出産9-12日前に10^6PFUのロタウイルスを経口免疫し，母乳中の抗ロタウイルスIgAをELISAにて測定した（A）。それぞれの母マウスから授乳された5日齢の仔マウスに2×10^6 PFUのロタウイルスを感染させ，下痢発症率を観察した（B）。

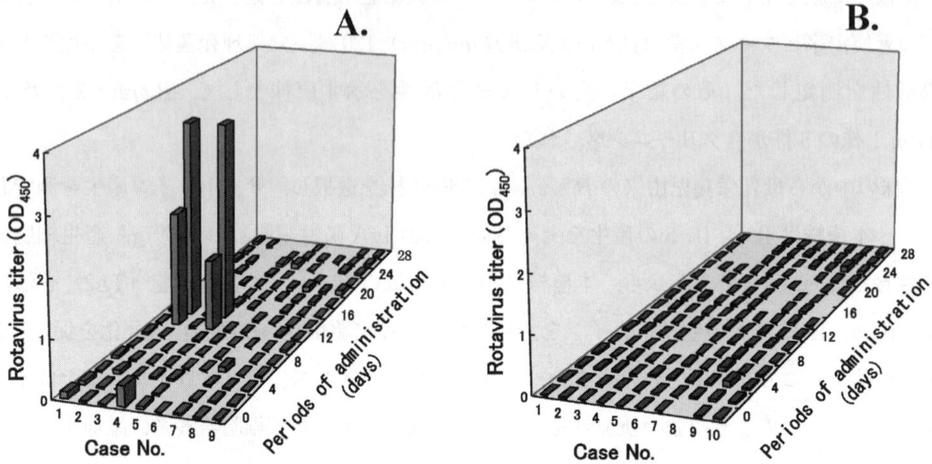

図2　*B.breve* YIT4064 摂取によるロタウイルス感染防御作用
6ヵ月から2歳の乳幼児10名に *B.breve* YIT4064（熱死菌）菌末50mg（5×10^{10}）を1日1回，4週間投与した（*B.breve* 群）。非投与の乳幼児9名をコントロールとした（Cont 群）。投与前と投与後1日おきに採糞し，糞便中のロタウイルス価をキットを用いて測定した。

添加飼料群（*B.breve* 群）と無添加飼料群（コントロール群）に分け飼育する。交配後，両群をロタウイルスで経口免疫し，出産後の母乳中抗体価を測定した。母乳中の抗ロタウイルス IgA は *B.breve* 群で有意に増加した（図1A）。また，糞便中の抗ロタウイルス IgA も *B.breve* 群で有意に増加した。さらに，それらの仔マウスにロタウイルスを感染させて下痢発症を観察したところ，*B.breve* 群の仔マウスの下痢発症率は有意に減少した（図1B）。

以上のように，経口投与された抗原に対する IgA 産生が糞便および母乳中に認められた事から，IgA 産生細胞の各粘膜組織へのホーミングが確認され，そして，*B.breve* YIT4064 を経口投与すると，各粘膜組織に分泌される IgA 量が増加する事が示唆された。さらに，この母乳中抗ロタウイルス IgA は仔マウスのロタウイルス感染を防御することが分かった。

次に本菌株の乳幼児への投与効果について検討した[9]。ロタウイルス感染症が多発する6ヵ月から2歳の乳幼児はすでに免疫応答が可能であるため，本菌株を直接投与し，糞便中に検出されるロタウイルス量を測定した。その結果，*B.breve* 群の糞便中のロタウイルス排出頻度は，非投与群（コントロール群）に比べ有意に減少した（図2）。*B.breve* 群の糞便中の抗ロタウイルス IgA は，コントロール群に比べ高値を示したことから，本菌株のロタウイルス感染防御効果は，抗体が関与していると考えられた。

以上のように，*B.breve* YIT4064 はアジュバント作用を示し，ロタウイルスに対する IgA 産生を増強し，ロタウイルス感染を防御することがマウスおよびヒト試験において示唆された。

3.2　抗インフルエンザ作用

インフルエンザはインフルエンザウイルスによって起こる呼吸器感染症である。本疾病は老人，乳幼児および心臓等に疾患をもっているヒトには危険な病気であり，肺炎を起こし死亡する場合もある。この感染防御には液性免疫（気道粘膜分泌型IgAおよび血中IgG）と細胞性免疫が関与することが明らかになっており，特に下気道感染の防御には血中IgGが関与する。そこで，マウス実験系で，*B.breve* YIT4064に血中IgG産生増強作用およびインフルエンザ下気道感染防御作用があるかを検証した[10]。マウスを*B.breve* YIT4064添加飼料群（*B.breve*群）と無添加飼料群（コントロール群）に分けて飼育し，両群にA型インフルエンザウイルス（A/PR/8/34株）を経口免疫し，血中抗体価を測定したところ，抗インフルエンザウイルスIgGが増加したマウスの割合は，*B.breve*群が有意に高かった（図3A）。このようなマウスにインフルエンザウイルスを下気道感染させて生存率を観察した結果，*B.breve*群の生存率が有意に増加した（図3B）。

以上のことから，*B.breve* YIT4064の経口投与はインフルエンザウイルスに対する血中IgG産生を増強し，インフルエンザ下気道感染を防御することが示唆された。

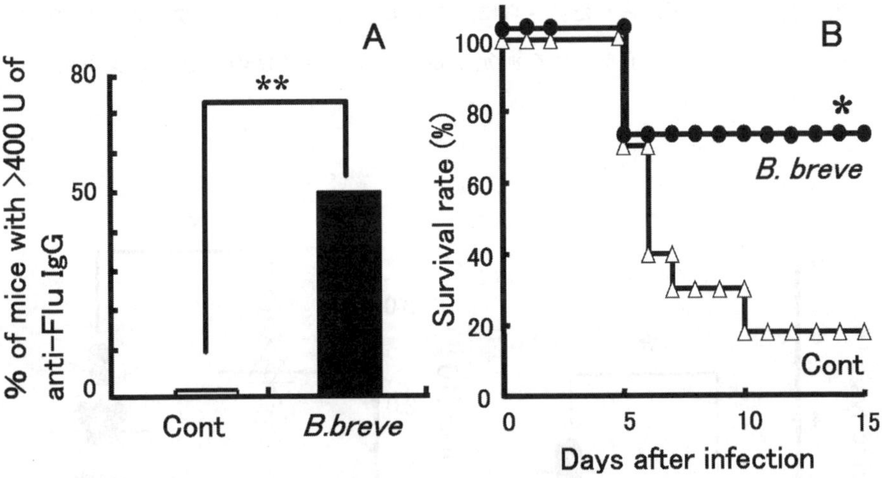

図3　経口投与による*B.breve* YIT4064のインフルエンザ感染防御作用
Balb/cマウスに0.05% *B.breve* YIT4064添加飼料（*B.breve*群）または無添加飼料（Cont群）を摂食させた。インフルエンザウイルス（Flu）感染6週前と2週前にFluで経口免疫し，下気道感染直前に血中抗体価を測定した（A）。また，下気道感染後，経時的に生存率を測定した（B）。＊＊：$p<0.02$，＊：$p<0.05$

4 細胞性免疫増強作用を有する乳酸桿菌の抗インフルエンザ作用

インフルエンザ感染防御には液性免疫だけではなく細胞性免疫も関与する。そこで，細胞性免疫を増強することが解明されている *Lactobacillus casei* Shirota 株に鼻関連リンパ組織の活性化さらにはインフルエンザ感染防御作用が認められるかを検討した[11]。*L.casei* Shirota 株を経鼻投与したところ，気道関連リンパ組織の一つである縦隔リンパ組織の細胞の IL-12 産生能および IFN-γ 産生能が有意に増加した。これらのマウスにインフルエンザウイルスを経鼻感染させると，3日目の鼻腔中のウイルス価は有意に減少した。また，ウイルス価が最大になる3日目に上気道に存在するインフルエンザウイルスを下気道に押し流した後，生存率を調べると *L.casei* Shirota 株投与群が有意に上昇した。

細胞性免疫能が低下している高齢者および免疫能が未熟な乳幼児は，インフルエンザ感染症のハイリスクグループになっている。そこで，細胞性免疫能の低下した老齢マウスおよび生後2日目の仔マウスを用いて，*L.casei* Shirota 株がインフルエンザ感染予防作用を示すかを検討した[12, 13]。老齢マウスに *L.casei* Shirota 株を4ヵ月間経口投与すると，脾臓だけではなく，肺の NK 活性も上昇（図4A）し，また，鼻咽頭関連リンパ組織（NALT）の IFN-γ 産生能および TNF-α 産生能の増加も認められた。さらに，このようなマウスにインフルエンザウイルスを上気道感染させ，鼻腔内のウイルス価を測定すると，ウイルス価の有意な減少が見られた（図4B）。

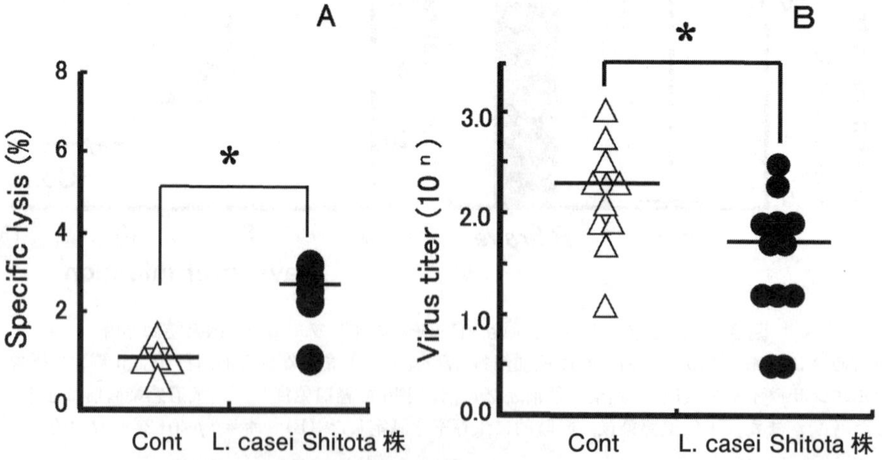

図4 老齢マウスにおける *L.casei* Shirota 株の細胞性免疫増強作用およびインフルエンザ感染防御作用
老齢マウス（15ヵ月齢）に 0.05% *L.casei* Shirota 株添加飼料（LcS 群）または無添加飼料（Cont 群）を4ヵ月間摂食させた後，肺の NK 活性を YAC-1 細胞を用いて測定した（A）。また，Flu（$10^{3.5}$ EID_{50}）を上気道感染させ，3日目に鼻腔洗浄液中の Flu 価を測定した（B）。＊：$p<0.05$

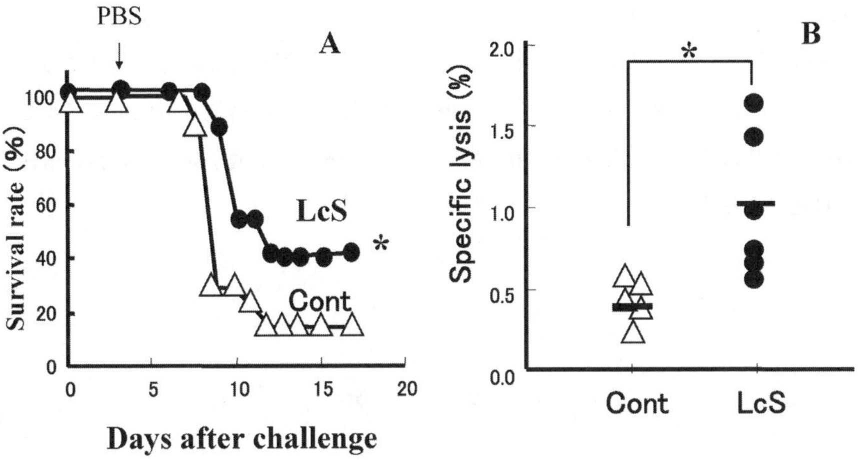

図5　仔マウスにおける *L.casei* Shirota 株の細胞性免疫増強作用およびインフルエンザ感染防御作用
生後2日目から3週間胃ゾンデにて *L.casei* Shirota 株（LcS 群）またはリン酸緩衝液（PBS）（Cont 群）を経口投与し，その後，Flu を上気道感染させた。感染3日目に PBS にて下気道に流し込み生存率を観察した（A）。また，感染1日目に肺の NK 活性を YAC-1 細胞を用いて測定した（B）。＊：$p<0.05$

一方，生後2日目から3週間 *L.casei* Shirota 株またはリン酸緩衝液（PBS）を経口投与し，その後インフルエンザウイルスを上気道感染させ3日目の鼻洗浄液中のウイルス量を測定した。その結果，*L.casei* Shirota 株投与群は有意に減少した。さらに，感染3日目に PBS を経鼻投与して上気道に存在するインフルエンザウイルスを下気道に押し流した後，マウスの生存率を比較したところ，*L.casei* Shirota 株投与群が有意に上昇した（図5A）。この時の肺の NK 活性および縦隔リンパ細胞の IL-12 産生能は *L.casei* Shirota 株投与群で有意に増加していた（図5B）。

以上のことから，*L.casei* Shirota 株は経鼻投与のみならず経口投与においても，気道局所の NK 活性および細胞性免疫を高め，インフルエンザウイルス感染を軽減させることが明らかになった。

5　おわりに

以上，ある種のビフィズス菌・乳酸桿菌には，免疫機能を調節し，ウイルス感染を予防・軽減する作用があることを述べた。これらの機能は，死菌および生菌で見られることから，細菌の代謝産物よりも菌体構成物質が関与しているものと思われる。また，これらの機能は同じ菌種であっても異なることから，菌種によるのではなく，菌株に特異的であることが示唆されている。これらの機能に関与する成分については，菌体構成成分である多糖，ペプチドグリカン，細胞質膜蛋白質などが示唆されているが，成分を精製することにより，機能の低下が見られることから，菌体構造の重要性も考えられる。

現在，乳酸菌（ビフィズス菌や乳酸桿菌など）のゲノム解析が盛んに行なわれており，各種の乳酸菌の全ゲノム配列が解明されている。今後，機能物質や機能構造も遺伝子レベルで明らかになり，遺伝子操作により，免疫調節作用の高い，そして種々の疾病予防効果の強い菌株を作製することも可能となろう。

文　献

1） 保井久子，発酵乳の科学―乳酸菌の機能と保健効果―，アイ・ケイコーポレーション，p.136 (2002)
2） 名倉宏，*Medical Immunology*, **25**, 273 (1993)
3） 皆川洋子ほか，ウイルス・細菌と感染症がわかる，羊土社，p.36 (2004)
4） 中込治，ウイルス性下痢症とその関連疾患，新興医学出版社，p.32 (1995)
5） H. Yasui *et al.*, *Micro. Ecol. Health Dis.*, **5**, 155 (1992)
6） H. Yasui *et al.*, *Electron. Microscopy*, **24**, 5 (1991)
7） H. Yasui *et al.*, *Clin. Diagn. Lab. Immunol.*, **1**, 244 (1994)
8） H. Yasui *et al.*, *J. Infect. Dis.*, **172**, 403 (1995)
9） 荒木和子ほか，感染症学雑誌，**73**, 305 (1999)
10） H. Yasui *et al.*, *Clin. Diagn. Lab. Immunol.*, **6**, 186 (1999)
11） T. Hori *et al.*, *Clin. Diagn. Lab. Immunol.*, **8**, 593 (2001)
12） T. Hori *et al.*, *Clin. Diagn. Lab. Immunol.*, **9**, 105 (2002)
13） H. Yasui *et al.*, *Clin. Diagn. Lab. Immunol.*, **11**, 675 (2004)

第21章　*Helicobacter pylori* 抑制作用

木村勝紀*

1　はじめに

近年，生きた微生物を腸内細菌叢のバランスの改善や有害微生物による感染症の予防や治療などに積極的に応用しようという試みとして，プロバイオティクスという概念が登場してきた[1]。乳酸菌はプロバイオティクスの代表的な菌で，様々な生理機能が知られている。乳酸菌が種々の抗菌性物質を産生し，*in vitro* において有害微生物の生育を抑制することはよく知られているが，近年，病原菌に対する殺菌作用が強く，ヒトの消化管内で生残性の高い乳酸菌を選抜し，様々な感染症の予防や治療に応用する試みが盛んになってきた。感染症治療の主役は抗生物質であることは言うまでもないが，最近ではMRSA（メチシリン耐性黄色ブドウ球菌）やVRE（バンコマイシン耐性腸球菌）などの抗生物質耐性菌の増加が問題となっている。そこで，抗生物質の役割を補完したり，抗生物質に代わる選択肢の一つとしてプロバイオティクスの働きが注目されている。

本章では，慢性胃炎や胃・十二指腸潰瘍の原因菌と考えられている *Helicobacter pylori* の感染抑制に有効なプロバイオティクス乳酸菌について概説する。

2　*H. pylori* とは

H. pylori は胃の中に生息する微好気性のグラム陰性細菌で，形態はらせん状であり，一端に複数の鞭毛を有している。本菌は強力なウレアーゼをもっており，これにより胃粘液中に含まれる尿素をアンモニアと二酸化炭素に分解し，胃酸を中和して胃の中で生育することができる。*H. pylori* は感染初期には胃酸が少ない前庭部に感染し，その後胃内各部位に広がり，慢性持続性感染が成立する。

1982年にオーストラリアのWarrenとMarshall[2]が慢性活動性胃炎患者の胃粘膜から *H. pylori* の分離・培養に成功して以来，*H. pylori* と胃・十二指腸病変との関連性が注目され，本菌が慢性胃炎，胃・十二指腸潰瘍，胃ガン[3]など様々な胃・十二指腸疾患に関与していることが

---

* Katsunori Kimura　明治乳業㈱　研究本部　食機能科学研究所　乳酸菌研究部　課長

明らかになってきた。さらに，Marshall[4] は *H. pylori* に感染すると胃炎が起こることを自らが被験者となって証明した。このような功績により，Warren と Marshall は2005年にノーベル医学・生理学賞を受賞している。また，最近では *H. pylori* が突発性血小板減少性紫斑病，慢性蕁麻疹，冠動脈疾患などの胃・十二指腸以外の疾患にも関与することが報告されている[5]。その一方で，逆流性食道炎の発症率は，*H. pylori* 陰性者に比べて *H. pylori* 陽性者の方が低く，*H. pylori* 除菌後に逆流性食道炎の発生を高率で認めるという報告もある[6]。

3　*H. pylori* 感染症とプロバイオティクス

プロバイオティクスは発酵乳を中心に多くの食品に利用されており，ヒト試験によって腸内細菌叢のバランス改善作用が確認されている[7]。また，最近では腸内細菌叢のバランス改善作用だけでなく，様々な感染症に対する臨床応用も盛んに試みられている[8~10]。

H. pylori 感染症は世界的に最も感染率の高い感染症の一つである[11]。我が国の *H. pylori* 感染率は約50％で，6000万人もの人が感染していると推計されている。*H. pylori* の除菌により胃・十二指腸潰瘍の再発がほぼ抑制されることが明らかになり，2000年11月には我が国でも *H. pylori* 陽性の胃・十二指腸潰瘍患者に対する除菌療法が保険適用となっている。*H. pylori* の除菌により *H. pylori* 関連疾患の発症予防が期待できるが，予防目的で感染者全員に除菌療法を行うことは，耐性菌の増加[12, 13]や医療コストの面から困難である。しかし，除菌対象者以外の大多数の *H. pylori* 感染者においても，*H. pylori* 感染をコントロールできれば感染に伴う疾患の発症リスクの低減が期待できると思われる。そこで，安全で日常の食生活に取り入れることができる食物因子の *H. pylori* 抑制作用に関する研究が盛んに行われている[14]。その中でも，ヒト試験による有効性が最も多く報告されているものの一つがプロバイオティクスである。

4　プロバイオティクスの *H. pylori* 抑制作用

4.1　*in vitro* における *H. pylori* 抑制作用

乳酸菌の産生する有機酸，過酸化水素，バクテリオシンなどの抗菌性物質は，*in vitro* において有害微生物の生育を直接的に抑制することが知られている。*H. pylori* に対する乳酸菌の作用として，*Lactobacillus acidophilus*[15, 16] や *Lactobacillus rhamnosus*[16] の培養上清が *H. pylori* の生育を抑制し，その作用物質が乳酸であることが報告されている。無機酸である塩酸に比べると，乳酸などの有機酸の殺菌力は強く，単に pH を低下させるだけでなく，疎水性である非解離型の有機酸が細胞内に入り，細胞内 pH を低下させることにより，より強い殺菌作用を示すことが知られている[17, 18]。さらに，乳酸は *H. pylori* の酸性条件下での生育に重要なウレアーゼ活性を抑制することも報告されている[18]。

有機酸以外の *H. pylori* 抑制作用として，Kimら[19] は *Lactococcus lactis* subsp. *lactis* A164の産生するバクテリオシン（lacticin A164）が *H. pylori* 抑制作用を示すことを報告している。一般的に，乳酸菌の産生するバクテリオシンは，グラム陰性菌に対しては抗菌作用を示さないが，本バクテリオシンは球状体（coccoid form）になった *H. pylori* に対しても抑制作用を示すなど特徴的であり，今後の作用メカニズムの解明が期待される。また，Coconnierら[20] は *L. acidophilus* LBの培養上清が *H. pylori* の生育およびウレアーゼ活性を抑制することを報告している。この培養上清中の作用物質は明らかにされていないが，乳酸ではないことが示唆されている。

また，乳酸菌は *H. pylori* の生育を抑制するだけでなく，*H. pylori* のレセプターである糖脂質に *H. pylori* が付着するのを抑制すること[21] や胃粘膜上皮細胞株（MKN45）に対する *H. pylori* の付着およびMKN45細胞からのIL-8の産生を抑制することなどが報告されている[22]。Bergonzelliら[23] は *Lactobacillus johnsonii* La1（LC1）の熱ショックタンパク（GroEL）が，*H. pylori* の凝集を引き起こすことを報告している。

4.2　*in vivo* における *H. pylori* 抑制作用

4.2.1　動物実験

プロバイオティクスの予防的な効果として，Kabirら[22] は無菌マウスに *Lactobacillus salivarius* WB1004，マウス由来の乳酸菌群（*L. acidophilus*, *Lactobacillus delbrueckii*, *Lactobacillus fermentum*），*Enterococcus faecalis* ATCC 19433および *Staphylococcus aureus* ATCC 25923をそれぞれ単独で定着させた後，*H. pylori* を投与すると，*E. faecalis* および *S. aureus* を定着させたマウスでは *H. pylori* の感染が認められたが，*L. salivarius* およびマウス由来の乳酸菌群を定着させたマウスでは *H. pylori* は感染しないことを報告している。

H. pylori 感染マウスに対する効果として，Aibarら[18] は *H. pylori* との混合培養系において，高い *H. pylori* 抑制作用を示した *L. salivarius* WB1004を *H. pylori* 感染マウスに投与すると，胃内 *H. pylori* 菌数は検出限界以下に低下したが，混合培養系において *H. pylori* 抑制作用の低かった *Lactobacillus casei* ATCC 393および *L. acidophilus* ATCC 4356を投与しても胃内 *H. pylori* 菌数はほとんど低下しないことを報告している。また，このときの胃内乳酸濃度は，*L. salivarius* 投与群において最も高く，乳酸が作用物質であることが示唆されている。Sgourasら[24] は *H. pylori* 感染マウスに *L. casei* Shirotaを投与すると，胃内 *H. pylori* 菌数が有意に低下し，慢性活動性胃炎を有意に抑制することを認めている。また，Ushiyamaら[25] は無菌マウスに定着

させたクラリスロマイシン耐性および感受性 *H. pylori* のいずれに対しても *Lactobacillus gasseri* OLL2716（LG21）が抑制作用を示すことを報告している。

4. 2. 2　ヒト試験

ヒトにおける *H. pylori* 感染症に対するプロバイオティクスの効果として，ピロリ菌抑制および胃粘膜炎症軽減効果が報告されている。また，最近ではプロバイオティクスと除菌療法を併用することによる除菌率向上効果や除菌療法の副作用軽減効果などが報告されている。

①　ピロリ菌抑制および胃粘膜炎症軽減効果

in vitro および *H. pylori* 感染マウス投与試験により，*H. pylori* 抑制作用に優れたプロバイオティクスとして選抜された *L. gasseri* OLL2716（LG21）[26, 27] を含有するヨーグルトを健康な *H. pylori* 感染者に1日2回，8週間投与することにより，尿素呼気試験における ΔC^{13} 値が有意に低下し，血清ペプシノーゲンI/II比が有意に上昇（胃粘膜炎症の軽減）することが認められている[26]。また，*L. gasseri* OLL2716（LG21）を摂取した被験者の胃粘液層中から，semi-nested PCR法により本菌株が検出されることが示されている[28]。*L. gasseri* OLL2716（LG21）は *in vitro* において MKN45細胞からのIL-8の産生を抑制することが知られている[25]が，ヒト試験においても胃粘膜のIL-8を有意に低下させることが報告されている[29]。

Michettiら[30]は *L. johnsonii* La1（LC1）の培養上清を単独，あるいはオメプラゾールとの併用により *H. pylori* 感染者に14日間投与すると，いずれの場合も投与終了直後に ΔC^{13} 値は有意に低下し，投与終了4週間後も ΔC^{13} 値は有意に低値を示すことを報告している。Felleyら[31]は *L. johnsonii* La1（LC1）を含有する発酵乳あるいはプラセボを *H. pylori* 感染者に1日2回，3週間投与するとともに，後半の2週間にはクラリスロマイシンも同時に1日2回投与したところ，*L. johnsonii* La1（LC1）投与群においてのみ胃の前庭部および体部の *H. pylori* 密度の有意な低下，前庭部の炎症の有意な低下および前庭部および体部の活動度の有意な低下を認めている。また，Cruchetら[32]は小児に *L. johnsonii* La1（LC1）の生菌あるいは死菌，*L. casei* ST11の生菌あるいは死菌を4週間投与したところ，*L. johnsonii* La1（LC1）の生菌投与群だけに ΔC^{13} 値の有意な低下を認めている。

また，Wangら[33]は *L. acidophilus* La5と *Bifidobacterium animalis* subsp. *lactis* Bb12を含有するヨーグルトあるいはプラセボを *H. pylori* 感染者に1日2回，6週間投与したところ，*L. acidophilus* La5および *B. lactis* Bb12投与群においてのみ，投与開始4週間後および投与終了2週間後に ΔC^{13} 値は有意に低値を示すことを報告している。また，このとき胃の前庭部の *H. pylori* 密度の有意な低下および活動度の有意な低下が認められている。

プロバイオティクスの単独投与により，一部の *H. pylori* 感染者では *H. pylori* が除菌されたという報告[34, 35]もあるが，完全に除菌することはできないという報告がほとんどである。しかし，プロバイオティクスが *H. pylori* 菌数を減少させ，胃粘膜の炎症を軽減する効果は期待できると思われる。

② 除菌療法との併用による除菌率向上効果

Canducciら[36] は7日間の3剤除菌療法（ラベプラゾール，クラリスロマイシン，アモキシシリン）に不活化・凍結乾燥した *L. acidophilus* を併用すると，除菌療法単独の場合よりも *H. pylori* 除菌率が有意に高まることを報告している。

Sheuら[37] は7日間の3剤除菌療法（ランソプラゾール，クラリスロマイシン，アモキシシリン）およびこれに *L. acidophilus* La5と *B. lactis* Bb12を含有するヨーグルトを併用（ヨーグルトは除菌療法終了4週間後まで投与）したときの除菌効果について検討し，intention-to-treat (ITT) 解析では，ヨーグルト併用群において *H. pylori* 除菌率が有意に高いことを報告している。さらに，Sheuら[38] は7日間の3剤除菌療法（オメプラゾール，クラリスロマイシン，アモキシシリン）により *H. pylori* の除菌に失敗した *H. pylori* 感染者に対して，7日間の4剤除菌療法（オメプラゾール，アモキシシリン，メトロニダゾール，次クエン酸ビスマス）を適用し，除菌療法前に4週間 *L. acidophilus* La5と *B. lactis* Bb12を含有するヨーグルトを投与したときの除菌率向上効果について検討した。4週間のヨーグルト投与により投与前に比べて ΔC^{13} 値の有意な低下が認められ，ヨーグルトをあらかじめ投与した群では除菌療法のみの群よりも *H. pylori* 除菌率が有意に高まることが認められている。

また，Sýkoraら[39] は胃炎様症状を有する小児に対して7日間の3剤除菌療法（オメプラゾール，クラリスロマイシン，アモキシシリン）およびこれに *L. casei* DN-114 001を含有する発酵乳を併用したときの除菌効果について検討し，発酵乳併用群において *H. pylori* 除菌率が有意に高いことを認めている。

③ 除菌療法の副作用軽減効果

H. pylori 除菌療法による副作用のほとんどが軟便や下痢であり，これは抗生物質により腸内菌叢のバランスが乱れて起こるといわれている。プロバイオティクスは腸内菌叢のバランスを改善し，整腸作用を示すことが知られており，除菌療法の副作用軽減効果を示すことが報告されている。

Armuzziら[40] は3剤除菌療法（パントプラゾール，クラリスロマイシン，チニダゾール）に *L. rhamnosus* GGを併用したときの効果について検討し，*L. rhamnosus* GG併用群では鼓腸，下痢および味覚障害などの副作用を訴えた被験者の割合が有意に低いことを認めている。しかし，本試験では除菌率には有意な差は認められていない。さらに，Armuzziら[41] は3剤除菌療法（ラベプラゾール，クラリスロマイシン，チニダゾール）に *L. rhamnosus* GGあるいはプラセボを併用したときの副作用軽減効果について検討し，*L. rhamnosus* GG併用群では下痢，悪心および味覚障害を訴えた被験者の割合が有意に低いことを報告している。

また，Cremoniniら[42]は3剤除菌療法（ラベプラゾール，クラリスロマイシン，チニダゾール）に各種プロバイオティクス（① *L. rhamnosus* GG，② *Saccharomyces bouladii*，③ *Lactobacillus* + *Bifidobacterium*）および④プラセボを併用したときの副作用軽減効果について検討し，プロバイオティクス投与群ではいずれもプラセボ投与群に対して下痢および味覚障害を訴えた被験者の割合が有意に低いことを報告している。

5　おわりに

抗生物質の使用量の増加に伴い，耐性菌の増加が避けられないのが実状である。抗生物質の役割の補完や代替として，安全性や耐性菌の問題がほとんどないプロバイオティクスが注目されており，臨床試験により有効性を示唆する報告も増えつつある。しかし，胃・十二指腸潰瘍を発症した *H. pylori* 感染者に対しては除菌療法が第一選択の治療法であり，プロバイオティクスにはその補完的な利用による除菌率向上効果や副作用軽減効果が期待されている。一方，無症状の感染者に対しては，*H. pylori* を完全に除菌することは困難であるが，プロバイオティクスにより *H. pylori* 菌数を減少させ，胃粘膜の炎症を軽減する効果が示唆されている。胃内 *H. pylori* 密度が胃の炎症や十二指腸潰瘍の発症に関与することが報告されている[43, 44]ことから，プロバイオティクスにより *H. pylori* 関連疾患の発症リスクの低減も期待できると思われる。

また，プロバイオティクスの実用化を考えた場合，臨床試験で有効性が示された菌数および活性を保持したプロバイオティクスを最終製品に含むように調製することが重要である。

プロバイオティクスの効果は抗生物質のように即効性ではないため，作用機序の解明は容易ではないが，プロバイオティクスの信頼性を高めるためにも，プロバイオティクスの胃内での動態や詳細な作用機序の解明などが期待される。

文　　献

1)　Fuller R., *J. Appl. Bacteriol.*, **66**, 365-378 (1989)
2)　Warren J. R. and Marshall B. J., *Lancet* i, 1273-1275 (1983)
3)　Uemura N., Okamoto S., Yamamoto S. *et al.*, *N. Engl. J. Med.*, **345**, 784-789 (2001)
4)　Marshall B. J., Armstrong J. A., McGechie D. B. *et al.*, *Med. J. Aust.*, **142**, 436-439 (1985)
5)　神谷茂，腸内細菌学会誌，**20**, 309-319 (2006)

6) 春間賢，濱田博重，医学のあゆみ，**186**, 499-503 (1998)
7) 森崎信尋，斉藤康，寺田厚ほか，ビフィズス，**6**, 161-168 (1993)
8) Marteau P. R., de Vrese M., Cellier C. J. *et al., Am. J. Clin. Nutr.*, **73**, 430S-436S (2001)
9) Guandalini S., Pensabene L., Zikri M. A. *et al., J. Pediatr. Gastroenterol. Nutr.*, **30**, 54-56 (2000)
10) Sakamoto I., Igarashi M., Kimura K. *et al., J. Antimicrob. Chemother.*, **47**, 709-710 (2001)
11) Taylor D. N. and Blaser M. J., *Epidemiol. Rev.*, **13**, 42-59 (1991)
12) Kato S., Kanno M., Tajiri H. *et al., J. Gastroenterol.*, **9**, 838-843 (2004)
13) Masuda H., Hiyama T., Yoshihara M. *et al., Pathobiology*, **71**, 159-163 (2004)
14) 松本光晴，島本史夫，乳業技術，**55**, 56-67 (2005)
15) Bhatia S. J., Kochar N., Abraham P. *et al., J. Clin. Microbiol.*, **27**, 2328-2330 (1989)
16) Midolo P. D., Lambert J. R., Hull R. *et al., J. Appl. Bacteriol.*, **79**, 475-479 (1995)
17) Sorrells K. M. and Speck M. L., *J. Dairy Sci.*, **53**, 239-241 (1970)
18) Aiba Y., Suzuki N., Kabir A. M. A. *et al., Am. J. Gastroenterol.*, **93**, 297-2101 (1998)
19) Kim T. S., Hur J. W., Yu M. A. *et al., J. Food Prot.*, **66**, 3-12 (2003)
20) Coconnier M. H., Lievin V., Hemery E. *et al., Appl. Environ. Microbiol.*, **64**, 4573-4580 (1998)
21) Yeonhee L., Shin E., Lee J. *et al., J. Microbiol. Biotechnol.*, **9**, 794-797 (1999)
22) Kabir A. M. A., Aiba Y., Takagi A. *et al., Gut*, **41**, 49-55 (1997)
23) Bergonzelli G. E., Granato D., Pridmore D. *et al., Infect. Immun.*, **74**, 425-434 (2006)
24) Sgouras D., Maragkoudakis P., Petraki K. *et al., Appl. Envirom. Microbiol.*, **70**, 518-526 (2004)
25) Ushiyama A., Tanaka K., Aiba Y. *et al., J. Gastroenterol. Hepatol.*, **18**, 986-991 (2003)
26) Sakamoto I., Igarashi M., Kimura K. *et al., J. Antimicrob. Chemother.*, **47**, 709-710 (2001)
27) Kimura K., *Food Sci. Technol. Res.*, **10**, 1-5 (2004)
28) Fujimura S., Kato S., Oda M. *et al., Lett. Appl. Microbiol.*, **43**, 578-581 (2006)
29) Tamura A., Kumai H., Nakamichi N. *et al., J. Gastroenterol. Hepatol.*, **21**, 1399-1406 (2006)
30) Michetti P., Dorta G., Wiesel P. H. *et al., Digestion*, **60**, 203-209 (1999)
31) Felley C. P., Corthèsy-Thelaz I., Rivero J. L. *et al., Eur. J. Gastroenterol. Hepatol.*, **13**, 25-29 (2001)
32) Cruchet S., Obregon M. C., Salazar G. *et al., Nutrition*, **19**, 716-721 (2003)
33) Wang K. Y., Li S. N., Liu C. S. *et al., Am. J. Clin. Nutr.*, **80**, 737-741 (2004)
34) Mada Z., Zivanovic M., Rasic J. *et al., Med. Pregl.*, **51**, 343-345 (1998)
35) Gotteland M., Poliak L., Cruchet S. *et al., Acta. Paediatr.*, **94**, 1747-1751 (2005)
36) Canducci F., Armuzzi A., Cremonini F. *et al., Aliment. Phaemacol. Ther.*, **14**, 1625-1629 (2000)
37) Sheu B. S., Wu J. J., Lo C. Y. *et al., Aliment. Phaemacol. Ther.*, **16**, 1669-1675 (2002)
38) Sheu B. S., Cheng H. C., Kao A. W. *et al., Am. J. Clin. Nutr.*, **83**, 864-869 (2006)
39) Sýkora J., Valecková K, Amlerová J. *et al., J. Clin. Gastroenterol.*, **39**, 692-698 (2005)
40) Armuzzi A., Cremonini, F., Ojetti, V. *et al., Digestion*, **63**, 1-7 (2001)

41) Armuzzi A., Cremonini F., Bartolozzi F. *et al., Aliment. Phaemacol. Ther.*, **15**, 163-169 (2001)
42) Cremonini F., Di Caro S., Covino M. *et al., Am. J. Gastroenterol.*, **97**, 2744-2749 (2002)
43) Khulusi S., Mendall M. A., Patel P. *et al., Gut*, **37**, 319-324 (1995)
44) Atherton J. C., Tham K. T., Peek R. M. *et al., J. Infec. Dis.*, **174**, 552-556 (1996)

第22章　歯周病予防

松岡隆史*1，古賀泰裕*2

1　歯周病

厚生労働省が実施した平成17年歯科疾患実態調査[1]によると，歯肉に所見がある人は80%以上にものぼり，特に50歳以上では半数以上が4mm以上の歯周ポケットを有している。いまや歯周病は国民的な生活習慣病となっている。

歯周病とは歯周組織である歯肉，歯槽骨，セメント質，歯根膜に起こる病変のことをさす。さらに歯周病は炎症の起きている部位によって分けられ，歯肉のみに炎症が起きている歯肉炎と，他の歯周組織にまで炎症が広がっている歯周炎に分けられる。歯周炎が進行すると歯槽骨の吸収が起こり，更に症状が進行すると最終的には歯が抜けてしまう。さらに近年，歯周病は全身疾患の原因であるという報告がある[2]。歯周病に関連する全身疾患としては，細菌性心内膜炎などの心疾患，糖尿病，低体重児出産，早産，肺炎，骨粗しょう症，腎炎，関節炎，発熱等が挙げられる。

歯周病は歯周ポケット中の細菌によって形成されるデンタルプラークが原因となる細菌感染症である[3]。現在，歯周病の治療は歯ブラシやスケーラーを用いた機械的プラークコントロールが最も有効な手段である[4]。これを補完する手段としては抗菌剤を用いた化学的プラークコントロールがあるが，プラーク中の細菌は菌体外マトリックスにより保護されている為，抗菌剤に対して抵抗性を示す[5]。一方で抗菌剤に頼らない感染予防の手段としてプロバイオティクスを用いた感染予防方法，生物学的プラークコントロールが注目されている。

2　歯周病原菌

口腔内には500種類以上の細菌が生息していると言われている。これらの細菌は口腔内でそれぞれ適応した場所に特有のフローラを形成する。これらの細菌の中でも歯周病原性の高い細菌が歯周病の原因となる。Socransky らは歯周病に関連すると考えられる細菌を5種類の群に分類

＊1　Takashi Matsuoka　㈱フレンテ・インターナショナル　新規事業部
＊2　Yasuhiro Koga　東海大学　医学部　基礎医学系　教授

し，その中でも最も歯周病の発症や進行に関わりのある細菌である *Porphyromonas gingivalis*, *Tannerella forsythensis*, *Treponema denticola* の 3 菌種を“Red complex”として分類している[6]。

2. 1　*Porphyromonas gingivalis*

デンタルプラーク中に生息する細菌で最も歯周病原性の高い細菌は *P. gingivalis* である。*P. gingivalis* を血液平板培地で培養すると，黒い色素を産生し，強い悪臭を発する。

P. gingivalis の菌体表面には線毛や赤血球凝集因子があり，粘膜上皮細胞や赤血球に強く付着する性質がある[7]。このため，唾液に覆われた歯面や他のプラーク細菌にも付着する。また，*P. gingivalis* の菌体表層には莢膜があり，食細胞の食作用を妨げる働きがある[8]。さらに *P. gingivalis* が産生する酵素も侵襲性に関与している。*P. gingivalis* が産生する酵素としては，IgA や IgG を切断するプロテアーゼや宿主のコラーゲン組織を破壊する強力な酵素，フィブロネクチンやラミニンを分解する酵素等があり，これらは歯周病の発症や進行に深く関与していると考えられる[9]。*P. gingivalis* の外膜成分であるリポ多糖（LPS）は内毒素として様々な生理活性を示す[10]。

2. 2　*Tannerella forsythensis*[11]

T. forsythensis は紡錘状のグラム陰性嫌気性菌であり，血液平板培地上では非常に小さいコロニーを形成する。*T. forsythensis* は慢性歯周炎の進行期の活動部位で高頻度に検出され，*P. gingivalis* と同様にトリプシン様酵素を産生する。

2. 3　*Treponema denticola*[12]

口腔内 *Treponema* は歯肉溝や歯周ポケット中に生息し，滲出液を栄養源として増加する。*T. denticola* は宿主の免疫抑制因子により，宿主の免疫を回避することができる。さらにタンパク質分解酵素であるデンティリジンは歯周病原性因子となっている。

2. 4　その他の歯周病原菌

Prevotella intermedia[13] は歯肉炎の病巣部位から検出され，女性ホルモンであるエストロゲンによって発育が促進されることから思春期性や妊娠性歯肉炎の原因となっている。菌体には莢膜構造が存在し，ノイラミニダーゼ依存の赤血球や細胞への付着性，内毒素，コラゲナーゼや免疫グロブリン切断酵素活性などの歯周病原因子を有する。

Actinobacillus actinomycetemcomitans[13] は侵襲性歯周炎の病巣で多く検出されている。*A.*

actinomycetemcomitans の歯周病原性は，線毛などによる付着能，白血球毒素（ロイコトキシン），細胞膨化毒素（CDT），内毒素（LPS），免疫応答の抑制，などがある。

Fusobacterium nucleatum[14] は線状の細長いグラム陰性嫌気性菌であり，他の細菌と共凝集することによりバイオフィルムを形成する。

3　乳酸菌による歯周病原菌抑制効果

筆者らは口腔内の細菌感染症である歯周病においても，プロバイオティクスによる予防が可能ではないかと考え，口腔内のプロバイオティクスとなりうる細菌のスクリーニングを行った。その結果，健康なヒトの口腔内から歯周病原菌抑制効果が認められ，しかもう蝕等の問題を引き起こさない菌として，*Lactobacillus salivarius* TI2711（LS1）を単離した。そこで *L. salivarius* TI2711（LS1）の効果を確かめる為に，*in vitro* 試験及びヒト臨床試験を実施した。

3.1　*in vitro* 試験[15]

L. salivarius TI2711（LS1）と歯周病原菌の中で最も歯周病原性の高い菌である *P. gingivalis* を，共に初期菌数 1×10^8 cfu/g で混合して培養した。その結果，9時間後に *P. gingivalis* 菌数は検出限界以下となった（図1）。また，初期菌数を *P. gingivalis* 1×10^8 cfu/g に対し，*L. salivarius* TI2711（LS1）1×10^2 cfu/g とした場合でも18時間後には検出限界以下となった

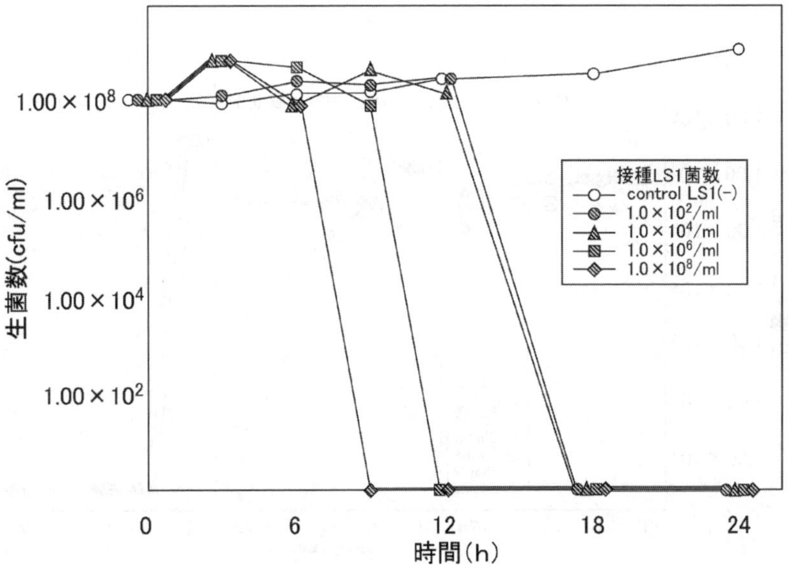

図1　*L. salivarius* TI2711（LS1）と *P. gingivalis* との混合培養時における *P. gingivalis* 菌数の変化

(図1)。つまり，*L. salivarius* TI2711（LS1）菌数が *P. gingivalis* 菌数の100万分の1しか存在しない場合でも，*L. salivarius* TI2711（LS1）は *P. gingivalis* を完全に殺菌することが可能であった。

そこで，どのような物質が殺菌に関与しているかを調べる為に，混合培養時の培養液中のpHと乳酸濃度を測定した。その結果，pH6.0以下又は乳酸量が50m mol/l以上となった時に *P. gingivalis* 菌数の減少が起こった。つまり，*P. gingivalis* を殺菌する物質としてはpH，乳酸イオン，乳酸のいずれかが関与しているものと推測された。さらに詳細な検討を行ったところ，プロトンが解離していない乳酸が最も *P. gingivalis* 殺菌に関与ことが示された。

一方，*L. salivarius* TI2711（LS1）はホモ乳酸醗酵菌であり，最終代謝産物として乳酸を産生する。乳酸菌により産生された乳酸は口腔内pHを低下させ，歯の脱灰を促進するので，う蝕が懸念される。しかし，*L. salivarius* TI2711（LS1）は周囲の乳酸濃度が一定以上になると自ら死滅してしまうという特徴を有する為，他の乳酸菌のように乳酸を作りすぎて口腔内を酸性化し，結果としてう蝕の発生や進行を助長することは起こらない。そこで，ヨーグルトなどに含まれる耐酸性の乳酸菌，*Lactobacillus acidophilus* と *L. salivarius* TI2711（LS1）を各50 m mol/l乳酸溶液中で培養し，死滅率を調べた（図2）[16]。*L. acidophilus* はう蝕部位より頻繁に検出されることが知られている。その結果，*L. salivarius* TI2711（LS1）のほうが *L. acidophilus* よりも1000倍死滅率が高いことが判明した。つまり，*L. salivarius* TI2711（LS1）は酸に対して他の乳酸菌のように耐性はなく，自身の産生する乳酸で死滅してしまい，口腔内を酸性化しないことが示された。

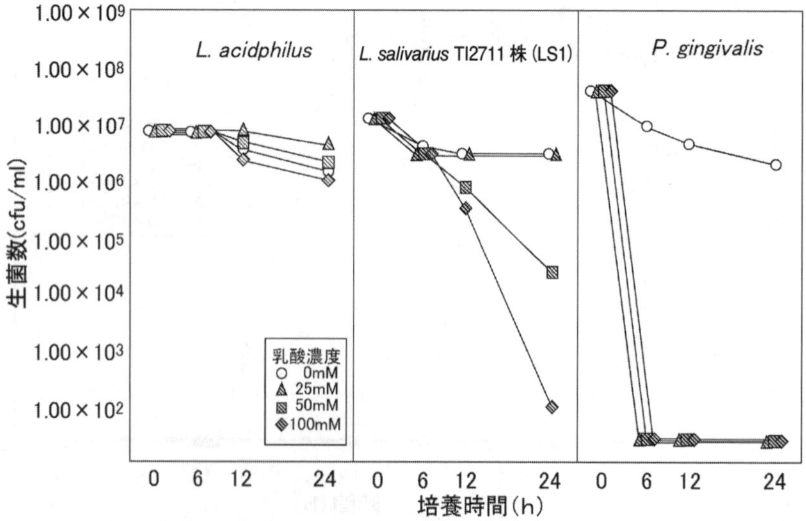

図2　乳酸中での菌数の変化

3. 2　唾液試験[16)]

唾液は口腔粘膜，舌，歯肉，浅い歯周ポケットなど口腔内全体を浸しているので唾液中の細菌検査は口腔内全体の細菌分布を知る上で有用である。そこで，57 名の被験者に *L. salivarius* TI2711（LS1）を 1 日量 2×10^7 となるように *L. salivarius* TI2711（LS1）含有錠菓を服用して

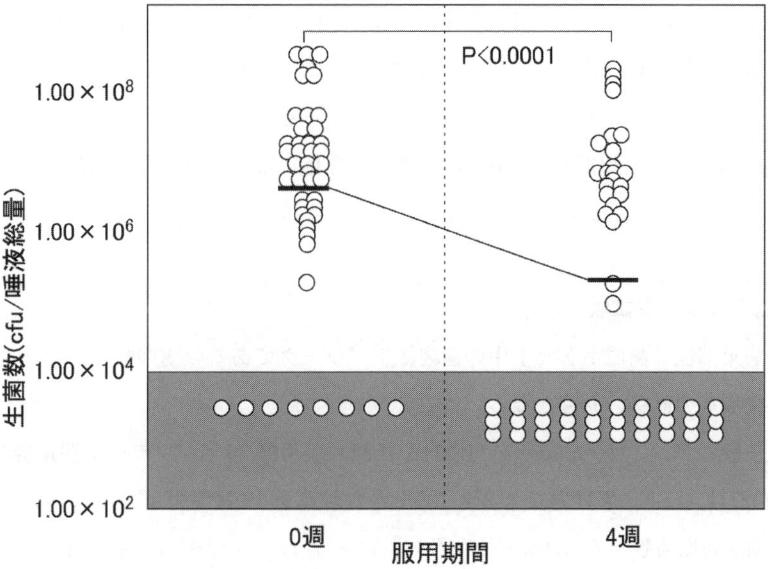

図 3　唾液中の黒色色素産生嫌気性桿菌数の継時的変化

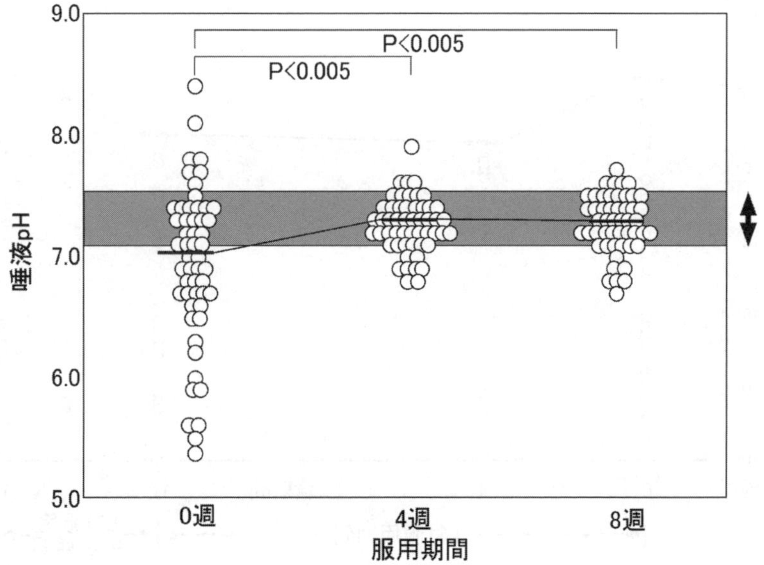

図 4　唾液中の pH の継時的変化

もらい（8週間），唾液中の黒色色素産生嫌気性悍菌数と唾液pHを測定した。黒色色素産生嫌気性悍菌は歯周病原菌*P. gingivalis*等を含む細菌群で，嫌気条件下で血液平板を用いて培養すると黒色のコロニーを産生するという特徴を持つ。その結果，被験者の唾液中の黒色色素産生嫌気性悍菌数は服用4週で服用前の約1/20に有意に減少した（図3）。その他の唾液中の総菌数やう蝕の原因菌であるミュータンス連鎖球菌数，*Lactobacillus*属の菌数に変化は見られなかった。さらに，*L. salivarius* TI2711（LS1）服用前の唾液pHは5.4～8.5と広域に分布していたのが，服用後にはpH7.3付近に収束した（図4）。この結果は*L. salivarius* TI2711（LS1）が口腔内を酸性域に傾け，う蝕を助長するという可能性を否定するものである。

従って，*L. salivarius* TI2711（LS1）は唾液中の黒色色素産生嫌気性悍菌数を減少させて，唾液pHを中性付近に収束させる働きがあることが認められた。

3.3 歯肉縁下プラーク試験[17]

歯周病の病巣部位は歯周ポケット中の歯肉縁下プラークである。歯肉縁下プラーク中の歯周病原菌こそが歯周病の直接の原因となる。

そこで，被験者77名（*L. salivarius* TI2711（LS1）服用群39名，プラセボ服用群38名）に*L. salivarius* TI2711（LS1） 1日あたり2×10^8を含む錠菓を12週間服用してもらい，歯肉縁下プラーク中の歯周病原菌数と*L. salivarius*菌数の測定を行った。その結果，服用4週で*L. salivarius*

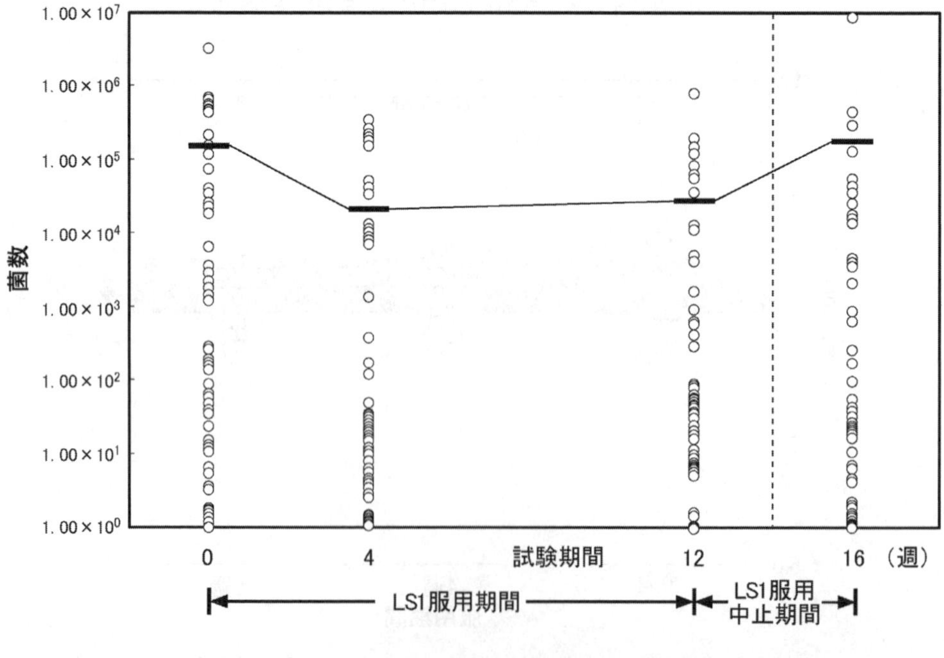

図5　歯肉縁下プラーク中の*Porphyromonas gingivalis*菌数の継時的変化

TI2711（LS1）服用群では歯肉縁下プラーク中の歯周病原菌 *P. gingivalis* 菌数は平均で 1.12×10^5 から 2.75×10^4 へと有意に減少した（$P<0.01$）（図5）。菌数は *L. salivarius* TI2711（LS1）を服用し続けた12週後においても減少したまま維持されていた。服用を中止すると *P. gingivalis* 菌数は服用前と同程度にまで上昇した。プラセボ服用群では菌数の有意な増減は見られなかった。

また，*L. salivarius* TI2711（LS1）服用時の歯肉縁下プラーク中 *L. salivarius* 菌数を測定した（図6）。*L. salivarius* TI2711（LS1）服用前は歯肉縁下プラーク中の *L. salivarius* 検出率は10%だったのに対し，服用4週後は90%となった。菌数も *L. salivarius* TI2711（LS1）を服用することによって増加した。しかし服用中止4週後には歯肉縁下プラーク中の *L. salivarius* 菌数は減少し，検出率も20%にまで低下した。従って，*L. salivarius* TI2711（LS1）を服用すると，*L. salivarius* TI2711（LS1）は歯肉縁下プラーク中において歯周病原菌抑制効果を発揮していることが示唆された。

以上より，*L. salivarius* TI2711（LS1）を服用すると *L. salivarius* TI2711（LS1）は歯肉縁下プラーク中へ移行して歯周病原菌 *P. gingivalis* を殺菌することが示唆された。唾液検査の結果から，*L. salivarius* TI2711（LS1）服用は口腔内全体の歯周病原菌数を減少させることが示唆さ

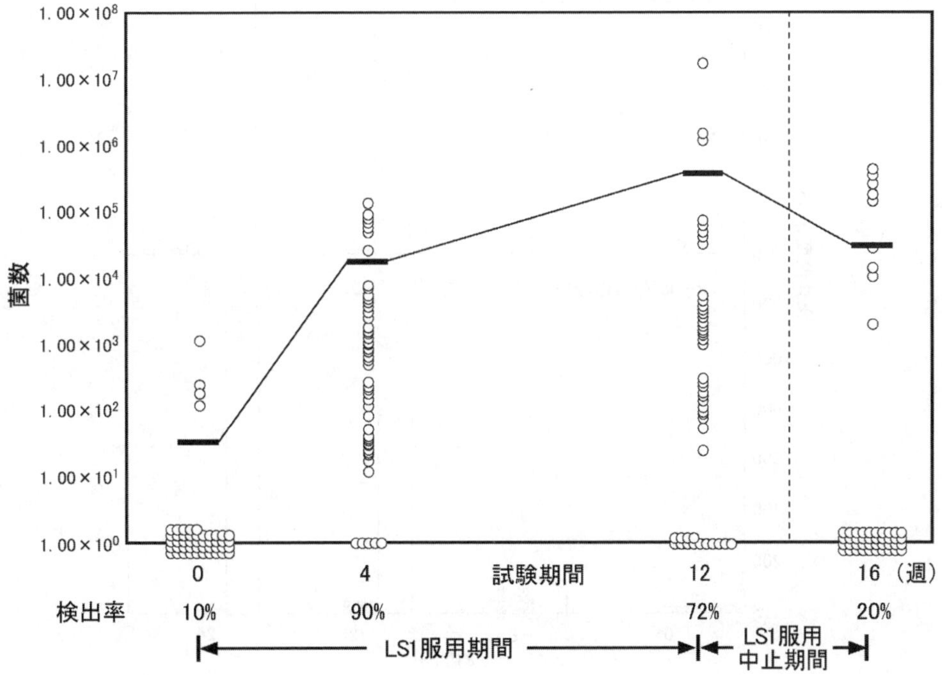

図6　歯肉縁下プラーク中の *Lactobacillus salivarius* 菌数の継時的変化

れた。従って，歯周病の病巣部位である歯肉縁下プラークを含めた口腔内全体の歯周病原菌数減少に寄与しているものと考えられる。つまり，*L. salivarius* TI2711（LS1）は口腔内の歯周病原菌を減少させていることから，*L. salivarius* TI2711（LS1）の服用は歯周病のリスクを低下させる効果があるものと考えられる。

4　口臭予防

口臭は，歯周病原菌が産生する硫化水素やメチルメルカプタンなどの揮発性硫黄化合物が最も大きな原因となっている。*L. salivarius* TI2711（LS1）は歯周病原菌を抑えることができるので，口臭の原因となる気体の発生を抑えることが可能であると考えられる。

そこで，*L. salivarius* TI2711（LS1）と *P. gingivalis* を混合培養し，硫化水素とメチルメルカプタン濃度の変化を測定した。*P. gingivalis* 単独培養の時は多量の硫化水素やメチルメルカプタ

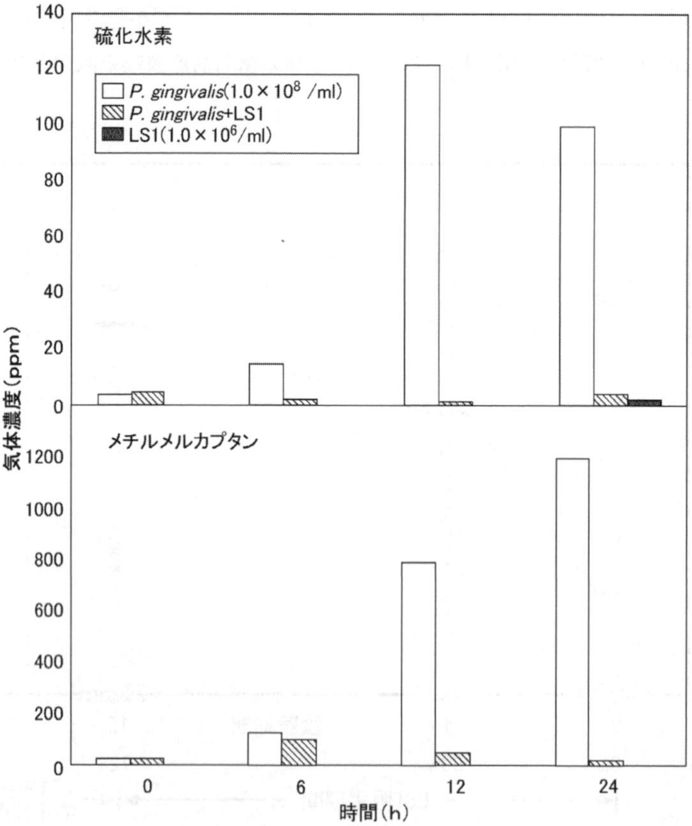

図7　*L. salivarius* TI2711（LS1）による揮発性硫黄化合物の発生抑制効果

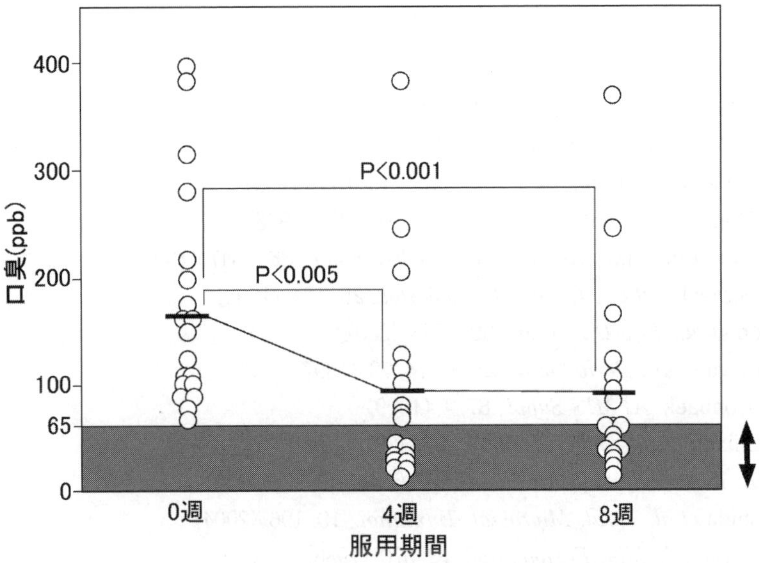

図 8　*L. salivarius* TI2711（LS1）による口臭抑制効果

ンの発生が見られたが，*L. salivarius* TI2711（LS1）と混合培養を行うと硫化水素やメチルメルカプタンの発生を抑えることが可能であった（図 7）。

次に服用前に口臭ありと判定された 20 名を対象に，*L. salivarius* TI2711（LS1）服用前後の口臭を口臭測定装置ハリメーターで測定した。その結果，服用 8 週で多くの被験者の口臭が減少しており，約 2/3 の被験者は口臭なしと判定された（図 8）。従って，*L. salivarius* TI2711（LS1）は *in vitro* 試験においても，ヒト臨床試験においても口臭の原因物質となる揮発性硫黄化合物を減少させる働きがあり，口臭抑制効果が認められた。

5　おわりに

現在歯周病の治療はスケーリング等による機械的なプラークコントロールと抗生物質などの抗菌剤による化学的なプラークコントロールが主流である。しかし，歯周病原菌の完全除去は不可能であり，一生歯周病菌と共存することになるので，歯周病菌をコントロールすることこそが重要となってくる。このような観点から，歯周病原菌をプロバイオティクスで抑制する，有用細菌で病原細菌を抑えるという生物学的プラークコントロールは，機械的プラークコントロールや化学的プラークコントロールと比べて安全で費用対効果も高く，非常に有効な手段である。

文　献

1) 厚生労働省 , 平成 17 年歯科疾患実態調査（2007）
2) 中村利明ほか，日歯周誌，**47**, 250（2005）
3) P. Marsh *et al., J. Industrial. Microbiol.*, **15**, 169（1995）
4) O. W. Donnenfeld *et al., J. Periodontol.*, **37**, 447（1966）
5) H. Anwar *et al., Antimicrob. Agents. Chemother.*, **36**, 1347（1992）
6) S. S. Socransky *et al., J. Clin. Periodontol.*, **25**, 134（1998）
7) T. Chen *et al., Infect. Immun.*, **69**, 3048（2001）
8) I. Ishikawa *et al., Periodontol. 2000*, **14**, 79（1997）
9) E. V. Gronbaek, *APMIS Suppl.*, **87**, 1（1999）
10) C. Y. Chiang *et al., Infect. Immun.*, **67**, 4231（1999）
11) C. E. Shelburne *et al., J. Microbiol. Methods.*, **39**, 97（2000）
12) A. Yoshida *et al., Oral. Microbiol. Immunol.*, **19**, 196（2004）
13) J. Slots *et al., J. Clin. Periodontol.*, **13**, 570（1986）
14) T. E. Van Dyke *et al., J. Int. Acad. Periodontol.*, **7**, 3（2005）
15) 松岡隆史ほか，日歯周誌，**46**, 118（2004）
16) H. Ishikawa *et al., J. Jpn. Soc. Periodontal.*, **45**, 105（2003）
17) 松岡隆史ほか，日歯周誌，**48**, 315（2006）

第23章　抗癌作用

松崎　健*

1　はじめに

近年，食経験や科学的根拠に基づいた各種の菌体の効用が謳われ始め，経口摂取することでヒトに有益な作用をおよぼすいわゆる“プロバイオティクス”が注目を集めている。プロバイオティクスという言葉はギリシャ語で“for life”を意味し，古くは1974年に「腸内微生物バランスに寄与する生物あるいは物質」と定義されている[1]。その後1989年Fullerにより「腸内菌叢のバランスを改善することにより宿主に有益な作用を与える生きた微生物」と再定義された[2]。さらに現在では，「宿主に保健効果を示す生きた微生物を含む食品」と再定義する報告もある[3]。実際，プロバイオティクスと呼ばれる菌体は，近年主に食品に利用されその機能性が訴求の中心となっている。現在認められているプロバイオティクスの代表的な作用としては，整腸作用[4, 5]，抗アレルギー（アトピー）作用[6, 7]，抗感染（ピロリ）作用[8]，血圧降下作用[9, 10]などが挙げられ，その作用も多様である。

一方，プロバイオティクス乳酸菌の一つである乳酸桿菌 *Lactobacillus casei* Shirota株（LcS）は最も早くプロバイオティクスとして認識された菌体の一つであり，古くよりその生物活性の探索が行なわれている。1970年代後半，*L. casei* Shirota株の菌体そのものが宿主の免疫細胞を非特異的に賦活化することが明らかになったことを契機に，癌や感染等を標的として菌体成分を用いて免疫調節作用を介した治療実験が開始されるようになった[11]。我々の食生活に深く関わる非病原性細菌である乳酸菌が，宿主の免疫調節作用を介した生物活性を発揮するという科学的な検証が成されたのはこれが世界で最初であった。乳酸菌は広く自然界に存在するグラム陽性の非病原性細菌で，ヒトや動物の腸内に生息する一方，古くより漬物や糠床等の食品加工等に利用されるなど，我々の最も身近に存在する菌種の一つである。特に *L. casei* Shirota株はヒト胃酸や胆汁酸に耐性を示し，生きたまま腸に到達する性質を付加された強化培養型の乳酸菌であり，70年以上もの長きにわたり食品素材の一つとして使用されておりその安全性も確保されている。またその後の研究により，*L. casei* Shirota株の経口投与がヒトの表在性膀胱癌の再発を有意に抑

*　Takeshi Matsuzaki　㈱ヤクルト本社中央研究所　応用研究二部　薬効・薬理研究室
主任研究員

制することや[12]，環境変異原性物質への吸着および排除促進作用を示すことなども報告されている[13]。このように*L. casei* Shirota 株に代表される乳酸菌は食品素材としての性質を有するのみならず，我々の体に有益な作用を及ぼすことが徐々に明らかになってきている。本章では，特に乳酸菌の抗癌作用に焦点を当て，これまでに報告されたデータを基に総説する。

2　乳酸菌の宿主の免疫を介した抗腫瘍効果

1980 年，横倉ら[14] は *L. casei* Shirota 株がマウスの実験移植腫瘍の増殖を抑制することを *in*

表 1　*L. casei* Shirota 株の各種投与経路による抗腫瘍効果　（文献[15] より改変）

投与経路	mg/kg × 回	腫瘍	移植部位	抗腫瘍効果
胸腔内	4 × 5	Meth A	胸腔	T/C 250
腹腔内	5 × 5	Meth A	腹腔	T/C >157 (1/10)
	10 × 3	L1210	腹腔	T/C 138
	2 × 5	C57AT1	腹腔	T/C 134
	2 × 5	Sarcoma 180	腹腔	T/C >209 (1/9)
	10 × 5	Meth A	皮下	I. R. 87.6
	10 × 5	MCA K-1	皮下	I. R. 61.3
静脈内	10 × 5	Meth A	皮下	I. R. 88.2
	2 × 5	MCA K-1	皮下	I. R. 60.4
	10 × 5	Sarcoma 180	皮下	I. R. 75.9
	10 × 4	3LL	皮下	T/C >132 (2/7)
	10 × 5	B16	皮下	T/C >150 (1/10)
	10 × 5	B16-F10	静脈	T/C 134
	10 × 10	AH 130（ラット）	静脈	T/C 181
	10 × 10	AH 66（ラット）	静脈	T/C 159
	10 × 10	AH 7974（ラット）	静脈	T/C 139
	10 × 10	AH 41C（ラット）	静脈	T/C >178 (2/6)
皮下	30 × 7	Meth A	皮下	I. R. 72.9
腫瘍内	4 × 5	Meth A	皮下	I. R. 88.2
	4 × 5	Meth A	皮下	I. R. >152 (2/10)
	4 × 5	K 234	皮下	I. R. >162 (2/10)
	10 × 4	B16-BL6	皮下	I. R. 81.9
	10 × 4	B16-BL6	皮下	T/C 156
	10 × 5	B16-F10	皮下	T/C 142
	4 × 4	Line-10（モルモット）	皮内	(5/6)

T/C；延命率（%）＝（投与群平均生存日数/対照群平均生存日数）×100
I. R.；阻止率（%）＝（1－投与群平均腫瘍重量/対照群平均腫瘍重量）×100
使用動物；BALB/cマウス（Meth A線維肉腫，MCA K-1肉腫，K 234肉腫）
DBA/2マウス（L1210白血病）
C57BL/6マウス（C57AT1ウイルス誘発肉腫，B16，B16-F10，B16-BL6黒色腫，3LLルイス肺がん）
ICRマウス（Sarcoma 180肉腫）
ドンリュウラット（AH 130，AH 66，AH 7974，AH41C腹水肝癌）
Strain-2モルモット（Line-10肝癌）
（　）は 40 日以上生存または治癒した動物の割合を示す。

vivo 試験で見出した。しかし，*L. casei* Shirota株は *in vitro* においては癌細胞に対して直接の細胞障害活性を示さず，宿主に投与した場合に抗癌作用を示すことから，即ち宿主介在性の抗腫瘍効果を発揮することが明らかとなった。表1に *L. casei* Shirota株の各種動物モデルにおける抗腫瘍効果の一部を示した[15]。*L. casei* Shirota株は様々な実験腫瘍に対して著明な抗腫瘍効果を示すことが明らかとなり，*L. casei* Shirota株菌体の有する優れた特性が示された。また，その後の研究により *L. casei* Shirota株の投与がマクロファージ[16]やナチュラル・キラー（NK）細胞[17]といった宿主の免疫細胞の活性を増強することも明らかとなり，これを契機に宿主の免疫を介した抗腫瘍効果に関する乳酸菌の研究が活発に行われるようになった。

現在では，乳酸菌やその構成成分が宿主の免疫細胞，特にマクロファージや樹状細胞（DC）のような抗原提示細胞に対して作用をおよぼすことが報告されており，乳酸菌摂取後の生体での作用機作も明らかになってきている[18]。例えば，*L. rhamnosus*[19]や *L. casei*[20]がヒト末血単球やマウス脾細胞において，免疫細胞の細胞内シグナルを伝達する核内転写因子（NF-κB）やSTATシグナリングを活性化することや，各種の乳酸菌（*L. casei, L. reuteri, L. plantarum, L. fermentum, L. johnsonii*）がマウスDCのサイトカイン産生や細胞表面抗原調節に多様な作用を

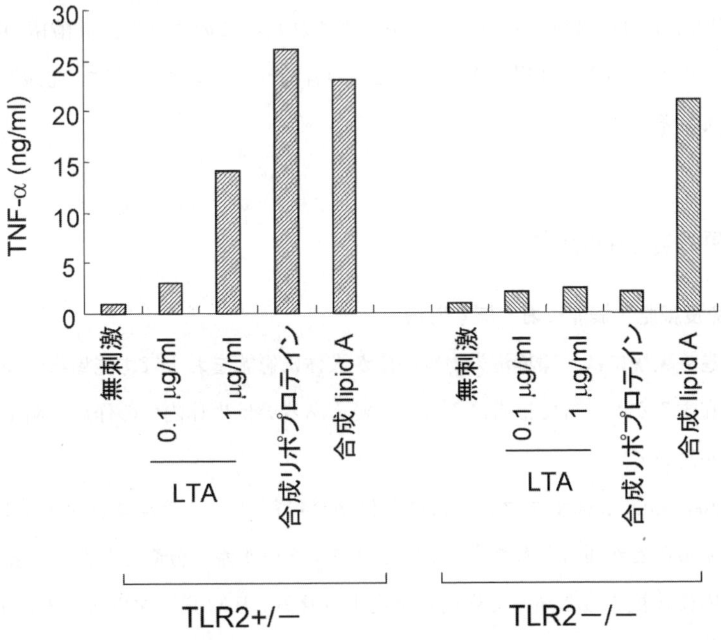

図1　乳酸菌のTLR2による認識（文献[22]より改変）

マウスマクロファージを乳酸菌由来のLTA，また合成リポプロテインおよび合成lipid Aで刺激し，TNF-α産生量を測定した。通常マウスではいずれにおいてもTNF-α産生が認められたが，TLR2ノックアウトマウスではTLR4を介して認識される合成lipid A以外では，TNF-αの産生は認められず，乳酸菌のLTAがTLR2を介して認識されることが示唆された。

示すことなどが報告されている[21]。

一方，乳酸菌菌体，特にグラム陽性菌の認識にはマクロファージやDCにおけるtoll-like receptor（TLR）2が関与していることが明らかになっている[22]。例えば，乳酸菌の各構成分画（総細胞，細胞壁，ポリサッカライド－ペプチドグリカン複合体，リポテイコ酸；LTA）は*in vitro*においてマクロファージからのtumor necrosis factor（TNF)－α産生を誘導するが，特にLTA画分に強い誘導能が認められている。マクロファージからのTNF－α産生能は各種菌体間において様々で，その差異が菌体のどの構造によるかは今のところ明らかではないが菌株差が存在する[23]。乳酸菌由来のLTAの認識にTLR2が関与しているか否かを確認する目的で，TLR2ノックアウトマウスの脾臓単核球を用いてLTAに対する反応性が検討された（図1）。野生型マウスから調製した単核球においてはLTA，合成リポプロテイン，合成lipid A（LPSの活性成分）はTLR2を介したTNF－αの産生が認められたが，TLR2ノックアウトマウスの単核球においては乳酸菌由来のLTAおよびリポプロテインによるTNF－α産生は認められず，一方TLR4により認識される合成lipid AはTNF－αを産生した。また，乳酸菌菌体そのものでも同様な反応を示すことが確認された。一方，TLR4遺伝子点変異マウス（C3H/HeJマウス）から調製した単核球を用いた実験では，乳酸菌菌体およびLTAはTNF－α産生反応を示すことからも，乳酸菌の認識にはTLR2が強く関わっていることが示唆された。このように，乳酸菌の投与による宿主の免疫細胞の応答性および作用機作発現のための各種サイトカイン産生，認識機構などが明らかとなってきている。

3　乳酸菌の発癌抑制作用

3.1　宿主の免疫細胞・機能におよぼす影響

我々を取り巻く環境には，環境汚染物質のほか人体に影響をおよぼす発癌物質などの有害な物質も数多く存在するが，一方では常にそれらの侵入あるいは生体内での作用を阻止するために宿主の免疫機構が働いている。

近年，*L. casei* Shirota株がマウスにおける化学発癌剤（3-メチルコランスレン；MC）による発癌を抑制することが報告された[24]。MCはコールタールから分離された化学発癌物質の一つで，マウス皮内に接種すると高率で癌病変を発生させる。BALB/cマウス皮内に1mgのMCを接種後，乳酸菌含有固型飼料でマウスを飼育するとその後の発癌率が乳酸菌投与群では対照群と比較して有意に遅延・抑制されることが示されている。この時，宿主の免疫細胞が集まる代表的な臓器としてマウス脾細胞の分画を調べてみると，B細胞には影響を与えなかったが，MC処理によりT細胞サブセットであるCD4およびCD8陽性T細胞の顕著な減少が観察されている。

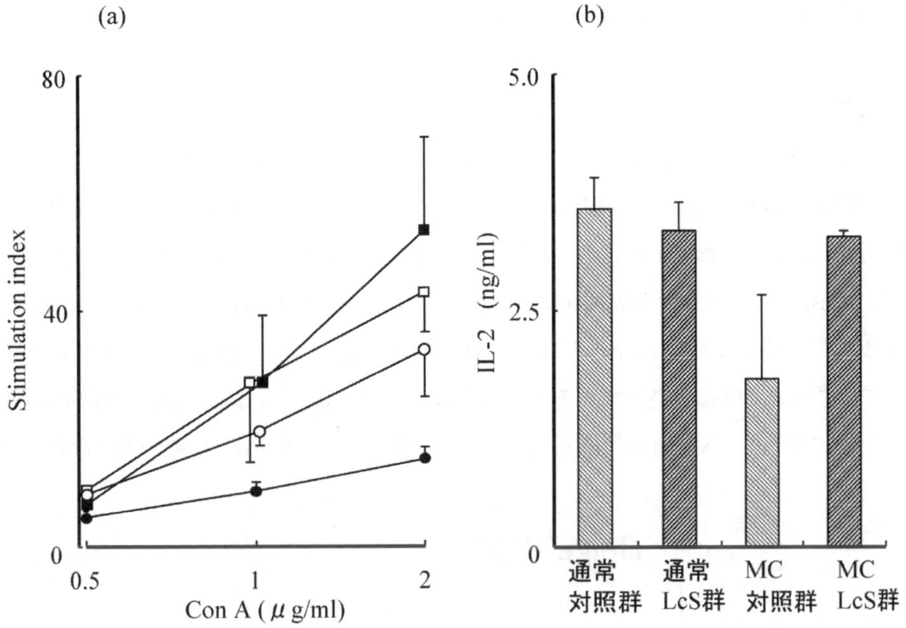

図2　*L. casei* Shirota株（LcS）の経口投与がマウス脾細胞に与える影響（文献[24]より改変）
MC接種によるマウス脾細胞のconcanavalin（Con）A増殖応答およびIL-2産生の低下をLcSの経口投与が回復・維持させる。
(a) Con A刺激増殖応答
○；通常対照群，□；通常LcS群，●；MC対照群，■；MC-LcS群
(b) IL-2産生

それに対して乳酸菌を投与した群ではそれらの減少が有意に抑制されており，乳酸菌の投与がMC処理によって引き起こされるT細胞数の減少を抑制することが示された。一方，MC未処理群におけるそれには特に著しい作用は認められなかった。

また，T細胞の機能に関してはT細胞の特異的分化誘導作用を持つConcanavalin（Con）Aに対する増殖応答を指標として検討されている。この系においてもMC処理対照群のCon A増殖応答は顕著に低下していたが，*L. casei* Shirota株の投与により通常レベルに回復していることが確認された。また，同時にT細胞が産生するサイトカインの一つであるInterleukin（IL)-2産生を測定したところCon A応答と同様に，MC処理により低下したIL-2産生を乳酸菌の投与が有意に回復させることが示唆されている。このように，*L. casei* Shirota株の投与は発癌剤処理という特殊な状況において減少あるいは抑制されたT細胞に関して，量的にも質的にもそれらの減少を正常レベルに回復させる作用を有することが示唆された（図2）。その他にも，ラットにおける各種化学発癌（MNNG，AOM，DMH誘発）において，各種の乳酸菌（*L. casei, L. acidophilus, L. gasseri, B. breve, B. longum*）が効果を発揮したことなどが報告されており，乳

酸菌の発癌抑制効果が動物実験レベルで実証されている[25~27]。

3.2 乳酸菌の発癌抑制作用におけるNK活性の関与

宿主の免疫反応を制御する重要な免疫細胞の一つにnatural killer（NK）細胞があげられる。NK細胞は自然免疫系を担う免疫細胞の一つで，近年その作用が注目されている。乳酸菌の投与がNK活性におよぼす影響を検討する目的で，遺伝的にNK細胞が欠損しているbeigeマウスを用いて*L. casei* Shirota株の発癌抑制効果が検討された[28]。その試験では，通常およびNK細胞欠損マウスにMCを接種後*L. casei* Shirota株を飼料に混ぜて与えたところ，通常のC57BL/6マウスではこれまで確認[24]されているように*L. casei* Shirota株による有意な発癌抑制効果が認められたのに対して，NK細胞欠損beigeマウスでは*L. casei* Shirota株の発癌抑制効果は認め

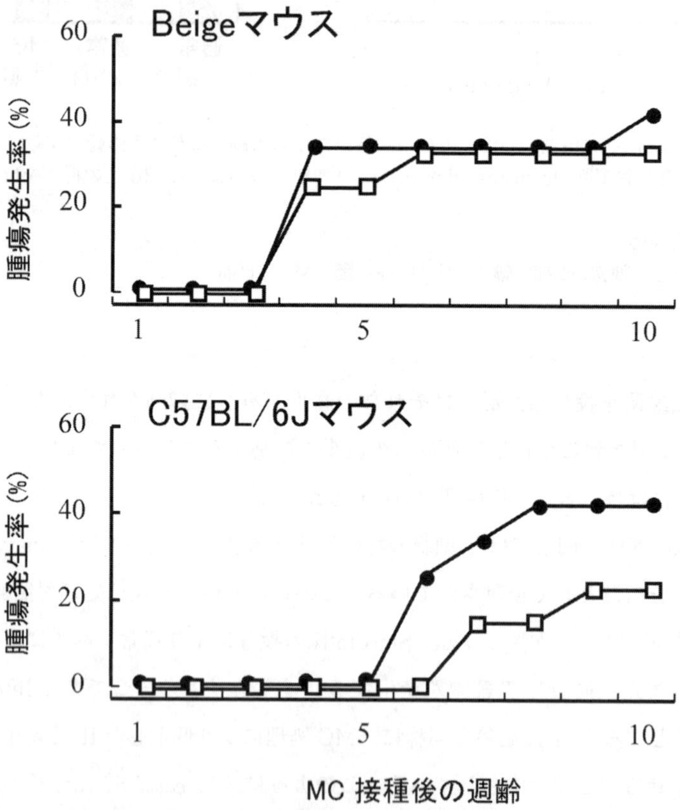

図3　*L. casei* Shirota株（LcS）の経口投与による発癌抑制効果（文献[28]より改変）
LcSの発癌抑制効果は通常C57BL/6マウスでは認められるが，NK欠損beigeマウスでは発揮されず，MC発癌実験系におけるNK細胞の重要性が示唆される。また，NK欠損マウスでは発癌時期そのものも通常マウスと比べると早い。
●；対照群，□；LcS群

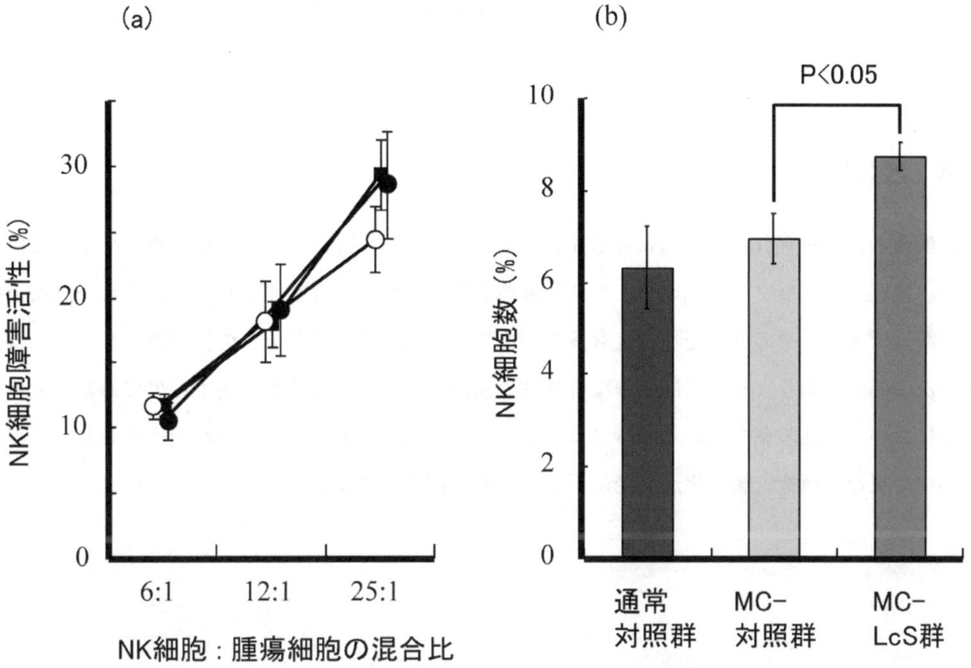

図 4　*L. casei* Shirota 株（LcS）の経口投与による NK 活性に及ぼす効果（文献[28] より改変）
LcS の経口投与は，マウス脾細胞の NK 活性(a) および NK 細胞数(b) 共に対照群と比較して有意に増強する。
○；通常対照群，●；MC対照群，■；MC-LcS群

られなかった（図 3）。また，NK 欠損マウスでは発癌の時期そのものも通常マウスのそれと比較して早く，NK 細胞の有無がこの発癌系において重要な役割を果たしていることが示された。一方，この時のマウス脾細胞の NK 活性を測定したところ，*L. casei* Shirota 株の投与は NK 細胞数および活性共に担癌対照群と比較して有意に増強した（図 4）。この他にも，*L. casei* Shirota 株の経口投与が新生仔マウス[29] や通常マウス[30] の NK 活性を増強することが認められており，このことが *L. casei* Shirota 株の持つ免疫調節作用における作用機作の一つとして考えられている。さらに乳酸菌の NK 活性増強作用はヒト試験においても確認されている。長尾らは，末梢血中の NK 活性レベルの低いボランティアを対象に *L. casei* Shirota 株で製造された発酵乳製品の継続的な飲用試験を実施したところ，*L. casei* Shirota 株の飲用により有意な NK 活性の上昇が認められた[31]。NK 細胞の活性は疫学的研究によってもその重要性が示唆されている。疫学的には NK 活性のレベルには個人差があり，また様々な生活習慣と相関があることなどが報告されているが[32]，長期間の追跡調査の結果，NK 活性の低い集団は，NK 活性が高いかもしくは中間の集団と比べて癌の発症率が高いことが報告されている[33]。このような報告からも明らかなように，NK 活性が我々の生体の恒常性維持に何らかの影響を及ぼしていること，また乳酸菌が NK

活性等の免疫細胞に対して影響を及ぼす結果，発癌抑制効果が発揮されている可能性があることは非常に興味深い。

4 おわりに

乳酸菌の持つ抗癌作用を *L. casei* Shirota 株の発癌抑制作用およびその作用機作を中心に概説した。現在，様々なプロバイオティクス乳酸菌を用いた製品が存在するが，それぞれの乳酸菌の持つ特性は異なりその作用発現様式も多様である。大切なのはそれぞれの持つ特徴を生かした使用方法の確立であり，それには十分な科学性の検証と安全性の確認が必要不可欠である。近年，欧米においても乳酸菌を始めとするプロバイオティクスの重要性が認められ始めており，今後も世界中で更なる研究，製品化が活発に行われことが期待される。

文　　献

1) R. B. Parker, *Anim. Nutr. Health*, **29**, 4 (1974)
2) R. Fuller, *J. Appl. Bacteriol.*, **66**, 365 (1989)
3) S. Salminen *et al.*, *Br. J. Nutr.*, **1** (Suppl.), 147 (1998)
4) R. D. Rolfe, *J. Nutr.*, **130** (Suppl.), 396S (2000)
5) 森下芳行，医学のあゆみ，**207**, (2003)
6) M. Kalliomäki *et al.*, *Lancet*, **357**, 1076 (2001)
7) M. Kalliomäki *et al.*, *Lancet*, **361**, 1869 (2003)
8) I. Sakamoto *et al.*, *J. Antimicrob. Chemother.*, **47**, 709 (2001)
9) Y. Hata *et al.*, *Am. J. Clin. Nutr.*, **64**, 767 (1996)
10) 梶本修身ほか，日本食品科学工芸会誌，**51**, 79 (2004)
11) I. Kato *et al.*, *Gann*, **72**, 517 (1981)
12) Y. Aso *et al.*, *Eur. Urol.*, **27**, 104 (1995)
13) H. Hayatsu *et al.*, *Cancer Lett.*, **73**, 173 (1993)
14) 横倉輝男ほか，乳酸桿菌（LC 9018）の抗腫瘍効果「腸内フローラと発癌」，学会出版センター，p.125 (1981)
15) 横倉輝男，薬理と治療，**17** (Suppl.6), 7 (1989)
16) I. Kato *et al.*, *Microbiol. Immunol.*, **27**, 611 (1983)
17) T. Matsuzaki, *Int. J. Food Microbiol.*, **41**, 133 (1998)
18) H. Braat *et al.*, *J. Mol. Med.*, **82**, 197 (2004)
19) M. Miettinen *et al.*, *J. Immunol.*, **164**, 3733 (2000)

20） Y. G. Kim *et al., Microbes Infect.*, **8**, 994 (2006)
21） H. R. Christensen *et al., J. Immunolol.*, **168**, 171 (2002)
22） T. Matsuguchi *et al., Clin.Diagnostic Lab. Immunol.*, **10**, 259 (2003)
23） T. Matsuzaki *et al., J. Nutr.*, **137**, 798S (2007)
24） A. Takagi *et al., Med. Microbiol. Immunol.*, **188**, 111 (1999)
25） B. L. Pool-Zobel *et al., Nutr. Cancer*, **26**, 365 (1996)
26） J. Saikali *et al., Nutri. Cancer*, **49**, 14 (2004)
27） K. Yamazaki *et al., Oncol. Rep.*, **7**, 977 (2000)
28） A. Takagi *et al., Carcinogenesis*, **22**, 599 (2001)
29） 松崎健ほか，医学のあゆみ，**150**, 745 (1989)
30） T. Matsuzaki *et al., Immunol. Cell Biol.*, **78**, 67 (2000)
31） F. Nagao *et al., Biosci. Biotechonol. Biochem.*, **64**, 2706 (2000)
32） K. Nakachi *et al., Jpn. J. Cancer Res.*, **83**, 798 (1992)
33） K. Imai *et al., Lancet*, **356**, 1795 (2000)

第 24 章　血圧降下作用

山本直之*

1　はじめに

20 世紀の始めにノーベル賞学者でパスツール研究所に属していた Metchnikoff が唱えた「発酵乳を常食しているヒトは寿命が長い」とする「不老長寿説」以降，乳酸菌発酵乳の生理機能研究が活発化し，乳酸菌あるいはその発酵乳の保健的効果に関して多くの成果が報告された。主な乳酸菌の保健効果としては，免疫調節作用，腸炎の予防効果，乳糖不耐症改善，コレステロール低減作用，血圧降下作用，制癌作用，便性改善効果，血圧降下作用などが過去に報告されている。ここでは特に，近年，ヒトでの有用性実証など科学的データの蓄積が比較的多い乳酸菌発酵乳の血圧降下作用について，ヒトへの応用利用の可能性について整理してまとめた。

高血圧症は，肥満，高脂血症，高血糖などと合わせてメタボリックシンドロームの重要因子と考えられており，特に血圧のコントロールは動脈硬化や心疾患の発症の予防に極めて重要と考えられている。特に高血圧症は自覚症状がないことから対処が遅れがちであり，動脈硬化や心疾患，脳卒中のリスクが気づかないうちに進行することが懸念されている。

血圧の分類に関しては，過去の分類では正常域に区分されていた収縮期血圧（120-139mmHg かつ拡張期血圧 80-90mmHg）の領域を，2003 年に開かれた第 7 回米国合同委員会（JNC-7）の米国合同委員会で Prehypertension と分類した。これは，降圧剤を使用した Prehypertension 者を対象とした大規模臨床試験により血圧の上昇が抑制され脳疾患の発症が予防されたことから，この段階から血圧をコントロールすることが極めて重要であるとの考えから生まれたものである。一方，我が国では JNC-6 での分類に従った考え方が採用されているが，約 2,000 万人が高血圧者であり 30 才以上の 4 人に 1 人が該当する。一方，正常高値者（収縮期血圧：130-139mmHg/ 拡張期血圧：85-89mmHg）を含めると 4,000 万人近くに達するといわれている。しかし，高血圧前者には医薬品が利用できない事から，現実的な対処の方法としては食事での減塩やカリウムの積極摂取，適度の運動などに頼らざるをえないのが現状である。そのようなまだ投薬による治療が必要ではない血圧高めの人に対しては食品成分でありながら継続的に摂取することで持続的効果が期待できる食餌性成分摂取による血圧のコントロールが理想的である。

---

* Naoyuki Yamamoto　カルピス㈱　健康・機能性食品開発研究所　次長

血圧の維持に効果的とされる食品はいくつか報告されているものの，科学的効果の実証が明らかにされ，有効成分が単離されているものとしてはペプチドなどが報告されている。本稿では，乳酸菌およびその発酵乳に起因する血圧降下作用について紹介し，特に乳酸菌の発酵過程における有効成分の生産に関して最近の知見をまとめた。

2　*L.helveticus*発酵乳の血圧降下作用

2.1　ACE阻害ペプチドについて

乳酸菌の発酵に伴いアンジオテンシン変換酵素（Angiotensin I-converting enzyme：ACE）の阻害作用を示すペプチドが発酵乳中に生産されることが報告されている。また，その作用は乳酸菌の菌種により異なることが報告されている[1)]。ACEは生体内で強い血管平滑筋収縮作用を示すアンジオテンシンIIをアンジオテンシンIから生成させると同時に平滑筋弛緩作用を示すブラジキニンを分解することで強い昇圧作用を示す[2)]。従って，ACEの阻害作用を示す物質には血圧を低下させる効果が期待出来ることから，多くのACE阻害剤が医薬品として過去に開発されてきた。その後，ACE阻害作用を有する食品成分としてACE阻害ペプチドが数多く報告されている[3)]。また，いくつかのペプチド素材が臨床的試験成績をもとに特定保健用食品として実用化されてきた。その中で，血圧降下ペプチドに関してはほとんどのものが食品蛋白質を酵素分解して得られたACE阻害ペプチドである。Phe-Phe-Val-Ala-Pro-Phe-Pro-Glu-Val-Phe-Gly-Lysを主要成分とするカゼインドデカペプチド[4)]，Leu-Lys-Pro-Asn-Metを主要ペプチドとする鰹節ペプチド[5)]，Val-Tyrを主要成分とするイワシペプチド[6)]，Leu-Val-Tyrを主要成分とするゴマペプチド[7)]，Ile-Tyrを主要成分とするブナハリタケペプチド，最近ではワカメペプチドなどが報告されている。

2.2　発酵乳内のACE阻害ペプチド

さて，乳酸菌発酵乳のACE阻害作用と血圧降下作用は乳酸菌菌種の違いにより異なる事が知られており，*Lactobacillus helveticus* 発酵乳には最も多くのペプチドが生産されていることが明らかとなった[1)]（表1）。また，発酵乳の血圧降下作用を自然発症高血圧ラット（SHR：Spontaneously Hypertensive Rat）に投与して血圧低下作用を評価した場合，*L. helveticus* 発酵乳特異的な血圧降下作用が認められている[1)]。表1に示すように，乳酸菌の比較では，特に *L. helveticus* について菌体表層に存在するプロティナーゼ活性が高く，発酵乳中に生産されるペプチド含量が高く，ACE阻害活性も最も強いことが確認されている。その後，*L. helveticus* 発酵乳からACE阻害活性を指標に有効成分としてVal-Pro-Pro（VPP）とIle-Pro-Pro（IPP）が単離，同定され，両ペプチドはβ-とκ-カゼインから乳酸菌の蛋白質分解系の働きにより分解，加工され培地中に産生されるものと推定された[8]。VPPとIPPのACE阻害活性はIC_{50}値（酵素活性を50%阻害するペプチド濃度）としてそれぞれ9μMと5μMと報告されているACE阻害ペプチドの中ではその活性が強いものであった。これらペプチドはカゼインから乳酸菌の蛋白質分解作用により生産されることが推定されている。その後，動物やヒトに対する安全性試験成績と有効性試験成績[9~14]（図1）をもとに1997年，特定保健用食品としての製品が発売されている。今まで750名以上の対象者に対して12回の臨床試験でいずれも有意な血圧降下作用が確認されている。

ここで乳酸菌発酵乳から単離，同定された2種の生体内で働きを調べる目的で2種のペプチドを含む発酵乳を投与したSHRの各組織中のACE活性を評価した結果，腹部大動脈において有意にその活性が低下していた[15]。また，発酵乳を投与したSHR特異的に大動脈からVPPとIPPが回収された[16]。このことは大動脈が一つの標的組織であることを示唆すると同時に，VPPとIPPが経口投与後，血中に移行して大動脈に到達して，組織に存在するACEを阻害することで血圧降下作用を発現していることを示唆している。また，最近の報告では経口摂取後にこれらの

表1　各種乳酸菌発酵乳のACE阻害活性，ペプチド含量と乳酸菌の自然発症高血圧ラットに対する血圧降下作用と菌体壁結合性プロティナーゼ活性

菌種	ペプチド濃度(%)	プロティナーゼ活性(U/ml)	ACE阻害活性(U/ml)	血圧降下作用(−△ mmHg)
control（milk）	0.00	-	0	− 5.0 ± 7.3
(Lactobacilli)				
L. helveticus CP790	0.19	230	58	− 27.4 ± 13.3＊＊
L. helveticus CP611	0.25	367	70	− 20.0 ± 9.6＊＊
L. helveticus CP615	0.18	420	51	− 23.0 ± 13.4＊＊
L. helveticus JCM1006	0.15	182	26	− 15.2 ± 9.3＊
L. helveticus JCM1120	0.10	112	34	− 6.5 ± 10.8
L. helveticus JCM1004	0.21	186	48	− 29.3 ± 13.6＊＊
L. delbrueckii subsp. *bulgaricus* CP973	0.19	105	22	− 0.8 ± 8.2
L. delbrueckii subsp. *bulgaricus* JCM1002	0.11	124	28	− 4.5 ± 4.0
L. casei CP680	0.01	35	3	− 0.2 ± 6.6
L. casei JCM1134	0.00	28	9	− 7.0 ± 11.2
L. casei JCM1136	0.09	25	18	− 9.6 ± 7.2
L. acidophilus JCM1132	0.00	28	8	− 8.7 ± 7.8
L. delbrueckii subsp. *lactis*JCM1105	0.08	18	16	− 3.3 ± 3.5
(Streptococci)				
S. thermophilus CP1007	0.02	25	3	− 2.4 ± 8.1
(Lactococci)				
L. lactis subsp. *lactis* CP684	0.00	35	4	− 7.3 ± 10.5
L. lactis subsp. *cremoris* CP312	0.02	18	4	− 5.8 ± 13.9

コントロール群との比較における有意差：＊＊ $P < 0.01$，＊ $P < 0.05$.

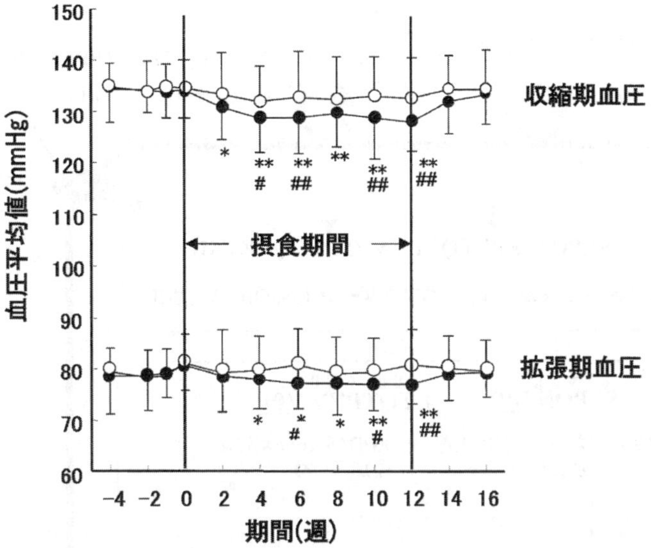

図 1　血圧正常高値者を対象とした *Lactobacillus helveticus* 発酵乳を用いた臨床試験結果
Nakamura *et al., J. Nutr.Food,* **7**, 123 (2004), 初期血圧値との比較 (Bonferroni test；＊ $P < 0.05$, ＊＊ $P < 0.01$), プラセボ群との比較 (t-test, ＃ $P < 0.05$, ＃＃ $P < 0.01$)

ペプチドが吸収され血中に移行する事が確認されている[17]。

最近のイワシペプチド Val-Tyr に関する研究では，継続的ペプチドの投与により SHR 組織へのペプチドの蓄積が示唆されている[18]。今後，VPP と IPP に関しても継続的服用の効果に関しても体内動態試験を進める必要がある。また，継続的摂取による遺伝子の変動幅の調査に関しても有用な情報が得られる可能性がある。いずれにせよ，このような血圧降下ペプチドには医薬品のように単回の服用での急激な血圧の低下は期待できない半面，継続的服用でのマイルドな血圧低下作用が期待出来ることからより安全な血圧の管理が可能となること，医薬品服用前にこのような食品の摂取でその後血圧の上昇を抑制できる可能性がある。

2.3　血圧降下ペプチドの加工

L. helveticus 発酵乳中に生産される血圧降下ペプチド VPP と IPP は主に β カゼインから生成されると考えられているが，まず，菌体外プロティナーゼにより 28 ないし 29 アミノ酸からなる比較的大きなペプチド（28 または 29 ペプチド）が生産され[19]（図 2），さらにこのペプチドはおそらくオリゴペプチドトランスポーターの働きにより菌体内に取り込まれた後，様々な菌体内のペプチダーゼによりアミノ末端あるいはカルボキシ末端の加工が行われる。pepO として報告されているエンドペプチダーゼがこれらペプチドの C 末端配列の加工に重要な役割を示している

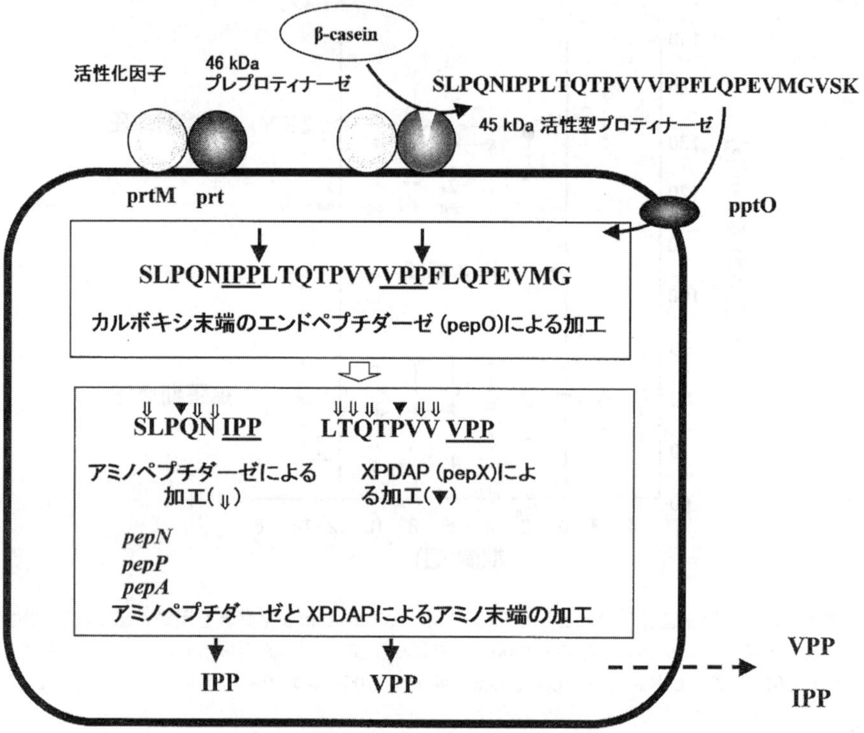

図２　*Lactobacillus helveticus* の蛋白質分解系による血圧降下ペプチド
Val-Pro-Pro と Ile-Pro-Pro のカゼインからの加工の推定

1）プレプロティナーゼ（46 kDa）の活性化因子の助けを受けての活性体へ（45 kDa）への変化，2）菌体壁プロティナーゼによる Val-Pro-Pro と Ile-Pro-Pro 配列を含むロングペプチドの β-casein からの遊離，3）そのロングペプチドのオリゴペプチドトランスポーター（pptO）を介した菌体内への取り込み，4）ロングペプチドからの Val-Pro-Pro と Ile-Pro-Pro への数種類の菌体内ペプチダーゼによる加工，5）Val-Pro-Pro と Ile-Pro-Pro の発酵乳中への遊離

表２　*Lactobacillus helveticus* CM4 から精製されたエンドペプチダーゼのカゼイン配列ペプチドに対する特異性

Substrate	Detected peptides
IPPL	No
IPPLT	IPP, LT
IPPLTQ	No
IPPLTQT	IPPLT, IPP
LPQNIPPL	No
NIPPL	No
VPPF	No
VPPFL	VPP, FL
VPPFLQ	No
VPPFLQP	VPPFL, VPP
VPPFLQPE	No

No：VPP，VPPFL，IPPL と IPP を非検出

ことが示された[20]（表2）。一方，アミノ末端の加工はアミノペプチダーゼにより末端のアミノ酸が順次1残基づつ除去されると考えられるが，一般にProを含む配列が存在した場合，アミノ末端の分解反応はProの手前で停止すると考えられる。従って，その分解反応をさらに進めるにはX-Proを含むアミノ末端の2アミノ酸の除去が可能なX-プロリル·ジペプチジル·アミノペプチダーゼ（XPDAP：pepX）の作用が必要と考えられる。一方，Pro-Pro（PP）配列が存在した場合，アミノ酸を一個残した配列すなわち，βカゼイン配列を当てはめて考えればVPPとIPPが安定な形で最終ペプチドとして生産される。ここで菌体内に蓄積されたVPPとIPPはやがて菌体外に放出されることで培地中に蓄積されるものと予想されている。

2.4　乳酸菌蛋白質分解系の比較

今まで，*L. helveticus* 蛋白質分解系によるVPPとIPPの加工プロセスに関して述べたが，*L. helveticus* 以外の乳酸菌では発酵過程でほとんどVPPとIPPは生産されない。それでは他の乳酸菌ではなぜVPPやIPPが生産されないのかを，以下のように考察した。

L. helveticus の中でも特にVPPとIPPの生産性の高い株として選択されたCM4株[21]のゲノム解析の結果，ゲノム配列上には2,174個のORFが存在することが確認された。また，血圧降下ペプチドの加工に関与すると思われる蛋白質分解酵素は23種存在し，その内一種は菌体外プロティナーゼであり，他の22種はシグナル配列を有さない菌体内酵素と思われるペプチダーゼであった（表3）。近年，いくつかの乳酸菌についてゲノム解析結果が報告されており，*L. helveticus* において両血圧降下ペプチドの加工への重要性が推定されたプロティナーゼやペプチダーゼに限定して，アミノ酸配列で相同性を有する他の乳酸菌内酵素を相同性検索した結果，*Lactobacillus acidophilus* のエンドプロテアーゼ，X-プロリル-ジペプチジル-アミノペプチダーゼさらにアミノペプチダーゼに関して高い相同性が確認された。さらに *L. acidophilus* の近縁である *Lactobacillus gasseri*，*Lactobacillus johnsonii* などに対しても高いホモロジーが存在することが確認された（表4）。従って，これらの菌体内ペプチダーゼに加えて菌体外プロティナーゼの活性あるいは特異性が不足している可能性が考えられる。

一方，*L. helveticus* 発酵乳の発酵途中にACE阻害作用のない血圧降下ペプチドTyr-Proが生産されることが報告されている[22]。このペプチドのACE阻害作用は低いもののSHRでの血圧降下作用を有する事から，ACE以外への作用点を持つ事が考えられている。また，このジペプチドはカゼイン配列に多数存在することから，同じく乳酸菌の蛋白質分解系の働きによりカゼインから生産されるものと考えられている。

表３ *Lactobacillus helveticus*CM4 に確認されたの蛋白質分解酵素遺伝子と他の *L. helveticus* で報告されている関連酵素遺伝子

Proteolytic enzyme	Substrate	Gene	Molecular size (kDa)		
			CM4	CNRZ32	53/7
Proteinase	no specificity	prtY	47.0		
Aminopeptidase	Xaa-|-Xbb-Xcc-	pepC1	51.4	51.4	51.4
		pepC2	53.0		
		pepN	95.8	97.0	95.9
	Xaa-|-Pro-	pepP	41.4		
	Glu-|-Xaa-	pepA	40.1		
Endopeptidase	no specificity	pepE	50.0	50.0	
		pepE2	50.3	52.1	
		pepF	68.1	68.0	
		pepO	73.6	71.2	
		pepO2	73.8	71.4	
		pepO3	73.1	72.5	
XPDAP	Xaa-Pro-|-Xbb-Xcc-	pepX	90.5	90.5	
Dipeptidase	Xaa-|-Xbb	pepDA	53.4	53.5	53.5
		pepD	54.0		
		pepD	48.0		
		pepD	94.9		
		pepD	53.5		
		pepV	51.5	51.5	
Tripeptidase	Xaa-|-Xbb-Xcc	pepT	47.1		150.0
Prolidase	Xaa-|-Pro	pepQ	41.2		
Prolinase	Pro-|-Xaa	pepPN	35.0	35.0	35.0
Proline iminopeptidase	Pro-|-Xaa-Xbb-	pepI	33.9		33.8

表４ 血圧降下ペプチド Val-Pro-Pro と Ile-Pro-Pro の加工に関与すると考えられる *Lactobacillus helveticus* CM4 内蛋白質分解酵素と他の乳酸菌に報告されている関連遺伝子の相同性検索

	Proteinase		Aminopeptidase			XPDAP	Endopeptidase					
	prtY	prtH	pepN	pepC1	pepC2	pepX	pepE	pepE2	pepF	pepO	pepO2	pepO3
Lb. acidophilus NCFM	-	-	90	91	87	91	89	90	88	85	61	-
Lb. gasseri ATCC 33323	-	-	67	83	76	72	70	83	77	63	-	77
Lb. johnsonii NCC533	-	-	66	82	75	72	69	73	76	65	-	78
Lb. delbrueckii subsp. *bulgaricus* ATCC BAA-365	-	-	71	-	53	70	71	-	-	58	-	68
Lb. casei subsp. *casei* ATCC334	-	-	62	59	-	-	-	-	54	-	-	-
Lc. lactis IL1403	-	-	-	-	-	-	-	-	-	-	-	-

Lb：*Lactobacillus*；*Lc*：*Lactococcus* (%)

－ ：相同性が 50％以下のもの

3　その他乳酸菌の血圧降下作用

7種の市販チーズに関してACE阻害活性の評価とSHRでの血圧降下作用を比較評価した結果が報告されている[23]。最もACE阻害活性が強かったのは12ヵ月熟成をしたゴーダチーズ（オランダ）であった。一方，血圧降下作用に関しては8ヵ月熟成をしたゴーダチーズを投与した群で最も強かった。その8ヵ月熟成をしたゴーダチーズに含まれるペプチドに関して強いACE阻害活性を有するペプチドとして，Arg-Pro-Lys-His-Pro-Ile-Lys-His-Gln（IC50 = 13.4 μM），Tyr-Pro-Phe-Pro-Gly-Pro-Ile-Pro-Phe（IC50 = 14.8 μM）が報告されており，それぞれ αSI-カゼイン（1-9）と βSI-カゼイン（109-119）の一部配列である事が報告されている。*Enterococcus faecalis* 発酵乳の血圧降下ペプチドに関しても報告されている[24]。*E. faecalis* 発酵乳に含まれるACE阻害ペプチドの中でいくつかのものはSHRでの血圧降下作用が経口投与により確認されている。Leu-His-Leu-Pro-Leu-Pro（IC50 = 5.4 μM）に関しては生体内にそのままの形での吸収されて，生体内でACE阻害作用が起こるものと考察されている。また，Lys-Tyr-Pro-Phe-Pro-Gly-Pro-Ile-Pro-Asn-Ser-Leu-Pro-Gln-Asn-Ile-Pro-Pro（IC50 = 5.3 μM）に関しては生体内でのIPPへの加工が起こり，ACE阻害作用が機能する可能性が推定されている。

一方，Sawada[25]らは *Lactobacillus casei* の菌体成分の血圧降下作用に関して古くに報告している。Sawadaらによればポリサッカライド･グリコプロテインの複合体であり菌体壁成分と考えられている。この複合体を経口投与により1mg/kg体重投与した際に6時間後から12時間後においてSHRの収縮期血圧が10-20 mmHg低下した。また，Oxmanらは *Lactobacillus bulgaricus* の乾燥菌体物を静脈注射した際の心臓機能の保護作用に関して報告している[26]。菌体成分の投与により，アラキドン酸系の最終物質であるプロスタサイクリンの産生抑制作用による炎症の抑制作用が示唆されている。また，カタラーゼの活性化を報告しており，乳酸菌菌体成分の投与による菌体表層成分の関与を推定しているものの，有効成分に関しては明らかにされていない。また，Tanidaらは *Lactobacillus johnsonii* La1（LC1）を十二指腸内投与することで，交感神経系の抑制による血圧低下作用に関して報告している[27]一方，最近ユニークな研究成果も報告されている。すなわち，*Lactobacillus casei* Shirotaと *Lactococcus lactis* YIT2027の共発酵により発酵乳中に γ-aminobutyric acid（GABA）を蓄積させ血圧降下作用を強化した発酵乳に関する研究成果である。GABAをSHRに対して0.5mg/kg投与において有意な血圧降下作用が確認された[28]。また，GABAを含む発酵飲料の高血圧者に対する血圧降下作用に関しても報告されている[29]。

4　おわりに

本稿では乳酸菌の保健効果の中で臨床的知見が比較的多く実証されている血圧降下作用に関して整理した。特に，ACE 阻害ペプチドの生産に優れる *L. helveticus* 発酵乳の血圧降下作用と関連ペプチドに関して中心にまとめて示した。乳酸菌 *L. helveticus* の蛋白質分解系の働きにより発酵乳中にカゼインから生産される血圧降下ペプチド VPP あるいは IPP の加工プロセスに関与する酵素群を推定し，*L. helveticus* 酵素系の特殊性をまとめアミノ酸，ペプチドによるそれら遺伝子群の発現抑制に関しても示した。今後，これらの遺伝子発現制御のメカニズムを詳細に解明し，抑制システムを解除する事でより生産性の高い有用株の分離につながるものと考えられる。ACE 阻害ペプチドは心疾患，脳疾患の予防における血圧のコントロールを行う上での食品成分として極めて重要であると考えられる。特に，高血圧症に分類されない正常高値者（130-139mmHg）は非常に多いにもかかわらず投薬などの治療が出来ないことから，今後，血圧降下ペプチドの有用性が注目されるものと思われる。今後，血圧降下ペプチドの生体内での動態解析や遺伝子の変動を通して、機能性成分の生体での有用性が科学的に説明出来ると同時に今後の血圧の正常化に役立つものと考えられる。

文　　献

1) N. Yamamoto *et al., Biosci. Biotech. Biochem.*, **58**, 776 (1994)
2) M. A. Ondetti *et al., Biochemistry*, **10**, 4033 (1971)
3) N. Yamamoto *et al., Current Pharma. Des.*, **9**, 1345 (2003)
4) S. Maruyama *et al., Agric. Biol. Chem.*, **51**, 1581 (1987)
5) H. Fujita *et al., Immunopharmacology*, **44**, 123 (1999)
6) T. Kawasaki *et al., J. Hum. Hypertension*, **14**, 519 (2000)
7) D. Nakano *et al., Biosci. Biotechnol. Biochem.*, **170**, 1118 (2006)
8) Y. Nakamura *et al., J. Dairy Sci.*, **78**, 777 (1995)
9) Y. Nakamura *et al., J. Dairy Sci.*, **78**, 1253 (1995)
10) Y. Hata *et al., Am. J. Clin. Nutr.*, **64**, 767 (1996)
11) Y. Nakamura *et al., J. Nutr. Food*, **7**, 123 (2004)
12) S. Mizuno *et al., Br. J. Nutr.*, **94**, 84 (2005)
13) J. Sano *et al., J. Med. Food.*, **8**, 423 (2005)
14) K. Aihara *et al., J. Am. Coll. Nutr.*, **24**, 257 (2005)
15) Y. Nakamura *et al., Biosci. Biotech. Biochem.*, **60**, 488 (1996)

16） O. Masuda *et al., J. Nutr.,* **126**, 3063（1996）
17） M. Foltz *et al., J. Nutr.,* **137**, 953（2007）
18） T. Matui *et al., Clin. Exp. Pharm. Physiol.,* **29**, 204（2002）
19） N. Yamamoto *et al., J. Biochem.,* **114**, 7450（1993）
20） K. Ueno *et al., Letters in Applied Microbiology,* **39**, 313（2004）
21） N. Yamamoto *et al., EU Patent,* 1016709A1（1991）
22） N. Yamamoto *et al., J. Dairy Sci.,* **82**, 1388（1999）
23） T. Saito *et al., J. Dairy Sci.,* **83**, 1434（2000）
24） M. Miguel *et al., J. Dairy Sci.,* **89**, 3352（2006）
25） M. Sawada *et al., Agric. Biol. Chem.,* **54**, 3211（1990）
26） T. Oxman *et al., Am. J. Physiol. Heart Circ. Physiol.,* **278**, 1717（2000）
27） M. Tanida *et al., Neuroci. Lett.,* **389**, 109（2005）
28） K. Hayakawa *et al., Br. J. Nutr.,* **92**, 411（2004）
29） K. Inoue *et al., E. J. Clin. Nutr.,* **57**, 390（2003）

第25章　乳酸菌組換えワクチン

五十君靜信*

1　はじめに

乳酸菌の持つヒトや動物の健康に対する機能の研究は，いろいろな面から進められ，さまざまな有用機能が知られ，そのメカニズムについても科学的に解明されつつある。最もよく知られた乳酸菌の機能はプロバイオティクスとしての機能で，ヒトにおける多様な保健効果が知られており，通常の健康状態においてヒトや動物の健康維持に大変有用である。本来，プロバイオティクスは腸内フローラを介した健康効果であるが，乳酸菌の直接的な健康効果として，免疫賦活効果が知られており，現在この分野の研究は活発に進められている。しかし，そのメカニズムについてはまだ充分解釈されているわけではない。

一方，感染症の予防におけるワクチンの果たす役割はよく知られており，理論的にその有用性が期待されているにもかかわらず，実用化の遅れているタイプのワクチンがある。ワクチン研究では，腸管粘膜局所における免疫の有用性が以前から議論されているが，この効果を十分に実現できる粘膜ワクチンはまだ実用化していないのが現状である。この章では，遺伝子組換え技術を応用し，乳酸菌を経口粘膜ワクチンの抗原運搬体として用いることの可能性について，これまでの研究成果を紹介しながら解説する。乳酸菌を宿主として用いる利点，遺伝子組換えを導入することにより，乳酸菌にワクチンとしてどのような機能や効果を期待できるか考えてみたい。

2　経口粘膜ワクチンの抗原運搬体としての乳酸菌組換え体

これまでのワクチン研究から，一般に，ある感染症に対するワクチンはその感染症の感染経路と同一な経路から投与するのが最も効果的であると考えられている。すなわち，感染経路が腸管粘膜である感染症を予防するワクチンは，経口投与による腸管粘膜からの粘膜免疫が最も高い効果が期待される。粘膜からのワクチン投与により，腸管粘膜局所における特異的な分泌型IgA抗体産生の増強による病原体の侵入ブロックが得られる。さらにこの経路からのワクチン投与では全身性免疫の誘導も可能であり，粘膜局所の免疫に加え，二重の感染防御が期待できる（図1)。

---

*　Shizunobu Igimi　国立医薬品食品衛生研究所　食品衛生管理部　室長

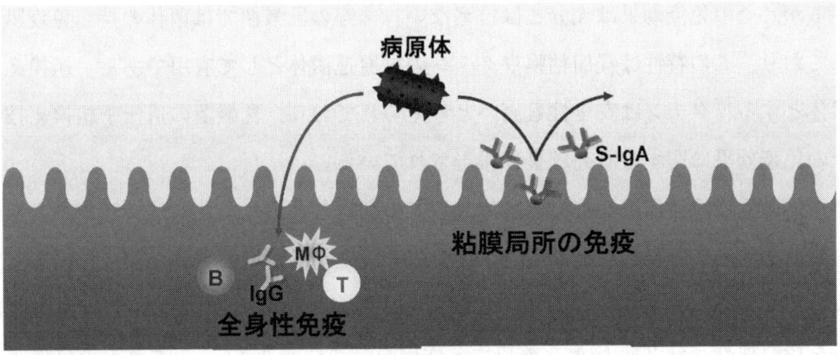

図1
経口投与による粘膜免疫では，病原体の粘膜局所からの侵入ブロックと，全身性免疫の二重の感染防御が可能である。

表1　経口粘膜免疫に用いられる抗原運搬体

抗原運搬体の種類	免疫効果	安全性
細胞侵入性または細胞内寄生性病原体の弱毒株		
Salmonella, Shigella, Listeria monocytogenes	高い	低い
弱毒ウイルスベクター		
	高い	低い
化学合成微粒子		
liposomes, immune-stimulating complexes	低～中程度	高い
遺伝子組換え体		
組換え植物，組換え酵母	低い	高い
組換え乳酸菌	低～中程度	高い

しかし，このような粘膜ワクチンの重要性は以前より指摘されていたが，経口粘膜ワクチンの開発はなかなか進まなかった。病原体そのものを用いた死菌ワクチンの経口投与では粘膜局所への免疫効果は弱く，弱毒の生菌ワクチンが検討された。経口ワクチンは，消化管というワクチンにとっては最も過酷な環境で抗原性を保つ必要性から，弱毒生菌ワクチン或いは人工的な抗原運搬体と感染防御抗原の組み合わせで検討されてきた。病原体そのものを用いた弱毒ワクチンの開発は一般に長期間が必要であり，安全性の面からなかなか実用化に至らない場合が多い。そのため，抗原運搬体と感染防御抗原を組み合わせたコンポーネントワクチンにより実用的な粘膜ワクチンの作出が期待されている。腸内環境に適する運搬体と，遺伝子レベルで十分な無毒化を行った感染防御抗原との組み合わせで，経口ワクチンを構築するのである。抗原運搬体としては，表1に示すような微生物や粒子が検討されてきた。サルモネラなどの病原体の弱毒株を抗原運搬体とした遺伝子組換えワクチンは，マウスでのワクチン効果は非常に高かったが，安全性の面からヒトへの実用化は進んでいない。安全性の高いと思われる人工粒子による抗原運搬体が検討されたが，こちらはコストが高いことが指摘された。安全性の面から，組換え植物や組換え酵母も検討

されているが，その免疫効果は充分とは言えない。一部の乳酸菌では菌体の持つ免疫賦活作用が報告されており，この特性は経口粘膜ワクチンの抗原運搬体として有用である。組換え乳酸菌を抗原運搬体とするワクチンは安全性も高いと考えられており，乳酸菌の遺伝子組換え技術の向上に伴いその免疫効果に関する研究成果が報告されている。

乳酸菌々体の免疫賦活作用は抗原運搬体としての利点となる。たとえば，サルモネラワクチンと共に乳酸菌を加えて免疫したところ，ワクチンの免疫効果が増強されたが，株によってその効果が異なっていたという報告[3]がある。乳酸菌の中には，菌体自身に強いTh1型の免疫を誘導する作用を持つ株や，分泌型IgAを誘導する作用を持つ株がある[2, 9]。これらの免疫誘導作用に関しては，まだそのメカニズムは充分わかっていないが，近年この分野の研究は急速に進みつつある。*Lactobacillus casei*では，Th1型の免疫反応によりインターフェロン（IFN）γを誘導する効果の高い株が知られている。Th1型の免疫反応を誘導する乳酸菌は，IL-12を動かし，IFN γ産生を誘導する[5]。このような乳酸菌を抗原運搬体として用いれば，ウイルスや細胞内寄生菌など，感染防御に細胞性免疫の誘導を必要とする病原体のワクチンとして有用である。一方，Th2型の免疫反応を起こす乳酸菌株も報告されている[10]。マウスの実験で，分泌型IgAの産生を誘導する効果の高い株があることも報告されている。このような株は，毒素の中和抗体や，病原体の進入を阻止する分泌型IgA抗体の産生を誘導する目的に有用と思われる。このような乳酸菌々体の持つ免疫賦活効果と組み込む抗原の組み合わせを選ぶことにより，ワクチンを構築すると，様々な目的に適するワクチンが作出可能となる。このような免疫賦活効果以外についても，乳酸菌株の経口粘膜ワクチンとしての妥当性は検討されており，*Lactobacillus plantarum*では，ヒトの胃における強い酸性に耐え腸管内での生残性が高い特性をもち，経口ワクチンの抗原運搬体として適当であるといった研究報告[16]がある。*Lactobacillus johnsonii*の抗原運搬体としての優位性を示す論文[14]も報告されている。このような機能を持った乳酸菌株を，経口粘膜ワクチンの抗原運搬体として用いることは有望である。

3　乳酸菌における遺伝子組換え技術の発展

乳酸菌は食品産業上大変重要な菌であり，優良な菌株を育種することは以前より試みられてきた。乳酸菌の遺伝子操作に関しては，1970年代から報告され，1980年代には本格的に分子遺伝学の手法が取り入れられ，基礎的な遺伝子操作技術が確立していった。乳酸菌への遺伝子導入は，1982年にプロトプラスト法による形質転換が，*Lactococcus lactis*（当時の分類では*Streptococcus lactis*）で報告された[17]。その後，エレクトロポレーション法が主流となり，*Lc. lactis*に盛んに用いられ，*Lactobacillus*属の乳酸菌にも形質転換系が確立していった。現在も，乳酸菌の形質転換は*Lc. lactis*が最も進んでおり，次いで*Lactobacillus*属乳酸菌の形質転換も多数報告されている。今や乳酸菌の形質転換技術は格段に向上し，以前言われていたように“乳酸菌の遺伝子組換えは容易ではない”という状況は改善されている。遺伝子操作の技術は，最も初期から盛んに行われてきた*Lc. lactis*や*Lactobacillus*属菌で，遺伝子導入やその発現に有用で実用的な優れたベクター系が多数開発されている。たとえば，組み込んだ遺伝子のコードする遺伝子産物であるタンパク質は，乳酸菌々体内に蓄積させる，菌体から外部へ分泌発現させる，菌体表層へ固定化して発現させるなど，菌体の希望する部位に発現させることができる[12)]。さらに，乳酸菌の場合生菌で用いられることを考えて，組み込んだ遺伝子や抗生物質耐性マーカー遺伝子が，他の微生物や生体などへ漏出する可能性を考慮し，プラスミドなどの独立型のDNAではなく，組み込む遺伝子を宿主ゲノム上の意図する箇所へ組み込む技術も開発されている。このような技術を駆使すると，組み込みを考えている遺伝子配列のみを宿主遺伝子上の意図する位置に，マーカーなどを残さずに挿入することが可能である。また，乳酸菌組換えでは遺伝子のコードするタンパク質を，菌体の意図する部位に，ある程度期待される発現量で発現させることが可能となっている。

一方，乳酸菌のゲノム研究は，ヨーロッパを中心に急速に進んでおり，複数の乳酸菌株では全ゲノム配列が既に公開されており，ここ数年で公開および非公開を合わせれば，産業上重要と思われる主要な乳酸菌々種のゲノム解読が終了すると思われる[13)]。乳酸菌への遺伝子供給の想定されるその他の微生物のゲノム解析も加速度的に進んでおり，今後このような遺伝子情報は，乳酸菌の育種に広く利用されてゆくことと思われる。

4　抗体産生を誘導する組換え乳酸菌ワクチン

感染に重要な働きをする抗原に対する特異的な抗体産生を誘導すると，感染防御が期待できる。例えば，毒素の細胞への結合に関わるエピトープに対する特異的抗体の誘導により，毒素活性を抑えることが可能である。また，微生物の細胞への接着侵入に関わるタンパクに特異的な抗体を誘導すれば，微生物の細胞への進入を阻止することが出来る。我々は，腸管出血性大腸菌の腸管細胞への定着に関わるintiminのC末側をコードする遺伝子を組み込んだ組換え乳酸菌を作出し，マウスに投与し，この抗原に特異的な分泌型IgAを産生させることに成功した。この組換え体投与により，腸管出血性大腸菌の腸管細胞への定着を阻止することが期待される。腸管出血性大腸菌の臨床症状の主要な原因となるのは，この菌の産生するベロトキシンである。この毒素は，AとBの2つのサブユニットからなりAが毒素活性の本体，Bは毒素の細胞への結合に関わっていることが示されている。Bサブユニット単独の毒素活性はなく，Bサブユニットに特異的な抗体は，その毒素活性を阻止することが報告されている。そこで，Bサブユニットをコードする遺伝子を乳酸菌に組み込みワクチンを作出した。この乳酸菌組換え体はBサブユニットの結合に関する部分に特異的な抗体の産生を誘導した。Bサブユニットは遺伝子レベルで無毒化されており，組換え乳酸菌には，毒素活性は認められなかった。これらの組換え乳酸菌を組み合わせて免疫を行うと，まずintimin特異的な分泌型IgA抗体により，腸管出血性大腸菌は，腸管内の定着が出来なくなり，感染のリスクは低下する。更に何らかの原因で体内に侵入してしまった腸管出血性大腸菌がベロトキシンを産生したとしても，毒素に特異的な血中IgGにより，毒素活性は抑えられる。このように腸管出血性大腸菌に対して2段階の感染防御が期待される。

腸管において粘膜上の抗体産生は細菌などの生きている細胞が有効であるという報告[4]がある。その報告に従えば，乳酸菌を抗原運搬体とする組換えワクチンのような生きた微生物を利用したワクチンは効果が高いといえる。腸管の粘膜局所での抗体産生を期待する粘膜ワクチンでは，その抗原運搬体として主に分泌型IgA産生誘導能の高い乳酸菌を抗原運搬体として用いるとより強い効果が期待できる。*Lactococcus lactis* IL1403株を抗原運搬体とした豚丹毒菌のワクチンではマウスのレベルで有効な免疫効果が報告されている[1]。このワクチンでは，豚丹毒菌の感染防御抗原であるSpaAに対する特異的抗体が感染防御に関わっている。SpaAを発現させた組換え乳酸菌をマウスに投与したところ，SpaA特異的な分泌型IgAおよび血中IgG抗体価の上昇が認められ，感染防御効果が得られた。この実験では，遺伝子組換えの容易さから，菌体がTh1やTh2の活性を持たないどちらかといえば中性な性質を持つIL1403株を用いている。従って，分泌型IgA産生誘導能の高い乳酸菌を抗原運搬体とするとワクチンとしての免疫効果がさらに高まると期待される。

5　細胞性免疫を誘導する組換え乳酸菌ワクチン

ウイルスや一部の細胞内寄生性の細菌では，抗体による感染阻止は充分ではなく，その感染防御に細胞性免疫を必要とする。このような微生物に対しては，Th1型の免疫を誘導する乳酸菌に，感染防御抗原をコードする遺伝子を組み込み発現する必要がある。HIVのワクチンとして，*Lc. lactis* IL1403株を抗原運搬体とし，コレラトキシンをアジュバントとして用い，マウスで十分な免疫効果が得られたと報告されている[18]。HIVの表層抗原を発現した組換え乳酸菌の投与により，当該抗原特異的なCTLが誘導され，HIVモデルである組換えウイルスの感染を特異的に阻止した。この研究では，遺伝子組換えの容易さから乳酸菌として*Lc. lactis*を用いている。この株は，前述のように菌体にTh1やTh2といったはっきりとしたサイトカイン誘導効果はなく，免疫効果としては中性的な抗原運搬体である。例えば，この抗原運搬体をTh1型の乳酸菌とすると，CTL誘導型が高められさらに強い免疫効果が期待できる。この場合，実験に用いていたコレラトキシンのアジュバント効果を必要としない程度に免疫増強が起これば，実用的なワクチンとなりうる。

我々は，細胞内寄生性でその感染防御に細胞性免疫を必要とするリステリアに対するワクチンを作出した。*Lactobacillus casei* ATCC393株は，Th1誘導作用が認められる。そこでこの株に，リステリアの最も主要な病原因子であるlisteriolysin O（LLO）をコードする遺伝子を組み込み，組換え乳酸菌を作出した[6, 7]。LLOは，乳酸菌との相性が良く，乳酸菌々体表層への発現は良好であった。この組換え乳酸菌をマウスに経口投与したのち，致死量のリステリア強毒株を腹腔内接種しても，マウスは生存する。経口投与により感染防御に機能する細胞性免疫が誘導されたことを乳酸菌組換え体で実証したことは画期的であり，現在さらに効果の高いワクチンとなるよう研究中である。このように乳酸菌組換えワクチンは，既に医薬品に相当する機能を持ちつつある。

6　生産動物用のワクチン開発

サルモネラ・エンテリティディスの食中毒の原因食品は，そのほとんどが卵である。この菌が卵の内部を汚染することにより，食中毒の原因となる。本菌の食中毒は，不顕性感染を起こした親鶏が，サルモネラにその内部が汚染されている卵を産卵することにより発生する。従って本菌による卵の汚染を排除するには，産卵後は困難で，産卵鶏がサルモネラに感染しない状況を作ることが最も重要である。現在は，飼育環境を清浄化する，飼料中に抗菌物質を加える，プロバイオティクスを投与する，産卵鶏にサルモネラのワクチンを投与する等の対策が行われている。特に，プロバイオティクスの継続的な投与と，サルモネラのワクチン投与が注目されている。現在用いられているサルモネラワクチンは，注射による投与を必要とするサルモネラ死菌ワクチンであるが，将来的には，乳酸菌を抗原運搬体とした経口ワクチンへの切り換えが考えられる。我々は，サルモネラの主要な感染防御抗原であるFli C（鞭毛抗原）を菌体表層に固定化した組換え乳酸菌ワクチンを作出し（図2），マウス経口投与によりその免疫効果を確認した[8]。この実験では，Fli C特異的な分泌型IgAの誘導は認められなかったが，Fli C特異的なCTLの誘導が見られ，致死量のサルモネラ感染に対して感染防御効果が認められた。現在，産卵鶏を用いて免疫効果を調べている。このワクチンの投与により産卵鶏がサルモネラ感染を起こさなくなり，本菌の卵の中（in egg）への汚染が阻止されることが期待される。

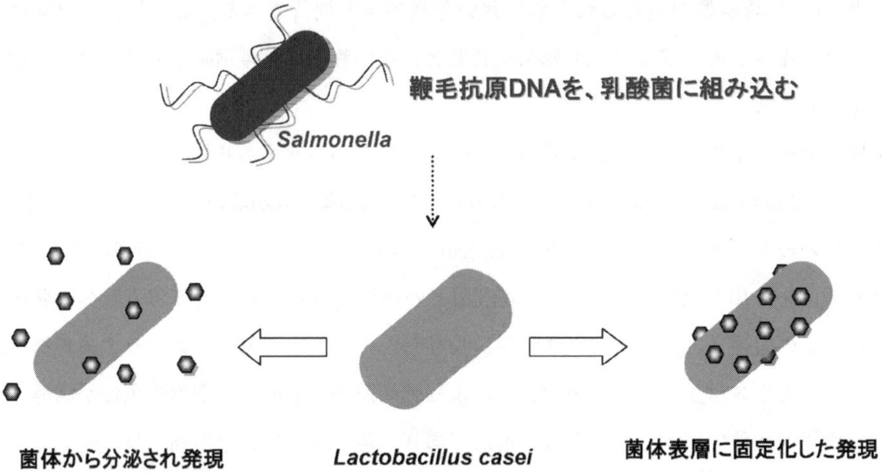

図2
乳酸菌の宿主ベクター系では，組み込んだ遺伝子産物を分泌したり，
菌体表層に固定化発現させることが出来る。
鞭毛抗原を菌体表層に固定発現させ，ワクチンを構築した。

7 まとめ

これまで述べてきたように，遺伝子組換え技術により，乳酸菌は経口ワクチンの抗原運搬体として機能し，いくつかの組換え体ではその免疫効果がマウスを用いた実験において確認されている。今後，乳酸菌組換えワクチンは，実用レベルの免疫効果が期待できるかの検討が進められてゆくと思われる。免疫効果が充分得られるとすると，ワクチンとして用いた場合の安全性に関する検討も行われることになる。乳酸菌の発酵食品としての長い食経験の歴史は，乳酸菌が経口的に摂取した場合，安全であることを支持している。一方，宿主乳酸菌の安全性は確認されていると言っても，病原体の病原性に係わる感染防御抗原を遺伝子組換えに用いていること，生きたままの組換え体を摂取すること，免疫系への相乗的効果が考えられることなどに関する安全性の確認が必要と思われる。乳酸菌が遺伝子組換えにより，医薬品に相当する機能を持ちつつあり，その高い機能ゆえ，実用化には誰もが納得できる遺伝子組換え体の安全性の議論も必須である。

乳酸菌の育種の方法としての遺伝子組換えは，やっと本格的に始まったところである。まだまだ新しい機能や利用方法が出てくると思われる。たとえば，組換え乳酸菌を利用した免疫系への効果を期待するものとして，アレルギー治療剤の開発研究[11]が開始されている。免疫系への効果を期待したものではないが，医薬品として偏性嫌気性の組換え細菌を用いたガン治療[19]が，臨床実験を計画している。検討されている偏性嫌気性細菌は，ビフィズス菌や*Lactobacillus*属乳酸菌の組換え体であるが，この場合は免疫系に影響を与えない様な育種が行われる必要があるかもしれない。乳酸菌に機能を持った物質をコードする遺伝子を組み込み，生体内での生産工場として利用するといった試みもされている。たとえば，サイトカインをコードする遺伝子を乳酸菌に組み込み生体内で発現させるといった研究[15]である。

乳酸菌は発酵食品として長期にわたり安全に食されてきた歴史があり，これまでは，乳酸菌への組換えの応用はどちらかというとタブーであるかのごとく扱われてきた。ワクチンなどの医薬品としての組換え乳酸菌は，安全性を考えながら，今後進められてゆくことになると思う。

文　献

1) H. I. Cheun *et al., J. Appl. Microbiol.*, **96**, 1347-1353 (2004)
2) H. R. Christensen *et al., J. Immunol.*, **168**, 171-178 (2002)
3) H. Fang *et al., FEMS Immunol. Med. Microbiol.*, **29**, 47-52 (2000)
4) H. S. Gill *et al., Br. J. Nutr.*, **86**, 285-9 (2001)
5) C. Hessle *et al., Clin. Exp. Immunol.*, **116**, 276-282 (1999)
6) S. Igimi *et al.*, Abstracts of XV International Symposium on Problems of Listeriosis. No. 146 (2004)
7) A. Kajikawa *et al.*, Abstracts of XV International Symposium on Problems of Listeriosis. No. 51 (2004)
8) A. Kajikawa *et al., Vaccine*, **25**, 3599-3605 (2007)
9) C. B. Maassen *et al., Vaccine*, **18**, 2613-2623 (2000)
10) G. Perdigon *et al., J. Clin. Nutr.*, **56**, Suppl 4, S21-26 (2002)
11) A. Repa *et al., Vaccine*, **22**, 87-95 (2003)
12) N. Reveneau *et al., Vaccine*, **20**, 1769-77 (2002)
13) 佐々木隆，腸内細菌学雑誌，**18**, 129-134 (2004)
14) L. Scheppler *et al., Vaccine*, **20**, 2913-20 (2002)
15) L. Steidler *et al., Infect. Immun.*, **66**, 3183-3189 (1998)
16) T. Vesa *et al., Pharmacol. Ther.*, **14**, 823-828 (2000)
17) P. M. Walsh *et al., Appl. Environ. Microbiol.*, **43**, 1006-1010 (1982)
18) K. Q. Xin *et al., Blood*, **102**, 223-228 (2003)
19) K. Yazawa *et al., Cancer Gene Ther.*, **7**, 269-274 (2000)

第26章　プロビオメディクスへの展開
―*Helicobacter pylori*感染症に対する医薬品とプロバイオティクスの併用効果について

高木敦司[*1]，出口隆造[*2]，古賀泰裕[*3]

1　はじめに

消化性潰瘍の初期治療は，酸分泌抑制薬でなされるが，そのゴールは再発防止である。しかしながら，一旦治療を中断すると，容易に再発がみられるために，維持療法が必要であった。*Helicobacter pylori*は，慢性胃炎患者の胃粘膜より分離培養されたグラム陰性の桿菌である。わが国における*H.pylori*感染者は，5000万人とも推測され，50才以上の感染率は70%以上と考えられている[1)]。*H.pylori*は胃潰瘍・十二指腸潰瘍の患者からも，高率に検出される。一方，本菌の除菌により潰瘍の再発が防止されることが明らかにされて，欧米では除菌療法が消化性潰瘍再発防止の治療として一般化している[2)]。*H.pylori*陽性の慢性胃炎は無症状であることも多いが，*H.pylori*感染患者からの胃癌の発症は年間0.5%と推測されて，慢性胃炎に対する治療も大きい問題として残されている。さらに*H.pylori*は胃癌[3)]，胃MALTリンパ腫などの胃悪性疾患との関連が指摘されているが，特発性血小板減少症，蕁麻疹など胃腸疾患以外の病態にも関わると推測されるようになっている。

一方，近年注目されているのが，プロバイオティクスである。プロバイオティクス（probiotics）は，抗生物質（antibiotics）に対比される用語であり，生物間の共生関係を意味するprobiosisに由来する言葉である。腸内の有害菌を抑えて腸内環境を良好に保ってくれる生きた微生物のことである。最近になって胃に有益に働いて*H.pylori*を抑える乳酸菌が発見されプロバイオティクスの分野は，腸だけでなく胃にも広がっている。本稿では*H.pylori*感染に対するプロバイオティクスの意義とプロビオメディクスと名づけられた医薬品との併用効果について述べる。

2　*H.pylori*感染の除菌療法とその問題点

*H.pylori*の標準的な除菌には，胃酸分泌抑制薬であるプロトンポンプ阻害薬（PPI）に抗生物

＊1　Atsushi Takagi　東海大学　内科学系総合内科　教授
＊2　Ryuzo Deguchi　東海大学　内科学系消化器内科　講師
＊3　Yasuhiro Koga　東海大学　医学部　基礎医学系　教授

質のアモキシシリンとクラリスロマイシンによる 3 剤療法が一般的である。除菌により消化性潰瘍の再発が低下することが明らかとなっている[4]（図 1）。*H.pylori* 除菌率は，70-90％程度であ

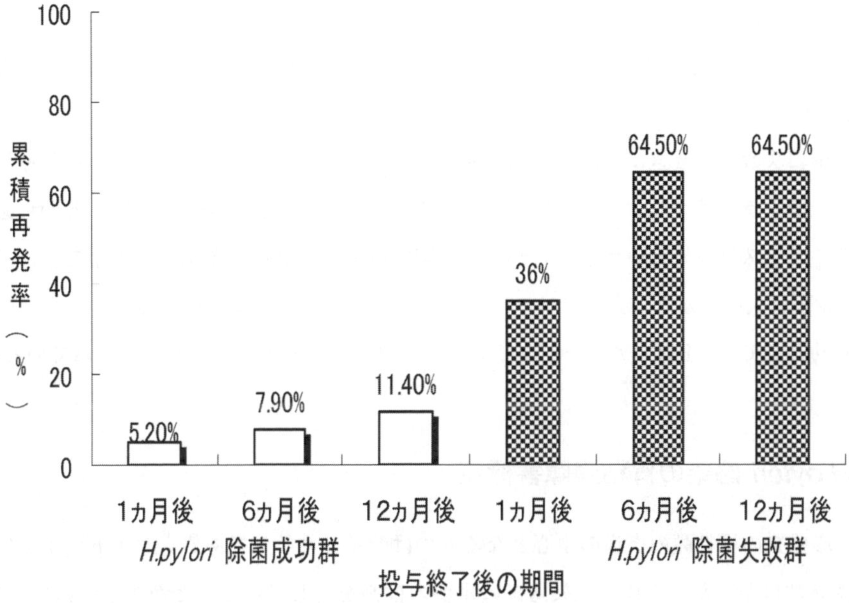

図 1　胃潰瘍の除菌治療による累積再発率

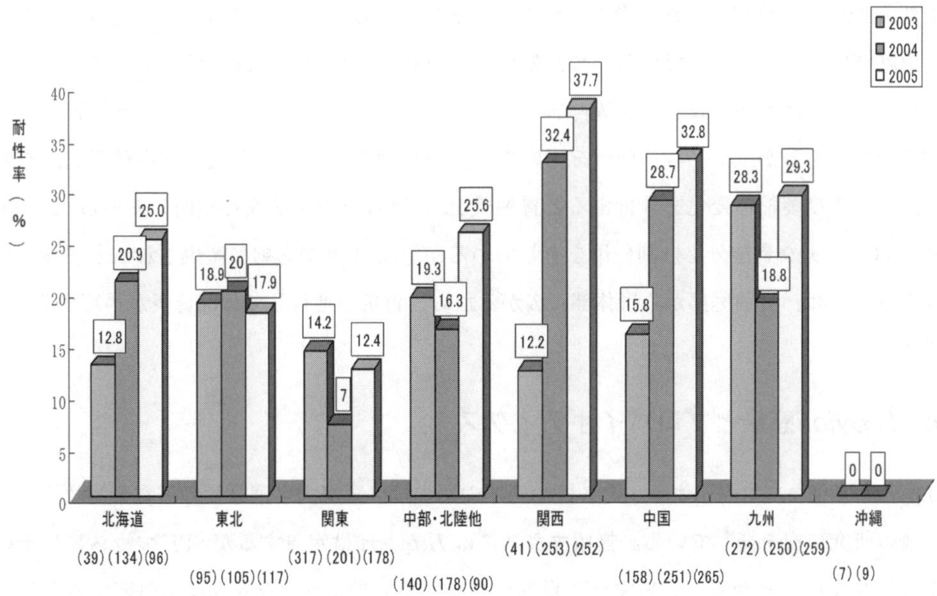

図 2　クラリスロマイシン耐性全国調査（2003-2005 年）

るが，除菌失敗の原因は患者の服用（コンプライアンス）と耐性菌である。コンプライアンス低下の原因としては，抗生剤の投与による下痢などの症状があげられる。一方，除菌に用いるクラリスロマイシンは，市中肺炎の第一選択薬であり，呼吸器・耳鼻科領域で幅広く賞用されていることにより耐性菌の増加が懸念されている。日本ヘリコバクター学会のサーベイランスで，全国平均ではすでに30%近い*H.pylori*がクラリスロマイシンに対して耐性化していると報告されている（図2）。

一次除菌に失敗したときには，2次除菌が推奨されている。欧米の2次除菌は，4剤療法（PPI，ビスマス，テトラサイクリン，メトロニダゾール）であるが，服薬回数が多いことから必ずしもコンプライアンスは良好といえない。一方わが国ではいまだ2次除菌は保険適用を受けていないが，1次除菌に失敗すると，クラリスロマイシンの2次耐性の頻度が増えることから，除菌薬の組み合わせとしては，PPI，アモキシシリン，メトロニダゾールが適当と推奨されている。

3　*H.pylori* 感染の胃粘膜障害機序

H.pylori 感染の胃粘膜の炎症の中心となるものはサイトカインである。サイトカインは抗体のように特異性はないが，生体の感染防御に重要の役割を有していることが明らかになっている。*H.pylori* の胃上皮への感染により発現するサイトカインは，IL-1 β，IL-8，TNF-α などが報告されている[5, 6]。*H.pylori* 感染は組織学的に好中球が特徴的である。IL-8は好中球遊走活性因子であり *H.pylori* 感染胃上皮から産生される。しかしながら *H.pylori* は胃上皮に定着するだけでなく胃粘液中にも多く潜んでいるため，好中球から産生された活性酸素は，菌を殺菌できずむしろ産生された活性酸素により粘膜障害が引き起こされる。シドニー分類は，慢性胃炎の組織学的な分類であるが，シドニー分類を用いて胃炎の程度を *H.pylori* 菌量，好中球浸潤，炎症細胞浸潤，および萎縮性変化を分析すると胃粘膜IL-8は胃炎の重症度と相関している[7]。一方，IL-1 β は，強力な胃酸分泌抑制作用を有しているが，IL-1 β が過剰に産生されると胃酸が抑制され *H.pylori* は，胃前庭部から胃体部に広がるため，胃炎が進行して体部胃炎が進行する。

4　*H.pylori*感染とプロバイオティクス

H.pylori 感染とプロバイオティクスについての関係は，東海大学感染症の古賀泰裕教授らによる一連の研究に端を発している。無菌マウスには *H.pylori* は定着するがSPFマウスにはその定着が見られないことから，SPFマウス胃内に存在する乳酸菌が，*H.pylori* を阻害すると報告された。その後，*Lactobacillus gasseri* OLL2716（LG21）がヒトボランティア試験で *H.pylori* 菌

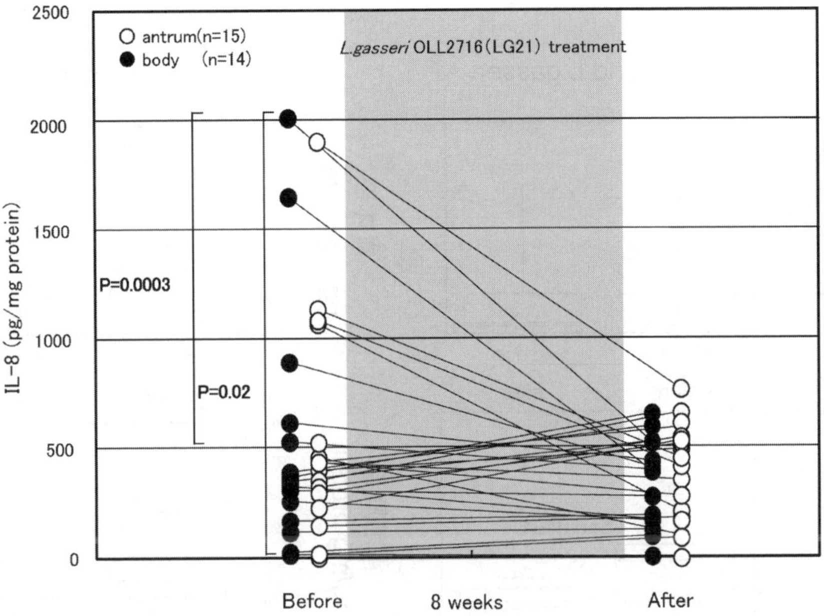

図 3　*L.gasseri* OLL2716（LG21）摂取前後の胃粘膜 IL-8 量の推移

量を低下させ胃炎を改善することが明らかになった[8)]。

L.gasseri の胃粘膜 IL-8 に対する作用を検討するために，*L.gasseri* OLL2716（LG21）摂取試験をおこない 8 週間摂取の前後で胃粘膜 IL-8 含量を測定したところ，*L.gasseri* OLL2716（LG21）摂取後に有意の IL-8 の低下がみられたが，プラセボでは，IL-8 の低下は認められなかった[9)]（図 3）。さらに IL-1 β も低下傾向が認められた。この試験においても PGI/II 比の上昇が再確認された。しかしながら，8 週間の摂取では，除菌される例は認められず，組織学的胃炎の改善は一部のボランティアに限られた。

5　医薬との併用の可能性

先に述べたとおりに，*L.gasseri* OLL2716（LG21）の摂取により *H.pylori* 感染に特徴とされる胃粘膜 IL-8 の低下は見られたが，胃炎の改善にはさらに長期間の投与が必要と考えられた。また，病理組織学に改善が見られた例の解析から防御因子増強薬であるプラウノトールの併用例にその改善が著しいことが明らかになった。一方，胃防御因子増強薬であるプラウノトールは，タイ国のプラウノトイ由来の抽出物であるが，胃潰瘍，胃炎の治療に用いられている。プラウノトールは，*H.pylori* に抗菌作用を有し，*H.pylori* 感染マウスにおいて炎症を軽減することが見出

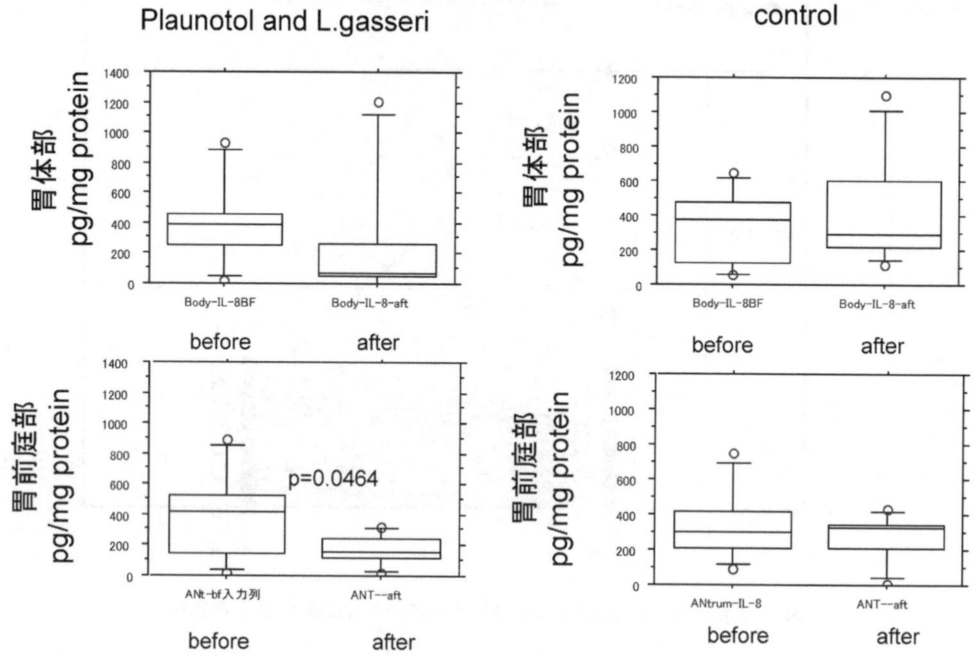

図4　プラウノトールと *L.gasseri* OLL2716（LG21）摂取6ヵ月の胃粘膜 IL-8 量

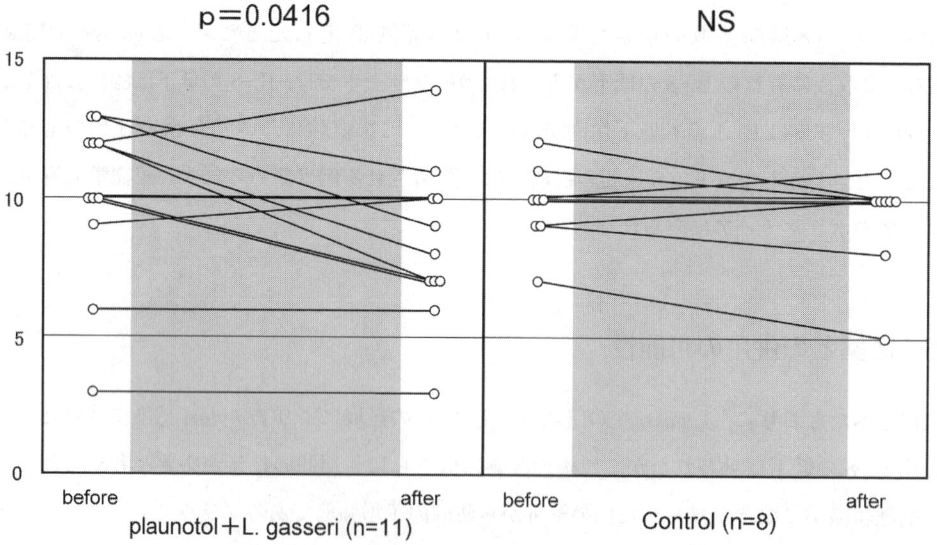

図5　プラウノトールと *L.gasseri* OLL2716（LG21）摂取後6ヵ月の胃炎スコアの推移

されていた[10]，*L.gasseri* OLL2716（LG21）との併用がその有効性を期待される。そのため，現在，*L.gasseri* OLL2716（LG21）とプラウノトールの長期併用投与を試みている。*L.gasseri* OLL2716（LG21）とプラウノトールの6ヵ月投与は，有意に胃前庭部でIL-8の低下が認められた（図4）。さらに，組織学的胃炎程度を炎症細胞浸潤および好中球浸潤を0－3にスコア化し，胃体部と胃前庭部を合算したところ，プラウノトールと*L.gasseri* OLL2716（LG21）の併用により胃炎スコアの改善がみられた（図5）。また*H.pylori*のCagA蛋白に対する抗体価は胃炎の程度と相関するが，両者の併用は，抗体価の低下も認めている。さらにどのような例に*L.gasseri* OLL2716（LG21）が有効であるのか，解析中である。一方，このボランティア試験の参加者の中には，除菌治療を行うも抗生剤に対するアレルギーがあったため除菌できずに，2次除菌も失敗した人も含まれていた。プラウノトールと*L.gasseri* OLL2716（LG21）の併用は，除菌失敗した人にとって治療法になりうると考えられる。プロバイオティクスと医薬品の併用をわれわれは，プロビオメディックスと名づけて，その併用を提唱している。*H.pylori*感染は胃癌のリスクのみなされているが，特に胃体部胃炎が問題視されている。*L.gasseri* OLL2716（LG21）とプラウノトールの併用による胃粘膜の炎症改善が，*H.pylori*感染によるさまざまな疾患発症のリスクを下げるのかを今後明らかにする必要がある。

6　科学的根拠（EBM; evidence based medicine）に基づく医療の観点とプロバイオティクス

EBMとは，入手できる可能な範囲でもっとも信頼できる根拠（エビデンス）を把握した上で，個々の患者に特有の臨床状況と価値観を考慮した医療を行うための一連の行動指針と定義されている。ここ数年EBMはわが国においても急速に広まりつつあるが，近年の電子技術と臨床疫学を基盤としていて，今後の医療に大きく影響すると考えられている。ここでの研究成果とは，実験室での基礎的研究よりも患者を対象とした科学的な手法に基づく臨床的研究を中心としたものである。エビデンスレベルは，システマティクレビュー/メタアナリシスのレベルがもっとも高く，次いで，1つ以上のランダム化比較試験，非ランダム化比較試験と続き，患者データに基づかない専門委員会や専門家個人の意見のレベルがもっとも低い。システマティクレビューとは，特定の問題に関して論文を系統的に検索し，批判的に評価して統合した医学文献の要約を指すが，メタアナリシスは，その統計学的手法のことである。プロバイオティクスの*H.pylori*感染に対する効果について複数の研究が報告されている。Tongらは，除菌治療におけるプロバイオティクスの併用に関するメタアナリシスを行い報告している[11]。14報の無作為化比較試験をまとめて，除菌単独群と除菌にプロバイオティクス併用群の除菌率は，それぞれ74.8%，83.6%であり，併用は除菌上乗せ効果と下痢などの副作用の軽減があったと，EBM の観点からプロバイオティクス併用の利点を報告している。

7 プロバイオティクスの今後

わが国の *H.pylori* 感染症の治療の問題点としては，大きく2つ上げられる。一つは，除菌療法の保険適用が胃潰瘍・十二指腸潰瘍に限られていることであり，2点目は，除菌薬の組み合わせがプロトンポンプ阻害薬，アモキシシリンおよびクラリスロマイシンに限定されていることである。3剤療法による除菌の不成功の増加とクラリスロマイシンの耐性への対応が必要である。一方，*L.gasseri* OLL2716（LG21）は，クラリスロマイシン感受性菌にも耐性菌にも同等に作用するため，耐性菌にも有用と考えられる[12] 今後，*L.gasseri* OLL2716（LG21）単独摂取だけでなく，除菌療法への併用効果についてもさらにエビデンスの収集が必要である。

文　献

1） M. Asaka *et al.*, Relationship of *Helicobacter pylori* to serum pepsinogens in an asymptomatic Japanese population, *Gastroenterology*, **102**, 760-766（1992）

2） 浅香正博，藤岡利生，*H.pylori* 除菌治療“EBM に基づく胃潰瘍診療ガイドライン”科学的根拠（evidence）に基づく胃潰瘍診療ガイドラインの策定に関する研究班編，じほう，東京，66-67（2003）

3） N. Uemura *et al.*, *Helicobacter pylori* infection and the development of gastric cancer, *N. Engl. J. Med.*, **345**, 784-789（2001）

4） M. Asaka *et al.*, Follow-up survey of a large-scale multicenter, double-blind study of triple therapy with lansoprazole, amoxicillin, and clarithromycin for eradication of *Helicobacter pylori* in Japanese peptic ulcer patients, *J. Gastroenterol*, **38**, 339-347（2003）

5） Crabtree J. E. *et al.*, Gastric interleukin-8 and IgA IL-8 autoantibodies in *Helicobacter pylori* infection, *Scand. J. Immunol.*, **37**, 65-70（1993）

6） Y. Yamaoka *et al.*, Relationship between clinical presentation, *Helicobacter pylori*, interleukin 1B and 8 production, and *cagA* status, *Gut*, **45**, 804-811（1999）

7） J. Xuan *et al.*, Relationship between gastric mucosal IL-8 levels and histological gastritis in patients with *Helicobacter pylori* infection, Tokai *J. Exp. Clin. Med.*, **30**, 83-88（2005）

8） I. Sakamoto *et al.*, Suppressive effect of *Lactobacillus gasseri* OLL2716（LG21）on *Helicobacter pylori* infection in humans, *J. Antimicrobial Chemther.*, **47**, 709-710（2001）

9） A. Tamura *et al.*, Suppression of *Helicobacter pylori*-induced interleukin-8 production *in vitro* and within the gastric mucosa by a live *Lactobacillus* strain, *J.Gastroenterol Hepatol.*, **21** (9), 1399-1406 (2006)

10) A. Takagi *et al.*, Plaunotol suppresses interleukin-8 secretion induced by *Helicobacter pylori*: Therapeutic effect of plaunotol in *H.pylori* infection, *J. Gastroenterol. Hepatol.*, **15**, 374-380 (2000)

11) Tong J. L. *et al.*, Meta-analysis: the effect of supplementation with probiotics on eradication rates and adverse events during *Helicobacter pylori* eradication therapy, *Aliment. Pharmacol. Ther.*, **25**, 155-168 (2007)

12) A. Ushiyama *et al.*, *Lactobacillus gasseri* OLL2716 as a probiotic in clarithromycin-resistant *Helicobacter pylori* infection, *J. Gastroenterol, Hepatol.*, **18**, 986-991 (2003)

〈化粧品〉

第27章　新種乳酸菌の単離と複合培養産物の化粧品への応用

竹田和則*1，尾西弘嗣*2，高木昌宏*3

自然界の多くの微生物は，互いにそして周辺環境と深く影響を及ぼし合いながら，複合微生物系と呼ばれる一種の共存体で存在している[1,2]。そして，その多くは，単一の微生物系では得ることのできない高い機能を持っていることが明らかになってきている。

我々は，このような複合微生物系の一つとして，新種乳酸菌と酵母の複合培養に着目し，この培養産物から得られた抗酸化作用*，メラニン生成抑制作用，前臨床における安全性そして皮膚炎抑制作用を化粧品原料に応用することに成功した。

＊　抗酸化作用：肌の老化やシミの原因となる活性酸素を除去する作用

1　はじめに

1.1　複合微生物系とは？

複合微生物系とは，ある特定の機能を持つ二種類以上の微生物で構成される生態系のことであり，その多くが一種類の微生物の働きでは得ることのできない高い機能を有することが分かってきている（例えば，乳酸菌のみの発酵による通常のヨーグルトよりも乳酸菌と酵母による複合発酵乳であるケフィアのほうが整腸作用が高い，これまで分解することが極めて困難であった稲わらを，複数の微生物群が迅速かつ高効率で堆肥化する等)。

1.2　研究の背景

数ある化粧品の中で，近年そのシェアを伸ばしているのが，肌の老化と共に目立ち始めるシミやそばかすに対処するための基礎化粧品である。

現在，約1兆5千億円といわれる化粧品市場全体のうち，約6千億円を基礎化粧品が占めている。今後，高齢化社会の進展に伴って，基礎化粧品の需要はさらに高まると考えられる。中でも

＊1　Kazunori Takeda　㈱米沢ビルシステムサービス
＊2　Hirotsugu Onishi　㈱米沢ビルシステムサービス
＊3　Masahiro Takagi　北陸先端科学技術大学院大学　マテリアルサイエンス研究科　教授

シミは30代前後からでき始めるため，人々の関心が最も高い。

しかし，近年，これまで化粧品に使用されてきた成分の発ガン性やアレルギー性が指摘されるようになってきており，厚生労働省によって，化粧品の全成分表示が義務付けられるまでになった。特に美白剤では，日焼け止めとして使用されてきたオキシベンゾンに急性致死毒性が指摘された。また，牛の胎盤抽出液であるプラセンタエキスは狂牛病（BSE）の流行によって敬遠されている。

我々は，このような問題点を解決するため，天然成分のみから成る安全性の高い化粧品原料の開発を目指し，研究を重ねてきた。

その結果，南アルプスの渓流から単離した新種の乳酸菌と酵母の複合培養産物に，抗酸化作用，メラニン生成抑制作用，前臨床における安全性そして皮膚炎抑制作用という化粧品原料にふさわしい特性を見出した。

1.3　新種の乳酸菌について

南アルプスの渓流から単離された乳酸菌は，16S rDNAに基づく系統解析により，*Lactobacillus mali.* に近縁な新種であることがわかった。

写真1　新種乳酸菌が生息していた環境

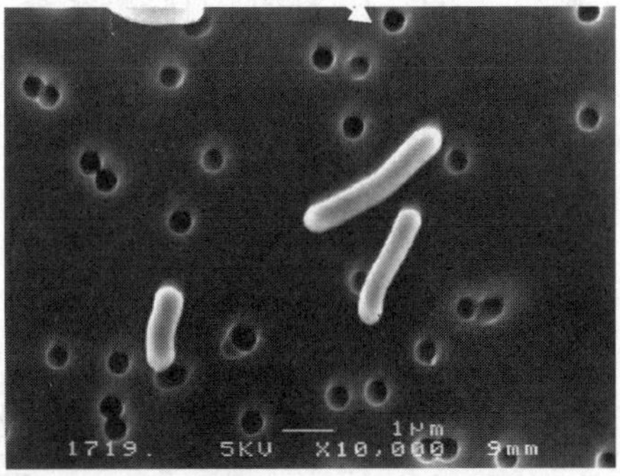

写真2　新種乳酸菌の電子顕微鏡写真

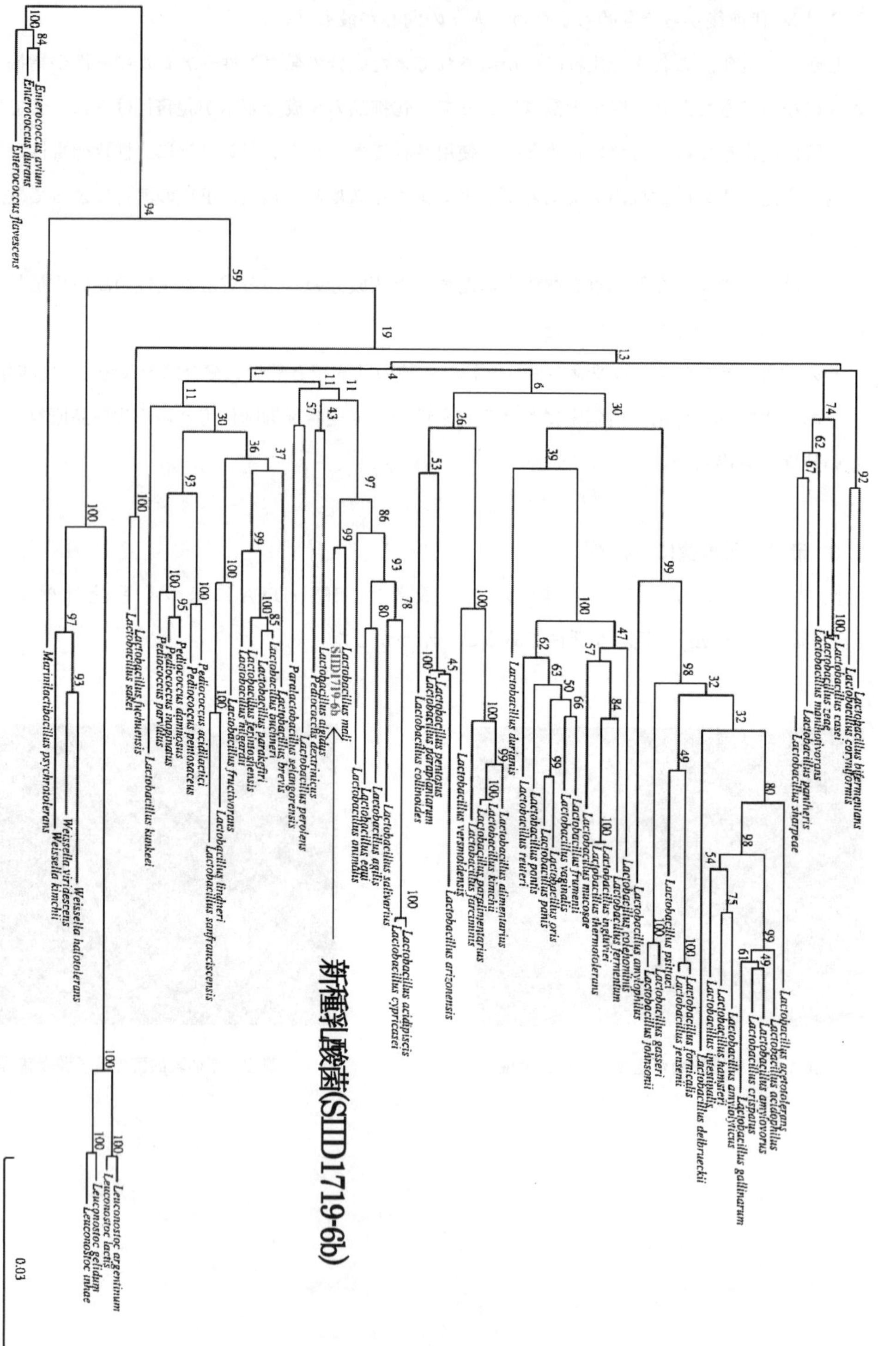

図1　16S rDNAに基づく新種乳酸菌の分子系統樹

2　試験方法

2.1　抗酸化作用

0.1mM DPPH 溶液に複合培養産物を 1%となるように添加し，DPPH*ラジカルの消去率を求めた。

＊　DPPH：1,1-Diphenyl-2-picrylhydrazyl 。肌の老化やシミの原因となるフリーラジカルを分子内にもつ。エタノールその他の有機溶媒に溶解すると紫色を呈し，抗酸化物質によってフリーラジカルが消去されるほど紫色が薄くなる。当実験では，470nm における DPPH 溶液の吸光度変化を測定した。

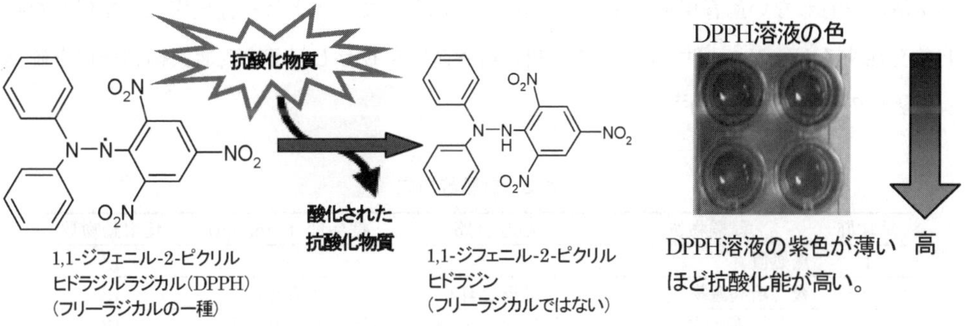

図２　抗酸化物質による DPPH ラジカル消去機構

2.2　メラニン生成抑制作用[3〜16)]

メラニン生成細胞（B16 mouse melanoma cell）の培養液に複合培養産物を 10%となるように添加した。所定時間培養後，細胞内のメラニン量を定量し，この値を無処置の細胞のメラニン量と比較することでメラニン生成抑制率を求めた。そして，その値を代表的なメラニン生成抑制物質であるコウジ酸と比較した。

2.3　前臨床における安全性評価

GLP 適合 A ランク*の試験機関において，以下の表に示す各種の動物実験を行い，全臨床における安全性を評価した。

＊　GLP：厚生労働省が定める検査実施適正基準 Good Laboratory Practice のことで，検査を実施する施設で行われる分析の信頼度に関する基準。A ランクはこの基準の最高レベルである。

表1　前臨床における安全性評価の試験項目

試験項目
ウサギにおける皮膚一次刺激性試験
ウサギにおける14日間皮膚累積刺激性試験
ウサギにおける眼粘膜一次刺激性試験
ラットにおける単回経口投与毒性試験（限界試験）
モルモットにおける皮膚光毒性試験
モルモットにおける皮膚感作性試験
モルモットにおける皮膚光感作性試験

2.4　皮膚炎症抑制作用

空気清浄を行わない飼育環境（conventional）下において，アトピー性皮膚炎に類似した病巣を自然発症するNC/Ngaマウス[17, 18]に，複合培養産物を投与し，その皮膚炎抑制作用を確認した。試験群の構成を表2に示す。

表2　試験群構成

試験群	試験物質	投与経路	投与量（/animal）	使用動物数
1	無処置	−	−	12
2	複合培養産物	経皮（耳）	0.10 mL	12
3	複合培養産物	経皮（耳）＋経口	0.10 mL + 10 mL/kg	12
4	既存の非ステロイド系 皮膚炎治療薬	経皮（耳）	0.10 g	12

〈投与方法及び薬効評価〉

6週齢より1日1回，49回（第7週）まで投与した。

サンプルの経皮投与（塗布）はマイクロピペットにより0.10 mL，対照物質はあらかじめ1匹当たりの適用量0.10 gを秤量しておき，投与した。

経口投与については，経口用ゾンデを用いて強制経口投与した。経口投与の投与容量は週1回測定した体重をもとに算出し，その翌日より1週間同一投与量で投与した。

サンプル投与期間中，マウスの体重測定，発症した皮膚炎の観察（皮膚炎の重症度を0〜4の5段階でスコア化）を行い，皮膚炎の発症率を求めた。

3　結果

3.1　抗酸化作用

結果を図3に示す。

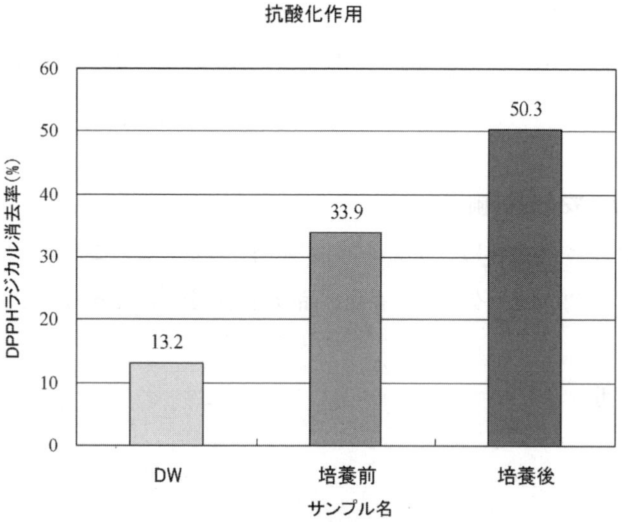

図３　複合培養産物の抗酸化作用

培養における抗酸化作用の増加が確認された。このことから，当培養産物は肌の老化やシミの生成を抑制でき，化粧品の主成分として利用できる可能性が高いことが分かった。

3. 2　メラニン生成抑制作用

結果を図 4 に示す。

複合培養産物のメラニン生成抑制作用をコウジ酸（終濃度 0.7mM：メラニンの生成抑制が，

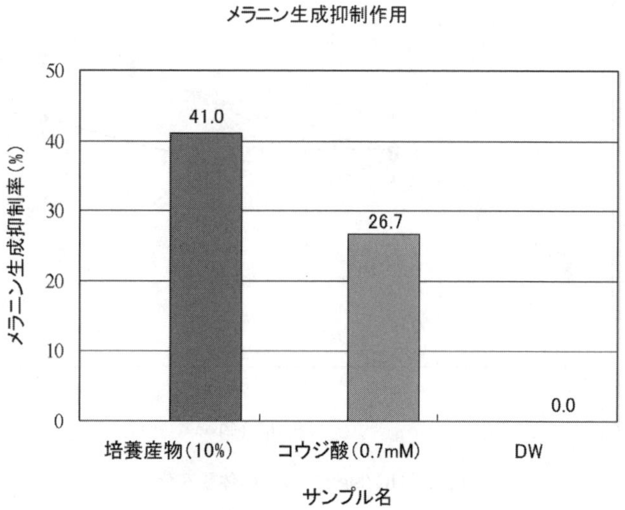

図４　複合培養産物のメラニン生成抑制作用

目視でも判断できる濃度）と比較した結果，コウジ酸の約1.5倍の高いメラニン生成抑制作用が確認された。このことから，当複合培養産物は美白化粧品の主成分として利用できる可能性が高いことが分かった。

3. 3　前臨床における安全性評価

全ての試験項目において生体における安全性が証明された。このことは，当複合培養産物は化粧品の主成分として使用でき，先述の既存化粧品の問題点を解決できることがわかった。

3.4　皮膚炎抑制作用

①体重変化

結果を図5に示す。

投与開始時の体重値は，各群とも平均25.5～25.8 gを示し有意な差は認められなかった。

無処置群は，第4週目で減少がみられたが，その後僅かな増加傾向が認められた。

サンプル経皮投与群は増加傾向を示した。

サンプル経皮＋経口投与群は，特に最終日には明らかな増加を示したものの，無処置群と比較すると有意な差は認められなかった。

既存の皮膚炎治療薬投与群は，無処置群と比較して有意な差は認められなかったが，投与開始

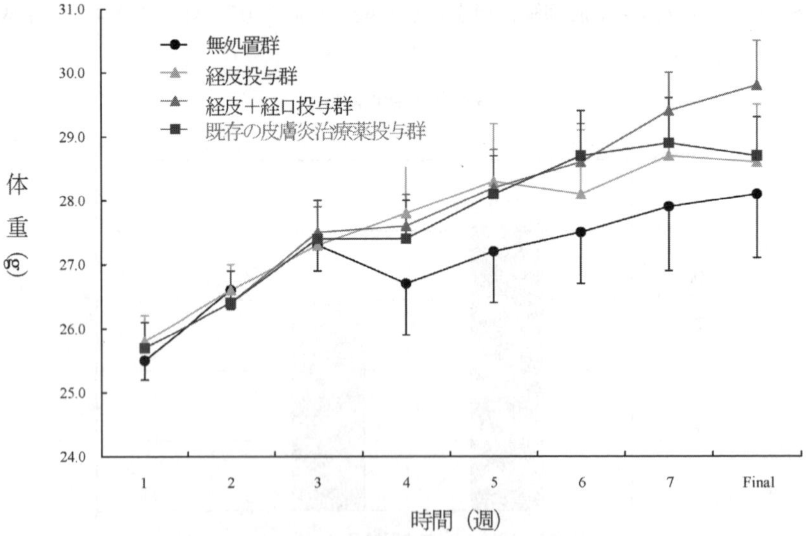

図5　NC/Nga マウスの体重変化
Each value represents the mean ± S. E.
No significant difference from control (t-test)

時から最終日を除き増加傾向を示した。

②皮膚炎の観察及び発症率

皮膚炎の観察結果を図6及び写真3〜6，皮膚炎の発症率を図7に示す。

皮膚炎スコアは5段階評価（0〜4）とした。投与開始時では各群とも発症は認められなかった。

無処置群の皮膚炎スコアは，最終日で平均1.9，発症率は75％を示した。

サンプル経皮投与群の皮膚炎スコアは，最終日で平均1.2，発症率は67％を示した。第6週で無処置群と比較して有意な皮膚炎スコアの抑制を示したが，投与期間を通じて上昇傾向が認められた。

サンプル経皮＋経口投与群の皮膚炎スコアは，最終日で平均0.8，発症率は50％を示した。第4，6および7週で無処置群と比較して有意な皮膚炎スコアの抑制を示した。

既存の皮膚炎治療薬投与群の皮膚炎スコアは，最終日で平均0.6，発症率は50％を示した。12例中6例が発症したものの，第3週から最終日まで皮膚炎スコアにおいて無処置群と比較して有意な抑制が認められた。

以上のことから，当複合培養産物の経皮投与と経口投与の併用により，既存の皮膚炎治療薬に近似の皮膚炎抑制作用が得られることが分かった。

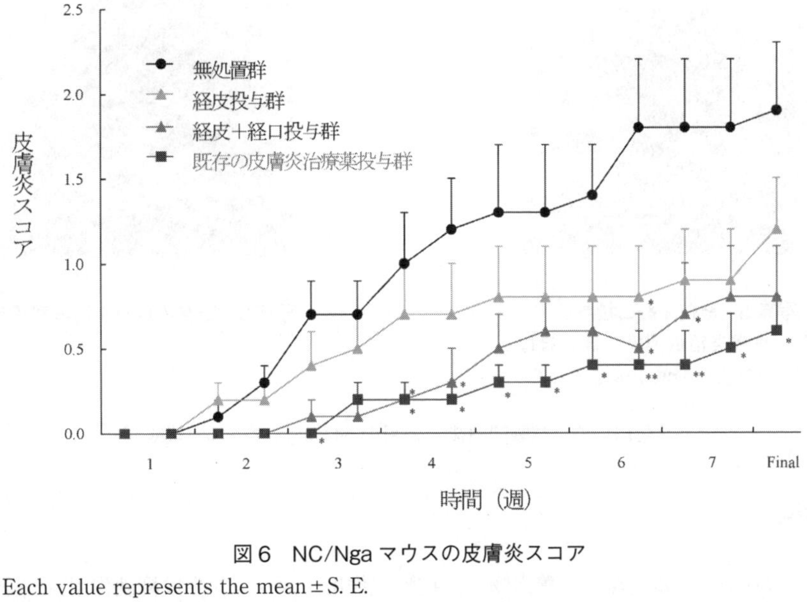

図6　NC/Ngaマウスの皮膚炎スコア

Each value represents the mean ± S. E.

Dermatitis scores graded as 0 (none), 1 (slight), 2 (mooderate), 3 (severe), 4 (very severe)

＊: P<0.05,　＊＊: P<0.01; significant difference from control (wilcoxon's stest)

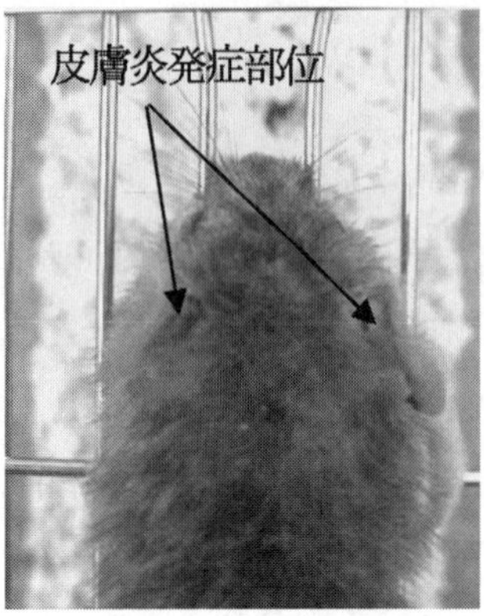

写真３　無処置群
皮膚炎により，耳が赤くただれた

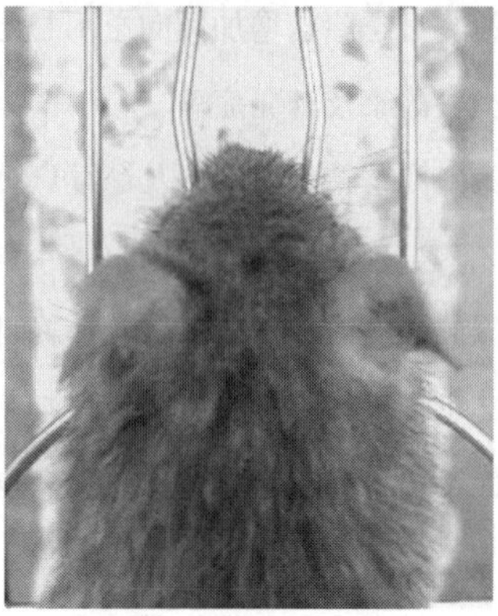

写真４　経皮投与群
無処置群と比較して皮膚炎の
軽減が確認された

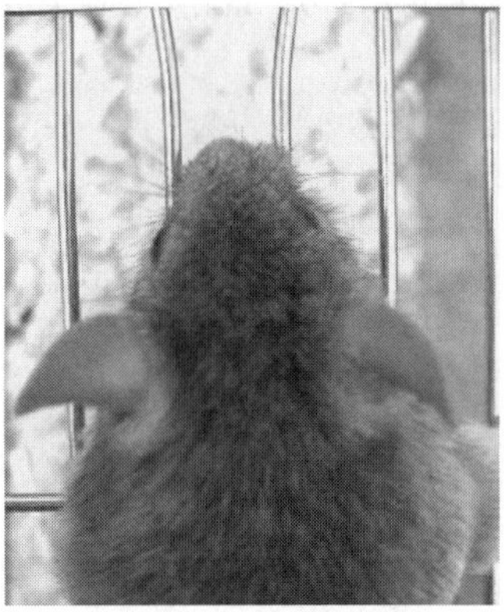

写真５　経皮＋経口投与群
既存の皮膚炎治療薬投与群とほぼ
同等の皮膚炎の軽減が確認された

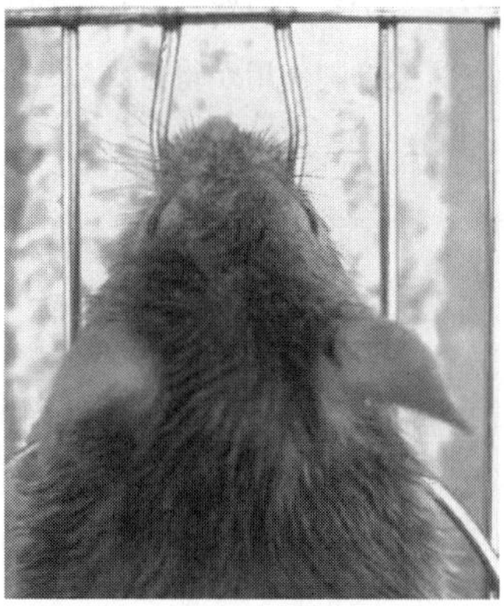

写真６：既存の皮膚炎治療薬投与群

写真３～６　試験開始後７週目の NC/Nga マウスの状態

4　考察

天然成分のみから成る当複合培養産物は，抗酸化作用，メラニン生成抑制作用，安全性，皮膚炎抑制作用があり，化粧品の主成分として使用できることが分った。また，先述した既存の化粧品素材の問題点（アレルギー性等）を解決できると考えられた。

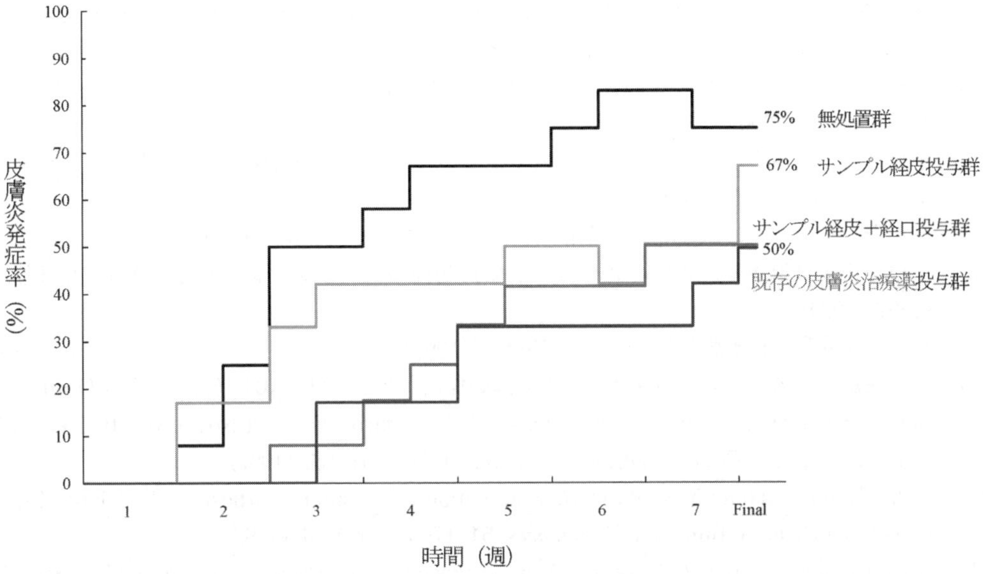

図 7　NC/Nga マウスの皮膚炎発症率

5　おわりに

自然界の多くの微生物は，互いにそして周辺環境と深く影響を及ぼし合いながら複合微生物系と呼ばれる一種の共存体で存在している。そして，その多くは単一の微生物では得ることのできない高い機能を有していることが明らかになってきている。しかし，現時点においては複合微生物系を扱う研究が少ないため，多くの有用微生物群が利用されないままとなっている。

このような有益な複合微生物系を産業に活用すべく，本研究開発では，新種乳酸菌と酵母の複合培養産物に抗酸化作用，メラニン生成抑制作用，前臨床における安全性そして皮膚炎抑制作用を見出し，化粧品原料に応用する研究を進めてきた。その結果，天然物のみから成る安全性の高い化粧品原料の開発に成功した。

当化粧品原料は，既存の化粧品素材の問題点（アレルギー性等）を解決できる新たな機能性材料である可能性が高い。

文　　献

1)　Alexander, M. Microbial ecology, John Wiley & Sons, Inc., London (1971)

2) Bull, A. T., and J. H. Slater, *Microbial interactions and community structure*, **1**, 13-44, Academic Press, Inc. (London), Ltd., London
3) 星野卓，メロリアルエキスの紫外線惹起色素沈着抑制効果，フレグランスジャーナル，9月号，45-48 (2000)
4) 小坂邦男，宮崎寿次，小野誠，ローズマリーから得られた美白成分，フレグランスジャーナル，9月号，59-64 (2000)
5) 高下崇，グアバフェノンの美白効果，フレグランスジャーナル，9月号，86-90 (2000)
6) 中西秀夫，笠原香織，香料のメラニン生成抑制効果，フレグランスジャーナル，9月号，91-97 (2000)
7) ヒット化粧品，日本農芸化学会編，113-122 (1998)
8) 秋保暁ほか，アルブチンのメラニン生成抑制作用，日皮会誌，**101** (6), 609-613 (1991)
9) Reijiro Kobayashi, Mikimasa Takisada *et al.*, Neoagarobiose as a Novel Moisturizer with Whitening Effect, *Biosci. Biotech. Biochem.*, **61** (1), 162-163 (1997)
10) Lisha Zhang, Takemi Yoshida *et al.*, Stimulation of Melanin Synthesis of B16-F10 Mouse Melanoma Cells by Bufalin, *Life Sciences*, **51**, 17-24, April 21 (1992)
11) Koji Tomita, Nahomi Oda *et al.*, A new screening method for melanin biosynthesis inhibitors using *Sterptomyces Bikiniensis*, *The journal of antibiotics*, vol. XLIII No.12, 1601-1605, July 14 (1990)
12) Eve Barak Briles and Stuart Kornfeld, Isolation and Metastatic Properties of Detachment Variants of B16 Melanoma Cells, *J. Natl. Cancer Inst.*, **60**, No. 6, June (1977)
13) Xiaoxian Zhao, Takehide Murata *et al.*, Protein Kinase C α Plays a Critical Role in Mannosylerythriol Lipid-induced Differentiation of Melanoma B16 Cells, *J. Biological Chemistry*, **276**, No. 43, 39903-39910, October 26 (2001)
14) Xiaoxian Zhao, Yoko Wakamatsu *et al.*, Mannosylerythriol Lipid is a Potent Inducer of Apotosis and Differentiation of Mouse Melanoma Cells in Culture, *Cancer Reserch,* 59, 482-486, January 15 (1999)
15) Mineko Terao *et al.*, Inhibition of Melanogenesis by BMY-28565, A Novel Compound Depressing Tyrosinase Activity, in B16 Melanoma Cells, *Biochemical Pharmacology*, **43**, No. 2, 183-189 (1992)
16) 鈴木正人監修，老化防止・美白・保湿化粧品の開発，147-159 (2001)
17) Matsuda, H., Watanabe, N., Geba, G. P., Sperl, J., Tsudzuki, M., Hiroi, J., Matsumoto, M., Ushio, H., Saito, S., Askenase, P. W. and Ra, C., Development of atopic dermatitis-like skin lesion with IgE hyperproduction in NC/Nga mice, *Int. Immunol*, **9**, 461-466 (1997)
18) Matsumoto, M., Ra, C., Kawamoto, K., Sato, H., Itakura, A., Sawada, J., Ushio, H., Suto, H., Mitsuishi, K., Hikasa, Y. and Matsuda, H., IgE hyperproduction through enhanced tyrosine phosphorylation of Janus kinase 3 in NC/Nga mice, a model for human atopic dermatitis, *J. Immunol.*, **162**, 1056-1063 (1999)

第28章　乳酸菌を用いた植物発酵液の作用と化粧品への応用

曽根俊郎*

1　はじめに

微生物を利用した発酵技術は，化粧品素材の開発にとって有益であり，日本化粧品工業連合会に表示名称として登録されている化粧品原料リストの中にもこのような化粧品素材が141品目登録されている。これらは，8631品目の全登録原料中の1.6%にあたる。

発酵に用いられている微生物は，乳酸菌，酵母，麹，真菌および枯草菌等であり，特に，乳酸菌は安全性の高さやイメージの良さから44品目が登録されている（2007年4月1日現在)。使用されている乳酸菌は，*Streptococcus thermophilus*，*Lactobacillus*属，*Lactoccocus*属および*Bifidobacterium*属で，これらはいずれも食品でも使用されている安全性の高いものである（表1)。

乳酸菌は，皮膚にとって有用な物質生産の手段としても利用されている。例えば，保湿剤のヒアルロン酸は鶏のトサカに多く含まれているため，これを用いて抽出製造されていたが，*Streptococcus equi* sub.*zooepidermicus*を用いた発酵法でも製造され[1, 2]，化粧品素材のみならず，食品素材，また，抗炎症作用や潤滑作用を有することから医薬品素材（慢性関節リウマチ治療薬）としても利用されている[3]。また，*Lactobacillus kefir*による保湿・増粘剤ケフィランの製造や*Leuconostoc mesenteroides*によるデキストランの発酵生産等，多糖類の製造にも利用されている[4]。

一方，発酵される基質も牛乳，脱脂粉乳，培地，植物，藻類等様々な素材が用いられている。これらの効能効果としては，保湿作用を有するものが多く，保湿作用以外にも抗酸化作用，美白作用，抗菌作用，抗炎症作用等が確認されている[5]。このように，効能効果が多岐にわたっていることは，菌とその代謝産物だけでなく，発酵基質に由来した効能も示すからである。

これらの中で発酵基質に植物素材を用いることは，植物自体が持つ皮膚への効能効果をさらに向上，拡大させるために，実に適している。すなわち，多くの植物が様々な皮膚に対する有効性を示すことから化粧品に利用されているが，医薬品にならって高い有効性のみを追求して探索された植物は，毎日使う化粧品にとっては安全性の面から使用することができずに開発が断念され

＊　Toshiro Sone　㈱ヤクルト本社中央研究所　応用研究二部　主任研究員

表1　乳酸菌を利用した化粧品素材の一覧

表示名称	基質	乳酸菌種	期待される主な効果
ホエイ（ホエイ（1））	生乳又は脱脂粉乳	*Lactobacillus bulgaricus*	保湿性
ホエイ（ホエイ（2））	牛乳蛋白質又は脱脂粉乳	*Streptococcus thermophilus* 又は *Lactobacillus bulgaricus*	保湿性
ホエイ（ホエイ（3））	牛乳	*Lactococcus lactis, Lactococcus cremoris, Streptococcus thermophilus, Leuconostoc mesenteroides* 及び／又は *Lactobacillus bulgaricus*	保湿性
ホエイ（ホエイ末）	生乳又は脱脂粉乳	*Lactobacillus blugaricus*	保湿性
乳酸菌培養物	生乳又は脱脂粉乳	*Streptococcus thermophilus*	保湿性
乳酸菌培養液	—	*Streptococcus thermophilus*	保湿性
乳酸球菌培養液	—	*Lactococcus*	保湿性
乳酸桿菌発酵液	—	*Lactobacillus*	保湿性
乳酸球菌培養エキス	—	*Lactococcus*	保湿性
乳酸球菌エキス	—	*Lactococcus*	保湿性
豆乳発酵液	豆乳	*Lactobacillus delbrueckii*	エストロゲン作用
アセロラチェリー発酵液	アセロラチェリー	*Lactobacillus*	抗酸化，抗老化
乳酸桿菌／アルゲエキス発酵液	海藻アルゲエキス	*Lactobacillus*	保湿性，ピーリング作用
乳酸桿菌／アロエベラ発酵液	アロエベラ	*Lactobacillus*	保湿性，抗酸化，抗炎症
乳酸桿菌／エリオジクチオンカリホルニクム発酵エキス	ハーブ葉	*Lactobacillus*	保湿性
乳酸桿菌／オリーブ葉発酵エキス	オリーブ葉	*Lactobacillus*	抗菌，抗炎症
乳酸桿菌／コメ発酵物	コメ	*Lactobacillus*	保湿性，セラミド合成促進
乳酸桿菌／スケルトネマ発酵物	珪藻類スケルトネマ	*Lactobacillus*	保湿性
乳酸桿菌／ダイズ発酵エキス	ダイズ	*Lactobacillus*	保湿性，エストロゲン作用
乳酸桿菌／チノリモ発酵物	紅藻類チノリモ	*Lactobacillus*	保湿性，抗菌
乳酸桿菌／トマト発酵エキス	トマト	*Lactobacillus*	保湿性，抗酸化
乳酸桿菌／ナツメヤシ果実発酵エキス	ナツメヤシ	*Lactobacillus*	保湿性
乳酸桿菌／ペポカボチャ果実発酵エキス	ペポカボチャ	*Lactobacillus*	角質柔軟，ピーリング作用
乳酸桿菌／（レイシエキス／シイタケエキス）発酵液	レイシ，シイタケ	*Lactobacillus*	保湿性
乳酸桿菌／ワサビ根発酵エキス	ワサビ根	*Lactobacillus*	保湿性
乳酸桿菌／カカオ果実発酵液	カカオ	*Lactobacillus*	?
乳酸桿菌／キノア発酵エキス液	キノア	*Lactobacillus*	線維芽細胞増殖促進，抗炎症
乳酸桿菌／セイヨウナシ果汁発酵液	セイヨウナシ	*Lactobacillus*	保湿性，抗老化，美白，抗酸化
乳酸桿菌／（乳／Ca／リン／Mg／亜鉛）発酵物	乳	*Lactobacillus*	?
乳酸桿菌／（乳固形物／ダイズ油）発酵物	乳固形分，大豆油	*Lactobacillus*	?
(乳酸桿菌／乳酸球菌／サッカロミセス）／豆乳発酵物	豆乳	*Lactobacillus* + *Lactococcus* + *Saccharomyces*	免疫増強？，抗腫瘍？
乳酸桿菌／ハイビスカス花発酵液	ハイビスカス花	*Lactobacillus*	?
乳酸桿菌／ハス種子発酵液	ハス種子	*Lactobacillus*	美白，線維芽細胞賦活
乳酸桿菌／（ビーン種子エキス／グルタミン酸Na）発酵液	リョクトウ種子	*Lactobacillus*	?
乳酸桿菌／ブドウ果汁発酵液	ブドウ	*Lactobacillus*	保湿性，抗老化，美白，抗酸化
乳酸桿菌／レモン果皮発酵エキス	レモン果皮	*Lactobacillus*	チロシナーゼ阻害，グルコシターゼ阻害，抗酸化
乳酸桿菌／ローヤルゼリー発酵液	ローヤルゼリー	*Lactobacillus*	線維芽細胞賦活，チロシナーゼ活性抑制
アシドフィルス／ブドウ発酵物	ブドウ	*Lactobacillus acidophilus*	保湿性，抗酸化
(乳酸菌ケフィリ／カンジタケフィル）／乳発酵液	生乳又は脱脂粉乳	*Lactobacillus kefiri* + *Candida kefy*	保湿性，抗酸化
ウメ発酵物	ウメ果肉	*Aspergillus oryzae* + *Lactobacillus acidophilus*	保湿性，抗酸化，抗炎症
ビフィズス菌培養液	—	*Bifidobacterium longum*	抗酸化，紫外線損傷の修復
ビフィズス菌エキス	—	*Bifidobacterium bifidum*	抗酸化，紫外線損傷の修復
大豆ビフィズス菌発酵液	ダイズエキス	*Bifidobacterium breve*	保湿性，抗シワ，弾力性改善，ヒアルロン酸産生
ビフィズス菌発酵液	—	ビフィズス菌 Bifida	?

(日本化粧品工業連合会　成分表示名称リストより；期待される主な効果については公開特許公報等により調査した，2007/4/1 現在）

る場合も多く，実際には緩和な有効性を示す植物が使用されている。これらの植物でも，微生物による発酵技術を用いれば，安全性を満足したまま有効性の向上や拡大を行うことが可能となる。

本章では，乳酸菌を用いてアロエベラを発酵させた素材およびビフィズス菌を用いて大豆を発酵させた素材の化粧品への応用について述べる。

2　乳酸桿菌／アロエベラ発酵液

従来，アロエを化粧料に用いた例は多数報告されており，育毛，紫外線防御，抗炎症，抗チロシナーゼ，保湿，毛髪保護，増粘剤等の目的で使用されている[6)]。これらのものは，アロインを主とするアントラキノン類を有効成分とするものが多く[7)]，また，アロエより多糖類を抽出して用いるものもある[8)]。アロエには皮膚刺激性を有するシュウ酸カルシウムやアロエレジンなどが含まれているから，これらを除去して用いる必要がある[7)]。

一方，抽出工程の迅速化およびアロエの特異臭の低減を目的として，酵母を加えて発酵させた皮膚外用剤も報告されているが[8, 9)]，酵母を用いるときは糖を添加しなければ発酵が十分に進行しないこと，また，発酵生成物には特有の発酵臭がすることから，化粧品の嗜好性を下げることも問題となる。そこで，乳酸菌を用いてアロエベラを発酵させることを検討した。

2.1　乳酸菌株のスクリーニングおよび保湿作用の測定

乳酸菌は，主に植物や食品より分離された株および代表的な菌種の Type Strain を含む 119 株を用いた。発酵液は，アロエベラ搾汁を基質として乳酸菌にて 30～37℃，3 日間発酵後，菌体を除去して発酵液を得た。保湿作用は，ヒト前腕内側皮膚に発酵液を 10 μl/cm^2 塗布し，塗布前および塗布後経時的に中心電極 1mm の高周波（3.5MHz）電導度測定装置 SKICON-200（IBS）によってコンダクタンスを測定し[10)]，その上昇率として塗布前後のコンダクタンスの差を塗布前のコンダクタンスで除して表した。尚，測定は環境調節室にて行い，測定時の温度を 24.0℃，湿度は 50%に調節した。

このようにして，まず未発酵アロエベラ搾汁のコンダクタンスを調べた結果，その上昇率は塗布 10 分後で約 60%であり，意外と低いものであった。一方，乳酸菌 119 株で発酵させたアロエベラ発酵液の保湿作用を調べた結果，塗布 10 分後のコンダクタンス上昇率が 100%以上の値を示した乳酸菌が 40 株見出された。これらの中で，酢漬けキャベツから分離された *Lactobacillus plantarum* YIT 0102 による発酵液は，コンダクタンス上昇率が約 400%を示し，他の乳酸菌株の発酵液と比較して高い保湿作用であったことから（図 1），*L. plantarum* YIT 0102 によるアロエベラ発酵液（AFL）についてさらに検討した。

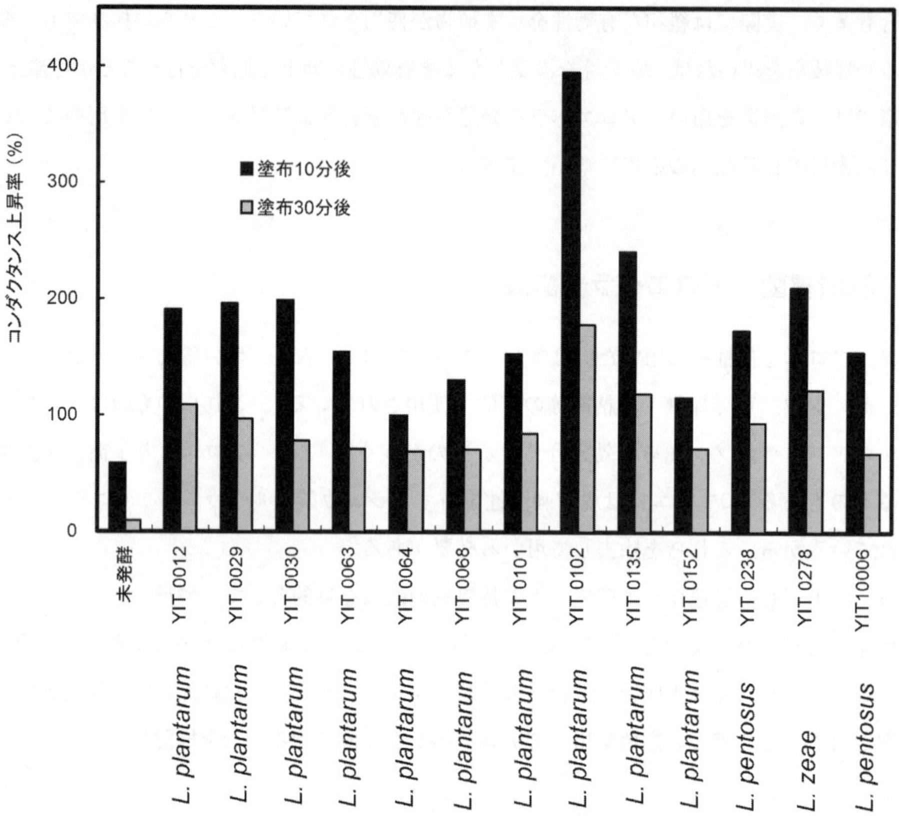

図1　種々の乳酸菌によるアロエベラ発酵液の保湿作用

2.2　AFL の保湿成分

限外ろ過による AFL 分画物を塗布して保湿作用を検討した結果，分子量 3000 以下の低分子画分は，他の画分および分画前の AFL を塗布したときよりもコンダクタンスが高かった[11]。

これより，AFL の保湿成分の大部分は分子量 3000 以下の低分子物質であり，発酵によって生成した乳酸が AFL の保湿成分の一つである可能性が考えられた。そこで，AFL と同量の乳酸を未発酵アロエベラに添加して保湿作用を検討したが，コンダクタンスの上昇は AFL より低かった（図 2）。このことから，乳酸は未発酵アロエベラと相乗的に保湿作用を発揮するものの，その作用は弱く，乳酸以外の他の成分が AFL の保湿作用に関与することが考えられた。

AFL の保湿作用に関与する成分としては，乳酸以外に他の有機酸や糖類が考えられる。そこでこれらの含有成分の標準品を用いて保湿作用を検討し，また，含有成分ではないが代表的な単糖類と二糖類についても保湿作用を調べた。その結果，有機酸については，乳酸およびリンゴ酸に同程度の高い保湿作用のあることがわかった。単糖の中では，フルクトースに最も優れた保湿作用のあることがわかり，グルコース，ガラクトース等の単糖類の保湿作用は弱かった。また，ラクトース等の二糖類には保湿作用は見られなかった[11]。さらに，糖について最も高い保湿作用を示したフルクトースを詳細に検討した結果，フルクトースの保湿作用は，乳酸存在下で相乗的に増加することが示された（図3）。

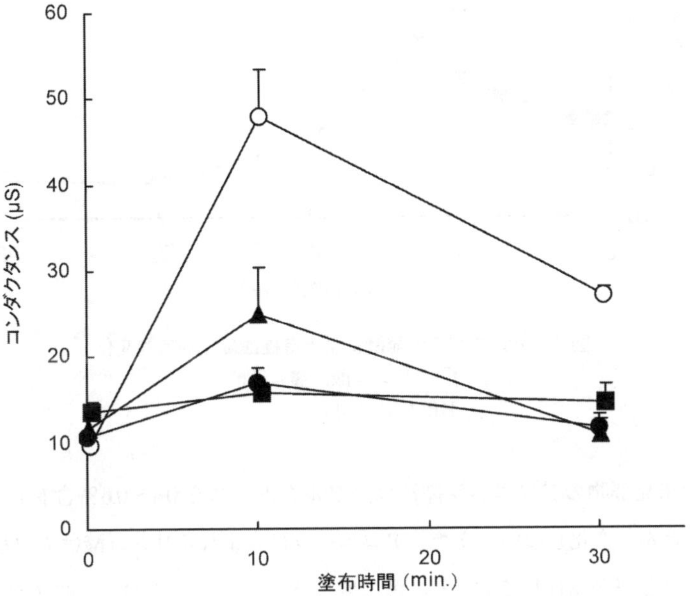

図2　アロエベラ発酵液および乳酸を添加した未発酵アロエベラ塗布による角層水分含量に及ぼす影響
○：AFL，●：未発酵アロエベラ，■：乳酸 0.3%，▲：未発酵アロエベラ＋乳酸 0.3%
Mean ± SD (n=3)

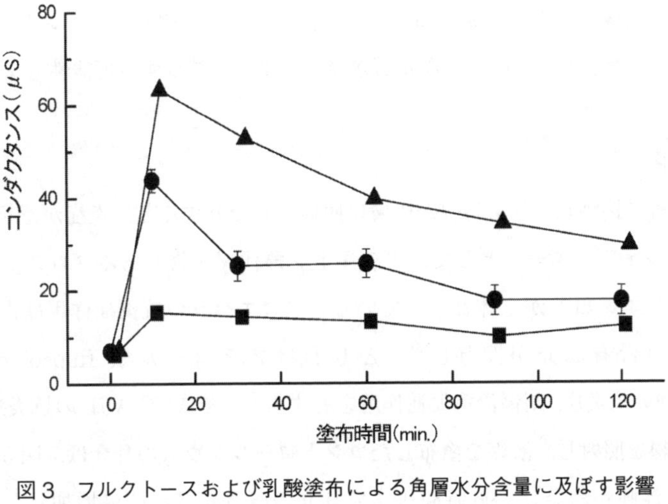

図3　フルクトースおよび乳酸塗布による角層水分含量に及ぼす影響
●：フルクトース 1%，■：乳酸 0.3%，▲：フルクトース 1%＋乳酸 0.3%
Mean ± SD (n=5)

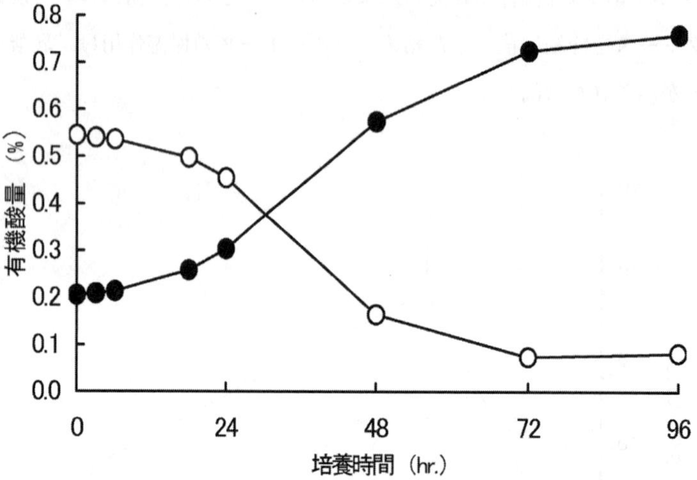

図４　アロエベラの発酵による有機酸量の経時的変化
○：リンゴ酸，●：乳酸
HPLC 法で測定

今回使用した未発酵物のアロエベラ搾汁は，フルクトースを 0.4～0.6％含有し，発酵によってその含有量はほとんど変化しない。また，アロエベラに含まれるリンゴ酸は *L. plantarum* によってマロラクチック発酵が進行して D, L- 乳酸に変換されること（図 4），アロエベラは未発酵物でもある程度の保湿作用を示すこと，*L. plantarum* は好気環境のもとでは乳酸以外に酢酸を作ること[4] 等から，AFL の優れた保湿作用は，発酵によって増加した乳酸および微量の他の有機酸とフルクトースとの相乗効果が主な原因となっていることが考えられた。さらに未発酵物中には，皮膚に塗布したとき皮膚上で皮膜形成に関与して保湿作用性の指標となるコンダクタンスを見かけ上低下させる物質も存在し，このような物質が発酵によって減少する可能性も考えられた。

2.3　抗炎症作用

刺激物質が皮膚に接触したり紫外線が皮膚に照射されたりすると，炎症が惹起されその発現に関与するケミカルメディエータとして，アラキドン酸代謝産物であるプロスタグランジン[12, 13]およびロイコトリエン類[14] が主体となっている。アロエベラの抗炎症作用は古くから知られ，これには多くの含有成分が関与し[15]，とりわけステロール類（lupeol, campesterol, β-sitosterol）は，強い抗炎症，創傷治癒促進作用を有する[16]。そこで，AFL の抗炎症作用を調べた。

マウスに紫外線を照射し，溶媒を塗布したコントロールマウスの耳介は，図 5 に示すように照射前に比較して浮腫が誘発し，96 時間後まで耳介の厚さが経時的に増加した。これに対し，AFL を塗布した群では，72 時間後から抑制作用を示した。また，未発酵のアロエベラも同程度の抑制作用であった。抗炎症剤インドメタシンは，24時間後から強い抑制作用を示した。

未発酵のアロエベラとAFLによる炎症の抑制が如何なる成分によるものかは不明であり，複数の含有成分が炎症のアラキドン酸カスケードやT細胞のサイトカイン産生を抑制し，これが炎症の抑制につながったと考えられた。また，ヒト皮膚線維芽細胞に対するコラーゲン産生についても調べた結果，培養上清中のプロコラーゲンが有意な産生促進作用を示した。この作用も，未発酵アロエベラで同程度に見られた。

以上のように，これらの作用が発酵操作の前後で減弱しなかったことは，有益である思われた。何故ならば，アロエのような広範囲な薬理作用を持つ植物を発酵したとき，発酵によって増強する作用，不変な作用および減弱したり消失したりする作用がある。これらを出来る限り調べることが重要であり，本素材はその保湿効果が発酵を行うことによって格段に上昇したが，抗炎症作用と炎症後の組織修復作用は発酵の前後でほとんど変わらなかったことから，乳酸菌による発酵が植物素材の機能性向上に有用であった一例と考える。

3　大豆ビフィズス菌発酵液

大豆抽出液や豆乳もアロエと同様，化粧品に応用した例は多数報告されており，美白効果等があるものとされている。これらの中で，豆乳の発酵生成物を化粧料として用いたものに，リゾー

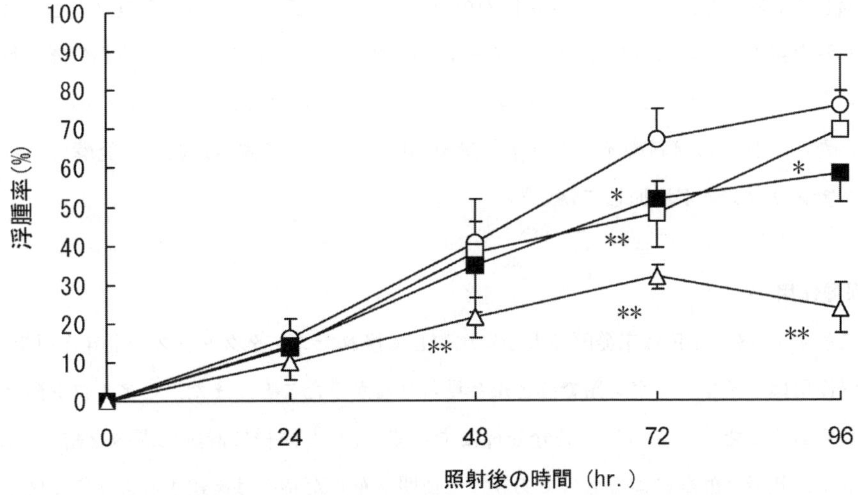

図5　アロエベラ発酵液の紫外線照射による耳介浮腫に及ぼす影響
○：Control（180mJ/cm^2），□：未発酵アロエ5%（1.0mg/ear），
■：AFL5%（1.0mg/ear），△：インドメタシン1%（0.2mg/ear）
＊，＊＊；Controlに対して有意（p<0.05，p<0.01, n=5）

プス属の微生物を作用させたもの[17]および乳酸菌を作用させたもの[18]がある。しかし，化粧品にとって最も重要な性質である保湿効果のある素材はほとんど見いだされていなかった。また，大豆はイソフラボン配糖体を多く含み，これを経口摂取したときは腸内細菌が持つβ-glucosidaseによってアグリコンに変換される（図6）。しかし，皮膚に塗布したときには変換されず，配糖体のままでは吸収も悪いものであった。そこで，大豆イソフラボン配糖体をアグリコンに変換する微生物の検索を行い，ビフィズス菌 *Bifidobacterium breve* Yakultが見出され[19]，これを用いた大豆発酵液について検討した。

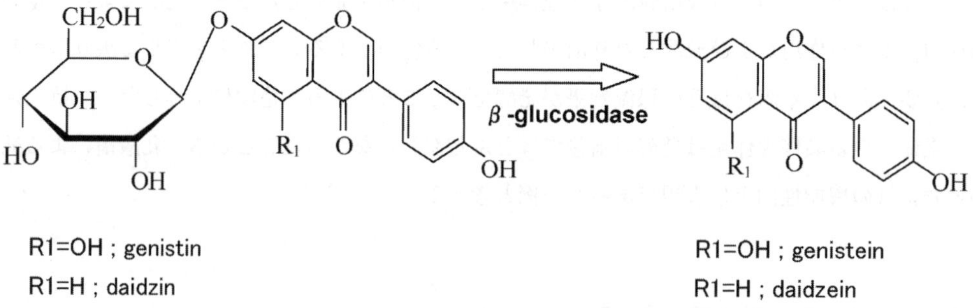

図6　大豆中に含まれるイソフラボンの構造と発酵によるアグリコン変換

3.1　試料の調製とイソフラボン組成

大豆を十分に吸水させ，4倍量の水を加えミキサーでペースト状に粉砕した。これを加熱冷却後，濾過して豆乳とし，*B. breve* Yakultの菌液を接種して37℃，24時間静置培養してビフィズス菌発酵液を得た。これに3倍量のエタノールを添加して十分混和した後，遠心分離を行って生じた沈澱を除去したものを以後BEと称す。また，発酵前の大豆についても同様のエタノール処理を行った。これらの試料のイソフラボン量をHPLCによって調べた結果，発酵によってイソフラボンアグリコン量が増加していた[20]。

3.2　保湿作用

図7に示すように，BEは未発酵の大豆に比較して優れたコンダクタンスの上昇作用を示した。この保湿作用は，イソフラボン類でほとんど見られなかったこと，また，ヒアルロン酸との相乗作用が見られたこと[11]，さらに，成分分析によってAFLと同様に詳細に調べた結果，BEの保湿作用は主に乳酸と酢酸によるものであり[21]，長期塗布した時には後述するように皮膚中で増加したヒアルロン酸の影響も考えらた。

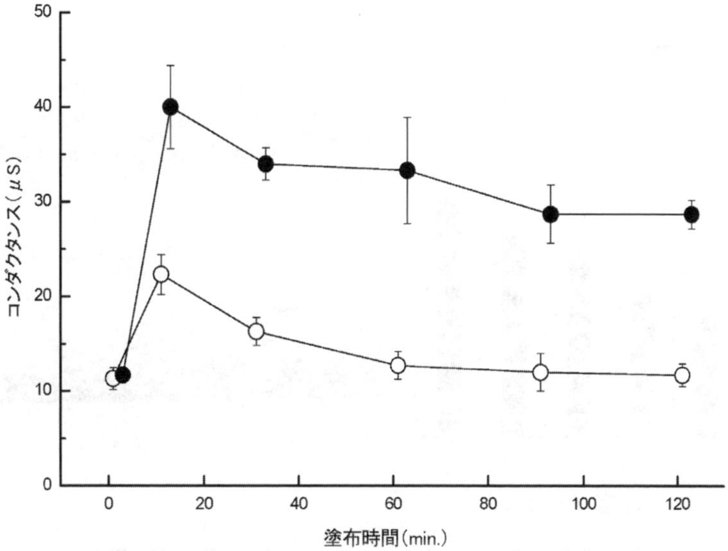

図7　大豆およびBE塗布による角層水分含量に及ぼす影響
○：未発酵大豆，●：BE
Mean ± SD（n=3）

3.3　皮膚のヒアルロン酸産生の促進

図8に示すようにBEは，ヒト表皮細胞，およびヒト表皮三次元培養モデルにビオチン標識したヒアルロン酸結合性タンパク質を用いて染色した組織標本において，いずれも未発酵の大豆よりも優れたヒアルロン酸産生の亢進作用を示した[22]。また，真皮の線維芽細胞培養およびヘアレスマウス皮膚へのBE塗布を行って検討し，表皮同様ヒアルロン酸産生の亢進作用のあることを確認した。これらの作用は，大豆イソフラボンアグリコンのダイゼインおよびゲニステインでも見られた[20]。

3.4　弾力性の改善

ヘアレスマウスに紫外線照射して皮膚弾力性を調べた。Takemaら[23]は加齢皮膚と紫外線照射ヘアレスマウス皮膚の弾力性について検討し，Ue*（即時変化量）が共に減少することを報告しているが，図9に示すように本実験においても同様に紫外線照射によってUe*が低下した。また，BEを塗布すると，弾力性を有意に改善する作用のあることが示された[24]。このとき，表皮と真皮のヒアルロン酸産生が亢進し，真皮のコラーゲン産生が促進したことから，これが弾力性改善作用の見られた原因であると考えられた。本作用も大豆イソフラボンのアグリコンによるものであろう。

以上述べてきた作用は，これまで大豆では見出されてこなかったものであり，発酵によって植

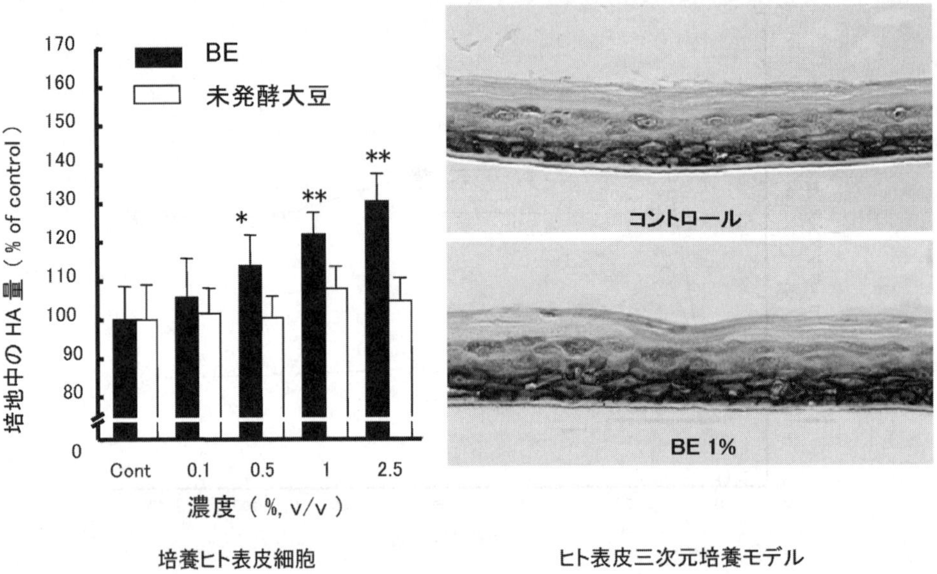

＊、＊＊；Control に対して有意（$p<0.05$、$p<0.01$, n=6）

図８　ヒアルロン酸産生に及ぼす BE の影響

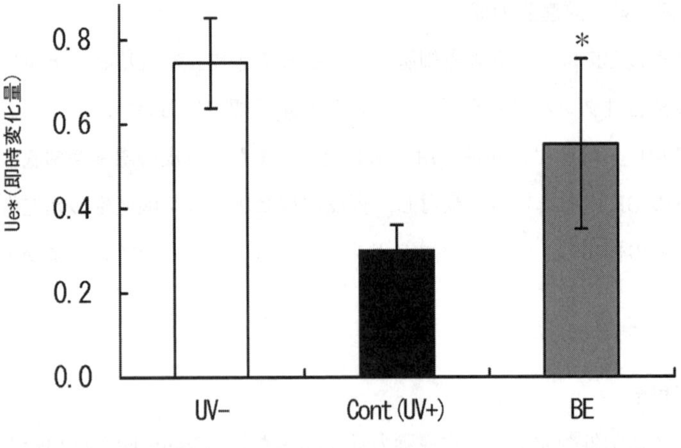

図９　紫外線照射したヘアレスマウス皮膚の弾力性に及ぼす影響
＊；Cont（UV+）に対して有意（$p<0.05$, $n=6$）

物素材の機能性が拡大した一例であると考える。

4　おわりに

狂牛病問題以降，動物由来の化粧品原料は，植物由来のものへと変換が盛んに行われており，植物抽出物そのものも皮膚への有効性を示すものは盛んに化粧品に配合されている。ところが，薬用植物には作用が緩和とはいえないものが多いことから，安全性の高い植物の抽出物が使用されるが，このようなものの多くは皮膚に対する有効性も必ずしも高いとはいえなかった。そこで，食品等での使用経験豊富な安全性の高い微生物，特に，乳酸菌等を用いて植物を発酵させる技術は，植物のもつ有効性をさらに向上，拡大させる可能性があることから，今後ますます重要になるものと考える。

文　献

1) 柳光男，*BIO INDUSTRY*，**9**, 105 (1995)
2) 木村雅行ほか，Fragrance Journal 臨時増刊，**15**, 75 (1996)
3) E. Maneiro *et al., Clin. Exp. Rheumatol.*, **22**, 307 (2004)
4) 乳酸菌の科学と技術，乳酸菌研究集談会編，学会出版センター (1996)
5) 千葉勝由，COCMETIC STAGE，**1**, 35 (2007)
6) 前田憲寿ほか，Fragrance Journal 臨時増刊，**16**, 83 (1999)
7) 鈴木正人，新しい化粧品素材の効能・効果・作用，シーエムシー出版，p. 395 (1998)
8) 特許 1813021
9) 特許 2034578
10) H. Tagami *et al., J. Invest. Dermatol.*, **75**, 500 (1980)
11) 曽根俊郎ほか，Fragrance Journal, **10**, 64 (2005)
12) R. P. Carlson *et al., Agents Actions*, **17**, 197 (1985)
13) L. M. De Young *et al., Agents Actions*, **26**, 335 (1989)
14) S. Motoyoshi *et al.*, The 64th annual meeting March 24-27, Kobe Abstract., *Jpn J. Pharmacol.*, **55**, Suppl. 1, 272 (1991)
15) R. M. Shelton *et al., Int. J. Dermatol.*, **30**, 679 (1991)
16) R. H. Davis *et al., J. Am. Podiatr Med. Assoc.*, **84**, 614 (1994)
17) 特許 2618658
18) 特許 2804312
19) Y. Shimakawa *et al., Int. J. Food Microbiol.*, Mar 15, **81**, 131 (2003)
20) K. Miyazaki *et al., Skin Pharmacol. Appl. Skin Physiol.*, **15**, 175 (2002)
21) 特許 3184114
22) K. Miyazaki *et al., Skin Pharmacol. Appl. Skin Physiol.*, **16**, 108 (2003)
23) Y. Takema *et al., Dermatology*, **196**, 397 (1998)
24) K. Miyazaki *et al., J. Cosmet. Sci.*, **55**, 473 (2004)

〈その他〉

第29章　乳酸菌を利用した家畜生産技術

水町功子*

1　はじめに

乳酸菌は，他章で詳述されているように，ヒト及び動植物界と共存して私たちの生活に密接に関わっている微生物である。畜産の領域においても，乳酸菌は間接的または直接的に関与し，なくてはならない存在といっても過言ではない。図1に畜産分野における乳酸菌の利用について概略を示した。家畜の飼料調製（サイレージ，発酵リキッド飼料など），畜産物の加工（チーズ，発酵乳，発酵ソーセージなど），そしてヒトと同様にプロバイオティクスとして家畜生体に対する保健効果（腸内細菌叢の改善，体重増加，生産性の向上，生体防御機能の増強など）を期待した利用など，家畜の生産から畜産物の加工にいたる広い範囲で用いられていることがわかる。

飼料調製において積極的に乳酸菌を利用している代表的な例としては，サイレージと発酵リキッド飼料がある。サイレージとは青草などを発酵させたもので，嗜好性と貯蔵性を兼ね備えた

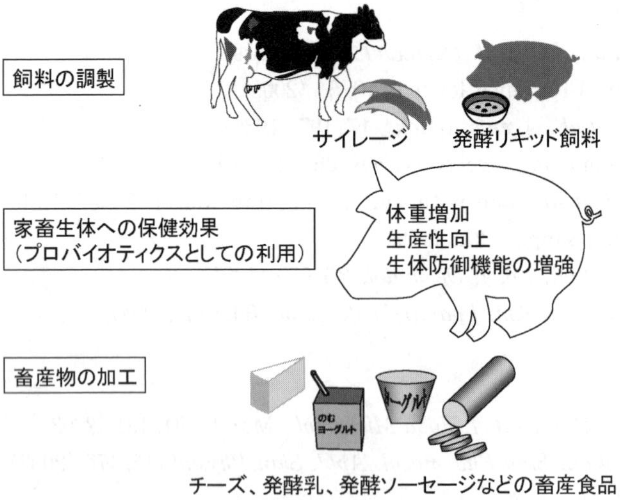

図1　畜産分野における乳酸菌の作用

*　Koko Mizumachi　㈱農業・食品産業技術総合研究機構　畜産草地研究所
畜産物機能研究チーム　チーム長

家畜飼料であり，その発酵の主役をなすのが乳酸菌である。それらには *Lactococcus*, *Leuconostoc*, *Enterococcus*, *Pediococcus* などの乳酸球菌や *Lactobacillus* などの乳酸桿菌が知られている。また，発酵リキッド飼料は，水と飼料の混合したものに乳酸菌等を加えて発酵させたもので，主にブタ，ニワトリの飼料としての利用が期待されている。サイレージや発酵リキッド飼料の品質や栄養価の改善における乳酸菌の役割については多くの研究報告があり，関連分野を含めてまとめられているので[1)]，詳細はそちらを参照いただきたい。また，発酵乳等の畜産物の加工に関連したものは他章を参照していただき，本稿では畜産における乳酸菌の保健機能を中心に解説する。さらにその保健機能について，ヒト，家畜，環境への関与の3つの視点から概説する。

2　ヒトに対する安全性確保のための乳酸菌

現在，畜産分野において，乳酸菌の利用はますます拡大する方向にある。その理由としては，乳酸菌が多くの優れた代謝機能をもち，増殖・発酵によって有害菌の生育を抑制するだけでなく，さまざまな栄養生理学的機能を有しているからである。特に，これまで家畜の飼料中に成長促進目的に使われてきた抗菌剤の使用が，畜産物中の抗菌製剤の残留，病原菌に対する耐性菌の出現の可能性を懸念して，削減あるいは中止の方向にある中で，乳酸菌は抗菌剤の代替物質として注目されるようになってきた。欧州連合（EU）ではすでに2006年から抗菌性飼料添加物の使用が禁止され，日本においても飼料添加物の見直しが進められているところであり，乳酸菌の家畜生体に及ぼす影響に関する研究が急速に展開している。

3　健全な家畜生産のための乳酸菌

乳酸菌スターターやウシ初乳の乳酸菌発酵産物の離乳前や成長期の家畜への投与が，腸内細菌叢の改善，体重増加，下痢等の疾病予防に効果的であるということは古くから知られていた[2, 3)]。特に幼畜においての感染症予防効果は，疾病による発育不良など経済的な損失を考えると極めて魅力的な作用といえる。このような乳酸菌の家畜への効果は，家畜の腸内細菌叢の改善，有用菌の増殖及び病原菌や腐敗菌など有害菌の抑制，免疫機能の賦活化により疾病に対する抵抗性が高まることによると考えられている。しかし，これらの機能は菌株に特異的であり，動物種，個体，飼育環境，発育時期などさまざまな要因によって影響を受けるため，菌株の選択と投与条件等を十分に検討し，科学的に実証していく必要がある。以下にこれまで報告されている乳酸菌の家畜生体への保健機能について述べる。

3.1 生産性の向上

生産性向上に関しては，腸内細菌叢の変動のほか，増体率，飼料効率，卵や肉質の品質，産卵率などを測定項目として研究が進められている。その他，腸の絨毛の長さ，陰窩の深さなど，消化管の発達や代謝，消化吸収との関連を明らかにするため，消化管の免疫組織学的解析も重要な評価指標の一つとなっている。

ニワトリでは，ニワトリ腸管から分離した*Lactobacillus*12菌株（*L. acidophilus, L. fermentum, L. crispatus, L. brevis*）をブロイラーに投与し，体重増加，飼料効率の改善，大腸菌数の低下を認めている[4]。また，*Lactobacillus*，*Bifidobacterium*，*Streptococcus*，*Enterococcus* spp.の混合菌の産卵鶏への投与により，卵の品質には影響はないが，生産性が向上するという報告がある[5]。一方，乳酸菌2種（*L. acidophillus* と *L. casei*）のブロイラーへの投与試験において，体重増加に効果的な投与濃度は菌株に依存するということも報告されており[6]，最適な効果を得るためには，投与菌株の選択だけでなく投与濃度などの条件も検討する必要があると思われる。

ブタにおいて，発酵リキッド飼料給与による生産性向上に関していくつかの報告がある。通常は，乾燥飼料又は未発酵リキッド飼料と比べて，発酵リキッド給与では増体率が向上するといわれている[7]。しかし，適切な管理のもとで発酵リキッド飼料の調製を行わないと，発酵過程において腸管細菌叢にとって有害な大腸菌数が増加するために，改善効果は認められない場合もあるという[7]。発酵リキッド飼料では，乳酸菌数が多いのはもちろんであるが，乳酸やVFA量（酢酸，酪酸，プロピオン酸）が多く，低pH（pH3.5～4.5）であり，*Enterobacteriaceae*はほとんど消失するなど，有害な微生物を排除する環境が作られていると考えられる。また，投与した場合にも，*Salmonella, Enterobacteriaceae* が減少するなど他にも多くのメリットがある[8]。*Salmonella*の減少メカニズムとしては，低pHによりVFAの効果が高まることや，大量の乳酸菌により病原菌との競合がおこること，また発酵によって腸管での消化性が向上し，病原微生物の栄養分が少なくなるなどが考えられる。これらは，複合して関係していると考えられるが，詳細についてはわかっていない。

ウシにおいても生産性向上に関していくつか報告がある。例えば，生後1週間の仔牛に仔牛の糞便に由来する*Lactobacillus* 6菌株を与えたところ，8週までの一日あたりの平均増体量の上昇，飼料効率の改善，下痢の発症及び大腸菌数の低下が認められている[9]。また，酵母と*Enterococcus faecium* 2株を分娩前から投与すると，乾物摂取量の増加，乳量の増加及び乳タンパク質の増加が認められ，生産性が向上したという報告がある[10]。ウシは大量の微生物が生息する第1胃を含めて4つの胃が存在し，経口的に投与した乳酸菌等が腸まで到達するには単胃動物に比べ多くのステップを必要とするにもかかわらず，このような生産性向上効果が得られることは大変興味深い。

3.2　免疫機能の賦活化

家畜の場合，下痢や肺炎などの疾病の発症は，死亡率の増加，治療費の加算，生産性の低下など経済的に大きな打撃となる。したがって，病気に対する抵抗性を有する家畜生産技術の開発は，産業動物である家畜において極めて重要な課題である。その点でプロバイオティクスの免疫機能の賦活化作用は注目すべき重要な機能の一つであり，その効果を評価すべく多くの研究がなされている。免疫機能の賦活化効果を評価する項目としては，抗原の免疫による血中の抗体量（IgG抗体，IgM抗体量など），粘膜系組織由来（糞便，腸内容物，唾液など）のIgA抗体量，血液細胞や組織由来細胞を用いたT細胞の増殖性，サイトカイン応答，マクロファージなどの細胞の貪食能などがある。以下に，ニワトリとブタの例を紹介する。

ニワトリに *Lactobacillus acidophilus*，*Bifidobacterium bifidum* 及び *Streptococcus faecalis* を経口投与し，ヒツジ赤血球（SRBC），ウシ血清アルブミン（BSA），破傷風毒素（TT）に対する抗体応答を全身及び腸管の抗体量を測定することより調べた例がある[11]。結果は，SRBCに対してのみIgM抗体量の有意な増加が認められ，BSAに対する血中抗体量及びTTに対する腸管でのIgA及びIgG抗体量には変化が認められないというものであった。また，*L. acidophillus* と *L. casei* をブロイラーへ投与し，スカシガイヘモシアニン（KLH）に対する全身の免疫応答への影響を調べたが，いずれの菌株を投与しても抗体応答の活性化は認められないことが報告されている[6]。一方，乳酸菌単独ではなく，デキストランと *L. casei* subsp. *casei* を組み合わせて投与することにより，産卵鶏の抗体応答が増強されたという報告もある[12]。ブロイラーに *Lactobacillus* あるいは *Pediococcus* をベースとしたプロバイオティクスを投与すると，抗体応答に差はないが細胞性免疫応答が増強され，消化管壁に寄生する原虫コクシジウムの感染抵抗性があがることも報告されている[13]。また，市販のプロバイオティクス製剤（*L. acidophilus, B. bifidum, St. faecalis*）をブロイラーのヒナに投与すると，免疫しない場合の消化管局所及び全身において自然抗体の産生が増強するという報告もある[14]。

ブタでは，*Bifidobacterium lactis* を子豚に投与すると，血中リンパ球の貪食能，T細胞増殖応答および腸管局所の病原菌特異的な抗体価が高くなり，下痢の発症が抑制されるという報告がある[15]。一方，*L. casei* を経口投与しても豚繁殖・呼吸障害症候群（PRRS）ウイルスに対するワクチン効果には差が認められない[16]。また，*Enterococcus faecium* の経口投与により血清IgG抗体量はむしろ低下することが報告されている[17, 18]。このような抗体応答の低下は，マウスやヒトで明らかにされているように，投与した乳酸菌がTh1細胞応答を誘導し，このTh1細胞がIFN-γなどを産生して抗体応答をヘルプするTh2細胞の応答を抑制した結果と考えられる。

3.3 感染防御作用

家畜生産にとって最も重要なことの一つは，病原菌やウイルスなどが原因で起こる疾病を予防することである。特に，幼畜においては下痢や肺炎などにかかりやすく，罹患した場合の経済損失は大きい。乳酸菌などのプロバイオティクスの有用な機能の一つとして下痢予防や死亡率の低下があり，*Salmonella* やウイルスなどの病原体の体内での定着阻止・排除などに関して多くの報告がある。

ニワトリでは，*Nurmi* と *Rantala* によって成鶏の盲腸内容物をヒナに投与すると *Salmonella* の定着を阻害するという報告がなされた[19]。これは，CE（Competitive Exclusion）現象と呼ばれ，腸内での病原菌の増殖や定着を阻止する有効な手段として用いられている。CE 製剤についてはこれまでに多くの研究がなされ，家禽生産に利用されているが，CE のメカニズムについてはまだよくわかっていない。CE 製剤はさまざまな菌株の混合物であり，報告によってその効果は異なっているのも事実であり，有効な菌株の同定，組み合わせ効果を明らかにする等，今後の研究展開が待たれるところである。また，CE に関する総説が Nava らによって発表されているので，詳細はそちらを参照していただきたい[20]。その他，ブロイラーに *Lactobacillus* あるいは *Pediococcus* をベースとしたプロバイオティクスを投与すると，細胞性免疫応答が増強されるなどにより消化管壁に寄生する原虫コクシジウムの感染抵抗性があがることが報告されている[13, 21]。

ウシの糞便は，食物や環境への病原性大腸菌である *Escherichia coli* O157 汚染のソースとなるため問題となっており，糞便への *E. coli* O157 の排出率を抑制する技術の開発が望まれている。その方法としては，環境を清浄化し *E. coli* O157 に暴露される率を下げることと，ウシからの *E. coli* O157 の排出を直接下げることが考えられ，後者においてプロバイオティクス乳酸菌の有用性が発揮される。*L. acidophilus* などの乳酸菌の経口投与が，ウシ消化管内からの *E. coli* O157 の排除に有効であることが報告されている[22, 23]。この他，ウシにおける疾病予防効果として，*Enterococcus faceium* や酵母によるアシドーシス予防効果や[24]，*in vitro* 試験であるが，ウシの膣由来乳酸菌がウシ伝染性子宮炎の原因となる大腸菌の生育阻害を示すということも報告されている[25]。

ブタにおいても，子豚の下痢の主要な原因であるロタウイルスや大腸菌数の排出抑制[15] や *Salmonella*[26]，大腸菌群の排除[8, 27] に関する報告がある。

乳酸菌による感染症の予防効果は，宿主腸管上皮に付着することにより病原菌と競合して接着や定着を抑制するほか，乳酸菌が産生する抗菌物質のバクテリオシンによる病原菌の生育抑制，免疫機能の強化などが複雑に関与していることと考えられる。また，乳酸菌はベクターとしての利用も注目されており，家畜においても乳酸菌に免疫したい抗原を組み込み，抗原タンパク質を発現させた乳酸菌を作出し経口ワクチンとして利用する試みもなされている[28]。今後の研究の進展が期待される。

4　環境への配慮

家畜の生産現場において，環境への配慮はもっとも重要視されている問題であり，悪臭や水質汚染を防止する技術の開発は，生産性の向上以上に求められている課題である。現在，この問題解決のために期待されているのが微生物であり，特に乳酸菌などのプロバイオティクスの飼料給与による悪臭軽減効果が注目される。これまで述べてきたように，乳酸菌は体重増加，生産性向上，下痢などの疾病予防などを期待したものであるが，これらは間接的に悪臭の発生抑制や水質汚染防止に役立っていると考えられる。すなわち，消化吸収が改善されることにより，悪臭のもとになる易分解性成分が減少し，下痢が改善されることにより堆肥化が良好に促進することにより，臭気発生が低減されると考えられる[29]。また，上述したように，*E. coli* O157 などヒトに対して悪影響を及ぼす病原菌の環境への排出を抑制するということもプロバイオティクスの重要な役割である。臭気防止，堆肥化促進を目的とした微生物素材が開発されているが，家畜への経口投与ということを考慮すると，家畜への安全性，生産物の安全性が十分に確保されることが望まれる。

5　おわりに

以上，家畜生産における乳酸菌の役割について，特に保健機能を中心に述べてきた。家畜の消化管の特殊性（巨大な盲腸やウシにおいては 4 つの胃の存在）を考えると，乳酸菌が有する役割はヒト以上に大きいのかもしれない。乳酸菌には生産性の向上や下痢等の疾病予防効果などさまざまな機能が報告されているが，その機能は菌株に特異的であり，投与条件に影響される。今後，より科学的なエビデンスを集積して，家畜の身体にも，環境にも優しい微生物素材の開発に期待したい。

文　　献

1）　農林水産技術会議事務局編，農林水産研究文献解題，**29**, 農林統計協会，p.428（2004）

2) 中江利孝，日畜会報，**57**, p.279 (1986)
3) 矢野信礼，酪農科学・食品の研究，**30**, A243 (1981)
4) L. Z. Jin *et al., Poult. Sci.*, **77**, p.1259 (1998)
5) M. A. Yoruk *et al., Poult. Sci.*, **83**, p.84 (2004)
6) M. K. Huang *et al., Poult. Sci.*, **83**, p.788 (2004)
7) H. N. Stein and D. Y. Kil, *Anim. Biotechnol.*, **17**, p.217 (2006)
8) N. Canibe and B. B. Jensen, *J. Animal Sci.*, **81**, p.2019 (2003)
9) H. M. Timmerman *et al., J. Dairy Sci.*, **88**, p.2154 (2005)
10) J. E. Nocek *et al., J. Dairy Sci.*, **86**, p.331 (2003)
11) H. R. Haghighi *et al., Clin. Diagn. Lab. Immunol.*, **12**, p.1387 (2005)
12) T. Ogawa *et al., Br. J. Nutr.*, **95**, p.430 (2006)
13) R. A. Dalloul *et al., Comp. Immunol. Microbiol. Infect Dis.*, **28**, p.351 (2005)
14) H. R. Haghighi *et al., Clin. Vaccine Immunol.*, **13**, p.975 (2006)
15) Q. Shu Q *et al., J. Pediatr. Gastroenterol. Nutr.*, **33**, p.171 (2001)
16) S. K. Kritas and R. B. Morrison, *Vet. Microbiol.*, **119**, p.248 (2007)
17) L. Scharek *et al., Vet. Immunol. Immunopathol.*, **105**, p.151 (2005)
18) L. J. Broom *et al., Res. Vet. Sci.*, **80**, p.45 (2006)
19) E. Nurmi and M. Rantala, *Nature*, **241**, p.210 (1973)
20) G. M. Nava *et al., Anim. Health. Res. Rev.*, **6**, p.105 (2005)
21) S. H. Lee *et al., Poult. Sci.*, **86**, p.63 (2007)
22) S. M. Younts-Dahl *et al., J. Food Prot.*, **68**, p.6 (2005)
23) R. E. Peterson *et al., J. Food Prot.*, **70**, p.287 (2007)
24) K. A. Beauchemin *et al., J. Anim. Sci.*, **81**, p.1628 (2003)
25) M. C. Otero *et al., Lett. Appl. Microbiol.*, **43**, p.91 (2006)
26) C. C. Tsai *et al., Int. J. Food Microbiol*, **102**, p.185 (2005)
27) G. E. Gardiner *et al., Appl. Environ Microbiol.*, **70**, p.1895 (2004)
28) R A. Mota *et al., BMC Biotechnol.*, **6**, 2 (2006)
29) 中井裕，環境改善，「プロバイオティクスとバイオジェニクス」，NTS, p.178 (2005)

第30章　プロバイオティクスとしての乳酸菌の畜産への応用

丸橋敏弘*

1　畜産用生菌剤の必要性

EU（欧州連合）等で見られる成長促進目的での抗生物質の使用の禁止や，より自然な形で生産される畜産製品への市場の要求等から畜産に応用できる生菌剤への需要は高まっている。畜産用の生菌剤に求められる効果は様々であるが，経済性の追求が不可避であることから，第一義的には，動物の健康状態をよりよい状態に維持することで得られる生産性の向上が求められる。あるいはまた，より安全な畜産物の生産のため，腸内環境ひいては生産環境全体から，食中毒の原因となる病原菌を排除する効果が求められることもある。外部環境の改善ということから言うと，微生物環境の管理によって，臭気を減少させる等の効果が求められることもある。いずれの効果も，生菌剤を動物に与えることによって，動物の腸内環境を安定させることを通して得られるものであり，この腸内環境を安定させる効果を持った菌が畜産用生菌剤として選抜されることとなる。

乳酸菌は，鶏や豚あるいは牛などの家畜において生菌剤として効果を持つことが多く報告され[2, 4~6, 10~20]，応用されている，あるいは応用が期待される菌類のひとつである。

しかし，一口に畜産への応用と言っても，多くの動物種が含まれており，飼育方法も異なり，当然生育環境も異なっている。したがって，畜産への生菌剤の応用を考える場合には，動物種，さらには，生育ステージや飼育形態を考慮することが必要である。

ここでは，肉用鶏（ブロイラー）・採卵鶏・豚の生育状況を考慮しつつ乳酸菌生菌剤の応用方法と可能性について考えるとともに，実際に使用されている（あるいは飼料添加物として利用可能な）生菌剤について記した。

2　肉用鶏向け乳酸菌生菌剤

2.1　肉用鶏の飼育形態

肉用鶏は，孵化場での孵化の後，生産農場へ移され，出荷までの期間飼育される。飼育期間は，

*　Toshihiro Marubashi　カルピス㈱　飼料事業部　マネージャー

地域や鶏種や農場にもよるが，一般的に35日～60日間程度である。農場から処理場へと運ばれる出荷が行われるまでに，生育段階に応じて通常2～3回の飼料変更がある。投薬が行われたり，飼料中に抗生物質を含む場合には，薬物の残留を防ぐため，出荷前1週間以上の休薬期間が設けられる（ただし，国や地域によって休薬の期間はやや異なる）。飼育の方式は，床（あるいは地面）の上に直に鶏を飼う平飼いと積み重なったケージ等に鶏を入れて飼育する立体飼育があるが，現在では，平飼いが主流であると思われる。おおよそ35日齢ごろまでにワクチン接種が行われることが多いが，ワクチンの接種時期や種類も地域や農場により異なる。

2.2 応用の方法と求められる効果

肉用鶏は，鶏肉を得ることを目的として飼育・生産されるため，生産性の指標としては，増体重1kg当たりに要する飼料のkg数を表す飼料要求率（Feed Conversion Ratio : FCR）が多く用いられ，この指標を改善することが乳酸菌生菌剤に期待されることとなる。ただし，飼料要求率（FCR）は，鶏の死亡数（率）によっても影響を受けることもあるため，死亡率の低下（＝育成率の向上）も期待される効果である。

これら生産性の改善も，腸内菌叢の改善あるいは安定化に起因するものであるが，鶏肉は最終的には食品として供されることになるため，鶏にとっての有害菌を排除するだけでなく，人間にとっての有害菌を抑制あるいは排除する効果も重要であり，乳酸菌生菌剤に期待される効果の一つである。

これらの期待にこたえるための乳酸菌生菌剤を選択する場合に考慮される項目としては，乳酸菌の菌種（菌株）・製品形態（粉末か液体）・飼料中での安定性・製品中の菌の濃度等が挙げられる。菌種あるいは，菌株は，目的とする能力を持つ菌種あるいは菌株を選択することが当然であるが，単一菌種を使用するかあるいは複数の菌種を使用する等も製品としての効果に影響することは十分考えられる。菌種が同じであっても，飼料の種類が変わったり，体重が急激に増加したりという肉用鶏の性質を考えると，例えば初生時と50日齢時では，効果を発揮する菌株が異なるということも十分考えうる。

また，畜産で乳酸菌生菌剤を利用する場合，応用の方法（動物に与える時期・量・回数等）も，より高い効果を得るために重要である。畜産では，生産性（＝経済効率）の向上が期待される効果の一つであることと，飼料や生育環境がかなりの部分コントロールされているため，一番効果的な給与の時期や量を特定できる可能性があるからである（生産コストを抑えるためには，与える量や回数はできる限り少ないほうが良い）。乳酸菌生菌剤は，飼料の製造工程や飼料中で安定して生存できる菌でない限り，人間で応用されるように，長期間にわたって乳酸菌を摂取することは難しい。しかし，飼料（食事）の内容はあらかじめ決められたプログラム通りであり，その他のストレスについても，どの時期に発生するかがある程度特定できるため，どの時期に摂取させることが適当であるのか試行しやすいという利点がある。

肉用鶏で応用が効果的と考えられる時期は，例えば，孵化直後（鶏の場合，親鶏からの菌叢の移行がないため，孵化直後に摂取させれば，腸内で摂取させた菌が優勢となる可能性は非常に高い），ワクチン接種前後，投薬時，飼料変更時，餌切前あるいは餌切中（肉用鶏は出荷前1日程度飼料給与が止められる）などが挙げられる。

今後，検討が望まれる課題としては，より効果の高い菌種（菌株）の選抜や，より効果的な菌種の組み合わせ，また，より効果的な応用時期と給与量の特定等が挙げられる。

3　採卵鶏用乳酸菌生菌剤

3.1　飼育形態

採卵鶏では，孵化後20週間程度の間が育成期と呼ばれる。育成期にも，成長に応じて鶏舎を変えられるが，育成期を過ぎると，採卵のための成鶏舎へと運ばれる。成鶏舎への移動後，産卵率が低下するまで，50週間程度，多くはケージ中に飼育される。育成舎では，何段階かの飼料切り替えがあり，例えば4週間などで切り替えが行われる。自由摂取が主である肉用鶏と異なり，採卵鶏は，成鶏舎に移動後は，余分な体重の増加を避けるため，生涯を通して計算された必要量が与えられる。産卵率が低下してくると，絶食や大幅な制限給餌により体重を3割程度減量し，産卵率の復帰を図ることがある。減量に伴って，換羽が起こることから人工換羽（induced molting）と呼ばれている。

3.2　求められる効果と考えられる応用例

採卵鶏は，肉用鶏と比して，飼育期間が長く，鶏舎の移動や，給餌量の制限（特に人工換羽時）などもあり，ストレスの種類は多種多様である。生産性の点からみると，こういったストレスがかかる時期に産卵率を維持できるような効果が求められるが，生産されるものが卵であり，卵を生食するという日本人の習慣もあって，飼育環境（特に腸内環境）から，人間にとって有害となる菌を抑制あるいは排除する効果が期待されることも多い。また，抗生物質等の使用時には，採卵したものが商品とならないこともあり，採卵鶏の健康を補助する効果の高い乳酸菌生菌剤は利用価値が非常に高いといえる。

肉用鶏の場合には，生育期間が短いこともあり，生産性や微生物環境の悪化の原因となるストレスが，ワクチン以外では暑熱や高湿といった自然条件に起因するものが多い。しかし，採卵鶏の場合には，鶏舎の移動や制限給餌などのように飼育プログラムに起因しているものもあり，乳酸菌生菌剤を利用する一番効果的な時期を特定することが比較的容易であると思われる。畜産に乳酸菌生菌剤を応用する場合，一番効果的な応用時期を特定することは，経済性を損なわないという観点から非常に重要である。

採卵鶏用の乳酸菌を選抜するための項目は肉用鶏と同様であるが，飼育期間が長く，生育段階に応じた菌種（菌株）を応用することでより高い効果が得られる可能性は十分あると考える。ただし，乳酸菌生菌剤の製品化コストや飼料中での安定性（生残性）にもよるが，経済性という点から見るとやはり，鶏の生涯の間で，1～2回の給与が適当であり，この給与回数（量）で効果を得られる乳酸菌を選抜する必要がある。

採卵鶏の場合には，現状ではペレット飼料でない場合も多いため，飼料に混合し常時給与することも不可能ではないかもしれないが，乳酸菌が飼料中で高い生残能力をもちかつ常時給与しても十分な経済性が得られる効果と価格のバランスを持つことが前提となる。

4　豚用乳酸菌生菌剤

4.1　飼育形態

豚の飼育形態は，国や地域によっても異なるが，欧米での一般的な肥育豚の場合，生後20日程度を母豚とともに哺乳舎で過ごし，授乳されて育つ。その後，母豚から離れ（離乳），育成舎と呼ばれる場所で40日程度を過ごす。哺乳舎では，餌付け飼料と呼ばれる飼料を与えられることもあるが，授乳との併用であり，栄養のためというよりは，粉末飼料というものに慣れさせるといった意味のほうが強い。育成舎では，前期飼料と後期飼料といった2種類程度の飼料が使用されることが多い。育成舎の後，肥育舎に移動されることとなるが，肥育舎でも性別や生育段階に応じて数種類の飼料が用いられることがある。哺乳舎では，母豚毎に個別に飼育されるが，育成舎や肥育舎では，一般的にペン毎の群飼となっている。

肥育豚の親となる繁殖豚（母豚）は，繁殖農場に導入される際，馴致（Acclamation）という期間を経ることがある。この期間に，導入される農場の細菌叢を含めた環境に馴らされることから馴致と呼ばれる。繁殖豚は種付け後受胎が確認されると，個別にストール飼いされることが多い。分娩予定の1週間程前に，ストールから分娩・哺乳豚舎に移される。分娩後，20日程度の哺乳期間を過ぎると群飼育に戻り，発情の回帰を待つこととなる。肥育豚は通常不断給餌（自由摂食）であるが，繁殖豚は，子豚期（4ヶ月程度）を過ぎると体重コントロールのため，制限給餌となる。

4. 2　求められる効果と考えられる応用例

豚では，乳酸菌生菌剤を応用する場面が，鶏に比較して多様である。子豚であれば出産直後や母乳から粉末飼料に切り替わる離乳時，また，他の農場への移動時なども乳酸菌生菌剤が効果を発揮できる場面である。いずれの場合にも，環境の変化により，腸内菌叢が不安定であったり，大きく変化する時期と捉えられ，腸内菌叢を安定化させたり，悪化を抑制する等して，豚の健康状態が不安定になることを防ぐ効果が期待される。

肥育期になると，健康状態は，子豚期に比して安定しているため，腸内菌叢の大きな変化あるいは悪化を抑制するというよりは，積極的により望ましいと考えられる菌叢を確立・維持できる効果が求められる。また，最近では，より品質の高い豚肉あるいは，特徴を持った豚肉が消費者によって求められており，肉質によい影響を与える効果が乳酸菌生菌剤に期待されるのもこの時期であると考えられる。

繁殖豚では，馴致の時期も含めた農場導入時のように腸内菌叢を安定化させたい時期や，分娩が近くなり便秘が見られる時期等が考えられる。また，母豚の菌叢は，分娩する子豚へも大きく影響するため，分娩に先立って，母豚の腸内を望ましいものにしておくために乳酸菌生菌剤を応用したり，子豚に移行することを期待して，あらかじめ子豚に好ましい効果を持つ乳酸菌を母豚に導入したりという応用も考えられる。

豚では，鶏と消化管の長さも異なり，摂食物の滞留時間も異なること等も理由となって，腸内菌叢も異なっている。鶏では，*Lactobacillus* 属が多く検出される[8]が，豚では，*Bifidobacterium* 属も高率・高菌数で検出される[9]。したがって，選択される菌種として，*Bifidobacterium* 属菌も有望菌種の一つとなる。

5　生菌剤の畜産での使用菌種例

畜産への利用が認められている菌種について，日本（表1），米国（表2）とEU（表3）の例を挙げた。

日本とEUでは，提出されたデータに基づき，審査の後飼料添加物として認可されるが，米国では，動物に直接給与しても問題がない菌種として認めているのみで，特に効果データに基づいて認められているものではない。したがって，日本とEUでは，飼料添加物として認められたものについては，提出されたデータに基づく効果の訴求ができるが，米国では，全く訴求ができないこととなっている。また，ここに挙げられている菌種（菌株）のほかにも，日本では環境の改善などを目的として飼料に添加される飼料原料扱いの生菌剤も利用されていると言われ[7]，EUではサイレージ調整用として様々な菌種（菌株）が使用を認められている[3]。

表1 日本の飼料添加物生菌剤

飼料添加物名	対象動物
エンテロコッカス　フェカーリス [クロストリジウム　ブチリカム（その2）製剤及びバチルス　サブチルス（その4）製剤と混合して使用する場合に限る。]	牛・豚・鶏
エンテロコッカス　フェシウム（その1）[ラクトバチルス　アシドフィルス（その1）製剤と混合して使用する場合に限る。]	牛・鶏
エンテロコッカス　フェシウム（その2） [ラクトバチルス　アシドフィルス（その6）製剤と混合して使用する場合に限る。]	豚
エンテロコッカス　フェシウム（その3）	牛・豚・鶏
エンテロコッカス　フェシウム（その4） [ビフィドバクテリウム　サーモフィラム（その2）製剤及びラクトバチルス　アシドフィルス（その5）製剤と混合して使用する場合に限る。]	牛・豚
クロストリジウム　ブチリカム（その1）	牛・豚・鶏
バチルス　コアグランス	豚
バチルス　サブチルス（その1）	牛・豚・鶏
バチルス　サブチルス（その2）	牛・豚・鶏
バチルス　サブチルス（その3）	牛・豚・鶏
バチルス　セレウス（その1）	牛・豚・鶏
バチルス　セレウス（その2）	牛・豚・鶏・養殖水産動物
バチルス　バディウス	豚
ビフィドバクテリウム　サーモフィラム（その1） [ラクトバチルス　サリバリウス製剤と混合して使用する場合に限る。]	鶏
ビフィドバクテリウム　サーモフィラム（その3）	牛・豚
ビフィドバクテリウム　サーモフィラム（その4）	牛
ビフィドバクテリウム　シュードロンガム（その1）	豚
ビフィドバクテリウム　シュードロンガム（その2）	牛・豚
ラクトバチルス　アシドフィルス（その2）	鶏
ラクトバチルス　アシドフィルス（その3）	牛
ラクトバチルス　アシドフィルス（その4）	豚
ラクトバチルス　アシドフィルス（その5）	牛・豚
ラクトバチルス　アシドフィルス（その6）	豚

（飼料及び飼料添加物の成分規格等に関する省令　別表第1より）

各地域で利用可能な菌種を見てみると，ヒト用のプロバイオティクスとして利用されるものの代表でもある *Lactobacillus* 属や *Bifidobacterium* 属の菌種（菌株）が日本や米国ではやはり多いが，EU の利用可能菌種の中では，必ずしも多く見られていない。これには，飼料添加物としての許認可制度が大きく影響していると考えられる。EU では，抗生物質耐性を持たないことを始めとして，菌株の，家畜への効果以外の性質に関する要求が多く，認可取得への門が極端に狭くなっている。この要求の中には，飼料中での生残性や飼料の加熱工程（ペレット化）での生残性も含まれており，芽胞を形成しない菌種を，飼料添加物として利用することが難しくなっている。近年，特に家禽については，飼料はペレット化などの加熱工程を通ることが多くなっており，さ

表2　米国で動物への直接給与が可能な菌種（Direct-Fed Microorganisms）

Aspergillus niger	*Lactobacillus cellobiosus*
Aspergillus oryzae	*Lactobacillus curvatus*
Bacillus coagulans	*Lactobacillus delbruekii*
Bacillus lentis	*Lactobacillus fermentum*
Bacillus licheniformis	*Lactobacillus helveticus*
Bacillus pumilus	*Lactobacillus lactis*
Bacillus subtilis	*Lactobacillus plantarum*
Bacteroides amylophilus	*Lactobacillus reuteri*
Bacteroides capillosus	*Leuconostoc mesenteroides*
Bacteroides ruminocola	*Pediococcus acidilacticii*
Bacteroides suis	*Pediococcus cerevisiae (damnosus)*
Bifidobactrerium adolescentis	*Pediococcus pentosaceus*
Bifidobactrerium animalis	*Propionibacterium freudenreichii*
Bifidobactrerium bifidum	*Propionibacterium shermanii*
Bifidobactrerium infantis	*Saccharomyces cerevisiae*
Bifidobactrerium longum	*Enterococcus cremoris*
Bifidobactrerium thermophilum	*Enterococcus diacetylactis*
Lactobacillus acidophilus	*Enterococcus faecium*
Lactobacillus brevis	*Enterococcus intermedius*
Lactobacillus buchneri (cattle only)	*Enterococcus lactis*
Lactobacillus bulgaricus	*Enterococcus thermophilus*
Lactobacillus casei	Yeast (as defined elsewhere)
Lactobacillus farciminis (swine only)	

（AAFCO "2006 Official Publication"[1] より）

らに，その加熱温度は高くなる傾向がある。*Lactobacillus* 属や *Bifidobacterium* 属の菌種を EU で飼料添加物としてより広く応用するには，まずこの飼料中での生残性という問題を解決する必要があると考えられる。EU の認可制度は厳しいものではあるが，同制度中では飼料添加物中のサブカテゴリーとして，新たに「Gut flora stabilizers」というカテゴリーを設けており（表3上段の5種），プロバイオティクスの性質をより明確に現している。今後 EU で認可されるほとんどのプロバイオティクスはこのカテゴリーに分類されることになると考えられる。

米国では，生菌製品は，生菌剤（プロバイオティクス）とは分類されず，Direct-fed Microorganisms（DFM' s）と分類されている。表2中の菌種であれば審査を経ずに飼料への利用（動物への給与）が可能ではあるが，効果の表示はできないこととなっている。より効果のある菌種を前記リスト（表2）に追加することも可能ではあるが，利用可能とするために費やされる時間（及び費用）を考えると既存菌種から効果のあるものを探すほうが実用的と判断するケースが多いのではないかと推測する。米国でも，飼料に添加して利用されるためには，飼料中で生残することがまず必要となる。EU と同様，飼料の加熱処理は一般的となっており，その加熱温度も高くなる傾向にある。

表3　EUで飼料添加物として認められている菌株

菌株名（製品）	対象動物
Gut flora stabilizers	
Saccharomyces cerevisiae NCYCSc 47	山羊（搾乳用）・羊（搾乳用）
Saccharomyces cerevisiae CNCMI-1077	山羊（搾乳用）・羊（搾乳用）・馬
Bacillus subtilis C-3102（DSM15544）（Calsporin）	肉用鶏
Enterococcus faecium DSM 3530（Biomin IMB52）	肉用鶏
Enterococcus faecium DSM 7134（Bonvital）	子豚・肥育豚
Micro-organisms	
Bacillus licheniformis（DSM 5749） *Bacillus subtilis*（DSM 5750）（In a1/1 ratio）	七面鳥・子牛・母豚・子豚・肥育豚
Bacillus cereus var. *toyoi* NCIMB40112/CNCM I -1012	子豚・肥育豚・肥育牛・肉用鶏・兎
Saccharomyces cerevisiae NCYCSc 47	兎・子豚・乳牛・母豚・子羊
Saccharomyces cerevisiae CNCMI-1079	子豚・母豚
Saccharomyces cerevisiae CBS493.94	乳牛・肥育牛・子牛・馬
Enterococcus faecium DSM 7134 *Lactobacillus rhamnosus* DSM7133	子豚・子牛
Enterococcus faecium DSM10663/NCIMB 10415	子牛・母豚・子豚・犬・猫・肉用鶏・肥育豚・七面鳥
Enterococcus faecium NCIMB11181	子牛･子豚・肉用鶏
Enterococcus faecium ATCC53519 *Enterococcus faecium* ATCC 55593 (In a 1/1 ratio)	肉用鶏
Lactobacillus farciminis CNCM MA 67/4R	肉用鶏・七面鳥・採卵鶏・子豚
Saccharomyces cerevisiae MUCL39 885	子豚・肥育牛・乳牛
Saccharomyces cerevisiae CNCMI-1077	乳牛・肥育牛
Pediococcus acidilactici CNCM MA18/5M	肉用鶏・肥育豚
Enterococcus faecium CECT 4515	子豚・肉用鶏
Enterococcus faecium DSM 7134	肉用鶏・母豚・子豚・肥育豚
Lactobacillus acidophilus D2/CSLCECT 4529	採卵鶏
Kluyveromyces marxianus var. *lactisK1* BCCM/MUCL 39434	乳牛
Lactobacillus acidophilus DSM13241	犬・猫
Kluyveromyces marxianus-fragilis B0399 MUCL 41579	子豚

（Community Register of Feed Additives Rev.15-22/05/07[3] より）

乳酸菌生菌剤が持つ効果を十分に畜産に生かしていくためには，より高い効果を持つ菌種あるいは菌株を選抜することも重要ではあるが，選抜されたものが適切に利用できる状況を整えていくことが重要となる。

文　献

1）American Feed Control Officials, Inc., “2006 Official Publication”, p.290（2006）

2) I. A. Casas *et al., Microbial. Ecol. Health. Dis.,* **12**, 247 (2000)
3) Community Register of Feed Additives pursuant to Regulation (EC). No.1831/2003. Rev.15 (2007)
4) C. W. Cruywagen *et al., J. Dairy Sci.,* **79** (3), 483 (1996)
5) R. Fuller, *J. Appl. Bacteriol.,* **45**, 389 (1978)
6) R. Fuller, *J. Appl. Bacteriol.,* **66**, 365 (1989)
7) 亀田暄一編，新編飼料ハンドブック第二版，㈳日本科学飼料協会，p.179 (2004)
8) K. Maruta *et al., Anim. Sci. Technol. (Jpn.),* **67** (3), 273 (1996)
9) K. Maruta *et al., Anim. Sci. Technol. (Jpn.),* **67** (5), 403 (1996)
10) B. B. Matijasic *et al., J. Dairy Res.,* **73** (4), 417 (2006)
11) K. C. Mountzouris *et al., Poult, Sci.,* **86** (2), 309 (2007)
12) M. Pascual, *Appl. Environ, Microbiol.,* **65**, 4981 (1999)
13) D. S. Pollman *et al., J. Anim. Sci.,* **51**, 577 (1980)
14) D. S. Pollman *et al., J. Anim. Sci.,* **51**, 629 (1980)
15) D. S. Pollman *et al., J. Anim. Sci.,* **51**, 638 (1980)
16) Q. Shu *et al., J. Pediatr. Gastroenterol. Nutr.,* **33** (2), 171 (2001)
17) A. S. Soerjadi *et al., Avian Dis.,* **25**, 1027 (1981)
18) B. A. Watkins *et al., Poultry Sci.,* **61**, 1298 (1982)
19) B. A. Watkins *et al., Poultry Sci.,* **62**, 2088 (1083)
20) B. A. Watkins *et al., Poultry Sci.,* **63**, 1671 (1984)

乳酸菌の保健機能と応用《普及版》 (B1034)

2007年 8月31日 初　版　第1刷発行
2013年 5月10日 普及版　第1刷発行

監　修　上野川修一　　Printed in Japan
発行者　辻　賢司
発行所　株式会社シーエムシー出版
東京都千代田区内神田 1-13-1
電話 03(3293)2061
大阪市中央区内平野町 1-3-12
電話 06(4794)8234
http://www.cmcbooks.co.jp/

〔印刷　倉敷印刷株式会社〕

ISBN978-4-7813-0716-9 C3047 ¥5000E